锂离子电池热危险性及安全对策

王青松　平　平　孙金华　著

科 学 出 版 社

北　京

内 容 简 介

本书较为详尽地介绍了作者及国内外同行多年来的研究成果。内容主要包括:锂离子电池的基本原理及其关键材料,锂离子电池的电极材料、电解液等及其相互之间的热反应特性,锂离子电池的热失控过程、热失控机制、热失控预测模型及方法,大型电池的火灾危险性,提高锂离子电池本质安全性的方法,大型电池系统的消防安全对策等。

本书可作为火灾安全工程、锂离子电池等领域研究人员和工程技术人员的参考书籍,也可作为高等院校火灾科学与消防工程、安全工程、材料工程等专业研究生和高年级本科生的教材。

图书在版编目(CIP)数据

锂离子电池热危险性及安全对策/王青松,平平,孙金华著. —北京:科学出版社,2017

ISBN 978-7-03-053605-1

Ⅰ.①锂… Ⅱ.①王…②平…③孙… Ⅲ.①锂离子电池-安全性-研究 Ⅳ.①TM912

中国版本图书馆 CIP 数据核字(2017)第 132039 号

责任编辑:裴 育 纪四稳 / 责任校对:桂伟利
责任印制:吴兆东 / 封面设计:蓝 正

科学出版社 出版
北京东黄城根北街 16 号
邮政编码: 100717
http://www.sciencep.com

北京九州迅驰传媒文化有限公司印刷
科学出版社发行 各地新华书店经销

*

2017 年 6 月第 一 版 开本:720×1000 B5
2024 年 4 月第六次印刷 印张:18 1/4
字数:357 000

定价: 128.00 元

前言

锂离子电池由于其高电压、高比能量、长循环寿命、对环境无污染等卓越性能，自1992年量产以来得到迅速发展，在移动电话、便携式计算机、摄像机、照相机等电子产品中代替了传统电池。大容量锂离子电池已经应用于电动汽车中，是21世纪电动汽车的主要动力电源之一；此外，还应用于人造卫星、航空航天和储能等领域。随着锂离子电池使用量的剧增，其安全性问题越来越凸显，锂离子电池火灾爆炸事故频发，引起了社会各界的关注。

锂离子电池的安全问题主要来自电池的热失控。电池在热冲击、过充、过放、短路、振动、挤压等滥用状态下，其内部的活性物质及电解液等组分之间发生化学反应，产生大量的热量和气体，引起电池升温。如果锂离子电池内部的热生成速率大于热散失速率，则体系内的反应温度就会不断上升，进一步加速化学反应，触发电池热失控。当热量和内压累积到临界极限时，就会引起电池的燃烧或爆炸。锂离子电池的安全问题制约了其大规模的应用，亟须采取相应的安全措施提高电池的安全性。

为更好地防控锂离子电池的热失控及其火灾，需对锂离子电池的热失控机制、灾害特性及其预防方法进行研究。本书以火灾科学、化学反应热力学、锂离子电池原理、安全系统工程理论为基础，对锂离子电池的热失控机制、火灾危险性及大型电池系统的消防安全对策等方面取得的最新研究成果进行全面论述。其中，锂离子电池热失控机制、火灾危险性及消防安全对策等属国内外独创性工作，形成了本书的特色和独到之处。全书共7章，由王青松、平平、孙金华等共同撰写，王青松对全书进行统稿。其中，第1章主要介绍锂离子电池的发展、应用及热安全问题，由叶佳娜、王青松撰写。第2章主要介绍锂离子电池的基本原理及关键材料，由平平撰写。第3章介绍锂离子电池的主要电极材料、电解液等及其相互之间的热反应特性，由王青松、平平撰写。第4章重点论述锂离子电池的热失控过程、热失控机制、热失控预测模型及方法，由孙秋娟、王青松撰写。第5章讲述大型电池的火灾危险性，主要包括火灾特性、热释放速率特性及火灾危险性的评价方法，由黄沛丰、孙金华撰写。第6章论述提高锂离子电池本质安全性的方法，由冯丽华、平平、王青松撰写。第7章介绍大型电池系统的消防安全对策，由黎可、王青松撰写。陈昊东、叶佳娜、黄沛丰、严佳佳、黎可、李煌、崔志仙、毛斌斌、姜丽华、原蓓蓓、宫金秋等对全书进行了校对。

在撰写本书过程中，得到了多位老师的支持，并引用了国内外同行的相关研究成果，在此一并表示感谢。本书是作者团队诸多科研项目研究成果的结晶，得到国家自然科学基金面上项目“非均匀高倍率放电作用下锂离子电池释热机理及热失控预测”(51176183)和“动力锂离子电池模块热失控传播机制及防控方法研究”(51674228)、国家重点研发计划课题“高比能锂离子电池热失控和防范机制研究”(2016YFB0100305)、欧盟地平线 H2020-中国科学院重大国际合作项目(211134KYSB20150004)、中央高校基本科研业务费专项资金项目(WK2320000034)、中国科学院青年创新促进会人才基金(2013286)等的资助。在此衷心感谢国家自然科学基金委员会、科学技术部、中国科学院、教育部等部门在研究经费上给予的大力资助。

虽然作者在撰写过程中尽了最大努力，但由于水平有限，疏漏或不足之处在所难免，敬请读者批评指正。

作　者

2016 年 9 月

目　录

第1章 绪 论

1.1 锂离子电池发展历程

能源、环境与安全是人类可持续发展的主题，发展新型绿色环保电池是刻不容缓的任务。锂离子电池、金属化合物-镍电池(MH-Ni)、无汞碱性锌-锰电池、燃料电池、太阳能电池是21世纪理想的绿色环保电源。在这些电池之中，锂离子电池由于其高电压、高比能量、长循环寿命、对环境无污染等卓越性能，自1992年量产以来得到迅速发展，目前已在消费电子领域成功替代其他类型二次电池，成为小型电子电源装置中的主导产品，并逐步成为代表未来发展方向的绿色能源电池，被认为是未来储能和动力电源产业(如光伏储能、风力储能、核电储能、(混合)电动汽车、飞机，甚至太空飞船、卫星和水下潜艇、水下机器人等)的领军者[1-7]。

在锂离子电池发展之前，锂在电池中的应用为锂一次电池(简称锂电池)。由于锂是目前密度最小的金属，相对于标准氢电极 Li^+/Li 的电位为 $-3.04V$，其氧化还原电位是目前元素中最低的，锂作为负极可以使电池获得高输出电压，因此以 MnO_2、$SOCl_2$ 等物质为正极，以锂为负极的锂一次电池于20世纪50年代为研究者所关注，并于20世纪70年代商业化，在手表、计算器、植入式医疗器械中得到广泛应用。锂一次电池的电压较高，比能量较大，在此基础上，人们开始思考锂二次电池体系的应用。但是人们发现，以金属锂及其合金为负极的锂二次电池，在充放电过程中容易生成锂枝晶。随着锂枝晶的生长，电池内部可逆锂被消耗，而且枝晶刺破隔膜会引发电池短路，大量焦耳热将引发严重的安全问题，因此该类型锂二次电池未能得到工业应用。

1958年，美国加州大学提出可以将锂、钠等活泼金属作为电池的负极材料，此后人们开始了对锂离子电池的研究。20世纪70年代初，许多无机化合物被发现能与碱金属发生可逆化学反应，这些化合物后来被确定为插层化合物，研究者对其相关特性及潜在用途进行了探讨。1980年，Armand 首先提出了用嵌锂化合物代替锂二次电池中的金属锂负极的新构想，Scrosati 等以 $LiWO_2$ 或 Li_6FeO_3 为负极，以 TiS_2、WO_3、NbS_2 或 V_2O_5 为正极组装成电池。1987年，Auborn 等第一次装配了以 MoO_2 或 WO_2 为负极、$LiCoO_2$ 为正极的摇椅式电池[8]。与金属锂为负极的锂二次电池相比，这些电池的安全性和循环性能大大提高。但由于负极材料($LiMoO_2$、$LiWO_2$ 等)的嵌锂电位较高($0.7\sim2.0V$，Li^+/Li)，所以未能实际应用。

20世纪80年代末，基于石墨结构的碳材料被提出作为锂离子二次电池的负极材料，取代金属锂，与化合物 Li_xMO_2 共同构成锂离子电池。这对锂离子电池的工业化革命有着十分重大的意义。

1990年，日本 Nagoura 等以石焦油为负极、钴酸锂为正极，装配了锂离子电池。同年，Sony 公司首先推出 $LiCoO_2/LiClO_4$:PC+EC/C 电池，该电池既克服了锂二次电池循环寿命低、安全性差的缺点，又较好地保持了锂二次电池高电压、高比能量的优点。由此，二次锂离子电池在全世界范围内掀起了研究开发热潮，并取得了较大的进展。不久以后，加拿大 Moli 公司提出 $LiNiO_2$/C 锂离子电池。1991年，日本 Sony 公司开发了以聚糖醇热解碳(PFA)为负极的锂离子电池。1993年，美国 Bellcore 公司首先报道了聚合物锂离子电池。在世界范围内，传统的二次电池市场被锂离子电池冲击，关于锂离子电池的研究也得到了国际范围内研究者的密切关注。

电动汽车、航空航天和储能等部门用的大容量锂离子电池正处于开发实验以及示范应用阶段。1995年，Sony 公司试制的大型锂离子电池(100Ah)经 Nissan 公司用于电动汽车上，电池循环寿命达1200次，相当于可行驶193112km。1998年，法国 SAFT 公司宣布电动车用锂离子电池(50Ah)已达到中试生产阶段。我国第一辆聚合物锂离子电池大中型电动轿车于2003年研制成功，最高行驶速度为150km/h，一次充电续驶里程为320km。2012年6月，特斯拉 Model S 在美国上市，采用85kWh电池组，由7104个18650电池(正极为镍钴铝三元材料)组成，充电续航能力为6km续航/h(110V市电)，若采用专用充电桩可达92km续航/h。2013年至今，是锂离子电池在储能行业的快速发展期，电池的安全性和比能量得到了较大的提升。2013年，国产磷酸铁锂/石墨锂离子电池的比能量为130Wh/kg。2014年，通过采用新型电极制造的锂离子电池，比能量可达150Wh/kg。2015年，由新型电极构成的锂离子电池已达180Wh/kg，循环次数超过2500次。2010～2015年，国内外锂离子电池材料制造商如雨后春笋般发展，例如，美国 A123 公司生产磷酸铁锂，Altairnano 公司生产钛酸锂，法国 SAFT 公司生产镍基材料。国内如比亚迪股份有限公司(简称比亚迪)、合肥国轩高科动力能源有限公司(简称国轩高科)、中航锂电(洛阳)有限公司(简称中航锂电)、宁德时代新能源科技股份有限公司(简称 CATL)等公司生产动力电池，山东润峰新能源工业园内建立了1MW光、储、配、输一体化系统。在电动汽车应用方面，截至2015年，北美地区主要采用混合动力系统，总保有量达到1万辆，欧洲主要采用混合动力系统与插电式混合动力系统，推广约2500辆，日本主要采用混合动力系统，推广约1万辆(商用车)。我国新能源汽车得到蓬勃发展，仅2015年已累计生产新能源汽车37.90万辆，同比增长4倍。其中，纯电动乘用车生产14.28万辆，同比增长3倍；插电式混合动力乘用车生产6.36万辆，同比增长3倍。纯电动商用车生产14.79万辆，同比增长

8倍;插电式混合动力商用车生产2.46万辆,同比增长79%。

锂离子电池产业的发展将为解决能源危机开辟一条新道路[4]。

1.2 锂离子电池应用概况

1.2.1 锂离子电池在小型消费电子产品领域的应用

目前,锂离子电池在消费类电子产品方面的应用主要包括手机、个人电脑、平板电脑、数码相机、移动电源、电子烟等,占锂离子电池总需求的58%。随着智能手机的不断更新换代以及售价的降低,锂离子电池的需求量也逐年上升。而数码相机和笔记本电脑虽然趋于饱和,但平板电脑、电子烟出货量一直维持着高速增长的态势。消费类电子产品领域锂电池正极材料的性能需求侧重于锂电池比能量和安全性。以硅碳(Si-C)复合材料为代表的新型高容量负极材料是未来的发展趋势。

根据锂电池形状和外包装材料可以将锂电池分为方形锂电池、圆柱锂电池和聚合物锂电池。与液态锂电池相比,聚合物锂电池具有可薄形化(最薄0.8mm)、任意面积化与任意形状化等优点,提高了电池设计的灵活性,因此聚合物锂电池将成为未来锂电池的主流产品。

1.2.2 锂离子电池在电动汽车领域的应用

电动汽车如果期望达到与传统燃油车相当的续航里程(约500km),其动力电池系统的比能量至少应达到400Wh/kg以上。目前装车应用最广泛的基于磷酸亚铁锂和锰酸锂正极的锂离子动力电池,其单体电池的比能量只有130Wh/kg;组合成电池组后,电池系统的比能量不到90Wh/kg[9]。日本新能源产业技术开发机构(NEDO)研究制定了《下一代汽车用蓄电池技术开发路线图》,分为改良、先进和革新三个阶段,近期以先进锂离子电池为主,中期(2015年至2020年)以革新性锂离子电池为主,而远期寄希望于新体系动力电池。美国能源部在其动力电池研发路线图中提出,动力电池系统的近期开发目标为150Wh/kg。我国国务院在2012年颁布了《节能与新能源汽车产业发展规划(2012—2020年)》,近、中期指标所对应的单体电池的比能量分别约为190Wh/kg和375Wh/kg。德国历来以发展纯电动车和插电式电动车为重点,其联邦政府于2009年发布了《国家电动汽车发展计划》。

动力电池的近、中期发展仍将以锂离子电池为主,但其比能量较难超过340Wh/kg,以三元材料为正极、石墨类碳为负极的电池体系近期可以达到180~200Wh/kg。积极开发锰基固熔体正极和硅基负极,可能发展出比能量接近300Wh/kg的先进锂离子电池,是突破中期指标的重点方向之一。从长远来看,锂硫电池是可能满足远期发展目标的新体系之一,但技术开发任重而道远。就目前来说，开发电池自激发热控制技术以及不燃性电解液是解决电池安全性问题的有效手段，需要加强研究与攻关[9]。

制约电动汽车大规模商业应用的主要瓶颈是锂离子电池的性能、寿命、安全性与成本。电池的热问题是影响上述指标的关键因素。首先，电池的温度会直接影响其功率和能量性能；其次，局部过热有可能引发冒烟、起火等热失控事件；再次，存放或使用温度都会影响其使用寿命。与消费电子产品上广泛使用的小型锂离子电池相比，大型锂离子动力电池所面临的热问题更加严峻：第一，电池大型化后温度分布更容易不均匀；第二，随着电池尺寸的增加，内部产热量随电池特征尺寸的立方增加，而表面散热量只随特征尺寸的平方增加，因此充、放电过程中的温升会更加显著；第三，一旦出现热失控，其后果也将更加严重[10]。解决电池安全性问题需要从防止短路、过充，发展高灵敏性的热控制技术，以及开发全固态电池这几方面考虑。关于电动汽车电池热模型的研究正在展开[11,12]，有效的电池热管理系统也正在被设计[13]。

动力电池正极材料的性能需求为高电压、高能量、高功率和宽温度范围。目前商业化的正极材料包括钴酸锂($LiCoO_2$)、三元材料、锰酸锂($LiMn_2O_4$)和磷酸铁锂($LiFePO_4$)等。钴酸锂因钴(Co)价格昂贵，环境污染严重，被替代趋势明显。锰酸锂成本较低，电导率高，结构稳定，环境友好，但其具有较高的电极电位，容易导致电解液被氧化，高温性能不好，容量衰减明显[14]。尖晶石锂锰氧化物和橄榄石磷酸铁锂现在被广泛用作混合动力电动车(HEV)和纯电动汽车(EV)电池的正极材料[15,16]。磷酸铁锂具有规则的橄榄石型结构，其稳定性较好，在充放电过程中，没有影响其电化学性能的体积效应，因此具有良好的循环性能，但是它的振实密度与压实密度较低，低温性能较差[17]。镍钴锰酸锂材料的高容量和高安全性是其他材料无法比拟的[18]，但是三元材料电池压实密度低，导电性能不如钴元素，制作工艺复杂。三元材料是未来发展的趋势[18,19]，目前，日本和韩国主要开发锰酸锂和镍钴锰酸锂三元材料。五种主要动力电池正极材料性能如表 1.1 所示。

表 1.1　动力电池正极材料性能[6]

材料名称	相对于金属锂的平均电压/V	可用比容量/(Ah/kg)	正极材料比能量/(Wh/kg)(按相对于金属锂的平均电压计算)	与石墨负极结合电池预期比能量/(Wh/kg)	安全性、成本和寿命预测
改性锰酸锂	4.0	110	440	140	安全性好，成本低，但高温环境寿命较短
磷酸铁锂	3.4	155	527	160	安全性最好，成本较低，寿命很长

续表

材料名称	相对于金属锂的平均电压/V	可用比容量/(Ah/kg)	正极材料比能量/(Wh/kg)(按相对于金属锂的平均电压计算)	与石墨负极结合电池预期比能量/(Wh/kg)	安全性、成本和寿命预测
三元材料	3.8	160	646	240	安全性偏低,成本较低,寿命较长
高压锂镍锰尖晶石	4.7	130	611	240	安全性高,成本较低,预期寿命较长
富锂锰基正极材料	3.6	270	972	280	成本较低,寿命问题待解决,需继续研究

负极材料也是锂离子电池四大材料之一。现阶段负极材料研究的主要方向有石墨化碳材料、无定形碳材料、氮化物、硅基材料、锡基材料、新型合金和其他材料。

石墨包括天然石墨、人造石墨、石墨化中间相碳微球。天然石墨性价比高,加工性能好但吸液性差,分子中不存在交联的 sp^3 结构,石墨片分子容易发生平移,从而导致石墨负极材料的循环性能差。人造石墨结构稳定性好、循环寿命长,有取代天然石墨的趋势。人造石墨通过对原始材料进行表面改性和结构调整,使其部分无序化或者在各类材料中形成纳米级的孔、洞和通道等结构,加大锂离子嵌入和脱嵌反应,因此具有高压实、高比容量、长寿命等优势。人造石墨主要作为动力电池的负极材料。中间相碳微球综合性能好,循环寿命长。中间相碳微球是球形结构,堆积密度高,单位体积嵌锂容量比较大,而且小球具有片层状结构,有利于锂离子的嵌入和脱嵌。700℃热处理的中间相碳微球充电比容量可达 1190mAh/g,放电比容量达 750mAh/g,远超过石墨的理论放电比容量(372mAh/g)。

钛酸锂是目前安全性较高的负极材料,在充放电循环中能保持"零应变性"。零应变性使其在锂离子嵌入和脱嵌时,晶格常数和体积变化很小,能够有效避免由电极材料的来回伸缩导致结构的破坏,从而大大提高电极的循环次数。另外,钛酸锂的电势比纯金属锂的高,不易产生枝晶,为保障锂电池的安全奠定了基础,但是钛酸锂的比容量比其他负极材料低很多,比容量为 175mAh/g,作为电池材料其振实密度比较低,单位体积容量较小[20-22]。

硅碳复合材料是适合做高容量电池的负极材料。硅具有非常高的理论比容量和较低的嵌入及脱嵌锂电位。硅碳复合材料采用高比容量的硅为主要活性体,采用体积效应小、循环稳定性好的碳为载体,合成新型的硅碳复合材料,能够有效避免硅在充放电过程中因体积过度膨胀而粉化,但是硅碳复合材料的安全性以及倍率性能较差，当电流密度稍大时，容量下降很明显。四种主要动力电池负极材料性能如表1.2所示。

表1.2　动力电池负极材料性能[6]

材料名称	相对于金属锂的平均电压/V	可用比容量/(Ah/kg)	接受低温充电和快速充电能力	安全性、成本和寿命预测
石墨	0.2	330	较差	安全性较好，成本低，寿命较长
硬/软碳	0.4	260	较好	安全性好，成本较低，寿命很长，主要用于HEV电池
钛酸锂	1.5	160	好	安全性好，寿命很长，可用于快充电池，但会导致电池比能量降低和成本升高
合金负极	0.4	600	可能较好	成本较低，寿命待定

电解液方面，六氟磷酸锂是目前市场上主要的锂离子电池电解质，其有良好的电导率、电化学稳定性及突出的氧化稳定性，并且后续废电池的处理简单，对生态环境友好，因此成为目前应用最广泛的电解质。

目前，市场化的隔膜材料主要是以聚乙烯(PE)、聚丙烯(PP)为主的聚烯烃类隔膜。隔膜的生产工艺包括湿法工艺和干法工艺，同时干法工艺又可细分为单向拉伸工艺和双向拉伸工艺。目前，美国、日本、韩国等少数国家拥有先进的隔膜生产技术。隔膜未来的发展趋势是满足高功率、大容量、长寿命循环和安全可靠等性能要求[23]。

国内主要锂动力电池及材料厂家有比亚迪、国轩高科、CATL、中信国安盟固利新能源科技有限公司(简称中信国安)、深圳比克电池有限公司(简称深圳比克)、天津力神电池股份有限公司、江苏国泰华荣化工新材料有限公司、中国宝安集团股份有限公司(简称中国宝安)、宁波杉杉股份有限公司(简称杉杉股份)、湖南瑞翔新材料有限公司、中国电子科技集团公司第十八研究所等。其中，比亚迪已正式推出搭载其自主研发的磷酸铁锂动力电池的比亚迪F3DM双模汽车，是目前国内为数不多的掌握车用磷酸铁锂电池组规模化生产技术的企业，在世界上处于领先地位；深圳比克是全球产量最大的锂离子电池芯制造商之一，从事磷酸铁锂动力电池芯的研发、生产。2008年末，“电动汽车用磷酸铁锂动力电池产业化”项目被科学技术部列入国家863计划重点项目。2008年10月，比克天津生产基地建成第一条磷酸铁锂动力电池芯生产线，并开始进行试生产；天津力神电池股份有限公司在“十一五”期间863计划中承接了“电动汽车高性能锂离子动力蓄电池系统研制”课题；天津斯特兰能源科技有限公司是磷酸铁锂电池正极材料生产商，主要供货给比亚迪；湖南瑞翔新材料有限公司专门从事锂电池正极材料的研究、开发、生产和销售，对锰酸锂和磷酸铁锂的正极材料均有研发，在“十一五”期间863计划中承接了“动力型锂离子电池正极材料锰酸锂的研制、开发”课题；中国电子科技集团公司第十八研究所是我国成立最早的化学与物理电源研究所，在“十一五”期间863计划中承接了“动力锂离子电池正负极材料的研制”课题。表1.3列出了国内主要大公司锂离子动力电池生产情况。

表1.3 部分国内公司锂离子动力电池生产情况

公司	锂动力电池产品	产品主要参数	产品应用	产能简介
比亚迪	电动车电池VM系列(磷酸铁锂电池)	型号:(24V、36V、48V)/(10Ah、12Ah、20Ah、24Ah)。额定电流:15A、20A、24A、40A。使用温度:充电10～50℃、放电－20～60℃。对应12V电池:R1210A-S。循环性能:>2000次	电动汽车	自产自销，基本没有对外销售
中信国安(磷酸铁锂电池)	高功率锂离子电池MGL-8Ah-HP	型号:3.6V/8Ah。比能量:100Wh/kg。最大持续电流:200A。使用温度:－20～55℃。循环性能:>2000次	混合电动汽车、无人机、大型电动工具等	主要从事新型复合金属氧化物材料和高比能量动力锂离子二次电池的生产和研究开发
	铝塑膜锂离子电池	型号:24V/10Ah。最大持续电流:10A。循环性能:>1000次		
		型号:36V/10Ah。额定电流:10A。循环性能:>1000次		
国轩高科	IFP40120200S LFP3.2V 10Ah LFP3.2V 50Ah LFP3.2V 20Ah (磷酸铁锂电池)	型号:3.2V/(5～50Ah)。使用温度:充电－10～45℃、放电－20～60℃。循环性能:>2000次	电动自行车、电动汽车、UPS电源、电动工具	已形成了磷酸铁锂正极材料及大容量储能型和大功率动力型铁锂电池共10多个系列产品
深圳比克(磷酸铁锂电池)	18650HP-Fe 26650MP-Fe 26650HP-Fe	型号:3.2V/(1～2.7Ah)。使用温度:充电0～45℃、放电－20～60℃。循环性能:>2000次	电动工具、电动自行车、电动汽车等	日产能约150万只
CATL	磷酸亚铁锂、镍钴锰三元、锰酸锂、钴酸锂等化学体系	型号:3.2V/(50～200Ah)、3.6V/(6～42Ah)。使用温度:－30～55℃。循环性能:>2000次	电动汽车、巴士	拥有材料、电芯、电池系统、电池回收的全产业链核心技术
苏州星恒电源有限公司	铝合金外壳锂电池(磷酸铁锂电池)组	型号:25.9V/9.5Ah、37V/9.5Ah、48V/9.5Ah。额定电流:10A。使用温度:充电0～45℃、放电－20～45℃。循环性能:>500次	电动自行车	国内动力锂电池产品线投资规模最大的企业，目前产能为3600万Ah/年

续表

公司	锂动力电池产品	产品主要参数	产品应用	产能简介
天津力神电池股份有限公司	四大系列动力锂电池(磷酸铁锂电池)	型号：3.2V/(8.5～13.5Ah)。使用温度：充电0～45℃、放电－20～60℃。循环性能：>2000次	电动自行车、电动汽车、混合动力汽车	具有5亿Ah锂离子电池的年生产能力，产品包括圆柱形、方形、聚合物和塑料软包装、动力电池四大系列几百个型号
咸阳偏转集团公司	磷酸铁锂动力电池组	电池容量：110Ah(55×2)/270V(84串)，29.7kWh辅助电池：55Ah/12V(4串)。电池组最大输出电流：300A。电池组最大输出功率：约80kW(瞬态)。电池总重量：约300kg	电动小汽车、电动大巴车，还可应用于基站用的UPS电源、军事应用等领域	主要生产磷酸铁电池、动力电池、汽车电池
中航锂电	磷酸铁锂动力电池SE40-400AHA	最大放电电流：400A。使用温度：充电0～45℃、放电－20～55℃。循环性能：>2000次	潜艇、鱼雷、装甲车辆、军用雷达、无人机、卫星等军工领域，电动汽车、城市公交、电动叉车、太阳能蓄电电池、动力UPS等民用领域	专业从事锂离子动力电池、电源管理系统的研发和生产，是国内领先的生产100Ah以上大功率、高容量、高电压锂离子动力电池制造专业公司，承担国家863计划重大专项“大容量磷酸铁锂动力电池及动力模块技术开发”

1.2.3 锂离子电池在储能领域的应用

世界发达国家高度重视储能新技术的研究开发，例如，美国的“DOE项目计划”、日本政府的“NEDO计划”以及欧盟的“框架计划”等都将储能技术作为研究重点。随着我国新能源发电规模的快速扩大，风力发电、分布式光伏发电、集中式光伏发电、短时调节电力削峰填谷、纯电动汽车接入将会形成超过2000亿元的工业储能市场[24]。

锂离子电池在工业储能中的应用包括一般UPS储能电源、电动工具、工业机械、移动基站电源、水力、火力、风力、太阳能发电配套储电站。虽然目前较多使用铅酸蓄电池，但随着锂离子电池技术的不断成熟，锂离子电池将慢慢取代铅酸蓄电池。2012年全球锂离子电池需求总量中，工业储能市场消耗467.36万kWh，占比12.25%，中国工业储能市场共消耗锂离子电池73.15万kWh，占比15.65%。此外，移动基站电源市场成长最快，2012年消耗5.80万kWh的锂离子电池，较2011年有大幅度攀升。

国内规模及知名度较大的电池储能电站主要有国家电网张北风光储输示范工程储能电站、南方电网公司深圳宝清电池储能电站等。张北电池储能并网实验示范基地建成于2010年，锂离子电池、液流电池、铅酸电池等储能系统14MW，直接并入35kV电网。深圳宝清电池储能电站建成于2011年，安装4MW/16MW磷酸铁锂电池、钛酸锂电池储能系统，用于城市电网开展调峰填谷以及调频运行与实验。

1.2.4 锂离子电池在特殊场合的应用

医疗设备锂离子电池电池组一般采用18650电池组，标称电压在11V和7V左右，放电电流为1～6A，其他如B超仪、监控仪、输液泵、监护仪、心电图仪、分析仪、输液泵、呼吸机(13Ah左右)、激光治疗仪，容量为2～13Ah。

移动照明采用18650电池组，矿用照明灯电池容量为5～10Ah，环境监测仪为10Ah以上，自行车灯为50Ah左右。

POS机/手持终端锂电池普遍采用聚合物锂离子电池，标称电压在7.4V左右，容量为1～3Ah。

家用电器采用18650电池组，家用扫地机、吸尘器、真空吸尘器、车用吸尘器等机器内置锂离子18650大容量电池组，标称电压在11V左右，容量为2～12Ah，也有使用聚合物锂离子电池，容量在2Ah左右。

工业配套锂离子电池，如手持尘埃粒子计内置锂离子电池，探伤仪、超声波探伤仪、气象站、气象监测、激光指向仪、无线电通信、铁路指示灯等仪器内置18650大容量电池组，工作电流为0～2A，标称电压在12V以下，容量在几安时或超过10Ah。电动工具电池组容量为1.5～3Ah，标称电压较高，为14～20V，工作电流较大，为1～4A。

安防领域一般采用标称电压为低电压3.7V的锂离子电池，如烟雾报警器、对讲机，容量为1～2Ah；应急灯、部分对讲机普遍采用2Ah左右的18650聚合物锂离子电池。

军用领域普遍采用聚合物锂离子电池，如警用内窥镜、手持红外激光测距仪、军用超高频手持智能读写设备、军用对讲机等，标称电压在7.4V左右，容量为1.5～2Ah，工作电流为1～2A。

1.3 锂离子电池的热安全问题

虽然锂离子电池在替代传统蓄电池作为电动车、混合动力电动车、电动自行车和电动工具等动力电源方面具有一定的优势，但是由于锂离子电池滥用或误用时会引发电池内部发生剧烈的化学反应，产生大量的热，可能导致泄漏、放气、冒烟，甚至剧烈燃烧且发生爆炸。根据不完全统计，2006年至2016年1月发生的锂离子电池起火事故见表1.4。

表 1.4　锂离子电池起火事故不完全统计[4]

序号	时间	事故及地点	事故诱因
1	2016.1	电动汽车起火,中国,合肥	电动车充电时起火
2	2015.12	电动巴士起火,中国,香港	电动车在泊车点自燃
3	2015.4	五洲龙电动公交充电站内起火,中国,深圳	电池充电时起火
4	2014.11	奥斯之星电动车起火,中国,呼和浩特	电池充电时爆炸
5	2014.11	今明阳电池科技有限公司起火,中国,东莞	电池短路着火
6	2013.10	特斯拉豪华电动车起火,美国,西雅图	电动车撞击后电池着火
7	2013.3	三菱电动车充电中起火,日本,东京	电池组过热起火
8	2013.1	波音 787 飞机起火,美国,波士顿	机载电池起火
9	2012.10	菲斯科混合动力汽车起火,美国,新泽西	浸没海水后起火爆炸
10	2012.5	菲斯科混合动力汽车起火,美国,福遍县	电池于车库中起火
11	2012.5	电动出租车起火,中国,深圳	电动车被撞后起火
12	2011.11	雪佛兰电动汽车起火,美国,华盛顿	电池起火
13	2011.7	电动公交车起火,中国,上海	$LiFePO_4$电池过热
14	2011.4	电动出租车起火,中国,杭州	16Ah $LiFePO_4$电池
15	2010.9	波音 B747-400F 飞机起火,阿联酋,迪拜	电池过热
16	2010.4	Acer 召回 2700 个笔记本电脑电池,如同 2006 年 Dell、Apple、Toshiba、Lenovo、Sony 曾经的大规模召回事件	潜在的电池过热
17	2010.3	iPod nano 播放器起火,日本,东京	电池过热
18	2010.1	电动公交车起火,中国,乌鲁木齐	$LiFePO_4$电池过热
19	2009.7	飞机飞往美国之前起火,中国,深圳	电池自燃
20	2008.6	笔记本电脑于会议期间起火,日本,东京	$LiFePO_4$电池自燃
21	2006 年至今	上万部手机电池起火	电池过热等

科研人员通过短路、过充、高温性能测试等实验,对锂离子电池的耐过充性和热稳定性进行研究发现,当电池温度升高时,电池内部可能的放热反应有:①负极与电解液的反应;②电解液的热分解;③电解液与正极的反应;④正极的热分解;⑤负极的热分解。以下分别从锂离子电池的材料讨论影响锂离子二次电池安全性的各种因素[25,26]。

1.3.1　电解液的热安全问题

锂离子电池的电解液为锂盐与有机溶剂的混合溶液。$LiPF_6$是最常用的电解质,但它在高温下容易发生热分解,且在微量水的存在下,锂盐就会分解释放出路易斯酸物质,还会在水的影响下释放出 HF,生成 POF_3,与溶剂反应生成 CH_3F 等物质。

电解液的有机溶剂多为碳酸酯的混合溶剂，常由链状、环状碳酸酯混合构成。其中环状碳酸酯的介电常数、黏度较高，如碳酸乙烯酯(EC)、碳酸丙烯酯(PC)，它们的极性高，易于锂盐溶解、解离。链状碳酸酯主要有碳酸二甲酯(DMC)、碳酸二乙酯(DEC)以及碳酸甲乙酯(EMC)等溶剂，它们的介电常数、黏度较低，挥发性较强。为了保证电解液中锂盐的高解离度，同时保证电解液与电极、隔膜的良好浸润，一般来说，电解液需要有高介电常数和低黏度，因此常选择环状、链状碳酸酯的混合溶剂作为有机溶剂。但是，链状碳酸酯的沸点、闪点较低，在高温下容易与锂盐释放的PF_5反应，易被氧化。环状碳酸酯中PC会在石墨类负极物质表面共嵌入，降低负极稳定性；EC的熔点较高，会使电解液在低温下析出锂盐，降低电池的低温性能。王青松等采用C80微量量热仪比较分析了不同混合溶剂及其$LiPF_6$电解液的热稳定性。研究发现，加入$LiPF_6$以后，电解液的热危险性高于溶剂体系；而且含有DMC的电解液比含有DEC的放热峰温度更高[4,25-38]。

1.3.2　电极-电解液体系的热安全问题

消费电子产品用锂离子电池的正极材料主要是$LiCoO_2$，因此有很多研究分析了其与电解液共存体系的热稳定性。Zhang等研究认为体系的产热量与正极物质的嵌锂程度相关，嵌锂越高，产热量越低。而在没有电解液时，正极物质的产热量很低[39]。王青松等基于C80分析了$LiCoO_2$与不同溶剂下$LiPF_6$电解液共存体系的热行为，对相应体系的产热及动力学参数进行了计算。研究发现，在共存体系中，环状溶剂比线性溶剂的热稳定性更高；而且线性溶剂在共存体系中的反应活性有以下次序：DMC>EMC>DEC[40]。基于对正极体系的热行为研究，可以确定正极材料在充电状态下不稳定，易于在高温下发生热分解放出O_2，这些O_2能够氧化电解液尤其是有机溶剂，产生大量的热及其他气体，降低电池的安全性[4]。

目前已经商用的负极物质主要是石墨、焦炭、MCMB、热解硬碳等碳类物质。由于在首次充放电循环时，有机电解液会在碳负极表面形成固体电解质界面(SEI)膜，该界面膜能让锂离子通过，保护嵌锂与电解液不直接接触，进而保证电池具有良好的循环性能。但是，该界面膜的形成也会引起电池不可逆容量的损失，而且易于在高温下发生热分解。Maleki等基于DSC分析了嵌锂负极物质与电解液共存体系的热特性，研究发现了100℃左右的SEI膜放热过程。Barnett等基于DSC和ARC分析了嵌锂石墨与$LiPF_6$电解液共存体系的热行为，得到了系统的放热温度起始于80～120℃，并于150～300℃范围内大量放热，得到了基于负极质量计算得到的体系产热为－1700J/g。Richard等分析测试了SEI膜热分解的产热，ARC结果显示，在不同嵌锂状态下，SEI膜的分解产热不同。随着温度升高，SEI膜结构被破坏，负极嵌锂与电解液之间、电解液与负极物质中的黏结剂PVDF之间，都会发生热反应。这些研究发现，电解液的比例、电解液所用锂盐的种类、负极物质的嵌锂程度、负极物质的比表面积都对共存体系的产热有明显影响[4,39-46]。

1.3.3　锂离子电池的火灾危险性

锂离子电池一旦发生事故，容易引起火灾，并对测试设备、人员造成不可估量的伤害。关于锂离子电池火灾危险性的研究比较少。法国国家工业环境与风险研究(INERIS)对小型 $LiMnO_4$/石墨电池(2.9Ah)的燃烧特性进行了研究，使用火焰传播设备、GCMS 等仪器，研究分析了电池燃烧的热特性以及燃烧产物的毒害特性。FM 全球公司(FM Global)对上千个小型电池(18650 型号，2.6Ah，$LiCoO_2$ 电池)进行了大规模测试，评估了小型电池堆在批量储存状态下的燃烧性能，以及采用保护系统对电池燃烧进行灭火的有效性。

但是，以上研究的对象主要是小型电池，或者由小型电池组成的电池组。而锂离子电池的安全性是与电池的大小、容量相关的。目前商用的小型电池，如手机、摄像机、笔记本电脑所用的电池一般由 3Ah 左右的方形、圆柱形(18650)电池构成，电池质量为 10～30g。根据事故调查数据，每百万这样的电池有约少于一例的事故发生，电池起火的事故率较低。而电动自行车所用电池模组质量为 3～4kg、电动摩托车所用电池模组质量为 15～20kg，混合电动汽车所用电池模组质量为 30～100kg、纯电动汽车所需电池模组质量为 300～400kg，储能电站所需电池模组质量为 1000kg 以上。当电池应用的规模扩大、单位空间内的比能量增强时，电池数量、质量的显著增加也会大大提高事故发生的可能性，增大事故的危险[4,47-49]。

1.3.4　锂离子电池热安全研究趋势

大量研究达成了一个共识，温度是影响锂离子电池热危险性的重要原因。前人主要利用已有优势通过电池材料改性、热行为模拟、热管理系统设计，以及阻燃添加剂和过充保护添加剂的研发等方式来提高锂离子电池的安全性能。而随着国家战略和国际形势的变化，目前，各大研究机构纷纷加入电动汽车用锂离子电池的研究中[50-60]。

1.4　锂离子电池相关安全规范

由于锂离子电池在生产和使用中存在诸多安全隐患，许多国家和机构出台了一系列标准和规范，以保障使用者的安全。

1.4.1　国际标准

在锂离子发展的历程中，联合国发布的《危险品运输规范》，美国保险商实验室(Underwriters Laboratories，UL)发布的《消费电子产品安全标准》，以及电气电子工程师协会(IEEE)和国际电工委员会(IEC)制定的一些标准等对锂离子电池的发展有着十分重大的影响[61]。近年来,各个国家纷纷出台了一些适应本国的标准,在各国被人们广泛接受和使用,这些国家中包括日本、韩国、中国等亚洲国家。

目前,汽车行业针对未来以锂离子电池为动力的电动汽车正在起草新标准,或是在现有的标准上进行修订,制定出符合行业需求的使用标准。

而随着锂离子电池的广泛应用,电池垃圾也越来越多。经过努力,美国已经制定出将日以俱增的废旧电池进行循环利用、并对相关产品进行管理的规定。

1. 联合国规范及美国联邦法规

锂离子电池被归于危险有害物质或危险化学品。因此,在美国,商用锂离子电池按照《联邦政府法规》第49条(简称《49CFR》)进行管理。这些规范由美国联邦机构强制执行,如美国交通部(DOT)、管道和危险材料安全管理局(PHMSA)和联邦航空局(FAA)。如果违反了该规定,将接受55000美元的民事罚款和10年以下的刑事处罚。《49CFR》规定了给定材料危险级别的判定方法,一旦某种物质的危险等级被确定,该物质的运输要求也就确定,指令要求中常常包含目标物质的测试、包装、标签要求,以及特殊的运输要求,例如,对空运的数量进行限定。在美国,《49CFR》的规定与联合国发布的《危险品运输规范》是一致的。

对于锂离子电池的具体要求在《49CFR》的第173部分"锂离子电芯和电池组"中可以看到。《危险品运输规范》与《关于危险货物运输的建议》将锂离子电池列为9级危险物质(混合物质)。《49CFR》173.185测试要求包括:每个类型测试需满足联合国《测试标准手册》中的每一项要求(UN测试);具有有效地防止内部短路的方法。

《49CFR》173.185是参考船舶运输规定制定的专有规定,规定了不能运输锂离子电池的情况。但是,如果满足其他标准,也可运输,如满足UN测试标准、具有短路保护措施、有足够坚固的外包装经得起从1.2m高的地方摔下。

联合国《关于危险货物运输的建议》和《测试标准手册》主要是为了保障锂离子电池和电池组以及含有或附有锂离子电池或电池组的物品的安全。

2. UL标准

UL 1642-2005标准对锂离子电池的规范主要作用于技师可更换的和用户可更换的锂二次电池和电池组,旨在降低锂电池在用于产品时着火或爆炸的危险。其中核心内容是对锂离子电池的测试标准进行了规范。该标准规定,测试主要分为电性能测试、机械性能测试和环境条件测试。其中,电性能测试主要包括短路测试、不正常充电测试和强制放电测试。机械性能测试包括平板压坏测试、撞击测试、加速度测试和振动测试。环境条件测试包括热冲击测试、温度循环测试和为了模拟高空进行的低压测试。该标准还规定了对于用户更换锂电池测试，还需进行射弹实验。

3. IEC 标准

IEC 61960 标准给出了标准电池型号的描述，并提供了在多种不同条件下评估电池性能的方法，这些条件包括不同温度、不同放电速率或者在长期的电池循环后。该标准作为一个商品标准，可以使电池购买者在同一套测试下对比不同电池的性能。这其中并不包括安全测试。

IEC 发布了一项明确解决可再充电池和电池组安全需求的标准：IEC 62133。此标准在美国是自发形成的，但对运往巴西的远程通信设备中电池组包装却必不可少。按照此标准，“在作正常用途或合理的可预见的误用条件下，电池和电池组应当进行设计和安装，保障其安全性”。IEC 62133 包含一整套设计和生产要求，以及一系列的安全测试。相关要求列于表 1.5 中。许多测试的描述都非常类似于 UL 和 IEEE 标准中的描述。然而，也有一些测试只存在于 IEC 标准中，特别是“自由落体”测试，它要求电池或电池组多次自由坠落于水泥地面上，或者是对需要避免高电压的电池进行过充实验。

表 1.5 IEC 设计要求和安全测试

章节	测试项目	设计要求
62133:2.1	绝缘与接线	电池组正极端子和内部线路绝缘的最小电阻要求
62133:2.2	排气	电池压力释放机制的要求
62133:2.3	温度/日常管理	预防异常温升的需求（限制充、放电电流）
62133:2.4	终端触点	两级标识、机械强度、载流量和抗腐蚀性要求
62133:2.5	电池装配到电池组	电池容量匹配、装配到电池组内的兼容性以及防止电池装反的要求
62133:2.6	品质计划	生产商质量把关要求
62133:4.3.2	短路测试	用最大 0.1Ω 的电阻进行短路测试；在 20℃(68°F)和 55℃(131°F)进行测试；使用最新的电池进行测试
62133:4.3.11	异常充电测试	过流充电测试（恒定电压，电流限定在三倍最大充电电流以内）；在 20℃(68°F)进行测试；使用最新的电池测试
62133:4.3.10	强制放电测试	仅适用于多元电池；过放电测试；在 20℃(68°F)进行测试；使用最新的电池测试
62133:4.3.6	挤压测试	电池置于两块平板之间以 13kN(3000lbf)的力进行挤压；使用最新的电池测试
62133:4.3.4	冲击测试	用最小平均加速度 75g 进行三次冲击测试；最大加速度为 125～175g；每次冲击均作用在中轴线上；在 20℃(68°F)进行测试；使用最新的电池测试
62133:4.2.2	振动测试	在三个垂直方向对电池进行谐和振动测试；频率在 10～55Hz 区间变化；在 20℃(68°F)进行测试；使用最新的电池测试

续表

章节	测试项目	设计要求
62133:4.3.5	加热测试	将电池或电池组置于初温为20℃(68°F)的烘箱内;烘箱温度以5℃/min上升到130℃(266°F);烘箱在130℃(266°F)时稳定10min,然后慢慢恢复到室温;使用最新的电池测试
62133:4.2.4	温度循环测试	电池在高温和低温之间循环;75℃(167°F)时4h,20℃(68°F)时2h,−20℃(−4°F)时4h,然后恢复到20℃,并将上述步骤循环四次;使用最新的电池测试
62133:4.3.7	低压测试(高空模拟)	用最大0.1Ω的电阻进行短路测试;在20℃(68°F)和55℃(131°F)进行测试;使用最新的电池测试
62133:4.2.1	持续低速充电	全充电池置于厂商制定的充电条件下28天,在20℃(68°F)进行测试;使用最新的电池测试
62133:4.2.3	高温环境下模制壳强度	将电池组置于恒温70℃(158°F)且空气流通的烘箱内7h;使用最新的电池组测试
62133:4.3.3	自由落体	每个电池或电池组都从1m高处自由落体到水泥地面上,重复三次
62133:4.3.9	过充	以最小10V的电压对放电电池充电一段时间
62133:4.3.3	包装跌落测试	包装好的电池或电池组从1.2m高处坠落至水泥地面上,包装一角应首先撞击到地面

IEC发布了另一项具体解决可再充电池或电池组输运过程中安全需求的标准:IEC 62281。此项标准扩展了IEC 62133中详述的设计和生产要求,包括UN测试,增加了包装坠落测试(列于表1.5中),描述了包装标记。这项标准目前正在修订,以期与UN测试要求中的变化对应。

4. IEEE标准

为回应锂电池组失效事故的相关报道,在过去十年中,两项IEEE标准经历了重大的修订:IEEE 1725《移动电话可再充电池组标准》和不久之后的IEEE 1625《多元移动计算设备可再充电池组标准》。在美国,IEEE标准是自发形成的。然而,手机运营商通过CTIA(因特网协会)对他们的供应商授权IEEE 1725合规。IEEE 1725和IEEE 1625有很大一部分是相同的,因此一起来讨论,见表1.6。根本上,两项标准都强调电池组包装安全性是电池、电池组包装、终端设备、电源配件、用户以及环境等若干影响下的结果。IEEE标准规定"子系统的设计方、生产商、供应商以及最终用户都应对总体系统可靠性负责"。两项标准都要求用失效模式与影响分析(FMEA)或事故树分析对系统进行分析。分析目标是"考虑到所有的系统使用场景和相关受影响的子系统"。在电池、包装、系统、充电配件设计和生产领域,两项标准都尝试描述并涵盖行业最好的实践结果,都要求电池或电池组包装遵从UN和UL 1642要求,以及UL 2054和IEC 62133推荐的测试要求。两项标准都包含标准测试之外的其他测试,特别是都要求电池能在130℃(266°F)下耐受1h(UN和UL测试均只要求10min)。

表 1.6 IEEE 1625 和 IEEE 1725 专有安全测试

章节	测试项目	测试要求
1725 5.6.5 1625 5.6.6 1625 5.6.7.2	电池热测试	电池或电池组置于初温为 20℃(68°F)的烘箱内;烘箱温度以 5℃/min(9°F/min)上升到 130℃(266°F);烘箱在 130℃(266°F)时稳定 1h,然后恢复到室温;1725 用新电池测试,1625 用新且循环过的电池测试
1725 5.6.6	过量锂镀评估	按生产批次对电池在 25℃(77°F)以生产商指定的最大充、放电速度循环 25 次。最小的五个电池在 55℃(131°F)进行 UL 外部短路测试,并将其剖开,查验是否存在锂镀
62133:4.3.3	外部短路	用最大 0.1Ω 的电阻进行短路测试;在 55℃(131°F)进行测试;使用最新的电池测试
62133:4.3.9	最大电压保护校验	电池置于电子产品保护允许的最大电压下;电池进行绝缘处理,置于绝热条件下 24h
62133:4.3.3	包装跌落测试	包装好的电池从 1.5m 高处坠落于平滑水泥地面,每一面最多测试六次,六个面共计 36 次;开路电压检测,是否存在外部短路

5. 汽车行业应用标准

汽车行业锂离子电池的发展现正处于形成阶段。美国能源部(US DOE)发布了一系列针对汽车行业锂离子电池的测试手册,具体包括:

(1) 美国广播公司(US ABC)技术评估的测试计划,于 2009 年 11 月出版。

(2) INL/EXT-07-12536 插入式混合动力电动汽车测试手册,于 2008 年 3 月出版。

(3) SAND 2005-3123 电动和混合动力电动汽车用自由 CAR 电力能源存储系统滥用测试手册,于 2005 年 6 月出版。

(4) INEEL/EXT-04-01986 电池技术寿命验证测试手册,于 2005 年 2 月出版。

(5) 电动车电池测试程序手册,于 1996 年 1 月出版。

制定标准的机构,如国际电工委员会、欧洲标准化委员会(CEN)、法国国家工业环境和风险研究所、日本电动车协会(JEVA)、国际标准化组织(ISO)、汽车工程师协会(SAE)和美国保险商实验室等正在起草新的针对电动和混合动力电动汽车的电池安全和性能标准,这些标准包括:

(1) IEC 62660-1,《锂离子二次电池动力电动道路车辆》——第一部分:性能测试。

(2) IEC 62660-2,《锂离子二次电池动力电动道路车辆》——第二部分:可靠性和滥用测试。

(3) INERIS Ellicert,2010 年 10 月,D 版,《充电式电动和混合动力汽车电池和电池组的认证计划》。

(4) ISO 26262,《道路车辆——功能安全》。

(5) ISO 12405,《电动道路车辆——锂离子动力电池组和系统测试规范》——第一部分:大功率应用。

(6) ISO 12405,《电动道路车辆——锂离子动力电池组和系统测试规范》——第二部分:高能应用。

(7) ISO 12405,《电动道路车辆——锂离子动力电池组和系统测试规范》——第三部分:安全性要求。

(8) SAE J2929,《电动和混合动力电动汽车电池系统安全标准——锂离子充电电池》,2011年2月。

(9) SAE J2344,《电动汽车安全指导》,2010年3月。

(10) SAE J1772,《SAE电动汽车和插入式混合动力电动汽车传导充电耦合器》,2010年1月。

(11) SAE J2464,《电动和混合动力电动汽车充电能量存储系统(RESS)安全性和滥用测试》,2009年11月。

(12) SAE J2380,《电动汽车电池振动测试》,2009年3月。

(13) SAE J2289,《电力驱动电池组系统功能指南》,2008年7月。

(14) SAE J1798,《电动车电池模块性能评价操作规程建议》,2008年7月。

(15) SAE J1797,《电动车电池模块包装操作规程建议》,2008年6月。

(16) SAE J2288,《电动汽车模块循环寿命测试》,2008年6月。

(17) UL 2580,《电动汽车用电池安全性标准》。

尽管这些标准中的一部分被再版发行,但很多标准并未更新以适用于锂离子电池技术。当然,这些标准也并不完全成熟。例如,SAE J2464提供了一般的危险易燃物质的监控方法,以及一些适用于汽车环境的新测试方法,但是里面的许多指示性内容并不成熟,大体表现在:首先,大多数测试方法来源于商用电子产品电池,并不完全满足汽车需求;其次,标准中对某些测试要求"电池强制打开泄压阀,不发生热失控",但这在实际中几乎不会发生;最后,标准允许测试者选择一种可以达到热失控时打开泄压阀的方法,这就表明方法的选择会影响泄压阀处气体的形成。因此,需要一个更加成熟的标准来规定一系列特殊的滥用测试条件。

除了上面提到的机构,一些汽车制造商也正在撰写属于自己的内部标准。国际监管机构将继续致力于电动和混合动力电动汽车电池。值得关注的是,后续将需要大量的实验和经费用于测试大容量电池和电池组。

6. 防火标准

目前尚未发现专门针对锂离子电池的防火标准。NFPA 13《标准自动喷水灭火系统的安装》目前并没有提供专门针对锂离子电芯和电池组的商品分类要求。国际标准委员会(ICC)还没有任何针对锂离子电芯和电池组的参考标准。

在众多被广泛采纳的标准中也未见可以应用于锂离子电池火灾的方法，包括水灭火测试。

1.4.2 国内标准

1. 锂离子电池材料标准[62]

近年来，每年都有锂电池材料产品或分析方法标准发布实施，企业参与标准起草的积极性也越来越高。2009 年陆续完成多项锂电池材料产品和相关检测方法标准的制定、修订工作，如 GB/T 26031—2010《镍酸锂》、GB/T 23365—2009《钴酸锂电化学性能测试　首次放电比容量及首次充放电效率测试方法》、GB/T 23366—2009《钴酸锂电化学性能测试　放电平台容量比率及循环寿命测试方法》等，同时完成了 GB/T 20252—2006《钴酸锂》的英文出版；2011 年至今陆续开展电池级碳酸锂、镍钴锰酸锂、磷酸铁锂等标准制定、修订工作。这些标准的制定实施，将逐步完善锂离子电池材料标准系列，提升锂离子电池行业的整体技术水平和竞争力。

我国现有锂电池材料上游原材料标准 6 项，其中 5 项为产品标准，分别为 GB/T 26008—2010《电池级单水氢氧化锂》、YS/T 661—2007《电池级氟化锂》、YS/T 582—2013《电池级碳酸锂》、YS/T 633—2007《四氧化三钴》和 HG/T 4066—2008《六氟磷酸锂和六氟磷酸锂电解液　第 1 部分：六氟磷酸锂》，标准规定了产品的要求、实验方法、检验规则、包装、标志、运输、储存等内容。还有 1 项标准为 GB/T 19282—2003《六氟磷酸锂产品分析方法》。虽然国内六氟磷酸锂的生产技术还在发展中，但企业较早地开展了相关标准的制定工作，2003 年就发布了 GB/T 19282—2003《六氟磷酸锂产品分析方法》。该标准规定了产品中六氟磷酸锂的鉴别以及六氟磷酸根、水分、锂含量、杂质金属离子、二甲氧基乙烷不溶物的测定的分析方法。2008 年发布的化工行业标准 HG/T 4066—2008《六氟磷酸锂和六氟磷酸锂电解液　第 1 部分：六氟磷酸锂》规定了六氟磷酸锂的各化学成分含量要求及其实验方法、产品检验规则和标志、标签、包装、储存、运输等内容，规范了国内电解质盐市场。

随着技术的快速发展，对电池级碳酸锂材料的性能指标要求也在提高。目前已出台 YS/T 582—2013《电池级碳酸锂》标准以满足当前电池材料市场的需要。

早在 2006 年就发布了钴酸锂产品标准 GB/T 20252—2006《钴酸锂》，对钴酸锂的化学成分、晶体结构、振实密度、粒度分布、比表面积、pH、首次放电比容量、首次充放电效率、平台容量比率、循环寿命和产品的检验规则等进行了规定。2009 年又发布了钴酸锂产品电化学测试方法标准两项（GB/T 23365—2009《钴酸锂电化学性能测试　首次放电比容量及首次充放电效率测试方法》和 GB/T 23366—

2009《钴酸锂电化学性能测试 放电平台容量比率及循环寿命测试方法》)和化学分析方法两项(GB/T 23367.1—2009 和 GB/T 23367.2—2009),规定了钴酸锂首次放电比容量、首次充放电效率、放电平台容量比率、循环寿命的测试方法,同时规定了钴酸锂中钴、锂、镍、锰、镁、铝、铁、钠、钙、铜含量的测定方法。另外两项产品标准 YS/T 677—2008《锰酸锂》和 GB/T 26031—2010《镍酸锂》对正极材料的化学成分(包括主元素含量范围和杂质元素含量限制)、晶体结构、振实密度、粒度分布、比表面积、pH、首次放电比容量、首次充放电效率、平台容量比率和循环寿命等做了具体要求。

隔膜是锂离子电池材料中技术含量最高的高附加值材料,隔膜的性能优劣,直接影响电池的容量、寿命及安全性能。国内已有星源材质、金辉高科等公司批量生产。国外企业如日本 Asahi(旭化成工业株式会社)、日本 Tonen(东燃化学株式会社)、韩国 SK 公司、美国 Celgard 公司以及英国 N-Tech 公司等国际巨头基本垄断了全球市场。国内隔膜产业的弱势地位,间接导致我国隔膜相关标准的缺失。目前,国产隔膜相比国外隔膜的主要差距在于国产的一致性较差,导致电池质量不稳定。我国应尽快制定隔膜标准来规范制备工艺和产品质量,以充分发挥标准对技术和产业的引领作用。

2. GB/T 18287—2000《蜂窝电话用锂离子电池总规范》

GB/T 18287—2000 标准首先对蜂窝电话用锂离子电池的充电制式、0.2C 放电性能、1C 放电性能、高温性能、低温性能、荷电保持能力、循环寿命、恒定湿热性能、振动、碰撞、自由跌落测试规定了基本要求。同时,为了减少滥用条件带来的伤害,该规范规定了过充电保护、过放电保护和短路保护的最低要求。而对于那些没有经过安全认证或是无法准确提供锂离子电池制造商信息的电池,还需要进行重物撞击实验、热冲击实验、过充电实验、短路实验,以确保电池使用者的安全。另外,该规范对锂离子电池的外观、标志和储存条件也进行了规范。

3. GB 31241—2014《便携式电子产品用锂离子电池和电池组安全要求》

2014 年 12 月,中国国家标准化管理委员会发布了 27 号国际标准公告,正式颁布了 GB 31241—2014《便携式电子产品用锂离子电池和电池组安全要求》。该标准为国家强制性标准,于 2015 年 8 月 1 日正式实施。该标准除了综合采纳多项国内外电池标准(如 UL、UN、IEC 等)中的成熟安全测试项目,还对热滥用、外部短路、跌落、过充电等测试项目进行了修改完善,并补充了保护电路、标识耐久性等要求。根据该标准,凡是“不超过 18kg 的预定可由使用人员经常携带的移动式电子产品”都需要执行该标准,相关的国内认证为 CQC11-464114—2014《便携式电子产品用锂离子电池和电池组安全认证》[63]。

4. 863计划项目中关于锂离子动力电池系统的相关指标

在公开的863计划项目中，关于锂离子动力电池的相关指标要求总体上要达到高功率型锂离子蓄电池功率密度≥3000W/kg；高能量型锂离子及蓄电池比能量≥200Wh/kg。动力蓄电池技术指标如表1.7所示。

表1.7　动力蓄电池技术指标

项目		指标1	指标2	指标3
容量规格/Ah		20①	50	100
功率密度/(W/kg)		≥1800	≥700	≥500
比能量/(Wh/kg)	磷酸铁锂	≥65	≥110	≥110
	锰酸锂	≥70	≥120	≥120
最大放电倍率		30C(20s)	6C(30s)	5C(30s)
最大充电倍率		10C(10s)	4C(60s)	4C(60s)
单体电池内阻/mΩ		≤2.0	≤3.0	≤2.5
单体电压偏差/V		≤0.02		
单体容量偏差/%		≤2		
使用温度范围/℃		−85		
搁置温度范围/℃		−120		
荷电保持能力(常温下搁置28天)		≥90%		
SOC估算误差/%②		≤5		
安全性④		通过行业标准或规范要求		
电池组循环寿命/万km②③		15(磷酸铁锂),10(锰酸锂)		
可靠性②		在环境相对湿度100%条件下，动力蓄电池组能够正常工作；满足整车行使3万km型式试验的相关要求		
成本/(元/Wh)④		≤3	≤2	≤2

① 高功率型，其余为高能量型。
② 动力蓄电池系统。
③ 循环寿命里程按工况法测试或等效测试。
④ 动力蓄电池系统(不含管理系统)。

以上是对锂离子动力电池的技术指标要求。除此之外，863计划项目对锂离子动力电池材料相关指标也有具体的要求。例如，磷酸铁锂材料：比容量≥150mAh/g，振实密度>1.0g/cm^3，能量型倍率性能≥10C，功率型倍率放电性能≥30C，−20℃放电容量不低于常温放电容量的75%，循环寿命2000次不低于常温放电容量的80%，安全性满足动力蓄电池要求，成本降低20%以上。锰酸锂材料：比容量≥110mAh/g，振实密度>2.2g/cm^3，能量型倍率性能≥10C，功率型倍率放电性能≥30C，循环寿命1000次不低于常温容量的85%，55℃条件下500次循环不低于常温放电容量的60%，安全性满足动力蓄电池要求，成本降低20%以上。

负极材料:比容量≥330mAh/g,振实密度>1.0g/cm³,能量型倍率性能≥10C,功率型倍率放电性能≥30C,具备10C以上充电接受能力,循环寿命2000次不低于常温放电容量的80%,安全性满足动力蓄电池要求,成本降低20%以上。

锂离子动力电池隔膜相关指标为:隔膜使用温度-40~70℃,孔隙率40%~60%,隔膜厚度15~40μm,融断温度>170℃,闭孔温度≤135℃,具有优良的均匀性、透气性等特性,安全性满足动力蓄电池要求,成本降低20%以上。

蓄电池管理系统相关指标为:电压检测精度0.5%,电流检测精度0.5%,温度检测精度0.5℃,SOC估算精度5%,故障间隔里程不低于30000km,电磁兼容性符合汽车电器设备电磁兼容性标准,形成两个以上系列产品。

2013年2月,为了推动锂离子电池在电动自行车行业的发展,工业和信息化部公布了《电动自行车用锂离子电池综合标准化技术体系》[64]。

参考文献

[1] 郭炳焜,徐徽,王先友,等.锂离子电池.长沙:中南大学出版社,2002.

[2] 黄可龙,王兆翔,刘素琴.锂离子电池原理与关键技术.北京:化学工业出版社,2008.

[3] 雷迪托B.电池手册.4版.北京:化学工业出版社,2013.

[4] 平平.锂离子电池热失控与火灾危险性分析及高安全性电池体系研究.合肥:中国科学技术大学博士学位论文,2014.

[5] 王青松.锂离子电池材料的热稳定性及电解液阻燃添加剂研究.合肥:中国科学技术大学博士学位论文,2005.

[6] 黄学杰.电动汽车与锂离子电池.物理,2014,44(1):1-7.

[7] Sasaki T, Ukyo Y, Novák P. Memory effect in a lithium-ion battery. Nature Materials, 2013,12(6):569-575.

[8] Auborn J J, Barberio Y L. Lithium intercalation cells without metallic lithium: MoO_2/$LiCoO_2$ and WO_2/$LiCoO_2$. Journal of the Electrochemical Society, 1987, 134(3):638-641.

[9] 艾新平,杨汉西.浅析动力电池的技术发展.中国科学:化学,2014,7:1150-1158.

[10] 张剑波.大型动力锂离子电池的热特性、热问题、热设计.第一届全国储能科学与技术大会,上海,2014:150-151.

[11] 仇磊,殷时蓉.电动汽车电池热模型与实验研究.北京汽车,2014,2:40-43.

[12] 崔小锋,李炳泉.锂离子电动汽车的安全性.新安全东方消防,2014,1:66-67.

[13] Pesaran A A. Battery thermal management in EV and HEVs: Issues and solutions. Battery Man, 2001, 43(5):34-49.

[14] Al-Hallaj S, Kizilel R, Lateef A, et al. Passive thermal management using phase change material (PCM) for EV and HEV Li-ion batteries. IEEE Conference on Vehicle Power and Propulsion, Chicago, 2005:376-380.

[15] Yang J, Wang J, Wang D, et al. 3D porous $LiFePO_4$/graphene hybrid cathodes with en-

hanced performance for Li-ion batteries. Journal of Power Sources, 2012, 208: 340-344.

[16] Li H, Wang Z, Chen L, et al. Research on advanced materials for Li-ion batteries. Advanced Materials, 2009, 21(45): 4593-4607.

[17] Guerfi A, Duchesne S, Kobayashi Y, et al. $LiFePO_4$ and graphite electrodes with ionic liquids based on bis(fluorosulfonyl) imide(FSI)—For Li-ion batteries. Journal of Power Sources, 2008, 175(2): 866-873.

[18] Belharouak I, Sun Y K, Liu J, et al. $Li(Ni_{1/3}Co_{1/3}Mn_{1/3})O_2$ as a suitable cathode for high power applications. Journal of Power Sources, 2003, 123(2): 247-252.

[19] Sun Y K, Myung S T, Park B C, et al. High-energy cathode material for long-life and safe lithium batteries. Nature Materials, 2009, 8(4): 320-324.

[20] Scrosati B, Garche J. Lithium batteries: Status, prospects and future. Journal of Power Sources, 2010, 195(9): 2419-2430.

[21] Yi T F, Jiang L J, Shu J, et al. Recent development and application of $Li_4Ti_5O_{12}$ as anode material of lithium ion battery. Journal of Physics and Chemistry of Solids, 2010, 71(9): 1236-1242.

[22] Belharouak I, Koenig G M, Amine K. Electrochemistry and safety of $Li_4Ti_5O_{12}$ and graphite anodes paired with $LiMn_2O_4$ for hybrid electric vehicle Li-ion battery applications. Journal of Power Sources, 2011, 196(23): 10344-10350.

[23] Zhang S S. A review on the separators of liquid electrolyte Li-ion batteries. Journal of Power Sources, 2007, 164(1): 351-364.

[24] Daniel C. Materials and processing for lithium-ion batteries. JOM, 2008, 60(9): 43-48.

[25] Spotnitz R, Franklin J. Abuse behavior of high-power, lithium-ion cells. Journal of Power Sources, 2003, 113(1): 81-100.

[26] Leising R A, Palazzo M J, Takeuchi E S, et al. Abuse testing of lithium-ion batteries—Characterization of the overcharge reaction of $LiCoO_2$/graphite cells. Journal of the Electrochemical Society, 2001, 148(8): A838-A844.

[27] Wang Q S, Ping P, Zhao X J, et al. Thermal runaway caused fire and explosion of lithium ion battery. Journal of Power Sources, 2012, 208: 210-224.

[28] Balakrishnan P G, Ramesh R, Prem K T. Safety mechanisms in lithium-ion batteries. Journal of Power Sources, 2006, 155(2): 401-414.

[29] Dahn J, Jiang J, Mushurchak L, et al. The drugstore Li-ion cell. Electrochemical Society Interface, 2005, 14(4): 27-31.

[30] Ni H, Fan L. Developments on spinel $Li_4Ti_5O_{12}$ as anode material. Kuei Suan Jen Hsueh Pao/Journal of the Chinese Ceramic Society, 2012, 40(4): 548-554.

[31] Hoppe H W. Charging station Opel Russelsheim—Signal for an economic industrial truck fleet. The 11th Heidelberg Meeting of Industrial Truck Operators, Heidelberg, 2001: 111-128.

[32] Böttcher T, Duda B, Kalinovich N, et al. Syntheses of novel delocalized cations and fluori-

nated anions, new fluorinated solvents and additives for lithium ion batteries. Progress in Solid State Chemistry, 2014, 42(4): 202-217.

[33] Dahn J, Jiang J, Moshurchak L, et al. High-rate overcharge protection of $LiFePO_4$-based Li-ion cells using the redox shuttle additive 2,5-ditertbutyl-1,4-dimethoxybenzene. Journal of the Electrochemical Society, 2005, 152(6): A1283-A1289.

[34] Belov D, Yang M H. Failure mechanism of Li-ion battery at overcharge conditions. Journal of Solid State Electrochemistry, 2008, 12(7-8): 885-894.

[35] Barnett B, Ofer D, Sriramulu S, et al. Lithium-ion Batteries, Safety. Batteries for Sustainability. New York: Springer, 2013.

[36] Arora P, White R E, Doyle M. Capacity fade mechanisms and side reactions in lithium-ion batteries. Journal of the Electrochemical Society, 1998, 145(10): 3647-3667.

[37] Xiao A, Yang L, Lucht B L. Thermal reactions of $LiPF_6$ with added LiBOB electrolyte stabilization and generation. Electrochemical and Solid-State Letters, 2007, 10(11): A241-A244.

[38] Li L, Wu F, Chen R J, et al. Effect of overcharge on electrochemical performance of sealed-type nickel/metal hydride batteries. Journal of Beijing Institute of Technology, 2005, 14(4): 438-441.

[39] Zhang Z, Fouchard D, Rea J. Differential scanning calorimetry material studies: Implications for the safety of lithium-ion cells. Journal of Power Sources, 1998, 70(1): 16-20.

[40] Wang Q S, Sun J H, Yao X, et al. Thermal behavior of lithiated graphite with electrolyte in lithium-ion batteries. Journal of the Electrochemical Society, 2006, 153(2): A329-A333.

[41] Maleki H, Deng G, Anani A, et al. Thermal stability studies of Li-ion cells and components. Journal of the Electrochemical Society, 1999, 146(9): 3224-3229.

[42] Richard M, Dahn J. Accelerating rate calorimetry study on the thermal stability of lithium intercalated graphite in electrolyte. I. Experimental. Journal of the Electrochemical Society, 1999, 146(6): 2068-2077.

[43] Yamaki J I, Takatsuji H, Kawamura T, et al. Thermal stability of graphite anode with electrolyte in lithium-ion cells. Solid State Ionics, 2002, 148(3): 241-245.

[44] Yoshio M, Brodd R J, Kozawa A. Lithium-ion Batteries. New York: Springer, 2009.

[45] Zhao L, Watanabe I, Doi T, et al. TG-MS analysis of solid electrolyte interphase (SEI) on graphite negative-electrode in lithium-ion batteries. Journal of Power Sources, 2006, 161(2): 1275-1280.

[46] Zinigrad E, Larush-Asraf L, Gnanaraj J, et al. Calorimetric studies of the thermal stability of electrolyte solutions based on alkyl carbonates and the effect of the contact with lithium. Journal of Power Sources, 2005, 146(1): 176-179.

[47] Ditch B, Wieczorek C. Flammability characterization of Li-ion batteries in bulk storage. Orlando: FM Global, 2013.

[48] Ribière P, Grugeon S, Morcrette M, et al. Investigation on the fire-induced hazards of

Li-ion battery cells by fire calorimetry. Energy & Environmental Science, 2012, 5(1): 5271-5280.

[49] 项宏发. 高安全性锂离子电池电解质研究. 合肥:中国科学技术大学博士学位论文,2009.

[50] 蔡飞龙,许思传,常国峰. 纯电动汽车用锂离子电池热管理综述. 电源技术,2012,36(9): 1410-1413.

[51] 曾建宏,王丽芳,廖承林. 电动汽车锂离子动力电池散热系统优化设计. 电工技术学报, 2013,28(1增):24-29.

[52] 鄂加强,龙艳平,王曙辉,等. 动力锂离子电池充电过程热模拟及影响因素灰色关联分析. 中南大学学报(自然科学版),2013,44(3):998-1005.

[53] 雷治国,张承宁,李军求. 电动车辆用锂离子电池热特性研究. 电源学报,2014,(4):83-87.

[54] 李毅,于东兴,张少禹,等. 锂离子电池火灾危险性研究. 中国安全科学学报,2012,22(11):36-41.

[55] 欧阳陈志,梁波,刘燕平,等. 锂离子动力电池热安全性研究进展. 电源技术,2014,38(2): 382-385.

[56] 邱景义,余仲宝,李萌. 高功率锂离子电池热特性研究. 电源技术,2015,39(1):40-42.

[57] 宋刘斌,李新海,王志兴,等. 锂离子电池充放电过程中的热行为及有限元模拟研究. 功能材料,2013,44(8):1153-1158.

[58] 王铭,李建军,吴扦,等. 锂离子电池模型研究进展. 电源技术,2011,35(7):862-865.

[59] 吴凯,张耀,曾毓群,等. 锂离子电池安全性能研究. 化学进展,2011,23(2):401-409.

[60] 朱聪,李兴虎,宋凌珺. 电动汽车用锂离子电池生热速率模型. 汽车工程,2014,36(2):174-180.

[61] Mikolajczak C, Kahn M, White K, et al. Lithium-ion Batteries Hazard and Use Assessment. New York: Springer, 2012.

[62] 计雄飞,陈云鹏,魏利伟,等. 国内外动力用锂离子电池主要标准对比分析. 标准科学, 2014,(4):39-42.

[63] 国家发展和改革委员会. 我国首部锂离子电池安全国家标准发布. 新疆有色金属,2015,(1):3.

[64] 陈向国. 中国动力锂电池产业仍需跨越多重障碍. 节能与环保,2014,(3):48-49.

第 2 章　锂离子电池基本原理

2.1　锂离子电池工作原理

作为二次电池，锂离子电池的工作原理如图 2.1 所示。充电过程中：在电池内部锂以离子形式从正极脱出，由电解液传输穿过隔膜，嵌入负极中；在电池外部电子由外电路迁移到负极。放电过程中：在电池内部锂离子从负极脱出、穿过隔膜，嵌入正极中；在电池外部电子由外电路迁移到正极。按照经典的电化学命名规则，该电池体系应该命名为“正极材料-负极材料充电电池”，这样的命名叫起来不顺口且难记。由于随着充、放电，迁移于电池间的是“锂离子”，而非单质“锂”，因此电池被称为“锂离子电池”。又因为锂离子在正、负极物质间脱嵌、迁移，所以早期电池被称为“摇椅”电池。锂离子电池的工作原理可以由以下公式表达[1]：

$$\begin{aligned}&\text{正极充电反应：} LiMO_m \longrightarrow Li_{1-x}MO_m + xLi^+ + xe\\&\text{正极放电反应：} Li_{1-x}MO_m + xLi^+ + xe \longrightarrow LiMO_m\end{aligned} \tag{2.1}$$

$$\begin{aligned}&\text{负极充电反应：} C_n + xLi^+ + xe \longrightarrow Li_xC_n\\&\text{负极放电反应：} Li_xC_n \longrightarrow C_n + xLi^+ + xe\end{aligned} \tag{2.2}$$

$$\begin{aligned}&\text{电池充电反应：} LiMO_m + C_n \longrightarrow Li_{1-x}MO_m + Li_xC_n\\&\text{电池放电反应：} Li_{1-x}MO_m + Li_xC_n \longrightarrow LiMO_m + C_n\end{aligned} \tag{2.3}$$

式中，M 为 Co、Ni、Mn、Fe、V、W 等；负极除了 Li_xC_6，还有 TiS_2、WO_3、NbS_2、V_2O_5 等化合物。

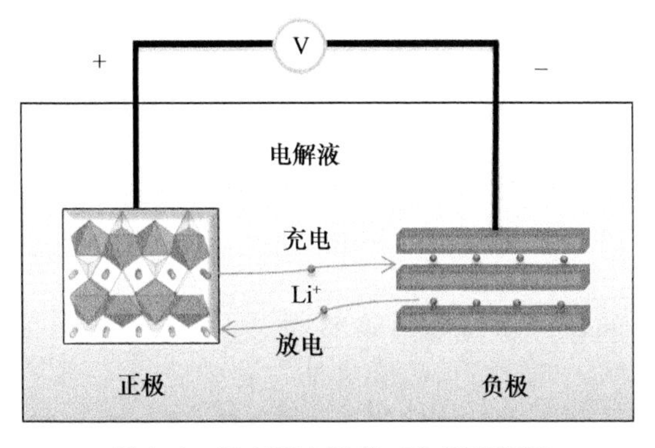

图 2.1　锂离子电池的工作原理简图

2.2 锂离子电池关键构成材料

锂离子电池主要由正极、负极、电解液、隔膜以及外部连接、包装部件构成。其中，正极、负极统称电池的电极，包含活性电极物质、导电剂、黏结剂等物质，并均匀分布于集流体上。正、负极集流体通常为铝箔、铜箔。

2.2.1 正极材料

锂离子电池的正极电位较高，常为嵌锂过渡金属氧化物，或者聚阴离子化合物，如 $LiMO_x$ 与 $LiMPO_4$（M 多为过渡金属，如 Co、Ni、Mn、Fe、V 等元素的一种或多种）。目前常用的正极材料有 $LiCoO_2$、$LiMn_2O_4$、$LiFePO_4$ 等[2]。

$LiCoO_2$ 是目前商业应用中较为普及的正极材料，工作电压区间为 2.8～4.2V，放电平台约 3.9V，理论最高比容量为 274mAh/g，实际应用中，其比容量约为 140～150mAh/g。$LiCoO_2$ 的制备工艺较为简单，常由高温固相法等方法合成制得。但是其倍率性能、耐过充性能不是很理想，而且价格较高，安全性差。

$LiMn_2O_4$ 的工作电压区间为 3.5～4.3V，放电平台约为 4.1V，理论比容量为 148mAh/g，实际应用中，其比容量约为 110mAh/g。$LiMn_2O_4$ 的制备工艺较为简单，价格较低，倍率性能较好，但是其循环性能相对较差，尤其在高温下更明显。

$LiFePO_4$ 的工作电压区间为 2.5～4.0V，放电平台约为 3.4V，理论比容量为 165mAh/g，实际应用中，其比容量约为 140mAh/g。$LiFePO_4$ 的制备工艺较为简单，价格较低，循环性能较好，但是其倍率性能常需要由碳包覆等方法进行改善，而且比能量较低。

$LiNi_{1/3}Co_{1/3}Mn_{1/3}O_2$ 的工作电压区间为 2.8～4.3V，理论比容量为 277mAh/g，实际应用中，其比容量约为 160mAh/g(4.3V)。$LiNi_{1/3}Co_{1/3}Mn_{1/3}O_2$ 的比能量较高，倍率性能较好，综合了 $LiNiO_2$、$LiMn_2O_4$ 和 $LiCoO_2$ 的优点，但是制备工艺常需要较高的反应温度以及较长的反应时间。

$LiNi_{0.5}Mn_{1.5}O_4$ 的工作电压区间为 3.5～5.0V，放电平台约为 4.7V。$LiNi_{0.5}Mn_{1.5}O_4$ 具有电位高、比能量高、循环寿命长等优点，但是它与 $LiMn_2O_4$ 相似，都存在高温下在电解液中溶解严重的问题。

2.2.2 负极材料

锂离子电池负极物质通常为碳素材料，如石墨和非石墨化碳等[3]。另外，$Li_4Ti_5O_{12}$ 也已经商品化，在动力、储能电池中有望获得广泛应用。一些新型负极材料如纳米过渡金属氧化物、硅基、锡基、合金化合物、石墨烯等也为研究人员所关注。

石墨材料的导电性好，其工作电位与金属锂负极接近。在满电状态下，石墨材料对应形成 LiC_6，理论比容量可达 372mAh/g。石墨为层状结构，层与层之间由范德华作用力连接，在充、放电过程中，易出现石墨片层粉化、剥落的现象，与电解液的兼容性并不理想。天然石墨一般无法直接用作锂离子电池负极材料，多数作为负极材料的是人造石墨。

非石墨化碳为无定形碳，主要包括软碳、硬碳。软碳有易石墨化的特点，在2500℃以上高温下能石墨化。软碳的代表为中间相碳微球（MCMB），是目前锂离子电池主要负极材料之一，其比容量一般为 320mAh/g 左右，但其生产复杂，价格优势不大。硬碳通常在 2500℃以上也难以石墨化，多为高分子聚合物的热解碳，高比表面积使其具有比石墨更高的可逆容量。日本 Sony 公司以聚糠醇树脂用作锂离子电池负极材料，其比容量可达 400mAh/g。

$Li_4Ti_5O_{12}$在约 1.55V 电位有平坦的充、放电平台，由于在充、放电过程中体积变化小，被誉为“零应变材料”，较适合长寿命储能电池。但其理论比容量只有176mAh/g，且本身的电导率较低。在研究者的持续努力下，通过包覆、掺杂或纳米化改性后，容易获得优良的容量及倍率性能，加上其良好的安全性，是较有前途的负极材料之一。

纳米过渡金属氧化物作为锂离子电池负极材料时，可以获得较高的比容量、优良的倍率性能，但存在制备成本高、循环性能差、首次循环的不可逆容量损失大等缺点。

硅的理论比容量超过 4000mAh/g，是一种很有吸引力的负极材料。但是，在嵌锂过程中，单质硅的体积会膨胀到原来的 4 倍，循环性能很差。通过纳米化或制备成复合电极，能够在一定程度上改善这一问题。锡合金有比容量高、安全性好的优势，但是在嵌锂过程中，锡合金会产生巨大的体积膨胀，造成电极粉化甚至脱落，电接触变差而失效，循环性能不理想。

石墨烯是一种二维材料，它是由碳原子以 sp^2 杂化轨道组成六角形呈蜂巢晶格的平面薄膜，只有一个碳原子厚度。特有的微观结构，使其有较大的比表面积与蜂巢状空穴结构，有较高的储锂能力。但是，纯石墨烯材料因为循环库仑效率低、循环稳定性差等问题，目前未能直接用作商用的锂离子电池负极材料。目前常见的研究是将石墨烯与硅、金属氧化物等负极材料进行复合，构成的复合材料可以拥有 1000mAh/g 及以上的比容量，但是尚未能满足商业应用对长寿命、高倍率充放电等方面的需求，仍在逐步发展当中[4]。

2.2.3 电解液

电解液主要由电解质锂盐以及有机溶剂构成。通过电解液中锂盐的锂离子，正、负极间的锂离子能够顺利完成脱锂、嵌锂过程，反映在电化学行为上即电池的充、放电过程。

有机溶剂多以极性非质子溶剂为主，不与锂反应。较大的极性常对应于较高的介电常数，可保证锂盐较大的溶解度；然而，较高的介电常数又对应于较高的黏度，对电解液体系中离子的迁移造成较大的阻碍，影响电解液的电导率。因此，锂离子电池电解液溶剂通常使用较高介电常数的溶剂和较低黏度溶剂的混合物，表 2.1列举了目前常见的一些锂离子电池电解液溶剂。

表 2.1　电解液常用溶剂

溶剂	结构式	分子量	熔点/℃	沸点/℃	黏度(25℃)/(Pa·s)	介电常数(25℃)	偶极矩/deb	闪点/℃	密度/(g/cm³)
EC		88	36.4	248	1.9	89.6	4.61	160	1.321
PC		102	−48.8	242	2.53	64.92	4.81	132	1.200
BC		116	−53	240	3.2	53	—	—	—
GBL		86	−43.5	204	1.73	39	4.23	97	1.199
GVL		100	−31	208	2.0	34	4.29	81	1.057
NMO		101	15	270	2.5	78	4.52	110	1.17
DMC		90	4.6	91	0.59	3.107	0.76	18	1.063
DEC		118	−74.3	126	0.75	2.805	0.96	31	0.969
EMC		104	−53	110	0.65	2.958	0.89	—	1.006
EA		88	−84	77	0.45	6.02	—	−3	0.902
MB		102	−84	102	0.6	—	—	11	0.898
EB		116	−93	120	0.71	—	—	19	0.878
DMM		76	−105	41	0.33	2.7	2.41	−17	0.86
DME		90	−58	84	0.46	7.2	1.15	0	0.86
DEE		118	−74	121		—	—	20	0.84
THF		72	−109	66	0.46	7.4	1.7	−17	0.88
2-Me-THF		86	−137	80	0.47	6.2	1.6	−11	0.85

续表

溶剂	结构式	分子量	熔点/℃	沸点/℃	黏度(25℃)/(Pa·s)	介电常数(25℃)	偶极矩/deb	闪点/℃	密度/(g/cm³)
1,3-DL		74	−95	78	0.59	7.1	1.25	1	1.06
4-Me-1,3-DL		88	−125	85	0.60	6.8	1.43	−2	0.983
2-Me-1,3-DL		88	—	—	0.54	4.39	—	—	—

电解质锂盐多为单价聚阴离子锂盐，如 $LiPF_6$、$LiBF_4$、$LiClO_4$ 和全氟烷基磺酸锂(如 $LiCF_3SO_3$)等。一般来说，优异的电解质锂盐应具有以下特点：

(1) 易于解离，易溶于有机溶剂以保证电导率，在较宽的温度范围内保证电导率高于 10^{-4}S/cm；

(2) 具有较好的氧化稳定性，以及一定的还原稳定性，以保证电解质锂盐不在正、负极发生明显影响电化学性能的副反应；

(3) 具有较好的热稳定性，构成的电解液热稳定性优良、可用温度范围宽；

(4) 无毒、无污染，本身以及分解产物对环境友好；

(5) 易于制备、纯化，成本低廉。

2.2.4　其他材料

在锂离子电池充放电工作中，隔膜起到分隔电池的正、负极以防止电池短路，且保持锂离子能够通过以保证电池内部电路通畅的作用。聚烯烃微孔膜、无纺布隔膜、聚合物/无机复合膜、聚合物电解质隔膜均可起到锂离子电池隔膜的作用，而聚烯烃微孔膜是目前商用的主要隔膜。

聚烯烃微孔膜主要采用聚乙烯(PE)或聚丙烯(PP)材料制成。聚烯烃具有良好的机械、热稳定性能，能为电池隔膜的加工及组装提供合适的机械强度。聚烯烃也拥有较为适宜的闭孔温度，如 PE 和 PP 微孔膜的闭孔温度分别在 130℃和160℃左右，能够提供必要的闭孔关断功能，降低电池的安全隐患。但是由于聚烯烃在一定温度下会发生熔融，改变隔膜的尺寸、形状，甚至使隔膜破损，引起电池短路。因此，增大电池隔膜的自闭温度及熔融温度差，能够一定程度上提高电池的安全性。目前，通过 PE/PP 或 PP/PE/PP 等多层膜，能够实现以上目标。

无纺布材料成本低廉、孔隙率高且材质轻，是电池隔膜的热选材料。但是由于其孔隙过大，容易导致正、负极接触短路，所以较少单独作为电池隔膜，而是以聚合物/无机复合膜及凝胶聚合物电解质膜的基材或骨架作为隔膜的构成材料。近年来，有研究者提出了纳米纤维无纺布材料，已经可以制备出适合锂离子电池的无纺布隔膜。

聚合物/无机复合膜常采用在聚烯烃微孔膜或无纺布膜中加入陶瓷、二氧化硅、三氧化二铝等无机填料得到，可以获得具有更好热稳定性及耐用性的电池隔膜。但是也可能带来填料脱离、隔膜重量增加等问题。

聚合物电解质隔膜多由聚合物和碱盐制备得到，常为固态(凝胶)电解质。该类隔膜以代替液态电解液的作用而被提出，具有电解质及隔膜的双重作用。在电场作用下，电解质中的阳离子发生迁移，在电池内部形成电流。由于该类隔膜不会引起漏液等液态电解液的安全问题，所以较高的安全性被认为是其优点，但是由于电极和电解质隔膜的接触面通过性不理想，且室温下离子迁移率低，该类隔膜的应用仍未普及。

黏结剂是锂离子电池中一种重要的辅助材料，它起到连接导电剂、电极活性物质及集流体的作用。黏结剂的性能直接影响电极片的机械及可加工性，对锂离子电池的生产及工作性能有重要影响。优良的电极黏结剂需要具备以下几方面的性质：黏结性能好、抗拉强度高；柔性好、杨氏模量低；化学稳定性和电化学稳定性好，在存储和循环过程中不反应、不变质；在电解液中不溶胀或溶胀系数小；在浆料介质中分散性好，有利于将活性物质均匀地黏结在集流体上；对电极中电子和离子在电极中传导的影响小；环境友好、使用安全、成本低廉。

根据黏结剂分散介质的特点，可将黏结剂分为有机溶剂黏结剂及水性黏结剂。有机溶剂黏结剂是目前已经商用的黏结剂，其代表为聚偏氟乙烯(PVDF)。PVDF也是目前最常用的黏结剂，它是非极性链状高分子，有结晶性，结晶熔融温度在170℃左右，抗氧化还原能力强、易分散，需要使用N-甲基吡咯烷酮(NMP)作为分散溶剂。NMP的挥发温度较高，价格昂贵，有一定的环境污染。PVDF吸水后分子量下降，黏性变差，对湿度非常敏感。而且PVDF在高温下会与电极材料发生副反应，降低电池的安全性。

为了改善有机溶剂黏结剂成本高、对湿度敏感以及对环境污染等问题，水性黏结剂近年来被广泛关注。目前主要有水溶性高分子电解质、高分子乳液及水溶性高分子聚合物等，对应的代表性材料主要为羧甲基纤维素及明胶、聚四氟乙烯(PTFE)乳液及丁苯橡胶(SBR)乳液、聚乙烯醇(PVA)等。普遍来看，水性黏结剂还未能替代有机溶剂黏结剂，因为其多具有脆性大、易团聚、分散性差等缺点，所以发展高性能黏结剂仍是锂离子电池黏结剂的研究热点。

2.3 锂离子电池的类型及特点

2.3.1 锂离子电池的类型

从产品形态上划分，锂离子电池主要可以分为圆柱形、方形锂离子电池。

圆柱形电池常以 5 个数字来确定型号，这 5 个数字分别表示电池的直径（mm）和高度（1/10mm）。如图 2.2 所示，图中左侧的圆柱形电池为 18650 电池，其中 18 代表直径为 18mm，65 代表高度为 65.0mm，0 代表圆柱形电池。还有其他类似型号，如图 2.2 中右侧所示的 10430 圆柱形锂离子电池，代表电池的直径为 10mm，高度为 43.0mm。

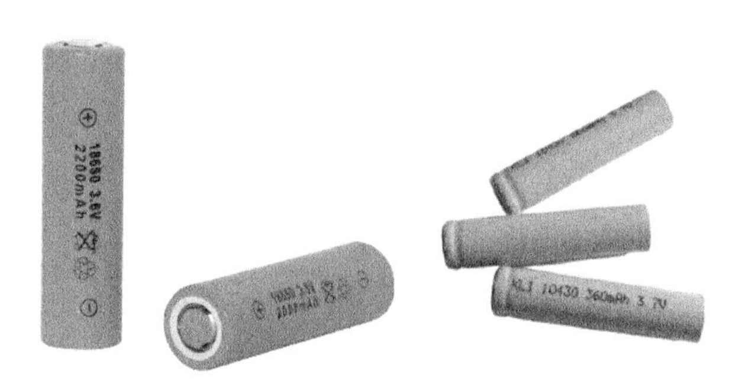

图 2.2　圆柱形锂离子电池 18650（左）、10430（右）

如图 2.3 所示，圆柱形锂离子电池通常是将正、负电极片与隔膜叠合，再卷绕到负极柱上，然后装入圆柱形钢壳，注入电解液并封口，最后成型。图 2.3 给出了圆柱形 $LiMn_2O_4$ 电池的示意图，实际电池通常也包括的构成部分还有安全阀（safety vent）、正温度系数端子（PTC）等安全部件。

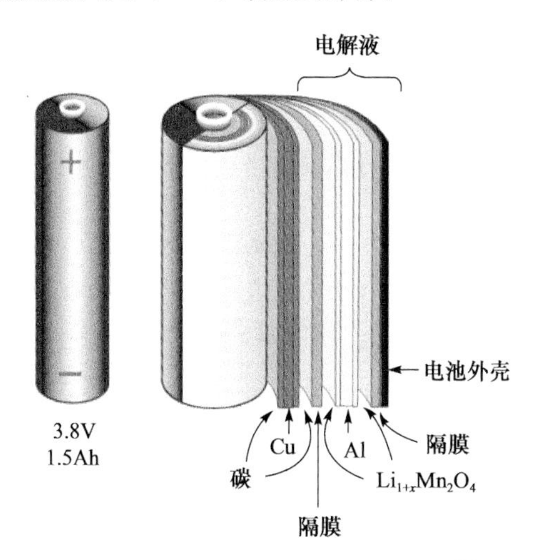

图 2.3　圆柱形 $LiMn_2O_4$ 电池结构[5]

与圆柱形类似，部分方形电池也用数字标明型号，通常是 6 位数字分别表示电池的厚度、宽度、长度（单位均为 mm）。如图 2.4 所示的 053048 方形电池，其厚度、宽度、长度分别约为 5mm、30mm 和 48mm。

图 2.4　方形锂离子电池 053048

如图 2.5 所示，方形锂离子电池的主要部件与圆柱形类似，主要也是由正、负电极，电解液，隔膜以及外壳等部件组成。

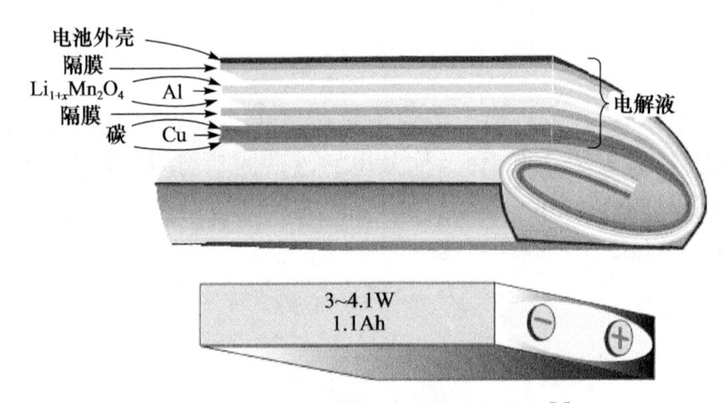

图 2.5　方形锂离子电池结构示意图[5]

另外，还有常用于科研及精小电子设备的纽扣式锂离子电池(图 2.6)，以及用于电动汽车、混合动力汽车、储能电站的大型锂离子电池及电池组(图 2.7)，它们大多是由圆柱形、方形电池串、并联组装而成的。

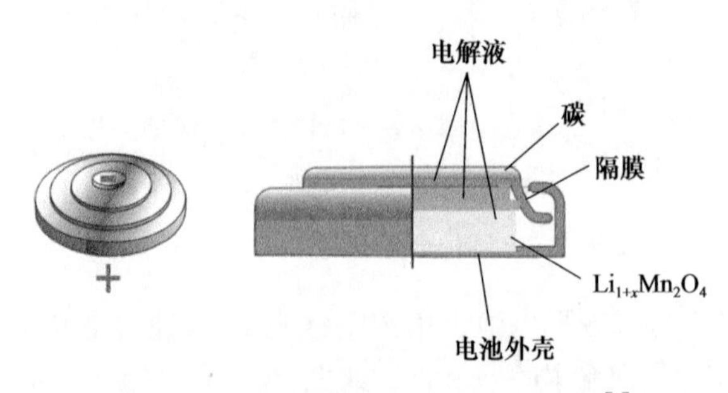

图 2.6　纽扣式锂离子电池结构示意图[5]

图 2.7　大型锂离子电池(组)

2.3.2　锂离子电池的特点

锂离子电池发展迅速、应用广泛，这与锂离子电池固有的特点是密切相关的。锂离子电池与 Ni/Cd、Ni/MH 电池相比(表 2.2)，具有以下优点[6-8]。

表 2.2　锂离子电池与 Ni/Cd、Ni/MH 电池性能的对比

技术参数	Ni/Cd 电池	Ni/MH 电池	液态锂离子电池	聚合物锂离子电池
工作电压/V	1.2	1.2	3.6	3.7
质量比能量/(W/kg)	50	65	100～160	120～170
充放电循环/次	500	500	500～1000	1000 以上
自放电率/(%/月)	25～30	30～35	6～9	3
对环境的影响	铬，严重污染	重金属污染	无污染	无污染
安全性	高	中	低	高

(1) 工作电压高(3.6V 左右)：为 Ni-Cd 和 Ni-MH 电池(1.2V)的 3 倍。

(2) 比能量高、开发潜力大：UR18650 电池的体积容量和质量容量分别可达 $300Wh/cm^3$ 和 125Wh/kg。由于实际比能量与理论值还有较大差距，所以锂离子电池的比能量仍可不断提高。

(3) 循环寿命长、安全性好：由于锂离子电池使用的是嵌锂碳材料而不是金属锂，所以在锂离子电池充放电过程中，锂离子在正、负极中有相对固定的空间和位置，不同于一次锂电池那样沉积在金属锂负极表面，从而降低了因树枝状枝晶的形成而造成的内部短路，使电池充放电反应的可逆性很好，保证了电池的长循环寿命和工作的安全性。

(4) 绿色环保、无记忆效应：锂离子电池的负极是嵌锂碳材料，没有毒性，正极是锂的过渡金属氧化物，毒性很小。同时电池被很好地密封，在使用过程中没有气体放出，是一种无毒无污染的电池体系。另外，它不具有 Ni/Cd 电池的记忆效应。

(5) 自放电率低：锂离子电池在首次充放电过程中会在碳负极表面形成一层钝化膜，它允许离子通过但不允电子通过，因此可以较好地防止自放电，使电池的自放电率大大减小。

(6) 工作温度范围宽：锂离子电池采用的是有机电解液体系，它可以在－30～60℃的温度范围内良好地工作。

(7) 输出功率大。

(8) 可快速充放电：1C 充电时容量可达标称容量的 80％以上。

当然，锂离子电池还有以下一些不足之处：

(1) 成本高，主要是正极材料 $LiCoO_2$ 的价格高。

(2) 必须有特殊的保护电路，以防止过充电。

(3) 与普通电池的相容性差，因为一般要在用 3 节普通电池的情况下才能用锂离子电池代替。

2.4　锂离子电池热安全性主要研究方法

为了科学、精确、客观地反映和描述研究锂离子电池热安全特性，常用的研究方法包括实验研究、理论研究和模拟研究。在此主要介绍实验研究方法，用到的主要原理、仪器及方法如下所述。

2.4.1　锂离子电池热失控研究

1. C80 微量量热仪

C80 微量量热仪是法国 Setaram 公司于 20 世纪 80 年代初研发的微量量热仪，基于卡尔维(Calvet)量热原理，采用三维传感器，全方位探测样品的热效应。

卡尔维量热原理又称差示热导式微量量热计原理[9]，基于该原理，仪器将待测样品、参比物置于密集环绕的热电偶堆(热电堆柱)中，样品与参比物的热电堆柱被设计联结为差示输出(输出电信号相反)。当温度或其他扰动热信号同时加在样品与参比物时，其输出电信号抵消，减小干扰及影响。当样品或与外界发生热变化(热交换)时，参比物基本不变，通过测量输给样品和参比物的功率差与温度的关系，将有用信号检测并记录下来，可以直接反映样品的吸、放热情况。

图 2.8 显示了 C80 微量量热仪炉体以及炉体的剖面图，由于有 400 对以上的热电偶组成了多组热电堆，热电堆环绕包围了样品反应池和参比池，形成的 3D 传感器

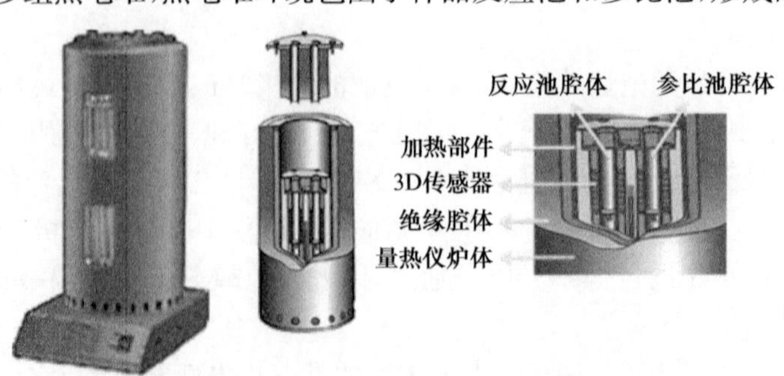

图 2.8　C80 微量量热仪炉体及其剖面图

可以从各个方向测量到热量的变化,降低了样品形状、大小、放置位置等对测量结果的影响。同时,热电堆串联检测,电信号叠加,C80微量量热仪的检测灵敏度很高。

热电堆外部由导热良好、质量很大(≫样品量)的金属量热模块包围。量热模块使样品与外部隔绝,形成"绝热"环境,温度的稳定性高达±0.001℃。由于样品池体积较大,样品量可以高达10g。另外,C80微量量热仪的压力控制面板以及外接气源功能可以通过使用带有压力传感器的样品池,精确反映样品体系的热流、压力、温度随时间的变化情况。因此,C80微量量热仪具有测试精度高、灵敏度高、信号稳定、样品量大、测试参数多的优点。

C80微量量热仪的样品池多种多样,除了定制,主要由不锈钢、哈斯合金(Hastelloy C)制成。种类主要有:标准反应池、高压反应池、气体循环池、真空反应池、安培瓶池、旋转机械或薄膜搅拌反应池、液体比热池等。

C80微量量热仪集等温、扫描功能于一身,可以实现高量热效率、大样品量、复杂形态、原位混合、压力监控等量热需求,在能源、化学化工、食品工业、医药等领域得到了广泛应用。

C80微量量热仪的主要技术指标如下:

可测温度范围:室温至300℃。

升温速率:0.001~2℃/min。

恒温控制精度:±0.001℃。

温度精度:±0.05℃。

量热分辨率:0.10μW。

量热精度:±0.1%。

实验最高压力:1000bar(1bar=10^5Pa)。

样品池容积:最大12.5mL。

如图2.9所示,C80微量量热仪主要由C80量热器、CS32控制器、电源、人机互换设备构成。另外还有可以附加配置的压力控制面板、气瓶等设施。

图2.9 C80微量量热仪实物图

进行实验测试时，将相同质量的样品与 $\alpha\text{-}Al_2O_3$ 分别放置在样品池、参比池内以后，即可将样品池及参比池分别安装在样品、参比热通量计上，由金属压杆固定，最后通过量热器顶部盖板的固定器固定后，即可设定实验参数，开始进行实验。图2.10是常用的高压反应池，外径为16.9mm，内径为13.8mm，高为74.0mm，容积为8.6cm^3，最高耐压为100bar。

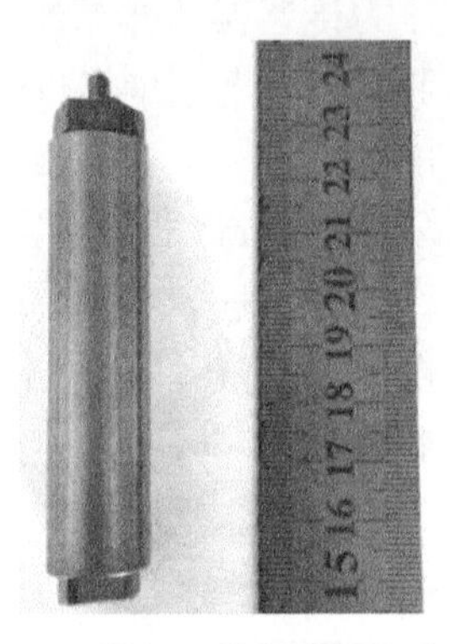

图 2.10　C80 微量量热仪高压反应池实物图

C80 微量量热仪可以测定各类化学、物理过程的热效应，如溶解、熔融、结晶、吸附、脱吸、化学反应等；还可以测定如比热容、热传导系数等热物性参数。

可以直接得到的样品参数主要有：测试过程中温度、热流、热流速率以及时间的变化；测试过程中样品池内压力、压力变化率以及时间的变化。

通过分析实验结果，可以得到各类化学物质化学反应过程的热力学参数以及化学动力学参数，如化学反应热、比热容、化学反应级数、活化能和指前因子等。

测试过程中为了满足实验设定的温度条件，C80 微量量热仪的主要运行模式有恒温运行、恒定速率升温、台阶升温、变速率升温、恒定速率降温模式等。

常用的运行模式为恒定速率升温，升温速率可设定为0.2℃/min、0.5℃/min、1℃/min等。

2. 加速量热仪

为了杜绝外界环境的影响，考虑物质本身的自加热反应，绝热环境是需要实现的测量条件。绝热量热计在这种情况下应运而生，它测量到的热量完全是物质自身反应产生的。

第一台绝热量热计由美国 Dow 化学公司研制开发，被命名为加速量热仪(accelerating rate calorimeter，ARC)[10]，通过确保反应物体系和环境之间有最小的热交换来达到绝热。

如图 2.11 所示，ARC 主要由保护罩、绝热炉、绝热炉盖、反应容器、控制系统等部分组成。

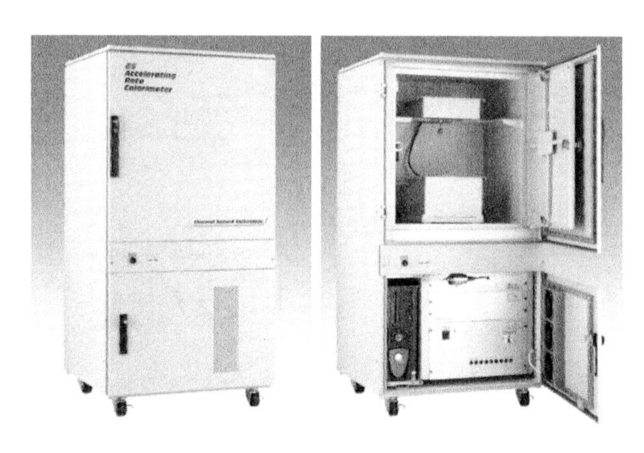

图 2.11　ARC 实物图

在进行 ARC 测试时：首先设定一个初始温度，该初始温度一般比反应开始温度低 20℃，若反应开始温度未知，可以设定为环境温度；在设定的初始温度恒温一定时间后(该时间可以设定，如 10～20min)，ARC 进入自动搜索阶段，如果探测不到样品体系的发热，或者发热速率小于 0.02℃/min(该数值由 ARC 的精度决定)，ARC 在设定的升温速率下自动进入升温阶段；达到设定的温度后，ARC 在此温度重复之前的步骤，恒温一段时间，并于之后搜索是否有放热发生，若没有发生，则 ARC 会继续重复升温，直至探测到放热或放热速率大于 0.02℃/min 后，仪器进入自动跟踪阶段。

简言之，ARC 通过反复执行“升温—恒温等待—搜索”程序，来探测样品放热、升温速率大于放热敏感速率的确定温度，并于之后自动跟踪样品的放热行为，直至放热速率超过设定的最大放热速率，或者反应结束。

图 2.12 示范了 ARC 的测试程序，图中显示的温度-时间曲线是 ARC 测试的典型结果之一。

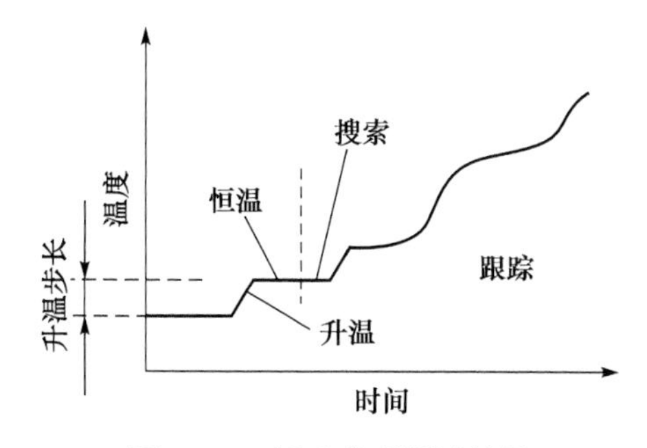

图 2.12　ARC 典型测试结果

ARC可以测量绝热条件下体系内温度以及压力的变化。如图2.13所示，ARC的绝热反应炉由底部、侧壁、顶部构成，在三个位置分别由三个热电偶测量炉体不同部位的温度。

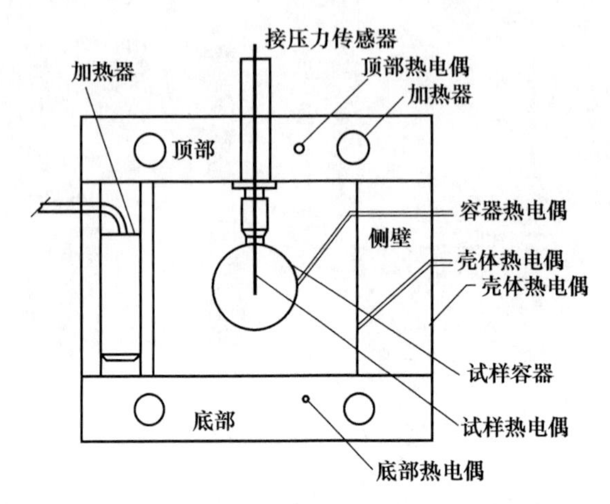

图2.13　ARC绝热反应炉结构示意图

反应容器通常为小球(材质为不锈钢或钛金属)，被安装在炉体中央，并于其外壁有一个热电偶测量样品温度。反应炉安装有电热丝，可以通过控制加载于电热丝电流的大小，调节炉体温度，实现温度控制，保证绝热。反应容器的顶部安装有压力传感器，以测定样品体系内压力的变化。

在不同工作模式下，ARC可以测得的参数主要有：温度-压力-时间变化、温升速率-压升速率-温度-时间变化、初始放热温度、绝热温升、最大温升速率温度、最大温升速率时间等。

由于ARC能够反映物质体系在热分解初期的缓慢变化过程，测得样品热分解的初始温度，它被联合国推荐用于危险化学品评估。图2.14是通过ARC直接测试锂离子电池热行为的实物图。

3. 差示扫描量热仪

差示扫描量热仪(DSC)进行量热测试的原理，是依据一定程序控制样品和参比物的温度变化，并将输入给两物质的热流差作为温度的函数进行测量的技术。如图2.15所示，样品及参比物的托架部分经由热阻及吸热器，与加热器相结合的形式构成DSC装置。与加热(或冷却)速度相应，将一定的热量从样品容器的底部通过热传导输给放在炉内的样品和参比物。这时流入样品的热流与吸热器和托架的温差成正比。与样品相比，吸热器具有很大的热容量，因此当试样发生热变化时，可吸收(补偿)因该热变化引起的降温或升温，从而使样品与参比物之间的温差

图 2.14　通过 ARC 对锂离子电池进行热分析

保持稳定。因此,单位时间输给样品与参比物的热量差与两个托架的温差成正比,用已知热量的物质,预先校正温差与热量之间的关系,就可以测出未知样品的热量。

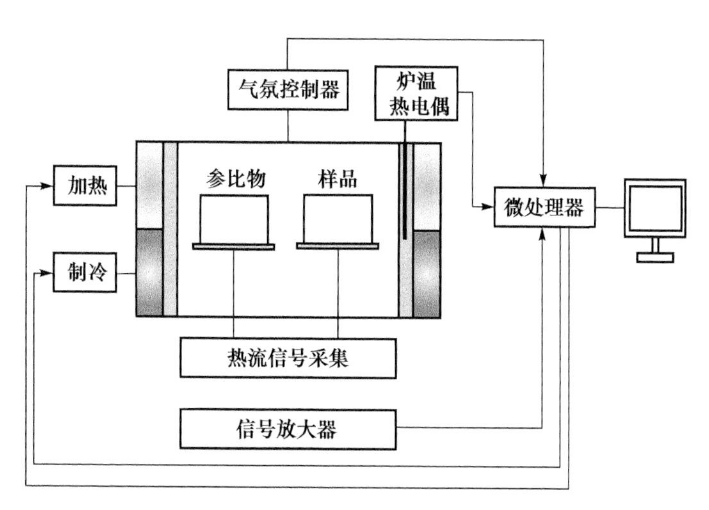

图 2.15　DSC 测试原理示意图

图 2.15 中,构成 DSC 的主要部件及其功能如下:

加热器:主要用于给样品和参比物加热,一般采用电阻加热器。

制冷设备:主要用于给样品和参比物降温,一般采用外配形式和仪器一起联用。有风冷、机械制冷及液氮制冷三种方式,根据实验的制冷速率及温度范围要求采用对应的制冷方式。

匀热炉膛:采用高导热系数的金属作为匀热块,使炉膛内表面温度分布均匀。

气氛控制器：用于气氛流量控制及气氛通道的切换。由于样品在实验过程中可能放出腐蚀或有毒气体，同时高温时可能被空气氧化，故需要气氛来保护样品，排出样品生成的气体。

热流传感器：用于快速准确地检测实验中样品与参比物之间产生的热流差。

炉温测温传感器：用于检测匀热块的温度，并将此信息返回微处理器用于炉温控制。

信号放大器：由于样品在一开始反应时，热流信号的变化十分微小，为了及时准确地检测样品的热流信号，需要将热流传感器的信号放大。

图 2.16 为美国 TA 公司生产的 DSCQ2000 实物图，其主要技术指标如下：

温度范围：－180～725℃。

温度准确性：±0.1℃。

温度精确性：±0.01℃。

量热重现性(铟标准金属)：±0.1%。

量热精确性(铟标准金属)：±0.1%。

基线弯曲度(－50～300℃)：10μW。

Tzero 基线重现性：10μW。

灵敏度：0.2μW。

铟峰高/半峰宽：60.0mW/℃。

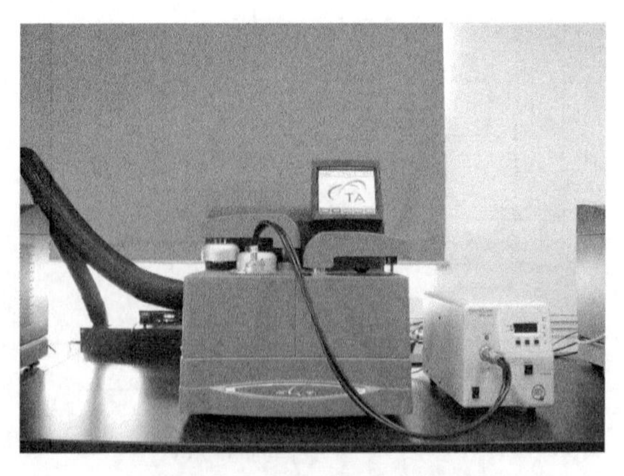

图 2.16　DSCQ2000 实物图

4. VSP2 绝热量热仪

泄放口尺寸测试装置(vent sizing package，VSP)最初由美国化学工程师协会(American Institute of Chemical Engineer，AIChE)的紧急泄放系统研究所(Design Institute of Emergency Relief System，DIERS)提出，主要用于紧急泄放设计方面的研究。之后，美国 Fauske & Associates，LLC's(FAI)公司对 VSP 加入了

自动化功能,更名为 VSP2,并进行商业化推广,现如今得到了广泛应用,VSP2 的实物图如图 2.17 所示。

图 2.17　VSP2 实物图

VSP2 的核心部分为其量热单元,该单元的构成示意图如图 2.18 所示。该量热单元主要由压力平衡系统、压力泄放系统、加热系统、温度测量系统、进料管线、测试容器、磁力搅拌等部分构成。其中,加热系统包含测试容器加热器以及外部加热器;温度测量系统包含测试容器温度测量热电偶以及外部加热器温度测量热电偶。

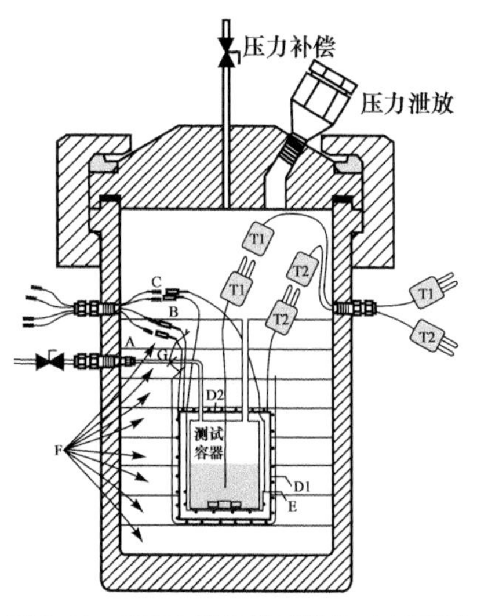

图 2.18　VSP2 量热单元结构示意图[11]

A-进料系统;B-加热器保护插头;C-测试容器加热器插头;D1-底部加热器;D2-顶部加热器;E-测试容器加热器;F-绝缘介质;G-接地线;T1-测试容器温度;T2-加热器温度

VSP2 能够有效地获取工艺危害分析(process hazard analysis,PHA)中温度、压力及相关变化速率等关键数据,同时通过对实际泄放过程进行模拟实验,能够为安全泄放系统的评估、收集处理装置的选择提供依据。引进自动压力跟踪(automatic pressure tracking,APT),极大地消除了反应容器的热阱效应,实现绝热环境,使热惰性因子很低(甚至接近 1),从而实现泄放设计的直接放大而无需进行工业尺寸核实。

FAI 公司的 VSP2 主要技术指标如下:

热惰性因子值范围:1.05～1.09。

工作温度:100～1200℃。

正常工作压力:0～1900psi(130bar)。

样品类型:液体、固体、泥装、乳液、悬浮物和气体(如氯气、氧气等)。

样品尺寸:几毫升至 100mL。

测试容器:圆柱体,容积 116mL,包含进料管线和泄放管线。

测试容器材质:304 不锈钢、316 不锈钢、哈氏合金、铁和玻璃等。

测试容器内可追踪的最大温升速率:300℃/min。

探测灵敏度:0.05℃/min。

搅拌系统:包括磁力搅拌器(稀土磁体)和机械搅拌器(马达驱动),两者均可以对泥浆保持很好的搅拌,测试池由挡板来阻止漩涡的形成。

采样:气体或液体样品在测试中可以被取回。

冷却:通过外置冷凝管进行冷却。

5. 基于量热技术的锂离子电池材料热、动力学分析

基于不同的量热技术,可以得到不同的量热测试数据。现以能够得到测试样品热流特性的 C80 微量量热仪以及 DSC 为例,来说明如何基于量热技术进行锂离子电池材料的热、动力学分析。对于不同的锂离子电池材料,如锂离子电池正极、负极、隔膜、电解液或电极与电解液的混合体系等,均可以在一定状态、条件下来确定其为量热仪的被测试样品,在这里称被测试样品为反应物体系。

假设在初始阶段,反应物体系的反应速率常数满足 Arrhenius 方程,那么反应物的消耗速率可以表达为

$$\frac{\mathrm{d}x}{\mathrm{d}t}=(1-x)^n A\exp\left(-\frac{E}{RT}\right) \tag{2.4}$$

式中,$x=(m_0-m)/m_0$ 为反应物的转化速率;m 为反应物在 t 时刻的质量,g;m_0 为反应物的初始质量,g;t 为时间,s;n 为反应级数;A 为指前因子,s^{-1};E 为活化能,J/mol;R 为理想气体常数,J/(K · mol);T 为体系温度,K。

将 $x=(m_0-m)/m_0$ 代入式(2.4),可得

$$-\frac{\mathrm{d}m}{m_0\mathrm{d}t}=\left(\frac{m}{m_0}\right)^n A\exp\left(-\frac{E}{RT}\right) \tag{2.5}$$

反应热 ΔH(J/g)可以由式(2.6)计算得到：

$$\Delta H=\frac{1}{m}\int_{t_0}^{t_{\mathrm{end}}}(\mathrm{d}H/\mathrm{d}t)/\mathrm{d}t \tag{2.6}$$

式中，t_{end}、t_0 分别是反应结束、开始时间，s；$\mathrm{d}H/\mathrm{d}t$ 是体系热流，J/s。

假设在初始反应阶段，反应物的消耗很小，认为此时的反应物质量为初始质量 m_0，那么将式(2.5)与式(2.6)相乘，可得

$$\frac{\mathrm{d}H}{\Delta H m_0\mathrm{d}t}=A\exp\left(-\frac{E}{RT}\right) \tag{2.7}$$

对式(2.7)取对数后，可得

$$\ln\left(\frac{\mathrm{d}H/\mathrm{d}t}{m_0\Delta H}\right)=-\frac{E}{R}\frac{1}{T}+\ln A \tag{2.8}$$

这样，如图 2.19 所示，对 $\ln[(\mathrm{d}H/\mathrm{d}t)/(\Delta H m_0)]$ 和 $-1/T$ 作图，即可得到 E/R 与 $\ln A$。

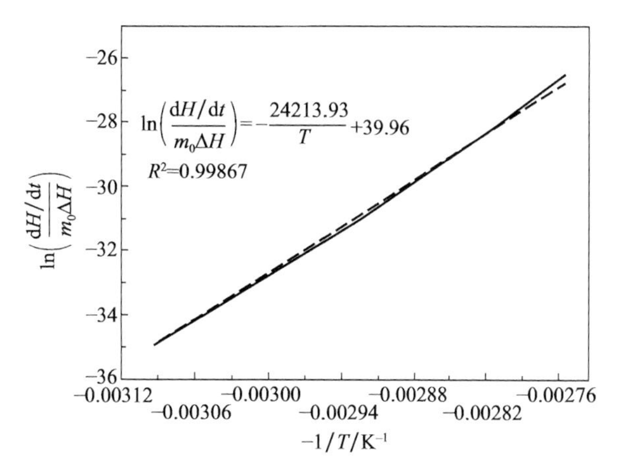

图 2.19　$\ln[(\mathrm{d}H/\mathrm{d}t)/(\Delta H m_0)]$-$(-1/T)$线性拟合图

根据 Semenov 模型[12]，可由体系产热和体系向环境的散热得到如下热平衡方程：

$$C_{\mathrm{p}}m_0\frac{\mathrm{d}T}{\mathrm{d}t}=\Delta H m_0^n A\exp\left(-\frac{E}{RT}\right)-US(T-T_0) \tag{2.9}$$

式中，C_{p} 为比热容，J/(g · K)；U 为表面传热系数，J/(m^2 · K · s)；S 为包装材料与周围环境的接触面积，m^2；T_0 为体系的起始温度，K；T 为体系的实际温度，K。

在某一温度下，若体系的散热速率和产热速率相等，那么该体系处于临界状态，此时，若散热速率稍低于产热速率，体系就会向热失控方向发展。这个临界状态下，体系的温度被认为是不归还温度 T_{NR}(K)。那么，由以上所述，体系在不归还

温度点的特性可以在数学上表达为：在不归还温度点，有 $dT/dt=0$ 以及 $d(dT/dt)/dT=0$。

对式(2.9)分别进行一次、二次微分，即可推算得到不归还温度。

由于不归还温度对应的临界状态下，体系环境温度也是一个临界值，反映的是在实际应用反应物的过程中，所允许的最高环境温度，那么通过式(2.10)，可计算得到这一环境温度：

$$\mathrm{SADT}=T_0=T_{\mathrm{NR}}-\frac{RT_{\mathrm{NR}}^2}{E} \tag{2.10}$$

该环境温度即自加速分解温度(self-accelerating decomposition temperature, SADT)，它是在一定包装材料和尺寸的条件下(如25kg标准包装下，包装品与环境的接触面积为4812.4cm^2，包装品表面总传热系数为2.8386×10^{-4} J/($\mathrm{cm}^2\cdot\mathrm{K}\cdot\mathrm{s}$))，实际包装品中的反应性化学物质在7日内发生自加速分解的最低环境温度[13]，是确定反应性化学物质安全生产、储运、应用的重要标准参数，是衡量物质危险程度的重要指标。

由以上分析可以看出，根据测得的热行为数据，可计算得到被测试样品的活化能、指前因子、反应热、不归还温度、SADT等热动力学参数。

2.4.2 锂离子电池火灾危险性研究

1. 全尺寸锂离子电池火灾行为测试平台

为了定量、系统地分析大型锂离子电池起火后的火灾行为，在ISO 9705全尺寸房间火标准测试平台[14]的基础上，作者课题组改进了全尺寸锂离子电池火灾行为测试平台。图2.20为ISO 9705全尺寸房间火标准测试平台的实物图，测试平台由燃烧室、集烟罩、排烟系统、取样系统、测试系统等部分构成。

图2.20　ISO 9705全尺寸房间火标准测试平台

测试平台的燃烧室尺寸为360cm×240cm×240cm，开口大小为80cm×200cm，集烟罩为方形，长宽均为300cm。为便于烟气进入集烟罩，集烟罩在竖直方向上向下延伸了 100cm。

排烟系统两端分别连接集烟罩和变频风机，在变频风机的控制下，排烟系统内质量流量可以在 0～4kg/s 内调节。排烟管道的直径是 0.4m，内置有导流叶片。

取样系统布置在排烟管道中湍流充分发展的位置，包括气体流量探针、气体取样管、热电偶温度测点以及氦-氖激光系统等组成部分。测试系统包括压差变送器、气体分析仪、数据采集器等测试以及数据采集部分。

为了使锂离子电池起火燃烧产生的烟气更充分地进入集烟罩，在全尺寸锂离子电池火灾行为测试平台中，并未像 ISO 9705 标准测试那样在燃烧室内燃烧，而是将电池直接布置在集烟罩下方测试(图 2.21)。

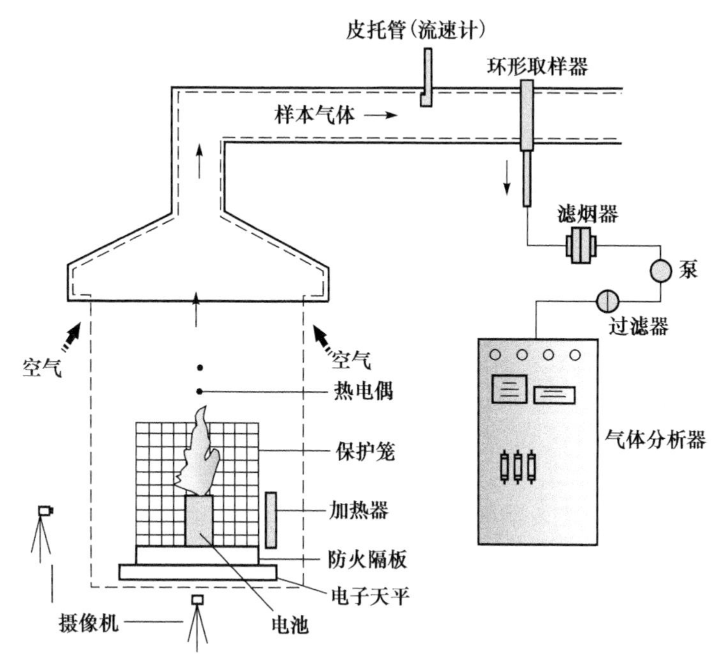

图 2.21　全尺寸锂离子电池火灾行为测试平台

由于标准测试中采用的丙烷燃烧器作为火源时会产生碳氧化合物，对基于氧消耗原理的热释放速率计算结果有一定影响，所以本平台采用热辐射加热源(图 2.21)。考虑到锂离子电池可能发生爆炸事故，本平台设计了电池燃烧测试防护笼，以防可能发生的爆炸对人员、设备造成伤损(图 2.21)。

热辐射源置于防护笼外，与电池处于同一高度，并保持一定的水平距离。在防护笼下方，是防火板以及被防火板和防火砖保护的电子天平，以实时记录电池在测试过程中的质量损失。集烟罩外，在电池正面和侧面分别布置两个摄像装置，从不同角度记录电池在测试过程中的火灾行为。同时，电池表面和电池附近分别布置了一系列热电偶，以便测量电池火灾行为中的温度变化情况。具体的热电偶布置由具体的测试对象、研究目的确定。

测试过程中，在变频风机的作用下，燃烧烟气和空气一起进入集烟罩，经由取样系统和测试系统中气体流量探针、皮托管、热电偶等设施的测量，获得烟气的流量、压力、温度等参数。经采样管得到的样品气体首先要经过烟气过滤器，过滤掉样品气体中的烟颗粒后，再次经过冷却除水、变色硅胶干燥，之后进入气体分析仪(图 2.21)，气体分析仪可以实时监测样品气体中 O_2、CO_2、CO 的浓度。在氧消耗原理的基础上，根据 O_2、CO_2、CO 的浓度变化数据，可以计算得到电池燃烧的热释放速率，定量分析锂离子电池的火灾危险性。

2. 氧消耗原理计算热释放速率

热释放速率(HRR)是进行火灾研究、确定火灾危险性的重要参数，是对火灾场景进行消防设计的重要依据。在确定 HRR 的各种计算方法中，应用最为广泛的是基于氧消耗原理法。在很多国际标准中，如 ISO 5660-1 和 ASTM 1354 标准中的锥形量热仪[15]，NT FIRE 032 中的家具量热仪[16]以及 ISO 9705 标准中的全尺寸房间火测试平台[17]，都是基于该方法来测量计算 HRR。

1917 年，Thornton 在大量实验研究的基础上，发现很多有机液、气体完全燃烧时每消耗 1kg 氧气释放的热量基本保持为一定值[18]。

之后，Huggett 实验证明不仅是有机液、气体，很多塑料及有机可燃固体都符合以上规律[19]。Huggett 测得该定值为 13.1MJ(每千克 O_2)，误差在 5%以内。

燃烧过程的热释放速率与燃烧时消耗的氧气紧密相关，不用考虑燃烧产热以何方式散失或积聚，只需要精确测量燃烧过程中体系的氧消耗量，即可计算得到热释放速率的方法称为氧消耗原理法。

在氧消耗原理的基础上，Parker[20]和 Janssens[21]分别提出了基于体积流量和质量流量变化计算热释放速率的方法。由于体积流量受气体压力、温度的影响较大，在确定压力、温度时标准不易统一，所以本研究主要介绍在氧消耗原理的基础上，根据质量流量变化计算热释放速率的方法。

首先，假设所有气体都是理想气体，初始空气由 N_2、O_2、CO_2 和 H_2O 构成，在检测样品气体中 O_2、CO_2 和 CO 含量时，样品气体中的水蒸气已被去除。那么，根据氧消耗原理，可以得到测试样品在燃烧过程中的热释放速率为

$$\dot{Q}=E(\dot{m}_{O_2}^{0}-\dot{m}_{O_2}) \tag{2.11}$$

式中，$\dot{Q}$ 为测试样品的热释放速率，kW；E 为燃烧每消耗 1kg O_2 释放的热量，约为 13.1MJ/kg；$\dot{m}_{O_2}^{0}$、$\dot{m}_{O_2}$ 分别为初始空气、燃烧后气体中氧气的质量流速，kg/s。

为了得到热释放速率，需要精确测量燃烧前后空气(气体)的质量流速。初始

空气的质量流速为

$$\dot{m}_a = \dot{m}_{N_2} + \dot{m}_{O_2} + \dot{m}_{CO_2} + \dot{m}_{H_2O} \tag{2.12}$$

燃烧后气体的质量流速为

$$\dot{m}_a = \dot{m}_{N_2} + \dot{m}_{O_2} + \dot{m}_{CO_2} + \dot{m}_{H_2O} + \dot{m}_{CO} \tag{2.13}$$

初始空气中 H_2O 的摩尔分数可以由测量数据得到：

$$X_{H_2O}^0 = \frac{\mathrm{RH}}{100} \frac{p_s(T_a)}{p_a} \tag{2.14}$$

式中，RH 为空气的相对湿度；T_a 为环境空气温度，K；$p_s(T_a)$ 为 T_a 温度下水蒸气的饱和压力，Pa；p_a 为大气压力，Pa。

在得到初始空气中 H_2O 的摩尔分数之后，可计算得到初始空气的摩尔质量：

$$M_a = M_{dry}(1 - X_{H_2O}^0) + M_{H_2O} X_{H_2O}^0 \tag{2.15}$$

除了初始空气中的 H_2O，其他燃烧前后气体成分的摩尔分数可以根据数学关系得到。

以初始空气中氧气的摩尔分数 $X_{O_2}^0$ 为例，其表达式为

$$X_{O_2}^0 = \frac{m_{O_2}^0 / M_{O_2}}{m_a / M_a} \tag{2.16}$$

根据式(2.16)，其他气体成分的摩尔分数可以表达为类似的数学关系。

燃烧后气体的质量流速可由排烟管道中气体的测量参数计算得到，计算如下：

$$\dot{m}_e = 26.54 \frac{A k_c}{f(Re)} \sqrt{\frac{\Delta p}{T_e}} \tag{2.17}$$

式中，$\dot{m}_e$ 为排烟管道中的质量流速，kg/s；A 为排烟管道的横截面积，m^2；k_c 为排烟管道中气流速度分布形状因子，可采用标准燃烧器对系统进行校准实验得到；Δp 为双向压力探头测得的排烟管中心线上的压差，Pa；T_e 是压力测点处的气体温度，K；Re 是流体雷诺数，$f(Re)$ 可以通过以下两式取值：

当 $40 < Re < 3800$ 时：

$$f(Re) = 1.533 - 1.366 \times 10^{-3} Re + 1.688 \times 10^{-6} Re^2 - 9.706 \times 10^{-11} Re^3 + 2.555 \times 10^{-13} Re^4 - 2.484 \times 10^{-17} Re^5 \tag{2.18}$$

当 $Re \geqslant 3800$ 时：

$$f(Re) = 1.08 \tag{2.19}$$

一般情况下，当排烟管中的气体流速达到湍流，$Re > 3800$，$f(Re)$ 可取值为 1.08。

由于火灾实验基本是在开放体系中进行的，进入测量体系的初始空气质量流速 $\dot{m}_e^0$ 不易测量，而燃烧后烟气质量流速 $\dot{m}_e$ 可以根据式(2.17)得到，所以为了建立 $\dot{m}_e^0$ 与 $\dot{m}_e$ 之间的数学关系，定义耗氧因子 ϕ，其数学表达式为

$$\phi=\frac{\dot{m}_{O_2}^0-\dot{m}_{O_2}}{\dot{m}_{O_2}^0}=\frac{X_{O_2}^0(1-X_{CO_2}-X_{CO})-X_{O_2}(1-X_{CO_2}^0)}{X_{O_2}(1-X_{O_2}-X_{CO_2}-X_{CO})} \tag{2.20}$$

式中，$X_{O_2}^0$、$X_{CO_2}^0$分别为初始空气中测得的 O_2 以及 CO_2 的摩尔分数；X_{O_2}、X_{CO_2}、X_{CO}分别为排烟管道中测得的 O_2、CO_2 以及 CO 的摩尔分数。

由于在测试过程中，样品不完全燃烧产生 CO 的情况非常常见，而式(2.11)是基于完全燃烧的氧消耗原理来计算的，所以需要对其进行修正。

如果排烟管道中所有的 CO 燃烧转化为 CO_2，所需消耗 O_2 的质量流速为

$$(\Delta\dot{m}_{O_2})_{cat}=\frac{1}{2}\dot{m}_{CO}\frac{M_{O_2}}{M_{CO}}=\frac{1}{2}\dot{m}_{O_2}\frac{X_{CO}}{X_{O_2}}=\frac{1-\phi}{2}\frac{X_{CO}}{X_{O_2}}\frac{M_{O_2}}{M_a}X_{O_2}^0 \tag{2.21}$$

式中，$(\Delta\dot{m}_{O_2})_{cat}$为排烟管道中 CO 转化为 CO_2 所需耗氧的质量流速，kg/s；$\dot{m}_{CO}$、$\dot{m}_{O_2}$为排烟管道中 CO、O_2 的质量流速，kg/s；M_{CO}、M_{O_2}、M_a 分别为 CO、O_2、初始空气的摩尔质量，kg/mol。

那么，这部分 O_2 如果被消耗(CO 转化为 CO_2)，所产生的热量为

$$\dot{Q}_{cat}=E_{CO}(\Delta\dot{m}_{O_2})_{cat} \tag{2.22}$$

式中，E_{CO}为 CO 燃烧转化为 CO_2，每消耗 1kg O_2 产生的热量，约为 17.6MJ/kg。

但是实际情况中，这部分 CO 并未燃烧转化为 CO_2，因此可以根据 Hess 定律，对式(2.11)修正，得到实际的热释放速率：

$$\dot{Q}=E(\dot{m}_{O_2}^0-\dot{m}_{O_2})-(E_{CO}-E)(\Delta\dot{m}_{O_2})_{cat} \tag{2.23}$$

由式(2.21)和式(2.22)，可以对式(2.23)变换，得

$$\dot{Q}=\left[E\phi-(E_{CO}-E)\frac{1-\phi}{2}\frac{X_{CO}}{X_{O_2}}\right]\frac{\dot{m}_e}{1+\phi(\alpha-1)}\frac{M_{O_2}}{M_a}(1-X_{H_2O}^0)X_{O_2} \tag{2.24}$$

式中，α 为膨胀因子，一般情况下，推荐取值为 1.105(纯碳在干空气中完全燃烧时，$\alpha=1$)。

2.4.3 锂离子电池滥用测试研究

为了保证消费者的利益，国内外有关组织相继制定了锂离子电池的安全测试标准，具体标准如第 1 章所述。目前普遍执行的锂离子电池滥用测试项目中，几个代表性滥用测试为过充、热箱、短路、针刺、挤压等测试[22,23]。

过充是锂离子电池在实际应用中常遇到的情况，如当充电器出现电压检测错误等故障、充电器使用错误或操作不当等滥用情况。前人对过充引发锂离子电池发生热失控的机制进行了大量研究，常通过将电池以一定电流过度充电到某限制电压如 5V、10V 等高电压来实现测试。研究发现，过充引起电池发生热失控的主要原因可以归为两个方面[24]：一是过度充电电流引发的焦耳热；二是正、负电极与电解液之间的副反应产热。当电池过充时，正极脱锂、电压逐渐升高，随着脱锂程

度加深、脱锂过程引起的电池内阻增大，引起过充电流产生的焦耳热增大，这个效应在大倍率充电过程中尤为明显。而且，若负极的嵌锂能力不强，过充会导致负极表面的锂沉积，产生的锂枝晶容易穿过隔膜造成内短路。另一方面，在过充状态的正极氧化性增强，易与电解液之间发生副反应，其产热会进一步诱发负极与电解液之间的副反应。当副反应的产热速率大于电池散热速率时，电池就会趋于热失控。

热箱测试将电池至于较高温度的热箱中，以测试其在高温下的安全性能。例如，QT 743—2006 标准规定测试温度为(85±2)℃，在此温度下所测试电池如果在 120min 内没有发生起火、爆炸等现象，则认为电池安全。IEC 62660-2 和 UL 1642 标准规定测试温度为(130±2)℃，在此温度下保持 30min 或 10min。对于某些商用电池，热箱测试温度设置为 150℃。另外，热箱测试不仅可以检验电池是否达标，通过将热箱测试的数据与锂离子电池热模型的计算结果相比较，还可以验证电池热模型的准确性[25,26]。

短路是将一个较低阻抗(<5mΩ)的导体连接在电池的正、负极两端[27]。在该测试中，电流通过电池体，并产生热量。这里的短路测试常指外短路测试，因为相比于进行电池外短路测试，内短路测试较难一些。因为对电池进行外短路的导体可控，其阻抗等特征参数是可以确定的，而且外短路引起的产热作用于电池内部时，常为均匀发热，外短路所产生的焦耳热一般不会直接触发电池的热失控反应[22]。Orendorff 等[28]提出了一种在电池内部进行短路测试的实验方法。该方法在制作电池过程中，引入一种有较低熔点的金属箔作为短路用导体，之后通过相变完成电池的内短路测试。对 2032、18650 电池进行内短路测试时发现，$LiCoO_2$/石墨电池的内部温度升高到 132℃。

针刺测试是对电池被外物穿刺的模拟，常通过某一定直径(如 3～8mm)钢针以一定的速度穿过电池内部并保留一定时间(如 30s)来完成测试。由于针刺造成电池在针刺点短路，短路区因大量的焦耳热而形成局部热区，当热区温度超过某临界条件，如当焦耳热诱发隔膜熔断引起正、负极片大面积接触时，将引发热失控，发生冒烟、起火甚至爆炸。

挤压测试与针刺类似，都是造成局部内短路而可能引起热失控。但是，挤压不一定会造成电池壳体的破坏，这就意味着易燃的电解液可能不会从破裂处泄漏。Doh 等[29]对软包电池进行了挤压实验。挤压通过一个长 50mm、直径 15.8mm 的圆柱棒直接接触电池中心位置完成，由于挤压所施加的力造成电池内部隔膜被撕毁，正、负电极片大面积接触，大量的焦耳热以及电池内部副反应的产热使得电池表面温度升高，达到 162℃。

2.4.4　锂离子电池热模型及数值计算研究

作为一种电化学储能系统，锂离子电池自身综合了电化学以及物理化学反应、质量传递、电荷传递以及热量传递等过程[30]。在现实应用中，为了提升电池、电池组的性能，还需要考虑电池的均一性、电池模组的构成与组装方式、电池热量管理体系的设计与效率等问题。锂离子电池的热量控制与管理，涉及的问题复杂，尤其对于锂离子电池特殊的热、电耦合特性，由于电池的电化学行为与热行为是相互作用与影响的，那么实现单因素变量完全控制较为不易，而且多物理场同步分析也容易受到实验条件的约束。另外，对电池的热特性管理，往往需要破坏性较强的滥用测试或实验，且存在一定危险。而且构成电池体系的材料组分多样化，使得对电池热特性的实验分析所需量较大，存在重复性。以上原因使得电池热特性试验研究需要消耗较大量的时间、费用。在这种情况下，研究者将数值计算这一仿真技术应用到锂离子电池的热特性研究中[31]。通过分析锂离子电池在正常工作、滥用状态下的热、电耦合特性，得到电池多物理场特征参数之间的相互作用机制，分析电池热、电行为的控制方程，建立锂离子电池数学物理模型，基于数值计算，分析电池在不同条件、不同状态下的多物理场特性，能够为电池热量管理与控制方案的确定提供支持，提高电池性能优化的效率，降低电池系统的设计成本。关于该部分的详细内容，将在第 4 章介绍。

参考文献

[1] Linden D, Reddy T B. Handbook of Batteries. New York: McGraw-Hill, 2002.

[2] Ohzuku T, Brodd R J. An overview of positive-electrode materials for advanced lithium-ion batteries. Journal of Power Sources, 2007, 174(2): 449-456.

[3] Inaba M. Secondary batteries—Lithium rechargeable systems—Lithium-ion | Negative electrodes: Graphite. Encyclopedia of Electrochemical Power Sources, 2009: 198-208.

[4] 朱碧玉，倪江锋，王海波，等. 石墨烯在锂离子电池中应用的研究进展. 电源技术，2013，37(5)：860-862.

[5] Tarascon J M, Armand M. Issues and challenges facing rechargeable lithium batteries. Nature, 2001, 414(6861): 359-367.

[6] 吴宇平，万春荣，姜长印，等. 锂离子二次电池. 北京：化学工业出版社，2002.

[7] 郭炳琨，徐徽，王先友，等. 锂离子电池. 长沙：中南大学出版社，2002.

[8] 姚晓林. 锂离子电池关键材料的电化学性能及热稳定性研究. 合肥：中国科学技术大学博士学位论文，2005.

[9] 杨森森. 卡尔维(Calvet)式量热仪的工作原理. 现代科学仪器，2002，(3)：62.

[10] Smith D, Taylor M, Young R, et al. Accelerating rate calorimetry. American Laboratory, 1980, 12(6): 51-60.

[11] Askonas C. Vent sizing (VSP2) user forum optimizing temperature measurement. http://blog. fauske. com/blog/bid/387395/Vent-Sizing-VSP2-User-Forum-Optimizing-Tempera-

ture-Measurement[2014-5-28].
[12] 孙金华,丁辉,等. 化学物质热危险性评价. 北京:科学出版社,2005.
[13] Sun J,Li Y,Hasegawa K. A study of self-accelerating decomposition temperature (SADT) using reaction calorimetry. Journal of Loss Prevention in the Process Industries,2001,14(5):331-336.
[14] 王蔚,张和平,杨昀,等. 全尺寸多功能热释放速率实验台的设计. 消防科学与技术,2004,23(6):1-6.
[15] Babrauskas V. Ten years of heat release research with the cone calorimeter. http://www.doctorfire.com/cone.html[2005-1-10].
[16] Furniture U. Burning Behaviour—Full Scale Test(NT FIRE 032). Helsinki: Nordtest,1987.
[17] Dillon S E. Analysis of the ISO 9705 room/corner test:Simulations,correlations and heat flux measurements. New York:US Department of Commerce,1998.
[18] Thornton W X V. The relation of oxygen to the heat of combustion of organic compounds. The London,Edinburgh,and Dublin Philosophical Magazine and Journal of Science,1917,33(194):196-203.
[19] Huggett C. Estimation of rate of heat release by means of oxygen consumption measurements. Fire and Materials,1980,4(2):61-65.
[20] Parker W J. Calculations of the heat release rate by oxygen consumption for various applications. Journal of Fire Sciences,1984,2(5):380-395.
[21] Janssens M L. Measuring rate of heat release by oxygen consumption. Fire Technology,1991,27(3):234-249.
[22] 吴凯,张耀,曾毓群,等. 锂离子电池安全性能研究. 化学进展,2011,23(0203):401-409.
[23] 李会峰,庞静,卢世刚. 锂离子电池滥用条件下的安全性研究. 电源技术,2013,37(12):2235-2238.
[24] Ohsaki T,Kishi T,Kuboki T,et al. Overcharge reaction of lithium-ion batteries. Journal of Power Sources,2005,146(1):97-100.
[25] Richard M,Dahn J. Predicting electrical and thermal abuse behaviours of practical lithium-ion cells from accelerating rate calorimeter studies on small samples in electrolyte. Journal of Power Sources,1999,79(2):135-142.
[26] Guo G,Long B,Cheng B,et al. Three-dimensional thermal finite element modeling of lithium-ion battery in thermal abuse application. Journal of Power Sources,2010,195(8):2393-2398.
[27] Wang Q S,Ping P,Zhao X J,et al. Thermal runaway caused fire and explosion of lithium ion battery. Journal of Power Sources,2012,208:210-224.
[28] Orendorff C J,Roth E P,Nagasubramanian G. Experimental triggers for internal short circuits in lithium-ion cells. Journal of Power Sources,2011,196(15):6554-6558.
[29] Doh C H,Kim D H,Kim H S,et al. Thermal and electrochemical behaviour of C/Li_xCoO_2

cell during safety test. Journal of Power Sources,2008,175(2):881-885.

[30] Newman J,Thomas-Alyea K E. Electrochemical Systems. Berkeley:John Wiley & Sons,2012.

[31] 程昀,李劼,贾明,等. 锂离子电池多尺度数值模型的应用现状及发展前景. 物理学报,2015,(21):137-152.

第3章 锂离子电池材料的热安全性

热稳定性是衡量锂离子电池安全性能的重要指标之一。锂离子电池内部储存了大量的化学能，受热时，电池内会发生剧烈的放热反应，放出大量的热量，如果热量能及时散失，则不会出现热失控；若不能及时散失，电池内部热量积聚，温度升高，反应加剧，从而导致电池发生鼓胀、泄漏甚至爆炸等现象[1-3]。对于大型锂离子电池，其体积大、散热难，热量更易积聚，安全问题更加严重。为顺利推动锂离子电池的大型化进程，需要从根本上改善锂离子电池的热稳定性。

锂离子电池的安全性直接制约着锂离子电池的发展，为此，科研人员对锂离子电池的安全性进行了广泛的研究。电池的热稳定性与温度密切相关，当电池温度升高时，电池内部发生一系列放热反应。可能的放热反应有[2,4,5]：①电解液的热分解；②正极的热分解；③负极的热分解；④电解液与负极的反应；⑤电解液与正极的反应；⑥电池内其他组分的热反应。以下分别从锂离子电池材料的热安全性讨论影响锂离子电池安全性的各种因素。

3.1 锂盐及其电解液热安全性

作为锂离子电池的重要组成部分，电解液存在于整个电池的内部。由于电解液担负着传输锂离子、传导电流的作用，所以被誉为锂离子电池的“血液”。电解液的性能，电解液与正、负极的相容性是影响锂离子电池电化学性能、电化学寿命、热稳定性的重要因素。选择性能优异、合适的电解液，是确保电池具有长循环寿命、高比能量、高安全性的关键。

电解液主要由电解质锂盐以及有机溶剂构成。通过电解液中锂盐的锂离子，正、负极之间的锂离子能够顺利完成脱锂、嵌锂过程，反映在电化学行为上即电池的充、放电过程。如果说电解液是沟通正、负极的“桥梁”和“运河”，那么电解质锂盐是负责传输的“船只”，是影响电解液性能的主要因素之一。在选择电解质锂盐时，需要考虑它的电导率，与正、负极的电化学相容性，电化学稳定性以及热稳定性。本节从安全性的角度出发，着重探讨基于不同锂盐的电解液的热安全性。

3.1.1 常用锂盐的热安全性

1. $LiPF_6$热安全性

图3.1显示了锂盐 $LiPF_6$ 在升温条件下的热行为，可以看出，在160℃之前

$LiPF_6$ 并未有明显的热行为表现。到 165℃时，$LiPF_6$ 表现出吸热，并于 195℃达到吸热峰；该峰尖锐与文献[6]中提到的 $LiPF_6$ 熔点(200℃)相比，可知该吸热行为由锂盐的熔化引起。随着温度逐渐升高，$LiPF_6$ 继续表现出显著的吸热，且于 280℃达到吸热峰值，该峰涉及温度范围较宽，与文献[7]和[8]分别采用 DSC、TG 测得的峰值温度、温度范围接近，该峰主要由 $LiPF_6$ 的热分解引起，分解行为表现如下：

$$LiPF_6 \rightleftharpoons LiF + PF_5 \tag{3.1}$$

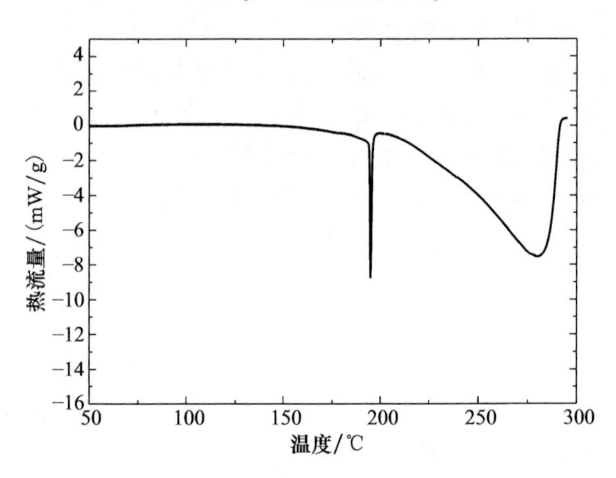

图 3.1 $LiPF_6$ 在升温条件下的热流曲线

与文献测量数值相比，由于 C80 的升温速率为 0.2℃/min，且 C80 测量精度高，所以采用 C80 测得的峰起始温度更低，峰值温度更高。主要测量结果及与文献对比的结果见表 3.1。在整个测量过程中，$LiPF_6$ 均表现为吸热现象，两个吸热峰的热量变化分别为 29.3J/g 和 430.6J/g，整个过程的吸热为 459.9J/g。

表 3.1 $LiPF_6$ 物化特性及热力学参数

锂盐	结构	熔点/℃	起始温度/℃			峰值温度/℃			吸热/(J/g)	
			C80	DSC	TG	C80	DSC	TG	C80	DSC
$LiPF_6$	F F \ / F—P—F Li⊕ ⊖ / \ F F	200	165	193,249	68,91	195，280*	199，260	77，201	29.3，430.6	70.7，282

* 吸热。

2. $LiBF_4$ 热安全性

图 3.2 显示了锂盐 $LiBF_4$ 在升温条件下的热行为，可以看出 $LiBF_4$ 在 91℃即出现吸热行为，并于 112℃达到吸热峰值。与其他几种锂盐相比，该起始温度较低，对于热稳定性，并不是一个较好的表征；但是由于该吸热效应非常微弱，如

表 3.2所示,整个吸热过程的热值只有 18.1J/g。与其他三种锂盐相比,该过程基本可以忽略。

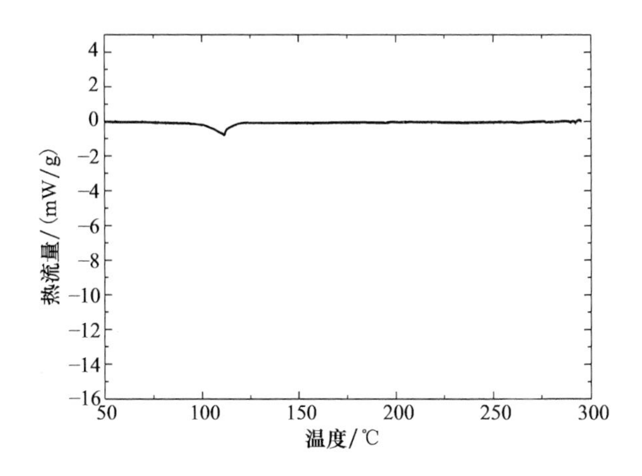

图 3.2　$LiBF_4$ 在升温条件下的热流曲线

表 3.2　$LiBF_4$ 物化特性及热力学参数

锂盐	结构	熔点/℃	起始温度/℃			峰值温度/℃			吸热/(J/g)	
			C80	DSC	TG	C80	DSC	TG	C80	DSC
$LiBF_4$	F—B(—F)(F)(F) ⊕⊖ Li	310	91	—,108	63,162	112	28,113	75,263	18.1	2.15

由 Gavrichev 等[9]的研究可以看出,该吸热过程是由含锂的水合物杂质引起的。另外,由于 $LiBF_4$ 的熔化温度为 310℃,所以在本测试中未测到 $LiBF_4$ 的熔化现象;在 112℃的微弱吸热峰后,$LiBF_4$ 的热行为无明显变化。总体来说,不同热分析仪器测得的热力学参数基本一致。

3. LiTFSI 热安全性

图 3.3 显示了锂盐 LiTFSI 在升温条件下的热行为,在 30～300℃的温度范围内,共测得两个吸热峰,分别位于 154℃和 237℃。由于 LiTFSI 的熔融温度为 234℃[10],所以第二个吸热峰主要由熔融效应引起。

另外,由图 3.4 可以看出,峰值温度在 154℃的吸热峰在降温时再次出现,这就意味着该峰对应的变化是可逆的。由于在此温度下,LiTFSI 仍未达到熔点,所以认为该吸热过程是由固-固相变引起的。

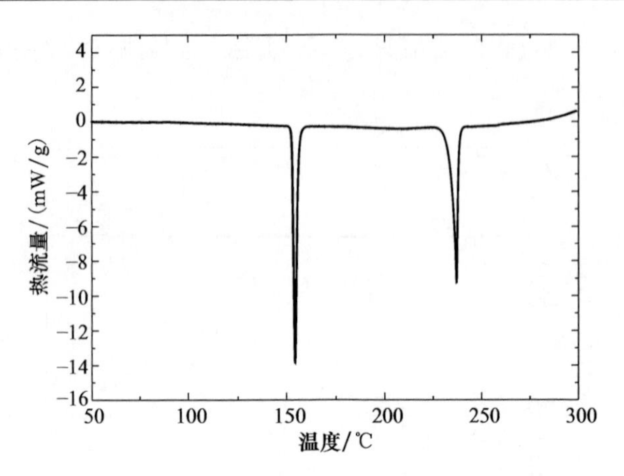

图 3.3　LiTFSI 在升温条件下的热流曲线

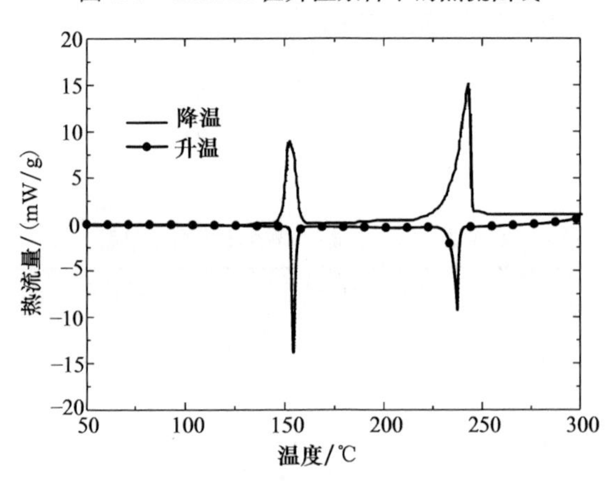

图 3.4　LiTFSI 在升温、降温条件下的热流曲线

如表 3.3 所示，固-固相变以及熔融过程对应的吸热量分别为 50.3J/g、52.7J/g，与文献[8]测得的数值相比，差异较大。但是，如图 3.5 所示，文献[8]得到的 DSC 曲线显示 LiTFSI 有三个吸热峰以及一个放热峰。文献给出的热量数据只是对应于第一个吸热峰以及放热峰，并未提到第二、第三个吸热峰的热量变化，而这两个峰在文献中对应的温度恰与本研究测得的吸热峰温度比较接近，分别在 150℃和

表 3.3　LiTFSI 物化特性及热力学参数

锂盐	结构	熔点/℃	起始温度/℃		峰值温度/℃			吸热/(J/g)	
			C80	TG	C80	DSC	TG	C80	DSC
LiTFSI		234[10]	145	36，340[8]	154，237	48，407[8]	49，407[8]	50.3，52.7	74.3，−218[8]

230℃附近，因此该差异并不能说明两者测量结果的差异。另外，比较接近的吸热峰温度数据，从另一个方面反映了采用 C80 以及 DSC 进行热分析，结果仍然是比较一致的。

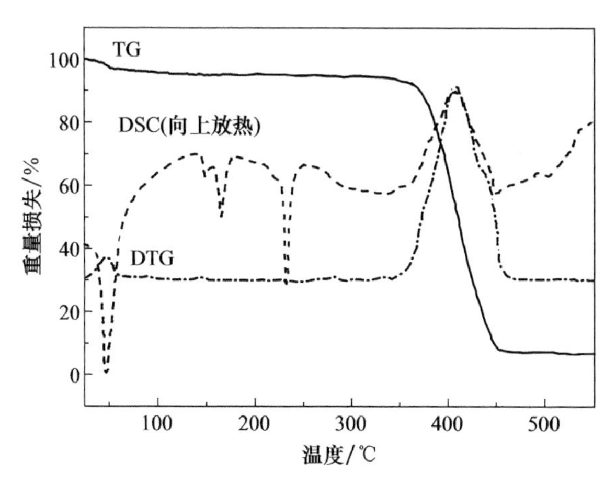

图 3.5　LiTFSI 在升温条件下的 DSC-TG 曲线(升温速率 5K/min)[8]

4. LiBOB 热安全性

图 3.6 显示了锂盐 LiBOB 在升温条件下的热行为，从 243℃开始 LiBOB 表现出吸热，由于 LiBOB 的熔点较高，所以在本测试中并未检测到 LiBOB 的熔化过程。当温度升到 286℃时，LiBOB 的吸热过程达到峰值温度。

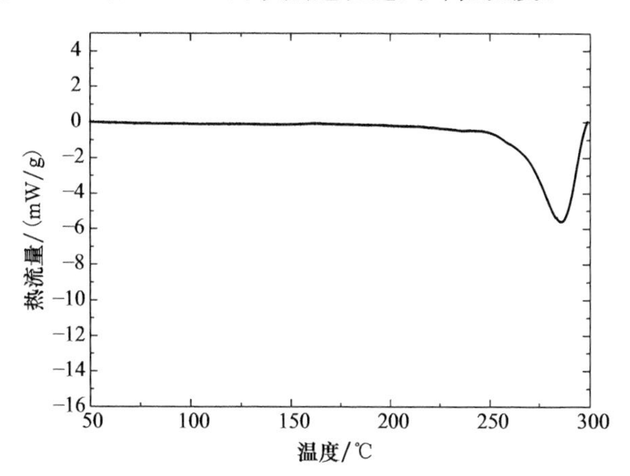

图 3.6　LiBOB 在升温条件下的热流曲线

直到测试结束，如表 3.4 所示，吸热过程的热量变化为 197.3J/g，该值与 DSC 测得的数值非常接近[11]。该过程应该对应于 LiBOB 的分解反应。与其他三种锂盐相比，LiBOB 的吸热起始温度、峰值温度都更高。

表 3.4　LiBOB 物化特性及热力学参数

锂盐	结构	熔点/℃	起始温度/℃		峰值温度/℃		吸热/(J/g)	
			C80	DSC	C80	DSC	C80	DSC
LiBOB		>400[11]	243	293.33±3.72[11]	286	313.80±3.81[11]	197.3	197.2±6.2

3.1.2　锂盐对电解液热安全性的影响

1. $LiPF_6$ 基电解液热稳定性

图 3.7 显示了电解液 $LiPF_6$/EC+DEC 与混合溶剂 EC+DEC 在升温条件下的热行为。电解液 $LiPF_6$/EC+DEC 于 127℃开始放热，随后呈现一个不太显著的放热过程。随着温度升高，电解液于 160℃左右开始吸热，并于 172℃达到吸热峰，吸热过程的热量变化是 35.6J/g(表 3.5)。之后，随着温度继续升高，体系回归放热，并逐渐剧烈，于 188℃、211℃分别达到放热峰值，整个过程的热量变化是−412.6J/g(表 3.5)。

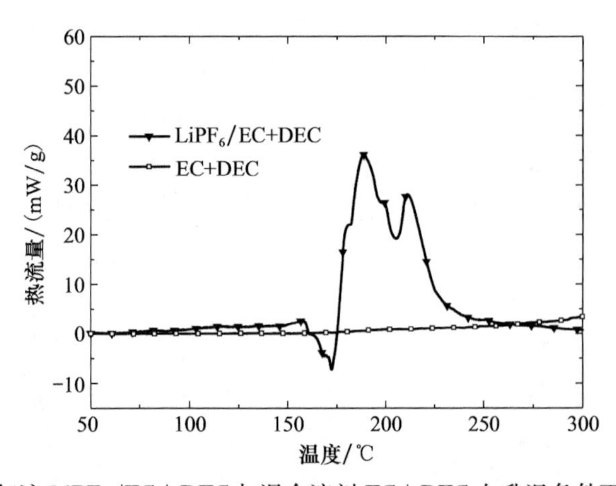

图 3.7　电解液 $LiPF_6$/EC+DEC 与混合溶剂 EC+DEC 在升温条件下的热流曲线

表 3.5　电解液 $LiPF_6$/EC+DEC 分解热力学参数

电解液	起始温度/℃	峰值温度/℃	产热/(J/g)
1mol/L $LiPF_6$/EC+DEC(质量比 1∶1)	127	172*,188,211	35.6*,−412.6
EC+DEC(质量比 1∶1)	183	—	−39.4

* 吸热过程。

与电解液相比，混合溶剂 EC+DEC 于 182℃开始缓慢放热，直至测试结束，整个放热过程都很微弱。如表 3.5 所示，未加锂盐的混合溶剂在升温条件下的放热仅有−39.4J/g。对比可以看出，加入锂盐 $LiPF_6$ 后的电解液放热远大于未加 $LiPF_6$ 的混合溶剂 EC+DEC。

加入锂盐 $LiPF_6$ 后，混合溶剂 EC+DEC 的反应活性显著增加。在升温条件下，如式(3.1)所示，$LiPF_6$ 产生强路易斯酸 PF_5，它能与痕量的水以及有机溶剂发生反应。

与水的反应如式(3.2)所示，会产生具有毒性和腐蚀性的 HF 气体。同时，PF_5 会攻击 EC 中氧原子的孤对电子，EC 的环状结构会被破坏，进一步分解并发生酯交换反应，产生如聚环氧乙烷聚合物、CO_2 等酯交换反应产物[12,13]，具体的反应过程如式(3.3)和式(3.4)所示。其中，在路易斯酸催化下的开环反应是吸热的。DEC 在 PF_5 的作用下，发生了消去反应，如式(3.5)所示，该反应也会引起吸热。这些反应是引起电解液在 172℃左右表现出吸热行为的主要原因。

另外，这些反应的产物会继续引起更多连锁反应，使得电解液大量放热，表现出较差的热稳定性。这些连锁反应的产物大部分是 CH_3CH_2F、FCH_2CH_2Y（Y 是 OH、F 等）等[12,13]。

$$PF_5 + H_2O \longrightarrow PF_3O + 2HF \tag{3.2}$$

$$EC + EC\cdots PF_5 \longrightarrow [\text{开环中间体}]\cdots{}^{-}PF_5 \longrightarrow \text{Oligo-ether Carbonates（低聚醚碳酸盐）} \tag{3.3}$$

$$\text{Oligo-ether Carbonates（低聚醚碳酸盐）} \longrightarrow [\text{聚醚碳酸酯}]_n \longrightarrow PEO + nCO_2 \tag{3.4}$$

$$C_2H_5OCOOC_2H_5 + PF_5 \longrightarrow C_2H_5OCOOPF_4 + HF + C_2H_4 \tag{3.5}$$

$$C_2H_5OCOOPF_4 \longrightarrow PF_3 + CO_2 + C_2H_4 + HF \tag{3.6}$$

$$C_2H_5OCOOPF_4 + HF \longrightarrow PF_4 + C_2H_5F + CO_2 \tag{3.7}$$

2. $LiBF_4$ 基电解液热稳定性

图 3.8 显示了电解液 $LiBF_4$/EC+DEC 与混合溶剂 EC+DEC 在升温条件下

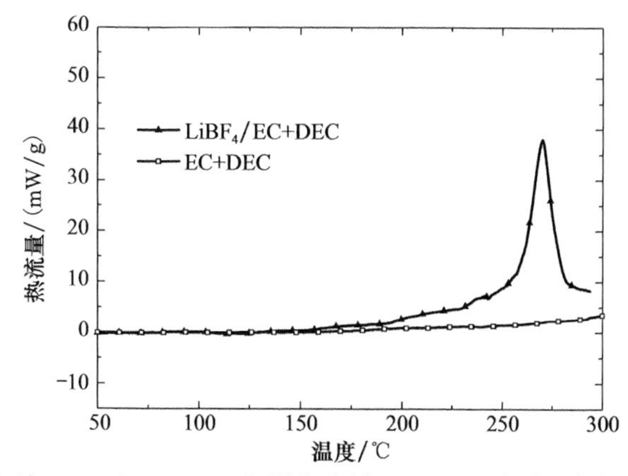

图 3.8　电解液 $LiBF_4$/EC+DEC 与混合溶剂 EC+DEC 在升温条件下的热流曲线

的热行为。如图所示，电解液于 163℃开始放热，随后放热反应加剧，并于 270℃达到放热峰值，整个过程的放热量是−328.6J/g（表 3.6）。

表 3.6 电解液 $LiBF_4$/EC+DEC 分解热力学参数

电解液	起始温度/℃	峰值温度/℃	产热/(J/g)
1mol/L $LiBF_4$/EC+ DEC(质量比 1∶1)	163	270	−328.6
EC+DEC(质量比 1∶1)	183	—	−39.4

与混合溶剂相比，加入锂盐后，电解液的活性增加。与 $LiPF_6$ 相似，锂盐 $LiBF_4$ 也会产生路易斯酸。尽管路易斯酸 BF_3 的活性比 PF_5 要低，它仍然会与痕量水以及有机溶剂发生反应，这些反应是引起有机溶剂热稳定性下降的主要原因。

3. LiTFSI 基电解液热稳定性

图 3.9 显示了电解液 LiTFSI/EC+DEC 与混合溶剂 EC+DEC 在升温条件下的热行为。如图所示，电解液的放热现象于 183℃被探测到，在高温以及有机溶剂的作用下，锂盐 LiTFSI 开始分解。首先，C—S 开始断裂[14,15]，这一推测可以由探测到的 —CF_3 基确定[16]。然后，锂盐分解后的产物与有机溶剂发生反应并放出热量，体系随之达到放热峰值。

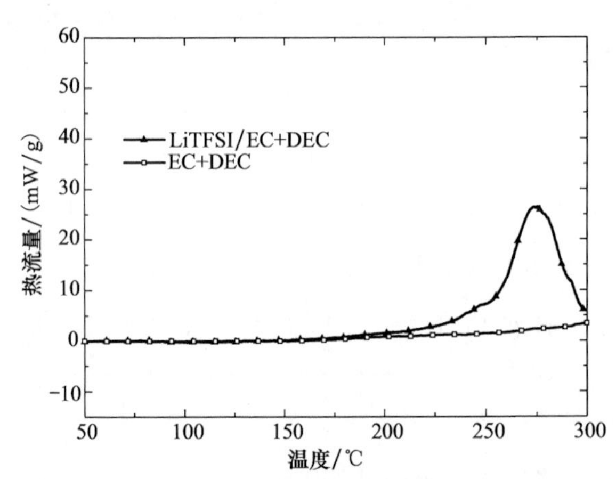

图 3.9 电解液 LiTFSI/EC+DEC 与混合溶剂 EC+DEC 在升温条件下的热流曲线

如表 3.7 所示，电解液在整个测试过程的放热量为−306.6J/g。与前两种电解液相比，该电解液的起始温度、峰值温度较高，放热量较低，呈现了较好的热稳定性。

表 3.7 电解液 LiTFSI/EC+DEC 分解热力学参数

电解液	起始温度/℃	峰值温度/℃	产热/(J/g)
1mol/L LiTFSI/EC+DEC(质量比 1∶1)	183	275	−306.6
EC+DEC(质量比 1∶1)	183	—	−39.4

4. LiBOB基电解液热稳定性

图3.10为电解液LiBOB/EC+DEC与混合溶剂EC+DEC在升温条件下的热行为。如图所示，电解液直到227℃之前都较稳定，无明显放热现象。在一个较小的放热波动后，电解液进入显著放热阶段，并于251℃达到放热峰值。

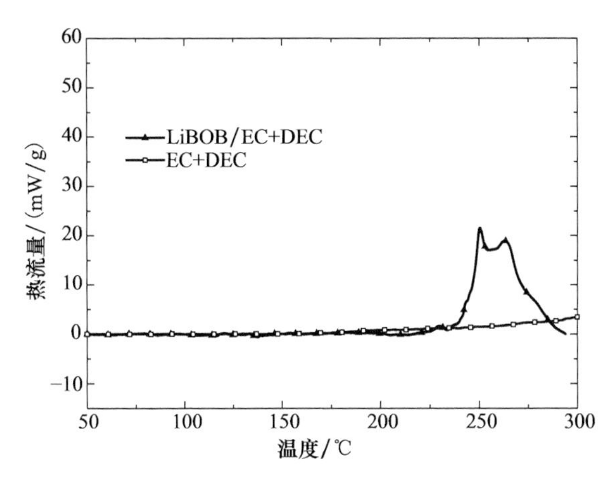

图3.10 电解液LiBOB/EC+DEC与混合溶剂EC+DEC在升温条件下的热流曲线

如表3.8所示，整个放热过程的热量变化是−179.9J/g。与以上三种电解液相比，该电解液的产热最低，起始温度最高。从热力学参数的角度比较分析，该电解液的热稳定性最高。

表3.8 电解液LiBOB/EC+DEC分解热力学参数

电解液	起始温度/℃	峰值温度/℃	产热/(J/g)
0.8mol/L LiBOB/EC+DEC(质量比1∶1)	227	251	−179.9
EC+DEC(质量比1∶1)	183	—	−39.4

3.2 溶剂及其电解液热安全性

3.2.1 常用有机溶剂及其$LiPF_6$溶液的热稳定性

1. $LiPF_6$/碳酸乙烯酯(EC)

图3.11为EC在空气和氩气氛围下升温时的热流变化曲线。EC熔点是37℃，在常温下是固体。从图可以看出，无论在空气还是在氩气氛围下，在温度升高到33.5℃时，开始吸热熔化，并在39.6℃时达到吸热峰，在空气氛围下的熔化热是142.4J/g，在氩气氛围下是144.5J/g，与空气下的热值基本一致，说明其熔化热

与所在的两种气体氛围没有关系。将图 3.11 中 A 框内图形放大可得图 3.12。在空气氛围下其放热开始温度为 164℃，放热峰值在 222℃，放热量为－38.5J/g。其后在 235℃有一梯度，进入吸热阶段，在 260℃时有吸热峰，随后，开始迅速放热。在氩气氛围下反应开始温度为 145℃，放热峰值在 198℃，放热量为－43.6J/g。其后在 258℃时有吸热峰，之后，放热立刻加剧，与在空气氛围下基本一致。

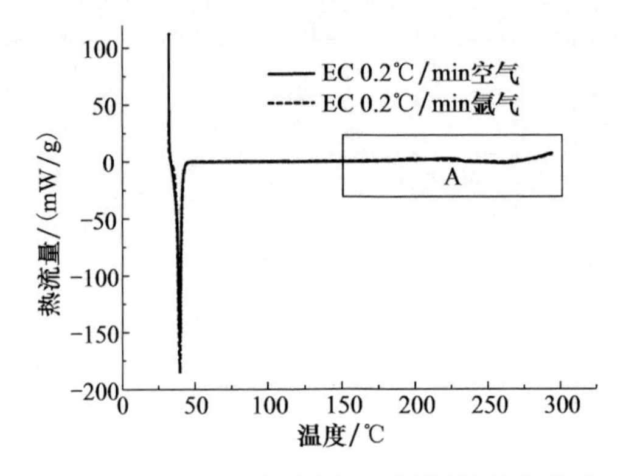

图 3.11　EC 在空气和氩气氛围下的热流曲线

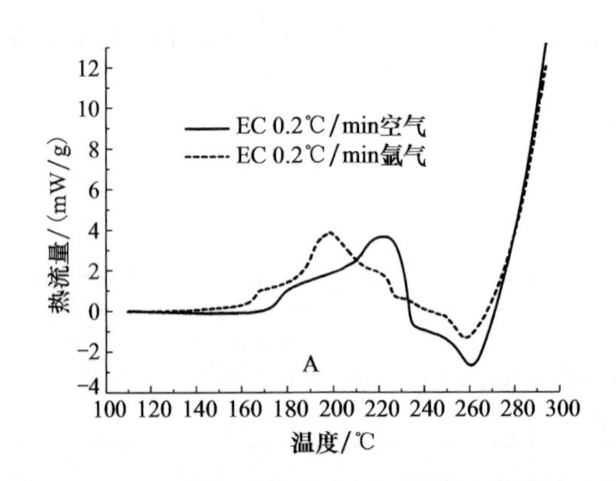

图 3.12　EC 在空气和氩气氛围下的热流曲线放大图

从以上结果可以看出，虽然其放热开始温度较低(145℃)，但是产热比较少，因此 EC 基本上是比较稳定的。当加入 1.0mol/L $LiPF_6$后，由图 3.13 可以看出，EC 的放热量显著增加。

图 3.13 中，在氩气氛围下，$LiPF_6$影响了 EC 的热稳定性。加入 $LiPF_6$后，在 192℃和 226℃之间有一大的放热过程，放热峰为 212℃，反应热为－345.4J/g。随后在 225℃和 280℃之间有一个平缓的放热过程，放热峰为 254℃，放热－392.9J/g。在空气氛围下与在氩气氛围下相似，分别在 207℃和 259℃有两个放热峰，放热量分别为－376.3J/g 和－465.7J/g。

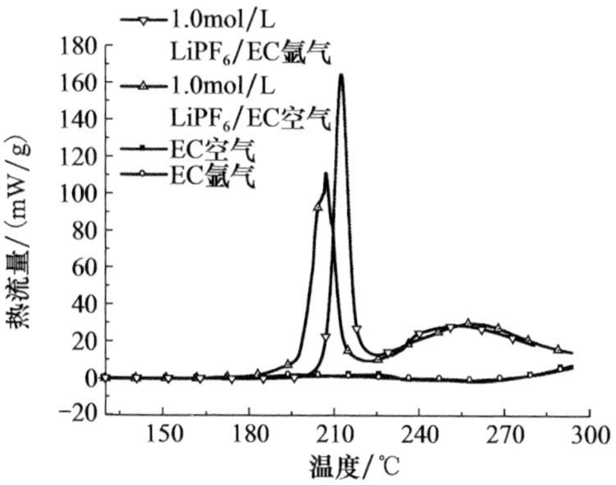

图 3.13　1.0mol/L $LiPF_6$/EC 在氩气和空气氛围下的热流曲线

通过比较在空气和氩气氛围下的热流可知，氧气对环状碳酸酯的热稳定性的影响不大。在 EC 的沸点 238℃前，EC 是稳定的。当温度超过 260℃时，EC 分解并放出 CO_2、O_2 和 H_2 等气体[17]。CO_2 是主要成分，约占 15.15%；O_2 占 0.422‰；H_2 为极少量，占 0.033‰。根据此结果，主要可能的分解过程为[9]

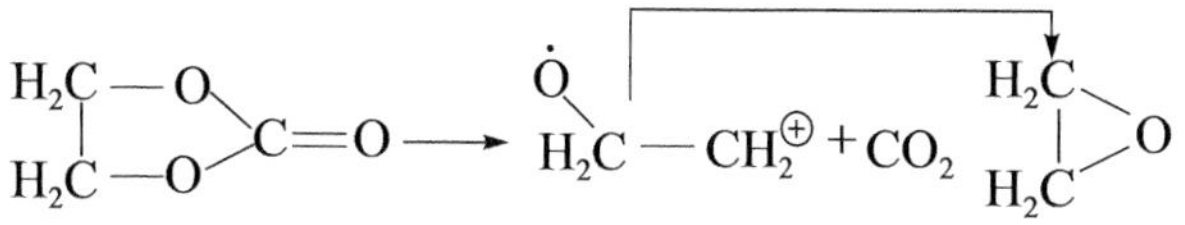
(3.8)

当温度超过 192℃时，PF_5 起路易斯酸作用，使 EC 发生酯交换反应，生成聚环氧乙烷(PEO)和 CO_2[12]。在更高的温度下，PF_5 可打开 EC 环，其可能的开环聚合机理为[13,18]：

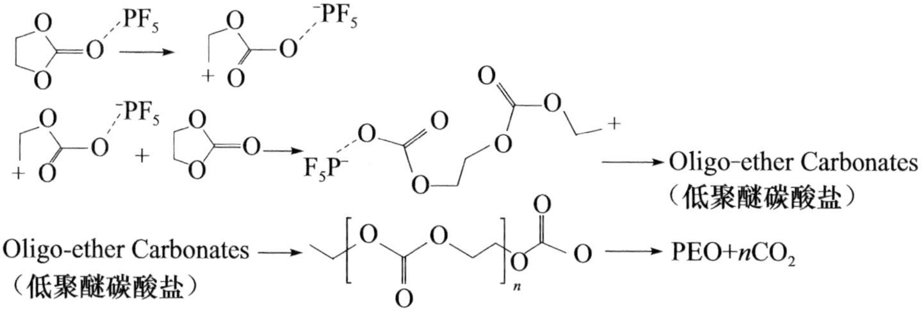

(3.9)

此外，在升温下 Li^+ 也与 EC 反应，Mogi 等[19]使用气相色谱质谱联用计(Py-GC-MS)测得其热分解产物为 CO、C_2H_4 等，因而其可能的反应过程为[19,20]

$$CH_2OCOOCH_2(EC)+2Li^++2e \longrightarrow (CH_2OLi)_2+CO \quad (3.10)$$

$$CH_2OCOOCH_2(EC)+Li^++e \longrightarrow CH_2CH_2OCO_2Li \quad (3.11)$$

$$2CH_2CH_2OCO_2Li \longrightarrow LiOCO_2CH_2CH_2OCO_2Li+C_2H_4 \quad (3.12)$$

虽然纯 EC 很稳定，但是在 $LiPF_6$ 作用下，其稳定性明显降低，放热量增加。

2. $LiPF_6$/碳酸丙烯酯(PC)

图 3.14 是 PC 和 1.0mol/L $LiPF_6$/PC 分别在空气和氩气氛围下升温时的热流变化曲线。由图可知，无论是在空气氛围下还是在氩气氛围下，PC 开始有热现象的温度大致在 100℃，在空气下放热，在氩气下吸热。在氩气氛围下，分别在 100℃和 135℃开始两个吸热过程，并在 130℃和 163℃达到吸热峰，其吸热量分别为 3.1J/g 和 3.6J/g。加入 $LiPF_6$ 后，其热特性大为改变。在 214℃和 233℃之间有一尖锐的放热峰，峰点在 223℃，并放出−565.1J/g 的热。Katayama 等[21]使用 DSC(5℃/min 升温速率)也发现该放热现象，但是其放热峰在 274℃，比使用 C80 测得的要高 51℃。

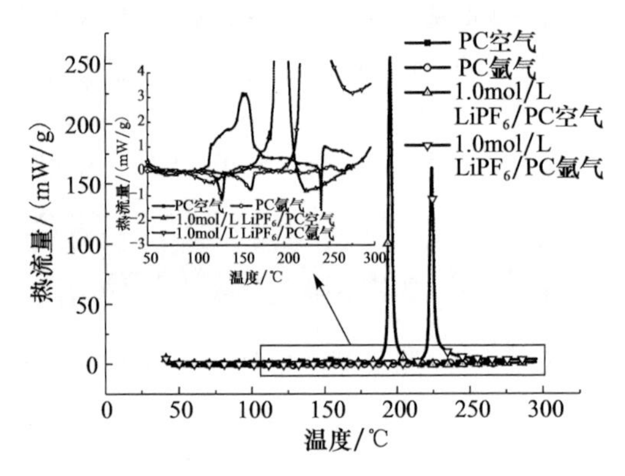

图 3.14　PC 和 1.0mol/L $LiPF_6$/PC 在空气和氩气氛围下的热流曲线

在空气氛围下，PC 的放热曲线不够平滑，可能是几个反应放热叠加的结果，放热开始温度是在 100℃，在 154℃时有放热峰，放热量为−39.9J/g。1.0mol/L $LiPF_6$/PC 则呈现一尖锐的放热过程，与在氩气氛围下相似，只是放热峰提前到 202℃，放热量也增到−582.9J/g。

由以上实验结果可知，纯 PC 在空气和氩气氛围下虽然在较低温度时就有热流的变化，但其热量变化幅度很小，可能只是一些物理的变化，空气的存在使 PC 由吸热转变为放热，可能是少量的氧气的作用。在 $LiPF_6$ 和温度作用下，$LiPF_6$/PC 溶液可能发生了酯交换反应，与 EC 类似，PF_5 起路易斯酸的作用，Arakawa 等[22]使用气相色谱质谱联用计探测到 CO_2 和 H_2 的存在，因此其可能作用机理为[23]

$$\text{PC} \longrightarrow \text{环氧丙烷} + CO_2 \xrightarrow{Li^+} \text{(Li)} + H_2 \tag{3.13}$$

总之，纯 PC 在较低的温度时，有少量的热现象，加入 $LiPF_6$后，尽管反应开始温度有所升高，但是放热量大大增加。

3. $LiPF_6$/碳酸二乙酯(DEC)

图3.15是DEC和1.0mol/L $LiPF_6$/DEC分别在空气和氩气氛围下升温时的热流变化曲线。在空气氛围下，DEC从138℃时开始出现放热现象，166℃时有个尖锐的放热峰，放热量为－27.6J/g。然后到183℃时又有缓慢的吸热过程，直到246℃时，放热突然增加，并维持下去，该过程可能是DEC碳链的断裂过程。1.0mol/L $LiPF_6$/DEC则出现吸热和放热过程。第一个吸热峰在167℃，吸热量为49.7J/g，随后在171℃有一尖锐的放热峰，产热量为－22.8J/g。其后在176℃又出现一吸热峰，吸热量为84.0J/g。在此之后，有一缓慢的放热过程，并在206℃出现放热峰，放热量为－57.9J/g。最后有一大的吸热过程，吸热峰在253℃，吸热量为251.0J/g。

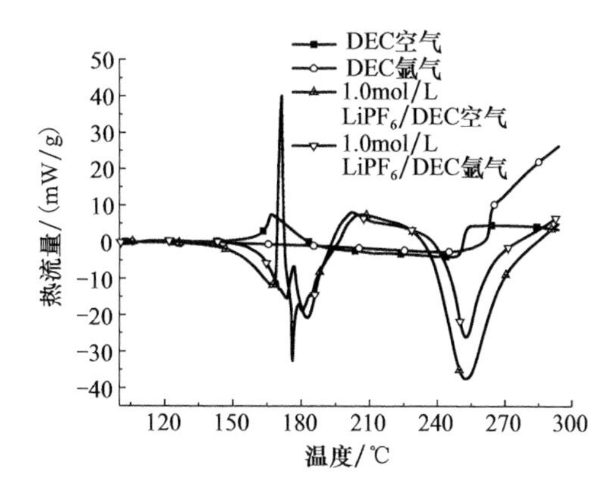

图3.15　DEC和1.0mol/L $LiPF_6$/DEC在空气和氩气氛围下的热流曲线

在氩气氛围下，DEC从122℃就开始吸热，在127℃有一很小的吸热峰，与DEC的沸点126℃相一致。因此，该过程应为DEC的汽化过程，汽化热为0.9J/g。到245℃时，放热突然加大。溶入$LiPF_6$后，溶液的热特性发生明显改变，分别在173℃、182℃和253℃出现三个吸热峰，在后两个吸热峰之间有一放热过程，放热峰在202℃，放热量为－62.7J/g。在前两个放热峰之间形成W形的曲线，其总吸热量为112J/g，最后一吸热过程吸热量为112.3J/g，与前面的吸热量几乎等同。

Gnanaraj等[24,25]使用NMR测试了$LiPF_6$溶液在不同阶段的反应，发现溶液在140℃以前比较稳定，当温度到达180℃时，DEC发生消除反应，随后是酯交换反应。继续升温，其将完全分解，主要分解产物是CH_3CH_2F、CH_3F、FCH_2CH_2Y(Y代表OH、F等)、H_2O和聚合物，根据这些结果，可推知$LiPF_6$/DEC可能的反应过程为[13,24]

$$C_2H_5OCOOC_2H_5 + PF_5 \longrightarrow C_2H_5OCOOPF_4 + HF + C_2H_4 \quad (3.14)$$

$$C_2H_5OCOOC_2H_5 + PF_5 \longrightarrow C_2H_5OCOOPF_4 + C_2H_5F \quad (3.15)$$

$$C_2H_5OCOOPF_4 \longrightarrow PF_3O + CO_2 + C_2H_4 + HF \quad (3.16)$$

$$C_2H_5OCOOPF_4 \longrightarrow PF_3O + CO_2 + C_2H_5F \quad (3.17)$$

$$C_2H_5OCOOPF_4 + HF \longrightarrow PF_4OH + CO_2 + C_2H_5F \quad (3.18)$$

纯 DEC 在氩气中很稳定，$LiPF_6$ 能使 DEC 发生吸热反应，但是反应开始温度比较低，DEC 性质发生变化。

4. $LiPF_6$/碳酸二甲酯(DMC)

图 3.16 是 DMC 和 1.0mol/L $LiPF_6$/DMC 分别在空气和氩气氛围下升温时的热流变化曲线。在空气氛围下，DMC 低温时很稳定，当温度升高到 172℃时，开始有微弱的放热，达到 194℃时，放热量剧增，在 209℃时有个平缓的放热峰，放热量为−104.2J/g。此后，在 217℃时，发生放热速率更大的放热现象。加入 $LiPF_6$ 后，呈现不同的热行为，在 202℃有一吸热峰，吸热量为 37.2J/g，随后在 209℃出现一非常尖锐的放热峰，放热量仅为−10.2J/g。后来，在 210℃又达到吸热峰，吸热量为 1.8J/g，随后又是放热过程，放热量为−362.3J/g。

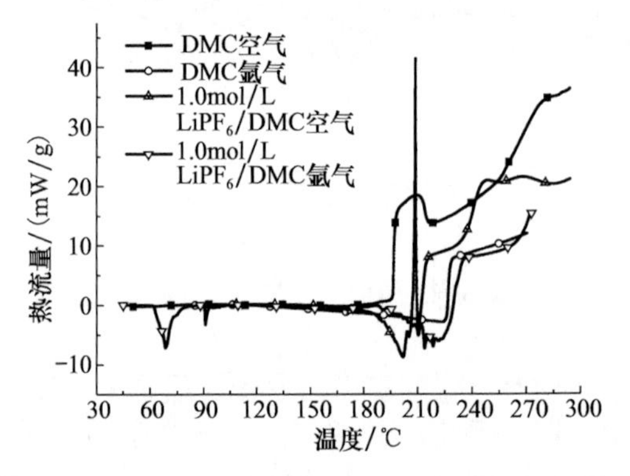

图 3.16　DMC 和 1.0mol/L $LiPF_6$/DMC 在空气和氩气氛围下的热流曲线

在氩气氛围下，当温度升高到 86℃时，DMC 发生汽化吸热，在 91℃时有吸热峰，其汽化热为 1.6J/g。随后，有缓慢的吸热现象，而到 223℃时，放热突然增加，与空气氛围下的放热相似，但是比在空气下滞后 30℃发生，并没有放热峰的出现。1.0mol/L $LiPF_6$/DMC 在 68.5℃就有一吸热峰，吸热量为 15.4J/g，随后在 187℃之前，热量变化不大，在 187℃之后，出现锯齿状吸热过程，并在 219℃达到吸热峰，吸热量为 41.7J/g。

纯 DMC 在空气和氩气氛围下的放热过程可能是 DMC 中 C—O 键的断裂，其

可能的断裂过程为[18,26]

$$\text{DMC}\ \xrightarrow{\text{或}}\ CH_3^{\oplus} + \cdot OC(=O)O\!-\ \longrightarrow CH_3-O^{\cdot} + CO_2$$
$$\text{DMC}\ \xrightarrow{\text{或}}\ CH_3-O^{\cdot} + {}^{\oplus}C(=O)O\!-\ \xrightarrow{\text{或}}\ {}^{\oplus}CH_3 + CO_2 \tag{3.19}$$
$${}^{\oplus}C(=O)O\!-\ \xrightarrow{\text{或}}\ C{=}O + H^{\oplus} + \ddot{C}{=}O$$

DMC 分子有两个活化中心(烷基和羰基),它们的活性随温度变化,也就是 DMC 以两种不同的方式与某一亲核体(Y^-)发生反应[27]。在温度低于 100℃时,当 PF_6^- 亲核体攻击 DMC 羰基上的碳原子时,酰基 RCO—键断裂,生成甲酯基[26]。因而,在图 3.16 中的吸热峰可能由此造成,其可能的反应过程为

$$PF_6^- + CH_3OC(=O)OCH_3 \longrightarrow CH_3OOPF_6 + CH_3O^- \tag{3.20}$$

当温度超过 187℃时,PF_6^- 亲核体攻击 DMC 使其发生甲基化作用,并生成甲醇盐和 CO_2,如式(3.21)所示:

$$PF_6^- + CH_3OC(=O)OCH_3 \longrightarrow CH_3PF_6 + CH_3O^- + CO_2 \tag{3.21}$$

在升温时,吸热过程也表明 Li^+ 与 DMC 发生反应,其可能的反应过程如下[20,28]:

$$CH_3OCO_2CH_3 + 2Li^+ + 2e \longrightarrow 2CH_3OLi + CO \tag{3.22}$$

$$CH_3OCO_2CH_3 + 2Li^+ + 2e + H_2 \longrightarrow Li_2CO_3 + 2CH_4 \tag{3.23}$$

$$2CH_3OCO_2CH_3 + 2Li^+ + 2e + H_2 \longrightarrow 2CH_3OCO_2Li + 2CH_4 \tag{3.24}$$

DMC 及其 $LiPF_6$溶液都相对比较稳定,反应开始温度都比较高,在 172℃以上。

5. $LiPF_6$/碳酸甲乙酯(EMC)

图 3.17 是 EMC 和 1.0mol/L $LiPF_6$/EMC 分别在空气和氩气氛围下升温时的热流变化曲线。在空气氛围下,EMC 从 182℃时开始出现放热现象,193℃时有个尖锐的放热峰,放热量为−47.3J/g。Botte 等[17]使用 DSC 发现 EMC 放热过程为 195～230℃,放热量也仅为−10J/g,可能是因为其使用的升温速率(10℃/min)比较快,使反应开始温度较高。然后到 230℃时放热突然增加,在 242℃达到放热平台,并维持下去,该过程可能是 EMC 碳链的断裂过程。1.0mol/L $LiPF_6$/EMC

则出现吸热和放热过程。在 132℃就开始吸热，第一个吸热峰在 172℃，吸热量为 104.7J/g，随后在 190℃有一尖锐的放热峰，随后在 201℃又出现一放热峰，总产热量为－179.3J/g。其后在 255℃又出现一吸热峰，吸热量为 53.0J/g。在此之后，一直处于放热过程，可能是有更多的反应发生。

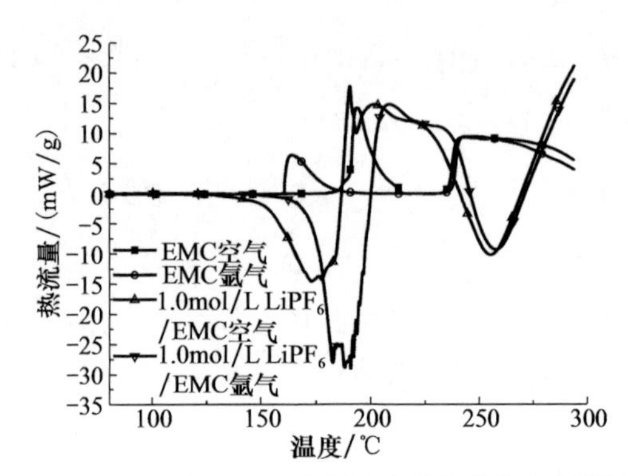

图 3.17　EMC 和 1.0mol/L $LiPF_6$/EMC 在空气和氩气氛围下的热流曲线

在氩气氛围下与在空气氛围下的趋势是一致的。EMC 有一放热峰，并在后来出现尖锐的放热过程。而 EMC 在氩气下的反应开始温度为 160℃，比在空气下反而提前了 22℃，随后放热急剧增加，在 164℃达到放热峰，放热量为－25.8J/g，比在空气下的产热要少。此后的热特性几乎与在空气氛围下的同步。加入 $LiPF_6$ 后，在 154℃就开始吸热，第一个吸热峰在 191℃，吸热量为 163.7J/g，随后在 208℃有一放热峰，产热量为－148.3J/g。其后在 258℃又出现一吸热峰，吸热量为 45.6J/g。此后，与在空气氛围下一致。

EMC 在升温时出现的放热过程，Yoshida 等[20]使用傅里叶变换红外分析-衰减全反射(FT-IR-ATR)技术测得该过程可能是 EMC 与 DMC 和 DEC 之间按式(3.25)发生酯交换反应[20,29]：

$$2EMC \rightleftharpoons DMC + DEC \tag{3.25}$$

放热峰在空气氛围下出现较晚，说明空气中的氧气和少量的氧气抑制了该过程的发生。两种气体氛围下，EMC 都在 230℃出现急剧的放热过程，该过程可能是 EMC 的聚合或分解过程。

在 $LiPF_6$ 的作用下，由于 $LiPF_6$ 分解出的 PF_5 起路易斯酸作用，使 EMC 发生分解，同时由于 EMC 与 DMC 和 DEC 之间的酯交换反应，也存在 PF_5 与 DMC 和 DEC 之间的反应。在 EMC 中，由于 $—C_2H_5$ 比 $—CH_3$ 的电子云密度大，所以 $—C_2H_5$ 优先与 PF_5 发生反应[30,31]，从而推断其可能的反应机理为式(3.26)～式(3.30)[13,17,25,28]：

$$CH_3OCOOC_2H_5 + PF_5 \longrightarrow C_2H_5OCOOPF_4 + HF + C_2H_4 \tag{3.26}$$

$$CH_3OCOOC_2H_5+PF_5 \longrightarrow C_2H_5OCOOPF_4+C_2H_5F \quad (3.27)$$

$$CH_3OCOOPF_4 \longrightarrow PF_3O+CO_2+C_2H_4+HF \quad (3.28)$$

$$CH_3OCOOPF_4 \longrightarrow PF_3O+CO_2+C_2H_5F \quad (3.29)$$

$$CH_3OCOOPF_4+HF \longrightarrow PF_4OH+CO_2+C_2H_5F \quad (3.30)$$

EMC 的 $LiPF_6$ 溶液比纯 EMC 的反应开始温度低，在空气和氩气氛围下分别相差 61℃和 6℃。在氩气氛围下，虽然反应开始温度相差不大，但是反应过程是完全不同的，纯 EMC 是放热，而 EMC 的 $LiPF_6$ 溶液则是吸热。

6. 几种溶剂热稳定性的比较

从以上研究可以发现，$LiPF_6$ 在溶剂的分解过程中起着主要的作用，这些过程可能是吸热，也可能是放热。将这些溶剂及其 $LiPF_6$ 溶液的热特性参数列于表 3.9中进行比较分析。

表 3.9　单一溶剂及其 $LiPF_6$ 电解液的热特性参数

溶剂及气体氛围		反应开始温度/℃		温度峰值/℃		反应热/(J/g)	
		无 $LiPF_6$	有 $LiPF_6$	无 $LiPF_6$	有 $LiPF_6$	无 $LiPF_6$	有 $LiPF_6$
EC	空气	164	171	222	207/259	−38.5	−842.0
	氩气	145	192	198	212/254	−43.6	−738.3
PC	空气	100	180	154	202	−39.9	−582.9
	氩气	100	214	130/163	223	6.7	−565.1
DEC	空气	138	134*	166	167*/171 176*/206 253*	−27.6	−80.7/ 384.7
	氩气	245	151*	—	173*/182* 202/253*	—	−62.7/ 224.3
DMC	空气	189	166*	209	202*/209 210*	−104.2	−10.2/ 39.0
	氩气	233	187*	—	219*	—	41.7
EMC	空气	182	132*	193	172*/190 255*	−47.3	−179.3/ 157.5
	氩气	160	154*	164	191*/208 258*	−25.8	−148.3/ 209.3

* 吸热过程相关温度值。

— 没有相关数据。

从表 3.9 及其以上的研究可以看出，纯环状碳酸酯 EC 具有很好的热稳定性，而 PC 在 100℃就开始反应，但是反应热很小，可能是 PC 中的 $—CH_3$ 发生反应的结果。溶入 1.0mol/L $LiPF_6$ 之后，在氩气氛围下 EC 和 PC 的 $LiPF_6$ 溶液分别在212℃和 223℃有放热峰。因为 PF_5 起路易斯酸作用，使 EC 和 PC 发生酯交换反应和聚合等反应,并产生 CO_2 等产物。与纯溶剂相反,$LiPF_6$/PC 溶液比 $LiPF_6$/EC 溶液的热稳定性要好。

纯链状碳酸酯 DEC 和 DMC 在较高的温度(>194℃,氩气氛围)下才出现放热现象,而 EMC 在 160℃就开始放热,并在 230℃再次出现放热过程。EMC 第一个放热过程是 EMC 与 DMC 和 DEC 之间的转变过程,其后的放热才是其分解过程。因此,三者的热稳定性由小到大的顺序为 DMC<EMC<DEC,可能是因为 $—C_2H_5$ 比 $—CH_3$ 的电子云密度大,相互之间结合紧密,更难以发生断裂,所以含有 $—C_2H_5$ 基团的物质更稳定。在 $LiPF_6$ 的 DEC、DMC 和 EMC 溶液中,在空气/氩气氛围下的反应开始温度分别为 134℃/150℃、167℃/189℃和 136℃/157℃,因此这三种溶液的热稳定性由小到大的顺序为 DEC<EMC<DMC。$LiPF_6$ 溶液的热稳定性顺序与纯溶剂的热稳定性顺序正好相反,也是因为 $—C_2H_5$ 比 $—CH_3$ 的电子云密度大,PF_5 更容易与电子云密度大的 $—C_2H_5$ 反应,导致含有 $—C_2H_5$ 基团溶剂的 $LiPF_6$ 溶液热稳定性的降低[23]。

由于环状碳酸酯环之间的共价键结合能较链状碳酸酯链之间的共价键结合能高,所以其热稳定性较好。结合上述实验,可得纯溶剂的热稳定性由小到大的顺序为 DMC<EMC<DEC<PC<EC;在 $LiPF_6$ 溶液中,其热稳定性由小到大的顺序为 DEC<EMC<DMC<EC<PC。

3.2.2 有机溶剂构成对电解液热安全性的影响

1. $LiPF_6$/EC+DEC

图 3.18 是 1.0mol/L $LiPF_6$/EC+DEC 和 EC+DEC 在空气和氩气氛围下的热流曲线。空气氛围下,在没有添加 $LiPF_6$ 时,首先 EC+DEC 从 110℃开始有一小的吸热过程,并在 147℃达到吸热峰。此后是放热过程,在 175℃出现放热峰,随后在 260℃也有一小的放热峰,总放热量为−61.8J/g。加入 $LiPF_6$ 后,在 140℃

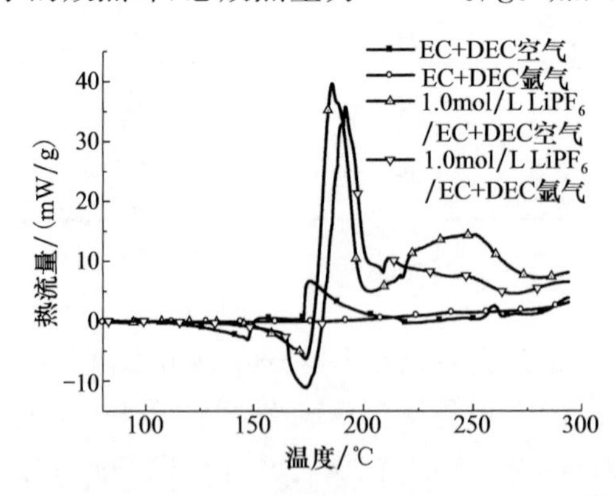

图 3.18 1.0mol/L $LiPF_6$/EC+DEC 和 EC+DEC 在空气和氩气氛围下的热流曲线

时发生吸热，在173℃时，有最大的吸热峰，吸热量27.3J/g。随后，177℃放热迅速增加，并在185℃达到放热峰，放热量为－163.5J/g，到203℃放热速率降到最小，随后有放热量不大的反应，直到反应结束。

在氩气氛围下，EC和DEC混合溶剂在185℃开始放出少量的热，几乎不反应，比较稳定。加入$LiPF_6$后，在140℃时发生吸热，但是在开始阶段，吸热非常缓慢，并在174℃达到吸热峰，吸热量为50.9J/g。随后在181℃发生放热，在192℃达到最大，放热量为－153.2J/g，到209℃放热速率降到最小，最后有放热量不大的反应，直到反应结束。

从以上可知，混合溶剂比较稳定，而电解液在空气和氩气氛围下的反应开始温度基本一致，并且整个反应曲线的走向基本一致。首先是有个吸热反应，随后是大的放热反应，最后有微弱的放热现象。整个过程中，在空气氛围下的反应超前于氩气氛围下约10℃。

2. $LiPF_6$/PC＋DEC

图3.19是1.0mol/L $LiPF_6$/PC＋DEC和PC＋DEC在空气和氩气氛围下的热流曲线。在氩气氛围下，PC＋DEC几乎没有什么反应，只在191℃有一很小的放热峰，放热量仅为－1.0J/g。而在空气氛围下，PC＋DEC在153℃开始放热，在177℃时达到放热峰，放热量为－52.0J/g。随温度的继续升高，PC＋DEC呈现出吸热的现象。$LiPF_6$明显改变了PC＋DEC的热稳定性，空气氛围下，1.0mol/L $LiPF_6$/PC＋DEC在166℃出现小的吸热峰之后，相继在183℃出现一大的放热峰，吸热量和放热量分别为8.5J/g和－313.0J/g。在氩气氛围下的热行为基本一致，但是吸热峰和放热峰分别推迟到170℃和185℃，吸热量和放热量分别为34.0J/g和－313.6J/g，放热量基本一致，说明空气中的气体成分对1.0mol/L $LiPF_6$/PC＋DEC的影响主要体现在放热/吸热峰的位置，而对整个热行为影响很少。因此，空气的存在没有改变1.0mol/L $LiPF_6$/PC＋DEC的反应方式。

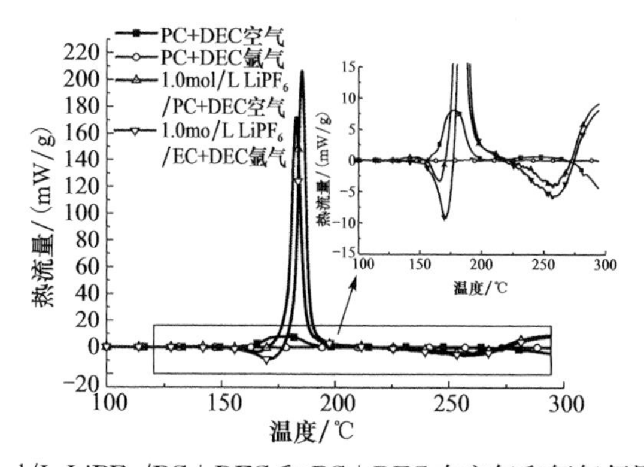

图3.19　1.0mol/L $LiPF_6$/PC＋DEC和PC＋DEC在空气和氩气氛围下的热流曲线

PC+DEC 的热特性几乎与 EC+DEC 的一致，并且 1.0mol/L $LiPF_6$/PC+DEC 与 1.0mol/L $LiPF_6$/EC+DEC 的热特性一致，可能是因为在电解液中，DEC 的活性比 EC 和 PC 的活性高，在升温时，与 DEC 有关的反应起主导作用。但是 1.0mol/L $LiPF_6$/PC+DEC 的产热量几乎是 1.0mol/L $LiPF_6$/EC+DEC 产热量的 2 倍，可能是因为 PC 环上的甲基使分解过程中放出更多的热量。

3. $LiPF_6$/EC+DMC

图 3.20 是 1.0mol/L $LiPF_6$/EC+DMC 和 EC+DMC 在空气和氩气氛围下的热流曲线。在空气氛围下，EC+DMC 有少量的放热，开始反应温度约在 186℃，并在 219℃ 达到放热峰，放热量为 −73.6J/g。此后，又出现一小的放热过程。$LiPF_6$/EC+DMC 电解液在 174℃开始发生反应而放热，放热速率迅速增大，并在 198℃达到最大放热峰，放热量为−231.2J/g，到 211℃放热速率降到最小，最后有放热量不大的反应，直到反应结束。

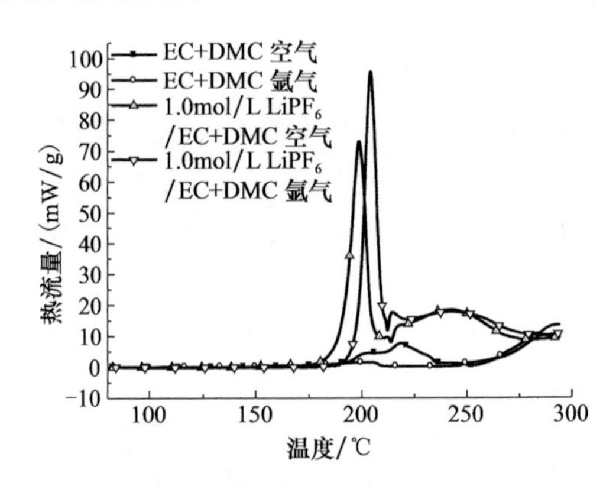

图 3.20　1.0mol/L $LiPF_6$/EC+DMC 和 EC+DMC 在空气和氩气氛围下的热流曲线

在氩气氛围下，没有 $LiPF_6$ 作用时，混合溶剂在 194℃开始有很小的放热。而电解液则在 183℃时发生放热反应，但是在开始阶段放热缓慢，随后加速，在 204℃达到最大放热峰，放热量为−227.9J/g，到 212℃放热速率降到最小，随后有放热量不大并且平缓的反应，直到反应结束。可见，在氩气氛围下，电解液的自加速分解温度较高，电解液更稳定。

该电解液无论是在氩气还是在空气氛围下，其整个反应的曲线走向基本一致，但是没有明显的吸热反应，只有放热反应，其后是微弱的放热现象。整个过程中，在空气氛围下的反应先于在氩气氛围下，约提前 6℃。

4. $LiPF_6$/PC+DMC

图 3.21 是 1.0mol/L $LiPF_6$/PC+DMC 和 PC+DMC 在空气和氩气氛围下的

热流曲线。在空气氛围下，PC＋DMC 混合溶剂在 163℃开始放热，随后是缓慢的放热过程，并在 198℃和 226℃之间形成一放热平台，放热量为－66.2J/g。248℃之后，开始吸热，并在 264℃达到吸热峰，吸热量为 76.5J/g。加入 $LiPF_6$ 之后，在 155℃开始放热，在 192℃达到放热峰，放热量为－320.9J/g，在 212℃时反应基本结束。

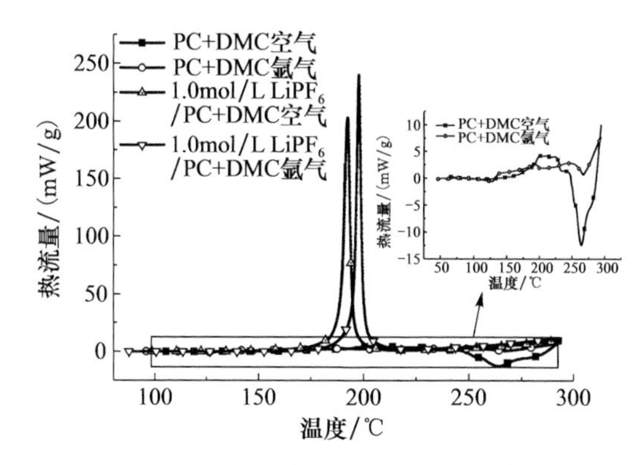

图 3.21　1.0mol/L $LiPF_6$/PC＋DMC 和 PC＋DMC 在空气和氩气氛围下的热流曲线

在氩气氛围下，PC＋DMC 混合溶剂在 140℃和 250℃之间有一平缓的放热过程，放热量为－76.2J/g。加入 $LiPF_6$ 之后，在 170℃开始放热，在 197℃达到放热峰，放热量为－311.3J/g，在 217℃时反应基本结束。

与前面的电解液相比，该电解液在升温时没有发生吸热现象，而只有放热现象，并且反应放热量较大，在空气和氩气氛围下分别为－320.9J/g 和－311.3J/g。所以，该电解液的危险性比较大。

5. $LiPF_6$/EC＋DMC＋EMC

图 3.22 为 1.0mol/L $LiPF_6$/EC＋DMC＋EMC 和 EC＋DMC＋EMC 在空气和氩气氛围下的热流曲线。在空气氛围下，EC＋DMC＋EMC 在 117℃时就开始放热，并在 126℃和 156℃之间形成一稳定的放热平台，在 205℃达到放热峰，放热量为－91.3J/g，随后又在 256℃开始进入新的放热过程。加入 $LiPF_6$ 之后，则先后在 176℃出现吸热峰和在 196℃出现放热峰，但是吸热量很少，仅为 2.8J/g，放热量为－418.8J/g。

在氩气氛围下，EC＋DMC＋EMC 混合溶剂很稳定，仅在 176℃有一微小的放热峰，放热量为－1.8J/g。加入 $LiPF_6$ 之后，热特性与在空气氛围下的走向一致，先后在 190℃出现吸热峰和在 204℃出现放热峰，但是吸热量为 29.5J/g，放热量为－494.8J/g。

与在空气氛围下的热特性比较可知，由于空气中氧气和水分的存在，EC＋

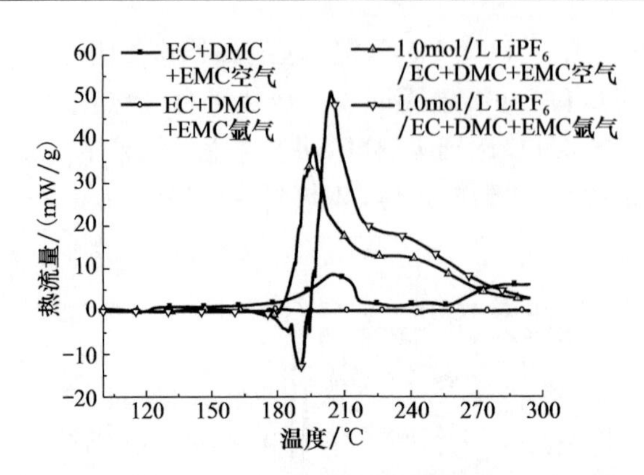

图 3.22　1.0mol/L $LiPF_6$/EC+DMC+EMC 和 EC+DMC+EMC 在空气和氩气氛围下的热流曲线

DMC+EMC 混合溶剂的稳定性降低，1.0mol/L $LiPF_6$/EC+DMC+EMC 溶液的吸热和放热过程提前，降低了电解液的热稳定性。

6. 几种电解液稳定性的比较

以上研究了几种常用电解液在不同情况下的热稳定性，将这些电解液及其混合溶剂的热特性参数列于表 3.10 中，由表可知，氧气使有机混合溶剂和电解液的活性增加，降低了反应开始温度并产生更多的热量。因此，氧气和少量水分的存在降低了电解液的稳定性，如果电解液中含有水分和氧气，不仅破坏了电池的电化学性能，还降低了电池的安全性，不利于电池的安全性。因此，应尽可能地提高电解液的纯度，减少水等其他杂质的含量。

表 3.10　混合溶剂及其 $LiPF_6$ 电解液的热特性参数

溶剂及气体氛围		反应开始温度/℃		温度峰值/℃		反应热/(J/g)	
		无 $LiPF_6$	有 $LiPF_6$	无 $LiPF_6$	有 $LiPF_6$	无 $LiPF_6$	有 $LiPF_6$
EC+DEC	空气	161	140*/177	175	173*/185	−61.8	27.3/−163.5
	氩气	185	140*/181	240	174*/192	−37.0	50.9/−153.2
PC+DEC	空气	153	145*/177	177	166*/183	−52.0	8.5/−313.0
	氩气	179	150*/177	191	170*/185	−1.0	34.0/−313.6
EC+DMC	空气	186	174	219	198	−73.6	−231.2
	氩气	194	183	202	204	−19.0	−227.9
PC+DMC	空气	163*/248	155	200*/264	192	−66.2/76.5	−320.9
	氩气	140	170	189	197	−76.2	−311.2
EC+DMC+EMC	空气	117	169*/181	205	176*/196	−91.3	2.8/−418.8
	氩气	170	174*/195	176	190*/204	−1.8	29.5/−494.8

* 吸热过程相关温度值。

无论在空气还是在氩气氛围下，没有 $LiPF_6$ 时，混合溶剂有少量的反应热，除PC+DMC混合溶剂有一吸热过程，其他四种混合溶剂均放出少量的热，其中EC+DMC+EMC在空气氛围下的放热量最大，为−91.3J/g，而该混合溶剂在氩气氛围下很稳定，放热量仅为−1.8J/g，此外PC+DEC在氩气氛围下的产热也很少，仅为−1.0J/g。加入 $LiPF_6$ 后，这些溶液的热行为大为改变，主要体现在反应开始温度的降低和产热量的增加。EC+DEC、PC+DEC和EC+DMC在两种气体氛围下以及PC+DMC在空气氛围下的反应开始温度比其 $LiPF_6$ 溶液反应开始温度都要低，其中EC+DEC在氩气氛围下的反应开始温度比其 $LiPF_6$ 溶液的要高45℃。而PC+DMC在氩气氛围下和EC+DMC+EMC的反应开始温度反而比其 $LiPF_6$ 溶液的反应开始温度低，但是所有混合溶剂的 $LiPF_6$ 溶液的反应热都大大增加，其中EC+DMC+EMC的 $LiPF_6$ 溶液相差最大，为493.0J/g。这些差别主要是因为 $LiPF_6$ 首先分解成 PF_5 和LiF，于是 PF_5 起路易斯酸的作用而攻击EC/PC环，一旦环被断开，便发生酯基转移反应而产生热[12]。同时，PF_5 攻击DEC、DMC和EMC碳链，使碳链断开并放出热量。由于 $LiPF_6$ 几乎在室温下就可以分解，在升温时加速了 $LiPF_6$ 的分解，进而 PF_5 与溶剂反应，使反应温度提前，并产生大量的反应热。

在分别含有DEC和DMC的电解液中可以发现，含有DEC的电解液要比含DMC的电解液的反应开始温度要低，平均约低27℃。这可能是因为 PF_5 作为强路易斯酸攻击DEC和DMC碳链时，正如3.2.1节所述，PF_5 更容易与电子云密度大的基团反应，DEC和DMC都具于大的电子云密度（C—O键中的O），但是与 $—CH_3$ 相比，$—C_2H_5$ 具有更大的电子云密度，因此在 $LiPF_6$ 溶液中，DEC比DMC的活性更高。

在含有EC和PC的电解液中，两者的反应开始温度相差不大，平均在157℃左右。然而，产热量却有不同，含EC的电解液中，平均产热量为−194J/g，比含有PC的电解液产热量（平均为−314.7J/g）低−120.7J/g。这些产热量的差别可能是由于PC环上比EC环上多一个甲基 $—CH_3$，$—CH_3$ 与 $LiPF_6$ 反应而产生更多的热量。

总之，在 $LiPF_6$ 基电解液中，由于 PF_5 的强路易斯酸作用，溶剂活性增加，热稳定降低。

3.3　正极材料的热安全性

正极材料是锂离子电池的关键材料之一，其性能和价格直接影响锂离子电池的性能和价格。因此，世界各国在正极材料的研究和开发上倾注了大量的人力、物力和财力。锂离子电池正极材料是一种具有宿主结构的化合物，能够在较大的组成范围内允许锂离子可逆地脱出和嵌入。较为常见的正极材料是一些过渡金属的氧化物，如 $LiCoO_2$、$LiMn_2O_4$、$LiFePO_4$、$LiNi_{1/3}Co_{1/3}Mn_{1/3}O_2$ 等。

电池在过充时，过量的锂离子从正极脱出，然后嵌入或沉积到负极上，使两个电极的热稳定性变差，正极的热滥用会导致氧气从金属氧化物的点阵中脱出，能够与电解液反应产生大量的热，催化电解液的分解产生大量热。近年来的研究发现，正极材料与电解液间也发生界面反应，对正极材料的电化学性能、热稳定性、电池的安全特性等也能产生重要影响[32,33]。锂离子电池中的正极/电解液界面反应包括电解液的氧化分解、正极材料腐蚀溶解及正极材料的自热氧化还原反应等。这些反应均能对电池的电化学性能和安全特性产生不良影响。正极材料的氧化性与电解液的不稳定是导致正极材料与电解液间反应的主要因素，正极材料的掺杂改性与表面包覆以及增强电解液稳定性是抑制此反应的主要途径。

为研究正极材料热稳定性对电池安全的影响，此处使用 C80 微量量热仪对充电状态下的几种正极材料及其与 1.0mol/L $LiPF_6$/EC+DEC 电解液之间的热特性进行研究，以揭示正极材料的热稳定性及其与电解液之间的反应特性；并对不同体系的热稳定性进行分析比较。其中，实验所得的反应热，如不加以说明，则以电极材料的质量为基准积分求得。

3.3.1 Li_xCoO_2-电解液的热安全性

1. Li_xCoO_2 热安全性

首先使用热重(TG)和 C80 对 Li_xCoO_2(充电至 4.2V)的热稳定性进行单独研究，然后研究电解液对其热安全性的影响。

图 3.23 为脱锂 Li_xCoO_2(充电至 4.2V)在氮气循环下的 TG 曲线，从室温以 10℃/min 速率升温至 800℃，通过电池充电容量计算 $x=0.53$。从图中可以看到，在 250℃之前 $Li_{0.53}CoO_2$ 仅失重 1%，即在 250℃之前 $Li_{0.53}CoO_2$ 并没有分解，这是由于样品上残留的少量可挥发物质受热挥发引起的。而在 250～400℃，$Li_{0.53}CoO_2$ 不稳定，失重 3.76%，这可能是胶黏剂 PVDF 和正极-电解液表面(CEI)膜的分解过程[32]。因为 $LiCoO_2$ 在空气中受 CO_2 的作用，在材料表面形成 Li_2CO_3 膜，当与电解液接触后，无论储存还是充放电循环，正极材料表面与电解液之间均能发生化学反应，形成新的 CEI 膜[32-34]，这些膜不稳定，在温度升高时可按式(3.31)分解[35]。在 400～575℃，其质量降低 5.72%，假设 $Li_{0.53}CoO_2$ 开始按式(3.32)分解放出氧气，其氧气理论析出量为 5.18%，考虑到还有其他过程的参与，因此可推断该过程可能是 $Li_{0.53}CoO_2$ 自身分解的过程。在温度继续升高的情况下，Co_3O_4 按式(3.33)分解[36]，同时还可能有其他物质参与的反应等。

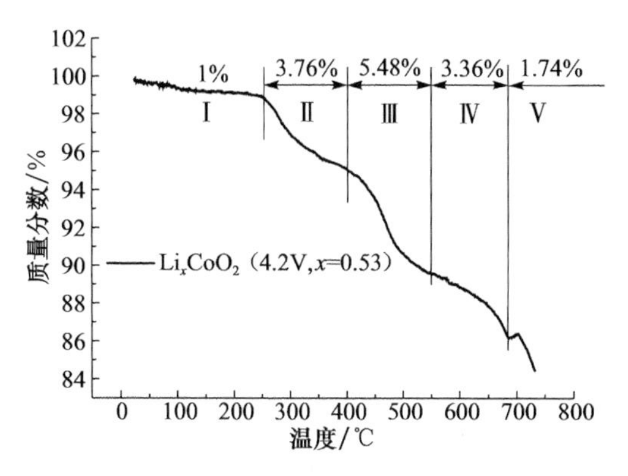

图 3.23　脱锂 Li_xCoO_2 的 TG 曲线

$$(CH_2OCO_2Li)_2 \longrightarrow Li_2CO_3 + C_2H_4\uparrow + CO_2\uparrow + 0.5O_2\uparrow \tag{3.31}$$

$$Li_xCoO_2 \longrightarrow xLiCoO_2 + \frac{1}{3}(1-x)Co_3O_4 + \frac{1}{3}(1-x)O_2\uparrow \tag{3.32}$$

$$Co_3O_4 \longrightarrow 3CoO + 0.5O_2\uparrow \tag{3.33}$$

图 3.24 为 Li_xCoO_2 在不同充电状态下的 C80 热流曲线。$Li_xCoO_2(0<x<1)$ 在氩气氛围下的热特性表明，在温度低于 150℃时，都有一微弱的放热过程，该过程可能是固液膜的分解过程。因为电池在第一次充放电循环时，Li^+ 与电解液反应在电极表面形成一层由稳定层(如 Li_2CO_3)和亚稳定层(如$(CH_2OCO_2Li)_2$)组成的 CEI 膜，能阻止电解液与电极之间的反应[4]。但是，该膜不稳定，随温度升高可能发生式(3.31)的反应，该过程的放热为(-50 ± 20)J/g。随着温度的升高，Li_xCoO_2 分解成 Co_3O_4，随温度继续升高，Co_3O_4 又分解成 CoO，图中在反应的末尾有继续放热的趋势，可能是 Co_3O_4 分解成 CoO 的过程。使用 C80 测得的 Li_xCoO_2 分解温度比使用 TG 测得的稍低，可能是因为 C80 的升温速度(0.2℃/min)远小于 TG 的升温速度(10℃/min)，导致释放氧气的温度向后推移[13]。文献[37]中提到的 Li_xCoO_2 分解温度为 200℃，与这里的实验结果基本一致。

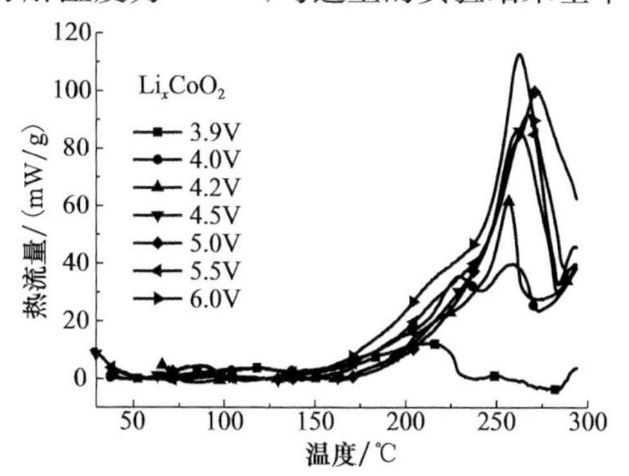

图 3.24　Li_xCoO_2 在不同充电程度下的热流曲线

以上实验结果表明，放热量和放热峰都与充电状态密切相关，充电状态与放热峰和放热量的关系可用图 3.25 表示，可以看出，随充电程度的加深（即电池充电使脱锂量增加），放热量增加，主放热峰温度也呈增加的趋势。在 4.2V 之前，放热峰与带电状态呈线性关系，而在过充电（大于 4.2V）状态，放热峰变化不大。随充电程度的加深，放热量几乎一直呈增加的趋势。电池过充电后，Li_xCoO_2 形成的T#2、O6 等结构不稳定，以及 Co^{4+} 的化学不稳定性，使 Li_xCoO_2 发生晶格的转变和氧气的析出，并伴随热量的产生[38]，过充电使电池的安全性大大降低，正极 Li_xCoO_2 的热稳定性降低，容易引起电池热失控。

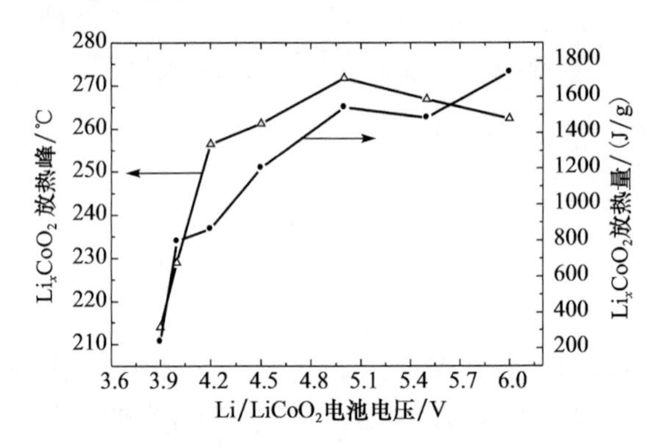

图 3.25 在不同充电程度下 Li_xCoO_2 材料的放热峰及其放热量

过充电引起的电池正极 Li_xCoO_2 的热稳定性降低，也可从动力学角度去考虑，求解其活化能和指前因子，如表 3.11 所示。随着充电程度的加深，Li_xCoO_2 分解的活化能大致呈降低的趋势，因此 Li_xCoO_2 的活性增加，稳定性降低。

表 3.11 Li_xCoO_2 热力学和动力学参数

充电电压/V	Li_xCoO_2 中 x 值	反应开始温度/℃	放热峰/℃	反应热/(J/g)	活化能/(kJ/mol)	指前因子/s^{-1}	相关系数 R^2
3.9	0.76	152	214	−235	135.7	2.03×10^{11}	0.996
4.0	0.63	156	229	−796	101.3	6.84×10^{8}	0.984
4.2	0.5	169	259	−863	99.8	1.60×10^{6}	0.999
4.5	0.35	172	261	−1201	95.3	2.90×10^{5}	0.993
5.0	0.05	153	272	−1540	105.6	2.09×10^{6}	0.986
5.5	→0	127	267	−1482	71.8	1.09×10^{3}	0.996
6.0	→0	130	262	−1736	98.1	1.75×10^{6}	0.996

2. 有机溶剂对 Li_xCoO_2 热安全性的影响

图 3.26 为环状碳酸酯 EC 和 PC 与等质量的 $Li_{0.5}CoO_2$ 的热流变化过程，升

温气体氛围是氩气。从图中可以看出，在 $Li_{0.5}CoO_2$＋EC 和 $Li_{0.5}CoO_2$＋PC 体系中，其反应开始温度分别为 136℃和 156℃，比单一 $Li_{0.5}CoO_2$ 的反应开始温度(170℃)要低，并分别在 175℃和 182℃达到放热峰，放热量为－543J/g 和－479J/g，而 $Li_{0.5}CoO_2$ 的放热峰在 257℃，远高于与 EC 或 PC 的混合物。此放热过程可能是 $Li_{0.5}CoO_2$ 分解出的氧气使溶剂发生氧化，生成 CO_2 和 H_2O，氧气的消耗，也加速了 $Li_{0.5}CoO_2$ 的分解，分解出的氧气继续使溶剂氧化，直至一方反应物消耗完。在 $Li_{0.5}CoO_2$＋EC 和 $Li_{0.5}CoO_2$＋PC 第一个放热过程之后，后面有小的吸热过程，随后又是放热过程，这些过程可能是过量溶剂发生的其他反应。而 $Li_{0.5}CoO_2$ 基本只有一放热过程，说明在 EC 和 PC 参与的情况下，发生了更多的反应，也使共存体系的稳定性降低，不利于锂离子电池的安全。

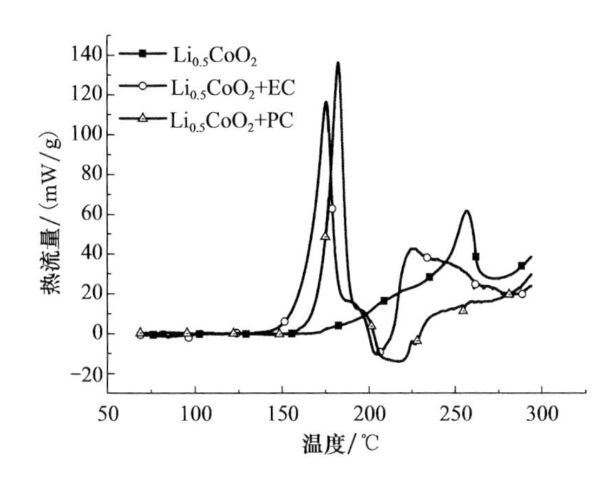

图 3.26　环状碳酸酯 EC 和 PC 与 $Li_{0.5}CoO_2$ 共存的热流曲线

图 3.27 为链状碳酸酯 DEC、DMC 和 EMC 与等质量的 $Li_{0.5}CoO_2$ 的热流变化过程，升温气体氛围为氩气。从图中可以看出，DEC、DMC 和 EMC 的存在使得体系的热稳定性显著降低，反应开始温度分别降至 111℃、80℃和 101℃；并存在一放热平台，在 164℃、155℃ 和 161℃ 达到放热峰，放热量分别为 － 1382J/g、－2390J/g 和－1364J/g。此过程的反应开始温度和放热峰都比较低，可能是因为链状碳酸酯的 C—C 键与 O_2 作用时，比环状碳酸酯 C—C 链与 O_2 作用更容易断开。而在温度较低时(＜150℃)，可能是因为 $Li_{0.5}CoO_2$ 的分解比较困难，析出的氧气较少，但析出量相对稳定，所以在贫氧状态下，链状碳酸酯与 $Li_{0.5}CoO_2$ 共存体系在升温下出现一相对稳定的放热平台。随着温度的升高，$Li_{0.5}CoO_2$ 分解加快，氧气量增加，出现放热峰。$Li_{0.5}CoO_2$＋DMC 体系在 242℃和 257℃出现两尖锐的放热峰，并放出－1487J/g 热量，而在 $Li_{0.5}CoO_2$＋DEC 和 $Li_{0.5}CoO_2$＋EMC 体系中没有出现这一现象，这可能是因为 DMC 链比较短、活性大，过量的 DMC 在温度超过 232℃时，与其他物质发生反应。

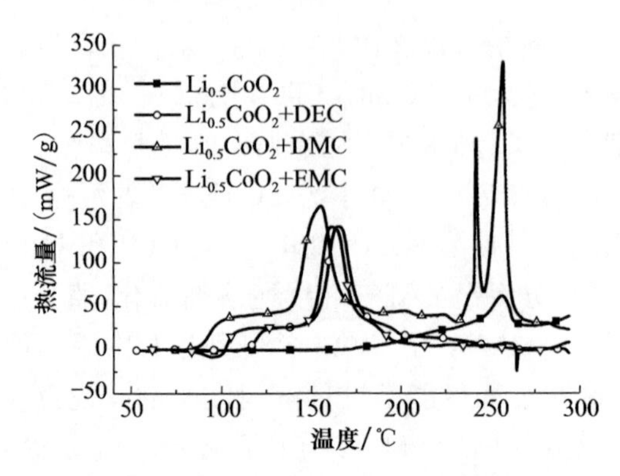

图 3.27　链状碳酸酯 DEC、DMC 和 EMC 与 $Li_{0.5}CoO_2$ 共存的热流曲线

以上研究说明，有机溶剂的存在使 $Li_{0.5}CoO_2$ 的稳定性大大降低，增加了锂离子电池的危险性。通过动力学分析，可求解其活化能和指前因子，如表 3.12 所示。

表 3.12　有机溶剂与 $Li_{0.5}CoO_2$ 共存体系的热特性和动力学参数

溶剂种类	反应开始温度/℃	放热峰/℃	反应热/(J/g)	活化能/(kJ/mol)	指前因子/s^{-1}	相关系数 R^2
EC	136	175	−543	229.9	2.07×10^{23}	0.998
PC	156	182	−479	321.9	3.38×10^{33}	0.999
DEC	111	164	−1382	498.5	2.19×10^{61}	0.997
DMC	80	155	−2390	258.3	5.36×10^{31}	0.998
EMC	101	161	−1364	452.2	2.33×10^{57}	0.968

以上研究也表明，链状碳酸酯与 Li_xCoO_2 共存体系具有更低的反应开始温度，比环状碳酸酯与 Li_xCoO_2 共存体系的反应活性大，热稳定性低。

3. $LiPF_6$ 对 Li_xCoO_2 热安全性的影响

电解液中的溶质，如 $LiPF_6$，对电池正极材料热稳定的影响可由图 3.28 进行说明，这些实验的气体氛围均为氩气，$LiPF_6$ 与 $Li_{0.5}CoO_2$ 等质量共存。在 $LiPF_6$ 与 $Li_{0.5}CoO_2$ 混合升温时，在 195℃有一尖锐的吸热峰，与单独的 $LiPF_6$ 比较可知，该过程为 $LiPF_6$ 的熔化过程。随着温度的升高，$LiPF_6+Li_{0.5}CoO_2$ 在 209℃开始放热，在 254℃达到放热峰，而在 288℃有一尖锐的放热峰，总放热量为−2115J/g。$LiPF_6+Li_{0.5}CoO_2$ 呈现的反应开始温度比单独 $Li_{0.5}CoO_2$ 的反应开始温度低，可能是因为 $LiPF_6$ 的分解吸热抵消了 $LiPF_6+Li_{0.5}CoO_2$ 放热，在温度超过 209℃时，$LiPF_6$ 和 $Li_{0.5}CoO_2$ 之间的反应放热大大增加，一方面是 $LiPF_6$ 的分解，分解出的 PF_5 与 $Li_{0.5}CoO_2$ 或与其分解的氧气反应，另一方面是 $LiPF_6+Li_{0.5}CoO_2$ 的混合反应，产热大大增加，共存体系的热稳定性降低。

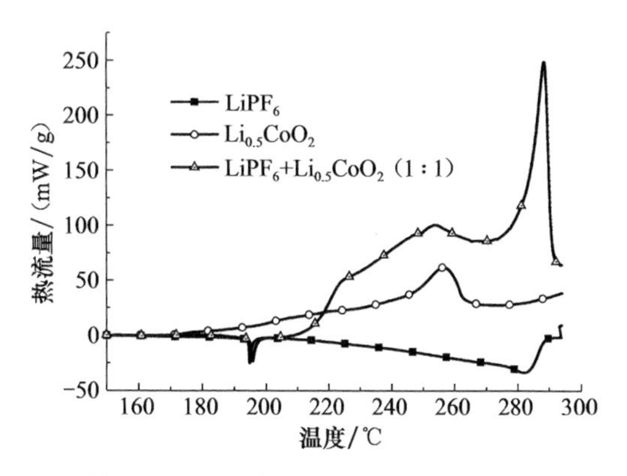

图3.28　等质量 $LiPF_6$ 与 $Li_{0.5}CoO_2$ 共存体系的热流曲线

4. 电解液对不同充电深度下 Li_xCoO_2 热安全性的影响

事实表明，锂离子电池在过充电状态下很容易引起热失控，因此有必要研究电池材料在不同带电状态下的热特性。图3.29分别为3.8V、4.0V和4.2V电压下的 Li_xCoO_2 与1.0mol/L $LiPF_6$/EC+DEC电解液共存体系的热稳定性。Li_xCoO_2 与电解液共存体系的热行为基本一致，大致经历三个放热峰，第二个放热过程的前期和第一个放热过程有部分叠加，其热特性参数如表3.13所示。随着带电量增加，活化能降低，反应开始温度也呈降低的趋势。这可能是因为电压较低时，$LiCoO_2$ 脱锂较少，相对比较稳定，当电压增加时，$LiCoO_2$ 脱锂增加，$LiCoO_2$ 结构稳定性降低，容易释放出氧气与电解液反应。因此，在较高的带电状态下，Li_xCoO_2 与1.0mol/L $LiPF_6$/EC+DEC电解液共存体系的稳定性较低，表观活化能也比较低。

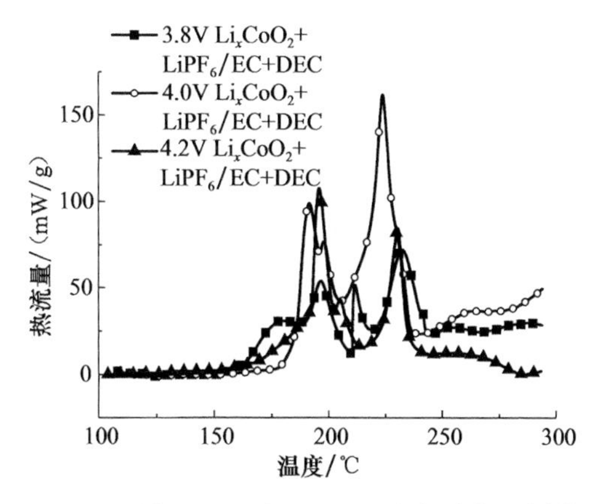

图3.29　1.0mol/L $LiPF_6$/EC+DEC电解液与不同带电状态 Li_xCoO_2 共存体系的热流曲线

表 3.13 电解液与 Li_xCoO_2 共存体系的热特性参数

充电电压/V	Li_xCoO_2 中 x 值	反应开始温度/℃	放热峰/℃			反应热/(J/g)	活化能/(kJ/mol)	指前因子/s^{-1}	相关系数 R^2
			Ⅰ	Ⅱ	Ⅲ				
3.8	0.82	153	196	212	232	−866.7	294.3	2.74×10^{30}	0.998
4.0	0.63	158	191	198	224	−1248.0	213.5	7.62×10^{19}	0.957
4.2	0.5	128	196	205	230	−1052.6	85.4	2.13×10^{5}	0.982
4.5	0.35	91	163	186	218	−1407.7	63.3	2.12×10^{3}	0.990
5.0	0.05	67/133	141	—	224	−1247.3	170.8	2.12×10^{20}	0.985
5.5	→0	116	145	174	243	−1439.6	98.1	3.22×10^{7}	0.981
6.0	→0	45	84	138	233	−1820.8	28.8	0.35×10^{3}	0.985

在过充电状态下(>4.2V),Li_xCoO_2 与 1.0mol/L $LiPF_6$/EC+DEC 电解液共存体系表现出更低的反应开始温度和活化能,如图 3.30 和表 3.13 所示,并且前两个放热峰随充电程度的加深呈降低趋势,反应热也随充电程度的加深而增加。Li_xCoO_2 在 5.0V 的充电状态时,只有两个放热峰,可能是放热过程合并的结果,并且第二个放热峰比其他充电电压下的要大很多,可能是因为在 5.0V 时,锂脱出量接近于 0,Li_xCoO_2 中以 CoO_2 结构为主,CoO_2 结构不稳定,容量发生衰减,并伴随钴的损失。该损失是由于钴从其所在的平台迁移到锂所在的平台,导致结构不稳定而使钴离子通过锂离子所在的平面迁移到电解质中[39]。因此,在 5.0V 的充电状态下,呈现较高的放热量和不稳定性。在过充电至 5.5V 和 6.0V 的过程中,Li_xCoO_2 与电解液等物质作用已形成新的相对稳定结构,因此在此后的热分析实验中,表现出不同的热特性。

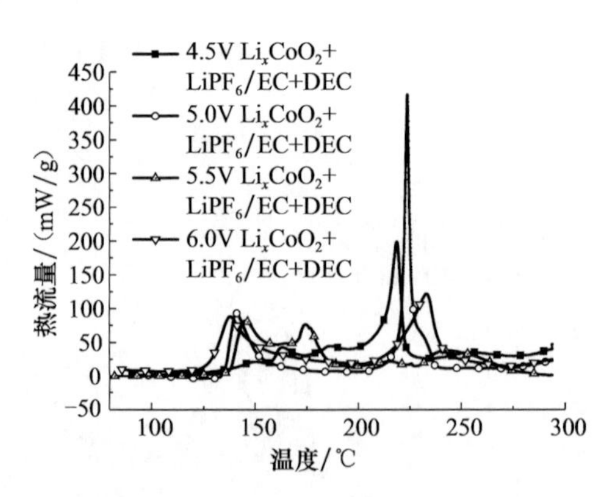

图 3.30 1.0mol/L $LiPF_6$/EC+DEC 电解液与过充电状态 Li_xCoO_2 共存体系的热流曲线

与单独的 Li_xCoO_2 热稳定性相比较,加入电解液后,出现两个以上的放热峰,并且放热峰提前,放热量增加,如表 3.13 所示,随着 x 值的减小(充电程度增大),第一个放热峰在 x>0.5 时,变化基本不大,在 $x\leqslant0.5$ 时,线性减小。这可能是由

于 Li_xCoO_2 在 $x=0.5$ 附近发生可逆相变，锂离子在离散的晶体位置发生有序化[39]。随 x 值减小，最后一个放热峰变化不大，在229℃附近摆动。而总放热量则随 x 值减小，虽然有波动，但是在总体上呈现增加的趋势。Li_xCoO_2 在不同相位下的晶格能不同，可能是导致放热量不同的主要原因。

电解液与 Li_xCoO_2 的混合，使得反应更为复杂，首先是 Li_xCoO_2 表面CEI膜的分解，随着温度的继续升高，Li_xCoO_2 开始分解出少量的 O_2，O_2 使电解液发生氧化，消耗掉 Li_xCoO_2 分解出的 O_2，根据化学平衡原理，O_2 的不断消耗，促使式(3.32)平衡向右移动，从而加速 Li_xCoO_2 的分解，放热峰前移。

此外，$LiPF_6$ 很不稳定，存在如式(3.1)所示的可逆平衡，当温度升高时，PF_5 可与电解液发生系列反应。在图3.30中，Li_xCoO_2 与电解液的热流曲线出现的多个放热峰，可能是这些反应叠加的结果。Li_xCoO_2 与电解液的反应产生了大量的HF、CO_2 等气体[13,28]，这对锂离子电池的安全构成很大的威胁，因此电池在高温或过充电情况下，容易发生“气胀”，甚至导致爆炸。

5. 电解液与 Li_xCoO_2 不同质量比对热安全性的影响

图3.31为不同质量比下的 Li_xCoO_2 与1.0mol/L $LiPF_6$/EC+DEC电解液共存体系的热流曲线。当 Li_xCoO_2 与电解液的质量比为2∶1时，其在146℃开始放热，并在214℃达到放热峰，总放热量为−1043.8J/g。从热流曲线看到有凸出的部分，可以说明该过程是多个过程叠加的结果。随电解液含量的增加，放热过程增加，在 Li_xCoO_2 与电解液的质量比为1∶2时，有三个明显的放热过程，分别在163℃、200℃和244℃达到放热峰，总放热量为−1178.5J/g。而在 Li_xCoO_2 与电解液的质量比为1∶3时，除在186℃、204℃和242℃有三个放热峰，在219℃也有一小的放热峰，在186℃的放热峰最大，总放热量为−1684.5J/g。从中可以看出，当电解液和 Li_xCoO_2 的质量比相差不大时，产热量相差不大，电解液和 Li_xCoO_2

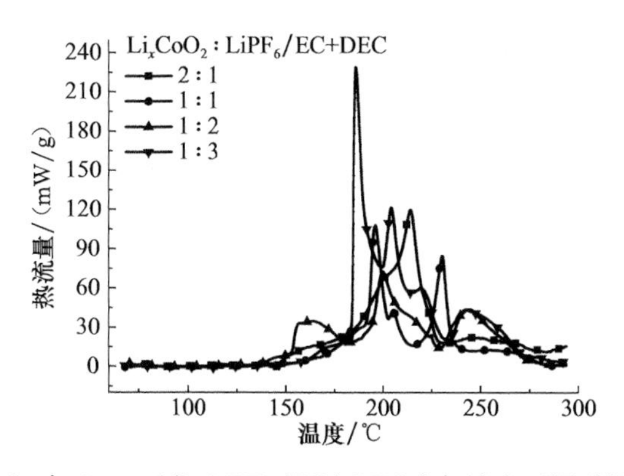

图3.31　$Li_{0.5}CoO_2$ 与1.0mol/L $LiPF_6$/EC+DEC电解液在不同质量比下的热流曲线

的质量比为 3∶1 时的放热量比为 1∶1 时增加 631.9J/g，可能是过量的电解液分解放出的热。

因此，进行电池设计时，在满足电性能的情况下，应尽量减少电解液的使用量，以减少电池内部的活性物质，提高锂离子电池的安全性。

6. 电解液类型对 Li_xCoO_2 热安全性的影响

图 3.32 为 1.0mol/L $LiPF_6$/EC＋DEC 和 1.0mol/L $LiPF_6$/EC＋DMC＋EMC 电解液与 $Li_{0.5}CoO_2$ 共存体系的热流曲线。由图可以看出，两种体系热行为相差不大，主要经历 3 个放热峰。1.0mol/L $LiPF_6$/EC＋DMC＋EMC 电解液与 $Li_{0.5}CoO_2$ 共存体系在 179℃、225℃ 和 232℃ 有三个放热峰，总放热量为 −1154.5J/g，同 $LiPF_6$/EC＋DEC 与 $Li_{0.5}CoO_2$ 共存体系的产热量相当。但是第一个放热峰提前了 17℃，这对电池的安全不利，因此 1.0mol/L $LiPF_6$/EC＋DMC＋EMC 与 $Li_{0.5}CoO_2$ 共存体系的热稳定性较差。

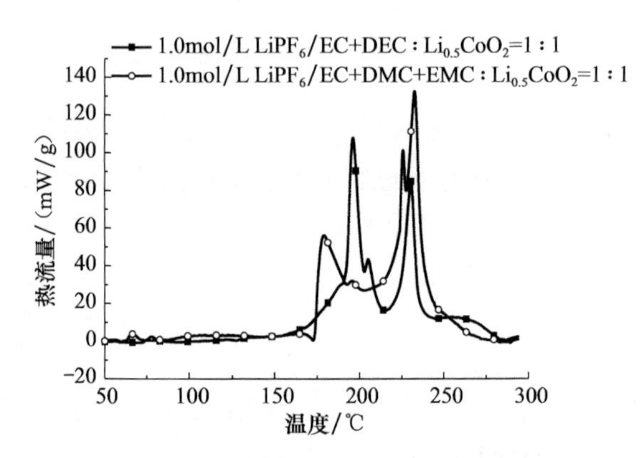

图 3.32　1.0mol/L $LiPF_6$/EC＋DEC、$LiPF_6$/EC＋DMC＋EMC 电解液与 $Li_{0.5}CoO_2$ 共存体系的热流曲线

1.0mol/L $LiPF_6$/EC＋DMC＋EMC 与 $Li_{0.5}CoO_2$ 共存体系的第一个放热峰比 1.0mol/L $LiPF_6$/EC＋DEC 与 $Li_{0.5}CoO_2$ 共存体系提前。由比较分析可知，这可能是因为 EMC 更容易被氧化，所以放热峰出现得比较早。同时也可以看出，最后一个放热峰也可能是由 DMC 与 Li_xCoO_2 反应所致。因此，在 DMC 存在的电解液体系中，与正极 $LiCoO_2$ 共存时的热稳定性较差，不利于锂离子电池的安全。

7. 升温速率对 Li_xCoO_2-电解液热安全性的影响

图 3.33 为 1.0mol/L $LiPF_6$/EC＋DEC 与 $Li_{0.5}CoO_2$ 共存体系在不同升温速率下的热流曲线。在 0.5℃/min 的升温速率下，150℃ 开始放热，并在 197℃、

207℃和231℃达到放热峰，总反应热为－1084.7J/g。在0.2℃/min的升温速率下，134℃开始放热，并在196℃、205℃和230℃达到放热峰，总反应热为－1052.6J/g。在0.1℃/min的升温速率下，125℃开始放热，并在171℃、181℃、188℃和216℃达到放热峰，总反应热为－728.6J/g。随着升温速率的降低，反应开始温度降低，放热峰也相应降低，反应热的差异可能与升温速率有关。

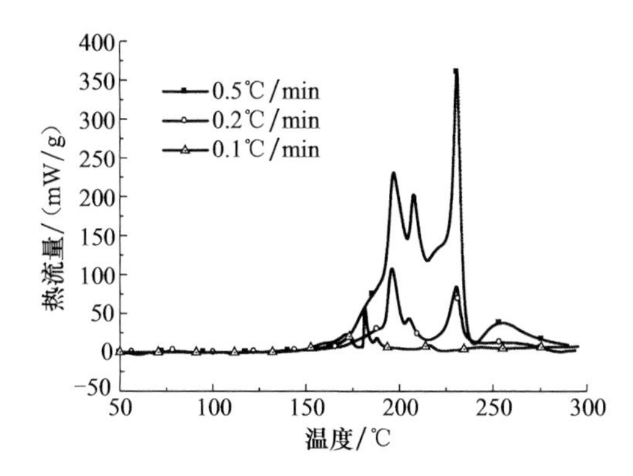

图3.33　1.0mol/L $LiPF_6$/EC+DEC与$Li_{0.5}CoO_2$共存体系在0.5℃/min、0.2℃/min和0.1℃/min升温速率下的热流曲线

8. 电解液与Li_xCoO_2热安全性的综合分析

由以上研究可知，1.0mol/L $LiPF_6$/EC+DEC与$Li_{0.5}CoO_2$共存体系的热稳定性受多种因素的影响。图3.34为各种影响因素的比较图，样品的升温速率为0.2℃/min，气体氛围均为氩气。单一的$Li_{0.5}CoO_2$在169℃开始放热，放热峰为259℃，1.0mol/L $LiPF_6$/EC+DEC则先有一吸热过程，吸热峰为174℃，并在192℃达到放热峰。两者的共存体系在相同条件下升温时，反应开始温度降至128℃，分别在196℃、205℃和230℃达到放热峰，比单独的$Li_{0.5}CoO_2$放热峰低，但比1.0mol/L $LiPF_6$/EC+DEC电解液的放热峰要高，并且产热量大为增加。这说明在1.0mol/L $LiPF_6$/EC+DEC与$Li_{0.5}CoO_2$共存体系在升温时，两者之间发生了反应，主要是Li_xCoO_2分解产生O_2，O_2与电解液发生氧化反应。电解液中的$LiPF_6$抑制反应发生，因为Li_xCoO_2与溶剂EC或DEC共存升温时，反应开始温度和放热峰都大大提前，纯溶剂EC和DEC在升温下都比较稳定(参见图3.7和图3.10)，所以可以推断Li_xCoO_2与溶剂反应的活性大。$LiPF_6$与$Li_{0.5}CoO_2$的反应开始温度(209℃)和放热峰(254℃和288℃)都很高。综合上述分析可推断，在1.0mol/L $LiPF_6$/EC+DEC与$Li_{0.5}CoO_2$共存体系中，溶剂很容易与$Li_{0.5}CoO_2$反应，而$LiPF_6$的存在抑制了反应的活性。这可能是因为$LiPF_6$溶解在有机溶剂中时，在PF_5等的作用下，溶剂的性质发生了改变。

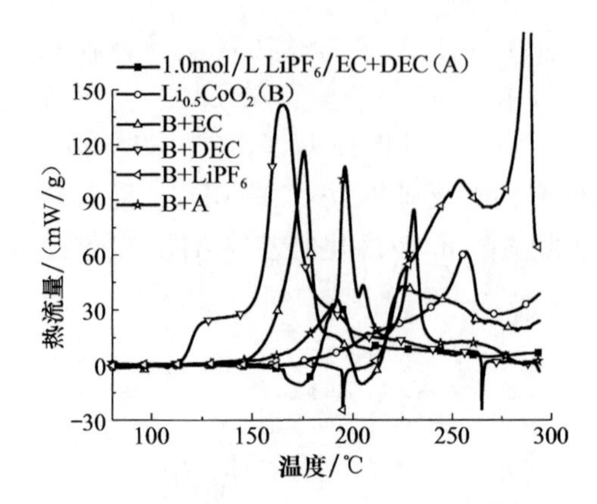

图 3.34　1.0mol/L $LiPF_6$/EC+DEC 与 $Li_{0.5}CoO_2$ 共存体系组成单元的热流曲线

总之,电解液能大大降低正极 Li_xCoO_2 的热稳定性,因此在实际的电池体系中,电解液与正极材料之间的反应,是锂离子电池安全的一大隐患。

3.3.2　$Li_xMn_2O_4$-电解液的热安全性

锰酸锂的晶体结构是尖晶石型,属于立方晶系,Fd3m 空间群,晶格常数 α=0.8231nm[17]。$LiMn_2O_4$ 用作 4V 锂离子电池正极材料,理论比容量为 148mAh/g。$LiMn_2O_4$ 是当前研究热点之一,具有资源丰富、价格低廉、无污染等优点。

关于 $LiMn_2O_4$ 及其与电解液共存体系热稳定性的研究相对比较少,Rojas 等[40]使用 DSC 研究了尖晶石 $LiMn_2O_4$ 在−60～60℃的结构变化,Thackeray 等[41]使用 XRD、DSC 和 TG 研究了 $Li_4Mn_5O_{12}$ 的热稳定性。因此,有必要对电池中使用的 $LiMn_2O_4$ 及其与电解液共存时的热稳定性进行研究,为提高锂离子电池的安全性提供依据。

1. $Li_xMn_2O_4$ 热安全性

图 3.35 为脱锂 $Li_xMn_2O_4$(充电至 4.2V)在氮气循环下的 TG 曲线,从室温以 10℃/min 的速率升温至 800℃,通过电池充电容量计算 x=0.20。从图 3.35 可以看出,在 242℃之前,$Li_{0.2}Mn_2O_4$ 失重仅 0.90%,这可能是样品中的部分 $LiPF_6$ 或其他物质的失重。在 242℃和 426℃之间失重 10.40%,该过程可能是 $Li_{0.2}Mn_2O_4$ 发生分解放出氧气的结果,根据失重量,可推测 $Li_{0.2}Mn_2O_4$ 可能按式(3.34)和式(3.35)分解,其理论失重为 9.74%,之间的差别可能是因为样品只含有 84%的 $Li_{0.2}Mn_2O_4$,而 8% PVDF 和 8%乙炔黑的失重造成理论和实验的差别。随温度的升高,在 426℃和 614℃之间失重 11.10%,可能是 8%的 PVDF 发生了失重,同时 $LiMn_2O_4$ 发生分解,其可能按式(3.36)和式(3.37)进行分解[42]。

$$Li_{0.2}Mn_2O_4 \longrightarrow 0.2LiMn_2O_4 + 0.8Mn_2O_4 \quad (3.34)$$

$$3Mn_2O_4 \longrightarrow 2Mn_3O_4 + 2O_2 \uparrow \tag{3.35}$$

$$LiMn_2O_4 \longrightarrow LiMn_2O_{4-y} + \frac{y}{2}O_2 \uparrow \tag{3.36}$$

$$LiMn_2O_4 \longrightarrow LiMnO_2 + \frac{1}{3}Mn_3O_4 + \frac{1}{3}O_2 \uparrow \tag{3.37}$$

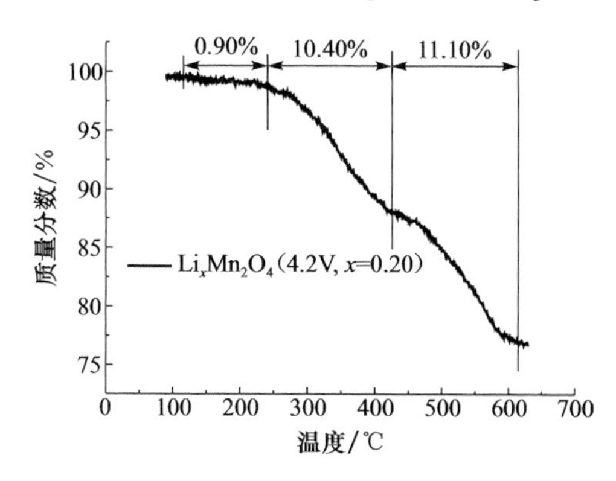

图 3.35　脱锂 $Li_xMn_2O_4$ 的 TG 曲线

2. $Li_xMn_2O_4$ 在不同充电状态下的热安全性

图 3.36 为 $Li_xMn_2O_4$ 在不同充电程度下的热稳定性。从图中可以看出，$Li_xMn_2O_4$ 均有一放热过程。4.0V 时 $Li_xMn_2O_4$ 在 200℃开始放热，并在 262℃达到放热峰，放热量为－138.5J/g。4.1V 时 $Li_xMn_2O_4$ 则在 161℃开始放热，并在 261℃达到放热峰，放热量为－330.2J/g，比在 4.0V 高出很多。随带电电压的增加，反应开始温度继续降低，在 4.2V 时，$Li_xMn_2O_4$ 从 152℃开始放热，在 180℃达到放热峰，此后有一平缓的放热过程，并在 238℃达到放热峰，后来又出现一小的放热过程，放热峰为 266℃，总放热量为－285.9J/g。在 4.3V 时，$Li_xMn_2O_4$ 从 151℃开始放热，并在 217℃达到放热峰，反应热为－408.2J/g。

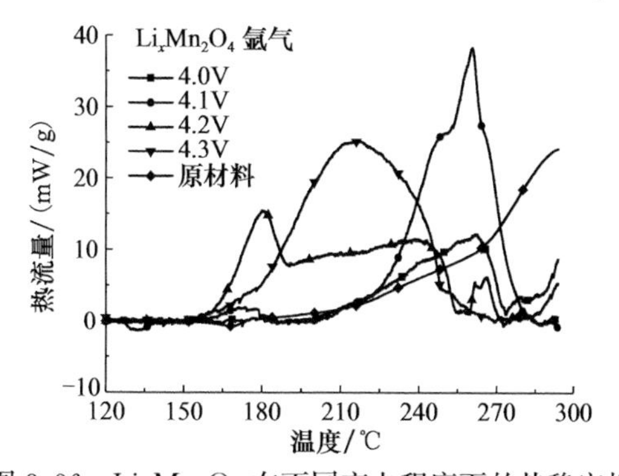

图 3.36　$Li_xMn_2O_4$ 在不同充电程度下的热稳定性

从上述结果可知，随着 $Li_xMn_2O_4$ 的带电电压的增加，其反应开始温度也随之降低，放热量也呈增加的趋势。通过动力学分析，可求解其活化能和指前因子，其结果列于表 3.14 中。由表可以看出，$Li_xMn_2O_4$ 的活化能几乎相差不大，热稳定的差别主要体现在反应开始温度的高低，$Li_xMn_2O_4$ 带电量的增加，热稳定性降低。

表 3.14　$Li_xMn_2O_4$ 热力学和动力学参数

充电电压/V	$Li_xMn_2O_4$ 中 x 值	反应开始温度/℃	放热峰/℃	反应热/(J/g)	活化能/(kJ/mol)	指前因子/s^{-1}	相关系数 R^2
4.0	0.90	200	262	−138.5	125.0	3.78×10^8	0.987
4.1	0.61	161	261	−330.2	125.6	2.92×10^8	0.998
4.2	0.42	152	180	−285.9	140.1	1.68×10^{12}	0.981
4.3	0.30	151	217	−408.2	127.1	6.17×10^9	0.994

3. 电解液对 $Li_xMn_2O_4$ 热安全性的影响

图 3.37 为不同电压下 $Li_xMn_2O_4$ 与 1.0mol/L $LiPF_6$/EC+DEC 电解液共存体系的热稳定性，$Li_xMn_2O_4$ 与 1.0mol/L $LiPF_6$/EC+DEC 电解液质量比为 1∶1。与单一 $Li_xMn_2O_4$ 的热稳定性相比，加入电解液后，共存体系从单一的放热过程增加为三个放热过程。共存体系的第二个放热过程比较缓慢，放热峰也不如前后两个明显，在第一个放热峰之前，都有一个平缓的放热过程，四个体系的该阶段几乎是一致的，不受带电状态的影响，因此该放热过程可能是 $Li_xMn_2O_4$ 表面 CEI 膜分解的过程。与 Li_xCoO_2 和石墨负极表面分别形成的 CEI 膜和 SEI 膜一致，所以其分解过程不受带电状态的影响。

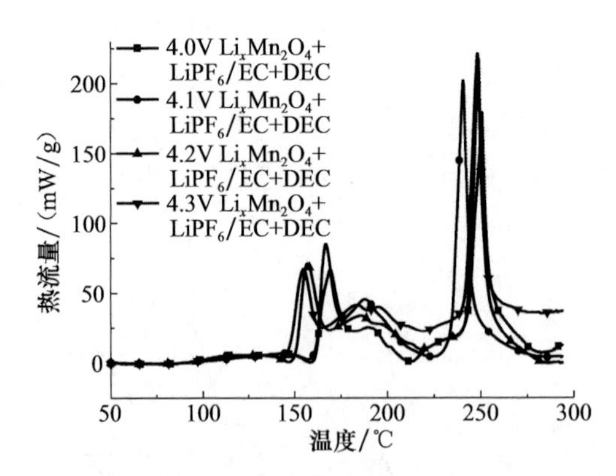

图 3.37　1.0mol/L $LiPF_6$/EC+DEC 电解液与不同带电状态 $Li_xMn_2O_4$ 共存体系的热流曲线

在 $Li_xMn_2O_4$ 电压为 4.0V 时，与电解液共存体系的反应开始温度在 90℃，远远低于单一 $Li_xMn_2O_4$ 的反应开始温度，并分别在 169℃、189℃和 251℃达到放热峰，总放热量为−1203.4J/g。同样，将获得的 $Li_xMn_2O_4$ 和电解液在 4.1V、4.2V 和 4.3V

的热力学和动力学参数列于表 3.15 中。从表中可以看出，$Li_xMn_2O_4$ 和电解液反应开始温度和最后一个放热峰相差不大（<10℃），随 $Li_xMn_2O_4$ 带电程度的加深，第一个和第二个放热峰呈降低的趋势，但是降低幅度不大，分别从 169℃和 189℃降至 155℃和 183℃。此外，体系的反应活化能则随带电程度的加深而减小。以上研究说明，$Li_xMn_2O_4$ 与电解液共存体系的热稳定性随带电程度的加深而降低，从而有力地说明了锂离子电池在过充状态下容易发生热失控的内在原因。

表 3.15　电解液与 $Li_xMn_2O_4$ 共存体系的热力学和动力学参数

充电电压 /V	$Li_xMn_2O_4$ 中 x 值	反应开始温度/℃	放热峰/℃			反应热 /(J/g)	活化能 /(kJ/mol)	指前因子 /s^{-1}	相关系数 R^2
			Ⅰ	Ⅱ	Ⅲ				
4.0	0.90	90	169	189	251	−1203.4	103.8	9.14×10^9	0.987
4.1	0.56	91	167	188	241	−1287.8	71.2	1.59×10^5	0.988
4.2	0.45	92	157	186	249	−1345.8	71.7	3.11×10^5	0.938
4.3	0.20	89	155	183	248	−2014.3	65.2	3.91×10^4	0.958

4. $Li_xMn_2O_4$ 热安全性的综合分析

图 3.38 为电解液、$Li_xMn_2O_4$ 及其两者共存体系的热流曲线。在 $Li_xMn_2O_4$ 与电解液共存时，第一个平缓的放热过程为 CEI 膜分解的过程，此过程没有明显的放热峰。此后的第一个放热峰可能是 $Li_xMn_2O_4$ 分解析出的氧气与电解液发生反应，随氧气的消耗，$Li_xMn_2O_4$ 加速分解，分解出的氧气继续与电解液发生反应，直到 $Li_xMn_2O_4$ 分解到一定的稳定态。随温度的继续升高，过量的电解液可能分解，由图 3.38 的比较可知，第二个放热过程可能是电解液分解的过程。1.0mol/L $LiPF_6$/EC+DEC 与 $Li_xMn_2O_4$ 共存体系的最后一个大的放热峰可能是 $Li_xMn_2O_4$ 分解后的产物的再分解过程，如 $LiMnO_2$ 和 Mn_3O_4 等，同时有电解液产物、PVDF 等多种物质参与的复杂反应。具体反应过程需要进行进一步研究。

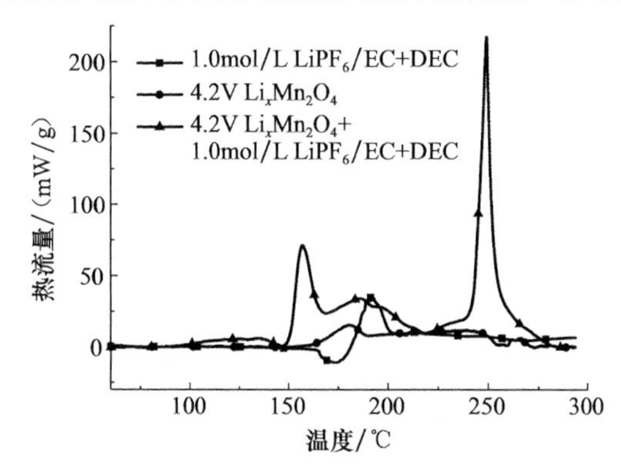

图 3.38　1.0mol/L $LiPF_6$/EC+DEC 与 $Li_xMn_2O_4$ 共存体系组成单元的热流曲线

加入电解液之后，1.0mol/L $LiPF_6$/EC+DEC 与 $Li_xMn_2O_4$ 共存体系的反应开始温度(92℃)比单一的电解液(140℃)和 $Li_xMn_2O_4$(152℃)的反应开始温度都大为降低，并且混合体系的第一个放热峰(157℃)比 $Li_xMn_2O_4$ 的放热峰(180℃)低 23℃。此外，混合体系的活化能也比 $Li_xMn_2O_4$ 的减小了 100.5kJ/mol。这些热力学和动力学参数的改变说明了 $LiPF_6$/EC+DEC 与 $Li_xMn_2O_4$ 共存体系的热稳定性比单一组分的热稳定性大为降低，增大了电池体系的危险性，降低了电池的安全性。

3.3.3 Li_xFePO_4-电解液的热安全性

1. Li_xFePO_4 热安全性

图 3.39 为脱锂 Li_xFePO_4(充电至 4.2V)以 C80 量热测试获得的热流曲线，从室温以 0.2℃/min 的速率升温至 300℃，通过电池充电容量计算 x=0.18。从图中可以看出，与电解液 1mol/L $LiPF_6$/EC+DEC 相比，在 212℃之前，$Li_{0.18}FePO_4$ 基本没有明显放热。随着温度的升高，$Li_{0.18}FePO_4$ 缓慢放热，整个过程中，产生热量为 −61J/g，说明在测试条件下，脱锂 Li_xFePO_4 的热稳定性较高。

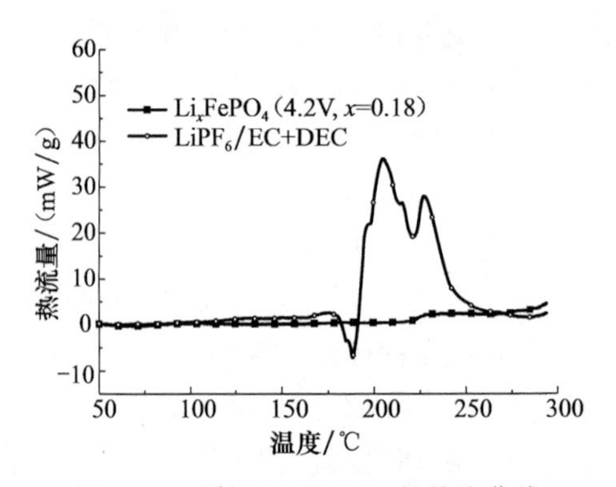

图 3.39 脱锂 Li_xFePO_4 的热流曲线

2. 电解液对 Li_xFePO_4 热安全性的影响

在 Li_xFePO_4 与 1.0mol/L $LiPF_6$/EC+DEC 电解液共存(质量比 1∶1)时，如图 3.40 所示，体系于 126℃即开始放热，随着温度的升高，于 211℃达到放热峰，整个过程体系产生的热量为 717.5J/g，具体的热动力学参数详见表 3.16。与单纯的 Li_xFePO_4 体系相比，加入电解液后的体系热稳定性下降，电解液的加入可能引起 Li_xFePO_4 热分解。与未含电极物质的电解液体系相比，1.0mol/L $LiPF_6$/EC+DEC 与 Li_xFePO_4 共存体系的起始放热温度变化不大，但是表现出更为复杂的放热行为：当温度在 125～170℃范围时，体系表现出少量的放热，这可能是在电解液微弱放热影响下,使得电极开始发生初步的热分解;随着温度上升,体系放热速率显著增加,并在200℃左右急剧上升,形成尖锐的放热峰,这一部分产热应该是电极物质热分解释放出氧,将电解液氧化引起的;整个过程,共存体系的产热量比单纯电解液体系的产热量更大。

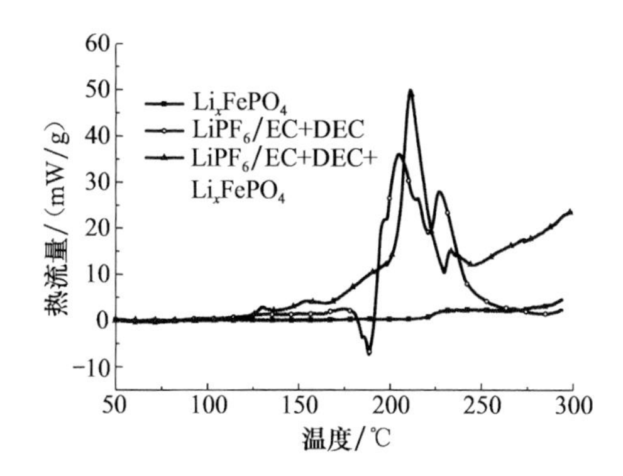

图3.40　1.0mol/L $LiPF_6$/EC+DEC与Li_xFePO_4共存体系的热流曲线

表3.16　电解液与Li_xFePO_4共存体系的热力学和动力学参数

反应开始温度/℃	放热峰/℃	反应热/(J/g)	活化能/(kJ/mol)	指前因子/s^{-1}	相关系数R^2
126	211	−717.5	203.6	5.73×10^{21}	0.991

3.3.4　$Li_xNi_{1/3}Co_{1/3}Mn_{1/3}O_2$-电解液的热安全性

1. $Li_xNi_{1/3}Co_{1/3}Mn_{1/3}O_2$热安全性

图3.41为脱锂$Li_xNi_{1/3}Co_{1/3}Mn_{1/3}O_2$(充电至4.2V)的热流曲线,从室温以0.2℃/min的速率升温至300℃,通过电池充电容量计算$x=0.41$。从图中可以看出,与电解液1mol/L $LiPF_6$/EC+DEC相比,在215℃之前,$Li_{0.41}Ni_{1/3}Co_{1/3}Mn_{1/3}O_2$基本没有明显放热。之后,体系缓慢放热,直到300℃,产生热量为−101J/g。这说明在测试条件下,脱锂$Li_xNi_{1/3}Co_{1/3}Mn_{1/3}O_2$的热稳定性较高。

2. 电解液对$Li_xNi_{1/3}Co_{1/3}Mn_{1/3}O_2$热安全性的影响

在$Li_xNi_{1/3}Co_{1/3}Mn_{1/3}O_2$与1.0mol/L $LiPF_6$/EC+DEC电解液共存(质量比2∶1)时,如图3.42所示,体系于160℃开始放热,随着温度的升高,于255℃之前平稳放热,之后放热速率加快,于266℃达到放热峰,整个过程体系产生的热量为732.7J/g。与单纯的$Li_xNi_{1/3}Co_{1/3}Mn_{1/3}O_2$体系相比,加入电解液后的体系热稳定性下降,电解液的加入引起$Li_xNi_{1/3}Co_{1/3}Mn_{1/3}O_2$热分解。与未含电极物质的电解液体系相比,1.0mol/L $LiPF_6$/EC+DEC与$Li_xNi_{1/3}Co_{1/3}Mn_{1/3}O_2$共存体系的起始放热温度变化

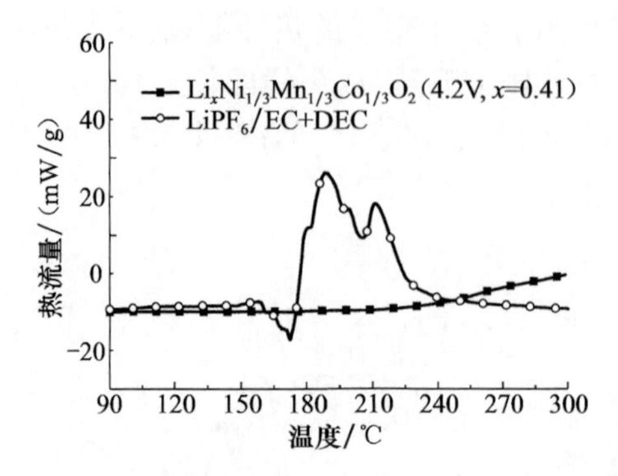

图 3.41　脱锂 $Li_xNi_{1/3}Co_{1/3}Mn_{1/3}O_2$ 的热流曲线

不大，而且在 255℃之前放热行为较为平缓，但是在之后表现出剧烈放热。总体来说，体系的放热行为分为两个阶段：第一个阶段的温度处于 160～255℃，体系缓慢、平稳放热，主要是在电解液放热影响下，电极发生初步热分解；第二个阶段的温度处于 260～280℃，电极物质热分解放出氧，与电解液发生热化学反应，剧烈放出的热构成了第二阶段中尖锐的放热峰，每个不同阶段体系的热动力学参数如表 3.17 所示。

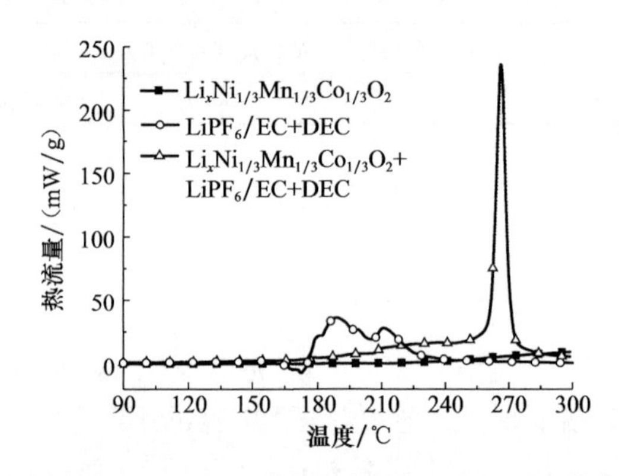

图 3.42　1.0mol/L $LiPF_6$/EC+DEC 与 $Li_xNi_{1/3}Co_{1/3}Mn_{1/3}O_2$ 共存体系的热流曲线

表 3.17　电解液与 $Li_xNi_{1/3}Co_{1/3}Mn_{1/3}O_2$ 共存体系的热力学和动力学参数

不同温度阶段 /℃	反应开始温度 /℃	放热峰 /℃	反应热 /(J/g)	活化能 /(kJ/mol)	指前因子 /s^{-1}	相关系数 R^2
160～255	160	244	−308.9	176.9	5.8×10^{14}	0.996
260～280	256.8	266.2	−395.7	512.2	5.5×10^{124}	0.985
—	—	—	−704.6	—	—	—

3.3.5　几种正极材料热安全性比较

$LiCoO_2$、$LiMn_2O_4$、$LiFePO_4$ 和 $LiNi_{1/3}Co_{1/3}Mn_{1/3}O_2$ 是锂离子电池实际使用

的主要正极材料，它们在实际电池中的安全性，直接关系到电池的安全使用。为比较三种电池正极材料的热稳定性，进行单一电极材料 $LiCoO_2$、$LiMn_2O_4$、$LiFePO_4$ 和 $LiNi_{1/3}Co_{1/3}Mn_{1/3}O_2$ 热稳定性的比较，然后比较分别与 1.0mol/L $LiPF_6$/EC+DEC 电解液共存时的热稳定性。

图 3.43 为相同带电状态下的 Li_xCoO_2、$Li_xMn_2O_4$、Li_xFePO_4 与 $Li_xNi_{1/3}Co_{1/3}Mn_{1/3}O_2$ 的 C80 热流曲线。从图中可以看出，Li_xCoO_2 的反应开始温度在 171℃，比 $Li_xMn_2O_4$ 的反应开始温度高 19℃，并且放热峰也高出 77℃。而 Li_xFePO_4 与 $Li_xNi_{1/3}Co_{1/3}Mn_{1/3}O_2$ 的反应开始温度更高，在 210℃之前基本没有放热。从产热的角度，Li_xCoO_2 的热稳定性较差，反应热比 $Li_xMn_2O_4$、Li_xFePO_4 与 $Li_xNi_{1/3}Co_{1/3}Mn_{1/3}O_2$ 的反应热分别高 577J/g、802J/g、852J/g。而且，Li_xCoO_2 的活化能也要比 $Li_xMn_2O_4$ 的低 40.3kJ/mol。因此，综合来说，Li_xCoO_2 与 $Li_xMn_2O_4$ 两种正极材料的反应开始温度较低，产热较大，而且 Li_xCoO_2 的反应活化能更低，反应更快、产热更大。

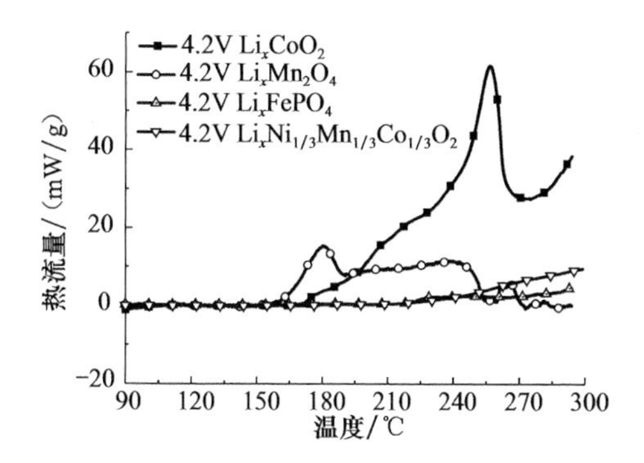

图 3.43　不同材料热稳定性比较的热流曲线

为比较 Li_xCoO_2、$Li_xMn_2O_4$、Li_xFePO_4、$Li_xNi_{1/3}Co_{1/3}Mn_{1/3}O_2$ 与电解液共存时的热稳定性，图 3.44 给出了四种材料分别在电解液中的热流变化曲线，几种共存体系的热力学和动力学特征参数总结于表 3.18 中。由表 3.18 与图 3.44 可以看出，Li_xCoO_2 与 Li_xFePO_4 和电解液构成的共存体系起始放热温度比较接近。而由于 1.0mol/L $LiPF_6$/EC+DEC 与 $Li_xMn_2O_4$ 共存体系在 92℃就有一平缓的放热过程，所以其反应开始温度比 Li_xCoO_2、Li_xFePO_4 以及 $Li_xNi_{1/3}Co_{1/3}Mn_{1/3}O_2$ 与电解液的共存体系反应开始温度分别低 36℃、34℃、68℃，该过程应与 $Li_xMn_2O_4$ 表面 CEI 膜的分解过程有关。随着温度的升高，Li_xCoO_2、$Li_xMn_2O_4$、Li_xFePO_4、$Li_xNi_{1/3}Co_{1/3}Mn_{1/3}O_2$ 与电解液的共存体系分别在 196℃、157℃、211℃、244℃达到第一个放热峰，四种体系的反应热分别为−1052.6J/g、−1345.8J/g、−717.5J/g、−704.6J/g。可以看出，1.0mol/L $LiPF_6$/EC+DEC 与 $Li_xMn_2O_4$ 共存体系的热稳定性比单一组分的热稳定性大为降低，增大了电池体系的危险性，降低了电池的安全性。而 1.0mol/L $LiPF_6$/EC+DEC 与 Li_xCoO_2 共存体系的热稳定性也较低，使得体系发生热失控的可能性增加。相对来说，Li_xFePO_4 与电解液共存体系的热稳定性在几种共存体系中最高。

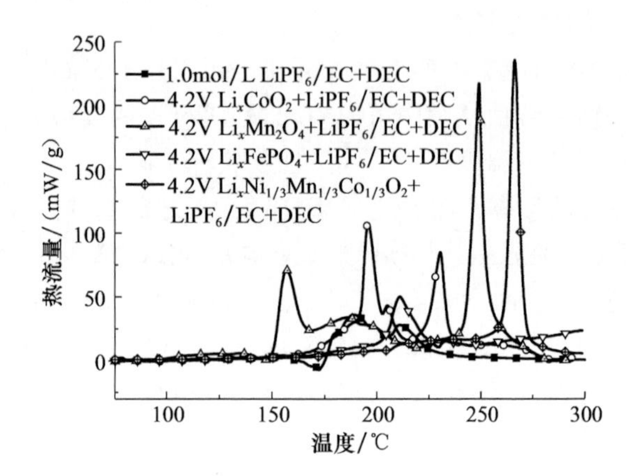

图 3.44　1.0mol/L $LiPF_6$/EC+DEC 与不同材料的共存体系的热流曲线

表 3.18　电解液与 Li_xCoO_2 共存体系的热特性参数

共存体系组成(质量比)	反应开始温度/℃	放热峰/℃			反应热/(J/g)	活化能/(kJ/mol)	指前因子/s^{-1}	相关系数 R^2
		Ⅰ	Ⅱ	Ⅲ				
4.2V Li_xCoO_2+1.0mol/L $LiPF_6$/EC+DEC(1∶1)	128	196	205	230	−1052.6	85.4	2.13×10^5	0.982
4.2V $Li_xMn_2O_4$+1.0mol/L $LiPF_6$/EC+DEC(1∶1)	92	157	186	249	−1345.8	71.7	3.11×10^5	0.938
4.2V Li_xFePO_4+1.0mol/L $LiPF_6$/EC+DEC(1∶1)	126	211	—	—	−717.5	203.6	5.73×10^{21}	0.991
4.2V $Li_xNi_{1/3}Co_{1/3}Mn_{1/3}O_2$+1.0mol/L $LiPF_6$/EC+DEC(2∶1)	160	244	266	—	−704.6	176.9	5.8×10^{14}	0.996

$Li_xMn_2O_4$ 表面 CEI 膜的分解产生的热量仅为−65.0J/g，但是在温度较低的阶段产生的热量提供了后继反应所需的热量积累，当热量累积到一定的程度，则诱发后面更多反应的发生，最终导致电池的热失控，引起火灾或爆炸等事故。因此，其初级阶段的产热，是电池安全的一重大隐患。而 $Li_xNi_{1/3}Co_{1/3}Mn_{1/3}O_2$ 与电解液共存体系在 160℃之前无明显热行为，但是在 250℃左右开始急剧放热，热量在短时间内聚集在有限的电池体内，对于电池的热量管理及安全监控是一个挑战。因此，在应用不同的电池材料时，应针对其特有的热稳定性，明确电池的应用范围、改进电池的管理措施及安全设计，以提高电池的安全性。

3.4　负极材料的热安全性

碳材料被广泛用作锂离子电池的负极材料，如石墨、石油焦、碳纤维、热解碳等。由于石墨具有导电性能优良、原材料丰富、容量高、充放电电压平坦等特征，被认为是一种较为理想的锂离子蓄电池负极材料。在电池充放电过程中，锂在负极碳材料内脱嵌并形成锂碳插入化物 Li_xC_6：

$$Li_xC_6 \rightleftharpoons Li_{x-y}C_6 + yLi^+ + ye, \quad y \leqslant x \leqslant 1 \tag{3.38}$$

石墨材料作为负极材料其理论比容量为372mAh/g，形成 Li_xC_6 的结构，可逆容量、充放电效率和工作电压都较高。石墨材料有明显的放电平台，且放电平台对锂电压很低，电池输出电压高。石墨材料理想的结构使碳原子形成六角网状平面结构，网状平面层之间只是以范德华力结合，层与层之间以 AB 或 ABC 的堆垛方式排列，层间距为0.3354nm[39]。石墨材料的结构完整，嵌锂位置多，所以容量较高，是比较理想的锂离子电池负极材料，目前大量的商用锂离子电池采用石墨类碳材料作为负极材料。典型的商业化负极材料采用石墨化的中间相碳微球(MCMB)。

石墨材料作为负极材料的缺点是：结构容易发生破坏、对电解质敏感、大电流充放电性能差。在放电的过程中，在负极表面由于电解质或有机溶剂化学反应会形成一层固体电解质界面膜，即 SEI 膜[43]，这是一层锂离子可以自由穿透的绝缘膜。SEI 膜的形成是不可逆容量的一个重要原因。但是石墨材料由于其完整的层状结构，在插层过程中导致锂离子与电解质共插到石墨片层，有机溶剂插入石墨片层之间被还原，生成气体膨胀导致石墨片层剥落，因此造成 SEI 膜的不断破坏及重新生成。另外，锂离子插入和脱插的过程中，造成石墨片层体积膨胀和收缩，也容易造成石墨粉化。所以，石墨的不可逆容量较高，循环寿命也有待进一步提高。本节主要探讨嵌锂石墨电极的热安全性及其对电池安全性的影响。

3.4.1　石墨-电解液的热安全性

1. *石墨的循环性能*

图3.45为 Li/石墨半电池前三个循环，所用的电解液为1.0mol/L $LiPF_6$/EC+DEC，充放电电流密度为0.2mA/cm^2。第一次放电时，在0.45V 形成一放电平台，这个平台是 SEI 膜第一次形成过程，部分锂与电解液反应，在石墨表面形成了一层钝化膜[44]。这个平台在随后的循环中消失，因为这个钝化膜能有效地阻止电解液与锂的继续反应。前三次循环的不可逆比容量损失分别为138mAh/g、19mAh/g、和13mAh/g，因此在三次循环之后，已形成的稳定的 SEI 膜中每单位的 C_6 中含有0.45单位的锂。

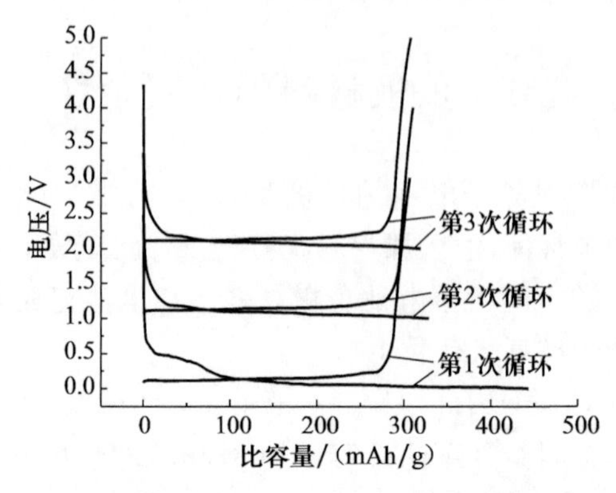

图 3.45　Li/石墨半电池前三个循环性能(纵坐标的值累加 1.0)

2. Li_xC_6 热安全性

图 3.46 为不同嵌锂程度下 Li_xC_6 的 C80 热流曲线,以 0.2℃/min 的速率从 30℃升温至 300℃。由图可以看出,Li_xC_6 都有一主要放热过程,$Li_{0.45}C_6$ 和 $Li_{0.84}C_6$ 在第一个放热峰之后还有一小的放热峰,第二个放热峰温度分别在 190℃和 248℃。$Li_{0.68}C_6$ 在主放热峰之后也有一放热峰,其在 229℃有一尖锐放热峰。而 $Li_{0.22}C_6$ 在大的放热峰之前,有一小的放热过程,放热峰在 105℃。总之,Li_xC_6 在升温下一直处于放热过程,对锂离子电池的安全性不利。由 Li_xC_6 的实验结果,可求得 Li_xC_6 热力学和动力学参数,其结果列于表 3.19 中。

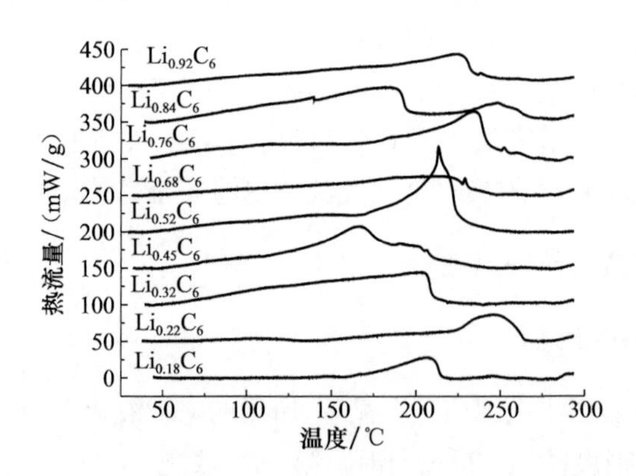

图 3.46　不同嵌锂程度下 Li_xC_6 的热流曲线(纵坐标的值累加 50)

表 3.19　Li_xC_6 分解热力学和动力学参数

Li_xC_6 中 x 值	反应开始温度/℃	放热峰/℃	反应热/(J/g)	活化能/(kJ/mol)	指前因子/s^{-1}	相关系数 R^2
0.18	136	207	−265.3	115.3	1.94×10^9	0.991

续表

Li_xC_6 中 x 值	反应开始温度/℃	放热峰/℃	反应热/(J/g)	活化能/(kJ/mol)	指前因子/s^{-1}	相关系数 R^2
0.22	65	247	−603.6	103.8	2.75×10^7	0.996
0.32	47	204	−1280.6	105.8	9.15×10^{10}	0.993
0.45	50	166	−1302.7	86.6	8.72×10^7	0.992
0.52	44	213	−1469.0	96.5	3.43×10^6	0.991
0.68	42	219	−860.0	68.8	2.01×10^5	0.997
0.76	41	234	−1569.6	82.0	3.92×10^7	0.983
0.84	47	181	−1339.0	101.3	5.60×10^9	0.984
0.92	42	224	−1341.6	77.0	3.56×10^6	0.966

图 3.47 给出了不同嵌锂程度下 Li_xC_6 反应开始温度、放热峰和放热量与 x 的关系。由图可以看出，随 x 值的增加，也就是嵌锂程度的加深，Li_xC_6 反应开始温度呈升高的趋势，放热量也呈增加的趋势。在 $x\leqslant0.32$ 时，反应开始温度降低很快、放热量则增加很快；在 $x>0.32$ 之后，反应开始温度相差不大，维持在(44±3.5)℃，放热量也维持在(−1314±243)J/g。而 Li_xC_6 分解的主反应峰温度与 x 没有明显的规律，从 $x=0.18$ 到 0.92，放热峰起伏不定。

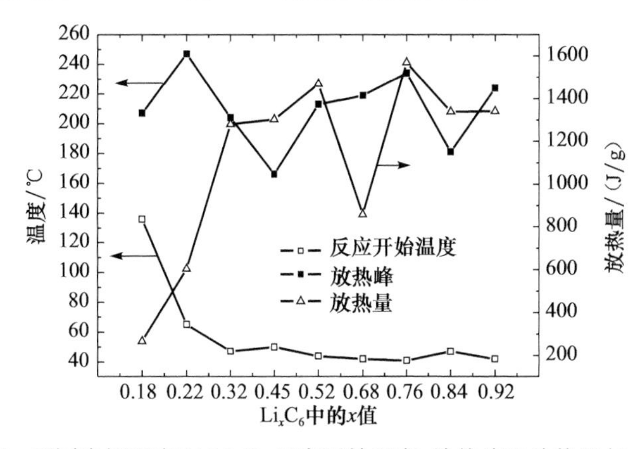

图 3.47　不同嵌锂程度下 Li_xC_6 反应开始温度、放热峰和放热量与 x 的关系

由动力学分析可求得 Li_xC_6 分解的动力学参数，见表 3.19。由 Li_xC_6 分解活化能可以看出，随着 x 的增加，Li_xC_6 分解活化能呈降低的趋势，反应活性增加。由于锂很活泼，容易与多种物质发生反应，随锂的嵌入量的增加，Li_xC_6 的活性增强，因而其反应活化能随嵌锂量的增加而降低。因此，在锂离子电池中，电池带电越多，嵌锂量也就越多，电池的安全性就越低。

3. 溶剂对 Li_xC_6 热安全性的影响

图 3.48 为 Li_xC_6 与溶剂共存时的 C80 热流曲线，由图可以看出，Li_xC_6 与有机

溶剂混合时，在非常低的温度就开始放热。其中，$Li_{0.85}C_6$ 与 DMC 的反应开始温度最低，在 58℃，放出的热量也最多；而 PC 与 $Li_{0.94}C_6$ 的反应开始温度最高，在 130℃；其他反应开始温度等动力学参数在表 3.20 中。总体来说，环状碳酸酯与嵌锂石墨的反应开始温度比链状碳酸酯高，是因为环状碳酸酯的环键结合能比链状碳酸酯的结合能高，所以锂要与环状碳酸酯反应，需要更多的能量。在 $Li_{0.82}C_6$ 与 DEC 的反应中，在 78℃就出现一大而尖锐的放热峰，并放出－2802.1J/g 的热量；在其他溶剂中则没有该放热峰。这可能是因为 DEC 中的双 —C_2H_5 与 Li 剧烈反应，该反应的活化能也很高，为 755.4kJ/mol，反应开始后，放热量迅速增加。在 PC 与 $Li_{0.94}C_6$ 的反应中，则出现吸热过程，吸热峰在 203℃，吸热量为 305.1J/g，该过程可能是由 PC 环上的甲基与锂反应引起的。Li_xC_6 与有机溶剂反应的热力学和动力学参数如表 3.20 所示。

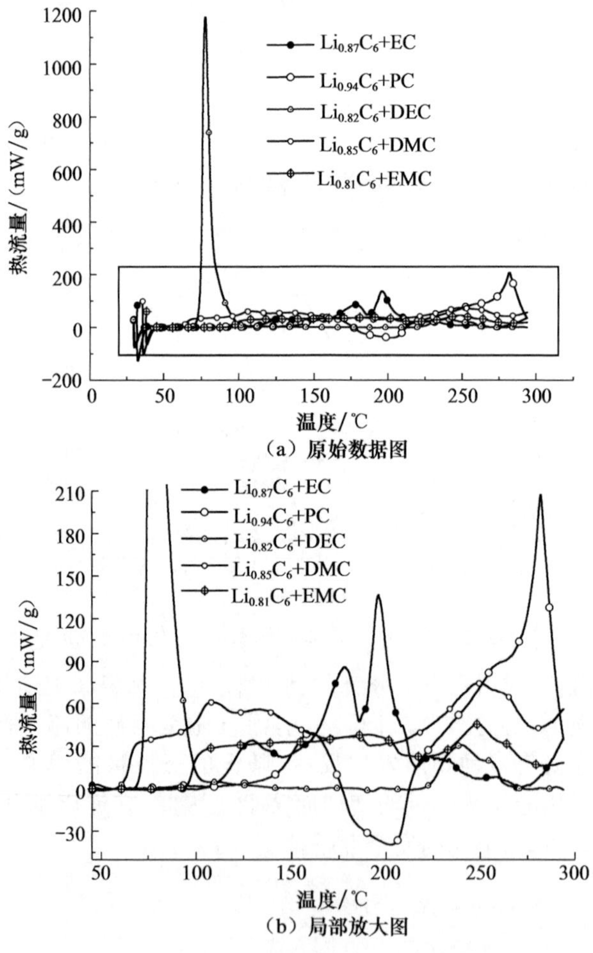

图 3.48　Li_xC_6 与溶剂共存时的热流曲线

表 3.20　Li_xC_6 与溶剂共存体系热力学和动力学参数

Li_xC_6＋有机溶剂	反应开始温度/℃	放热峰/℃	反应热/(J/g)	活化能/(kJ/mol)	指前因子/s^{-1}	相关系数 R^2
$Li_{0.87}C_6$＋EC	104	130/178/196	−1691.7	207.6	2.37×10^{23}	0.979
$Li_{0.94}C_6$＋PC	130	160/282 203*	−323.0/−1919.5 305.1*	86.1	2.25×10^{6}	0.987
$Li_{0.82}C_6$＋DEC	67	78/240	−2802.1	755.4	2.73×10^{109}	0.998
$Li_{0.85}C_6$＋DMC	58	108/249	−3087.8	405.1	2.12×10^{58}	0.997
$Li_{0.81}C_6$＋EMC	90	190/248	−1763.4	438.2	3.69×10^{56}	0.987

* 吸热峰和吸热量。

Li_xC_6 与有机溶剂的反应中，环状碳酸酯与嵌锂石墨的反应开始温度比链状碳酸酯高，环状碳酸酯稳定性较好。总体来说，Li_xC_6 与有机溶剂共存体系的热稳定性较差，反应开始温度低，并且放热量也很多，不利于锂离子电池的安全。

4. $LiPF_6$ 对 Li_xC_6 热安全性的影响

图 3.49 为等质量 $LiPF_6$ 与 $Li_{0.87}C_6$ 共存体系的热流曲线。由图可以看出，$LiPF_6$ 呈现吸热状态，$Li_{0.84}C_6$ 在 181℃有一大的放热峰，在 248℃还有一小的放热过程。在 $LiPF_6$ 与 $Li_{0.87}C_6$ 共存体系中，反应开始温度在 50℃，与 $Li_{0.84}C_6$ 的反应开始温度 47℃相差不大，但是反应放热量迅速增加，并分别在 95℃和 154℃到达两个放热峰，放热量为－2097.5J/g，远大于 $Li_{0.84}C_6$ 的－1339.0J/g 的放热量，该过程说明 $LiPF_6$ 与 $Li_{0.87}C_6$ 发生了反应，具体反应过程还需要进一步研究。随后在 180℃出现一小的吸热峰，吸热量为 59.7J/g，可能是过量的 $LiPF_6$ 熔化吸热过程。最后出现与单一 $Li_{0.84}C_6$ 相似的平缓放热过程，放热量为－154.9J/g。

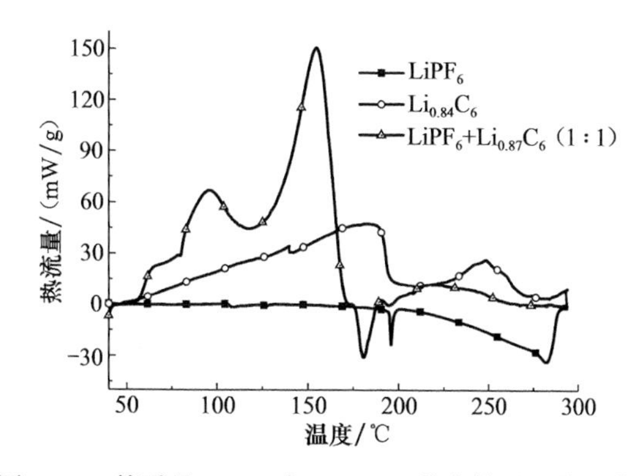

图 3.49　等质量 $LiPF_6$ 与 $Li_{0.87}C_6$ 共存体系的热流曲线

基于动力学分析得到该混合体系的反应动力学参数，其反应活化能 $E=59.2$kJ/mol，指前因子 $A=2.69\times10^4$，相关系数 $R^2=0.912$。可见，其反应活化能

比 $Li_{0.84}C_6$ 的活化能 101.3kJ/mol 低 42.1kJ/mol。同样,求得第二个放热过程的活化能 E=56.9kJ/mol,指前因子 $A=1.05\times10^3$,相关系数 R^2=0.989。这些动力学参数说明,$LiPF_6$ 与 $Li_{0.87}C_6$ 共存体系比单一嵌锂碳的热稳定性差,在低温度下(50℃)就容易发生放热反应,容易引起电池的热失控,对电池的安全不利。

5. 电解液对不同嵌锂深度下 Li_xC_6 热安全性的影响

在 Li_xC_6 中添加 1.0mol/L $LiPF_6$/EC+DEC 后的热分析结果如图 3.50 所示,所有 1.0mol/L $LiPF_6$/EC+DEC 与 Li_xC_6 共存体系在升温下都呈现相似的热特性。该体系在升温下都有三个明显的放热峰,在图中标为 a、b 和 d 点。在放热峰 b 和 d 之间有一非常微弱的放热峰,有的很不明显,可能与其他过程合并在一起。为统一研究,在图中标为 c 点。a、b、c 和 d 点可能分别对应于 SEI 膜分解、Li-电解液反应、新的 SEI 膜分解和 Li_2CO_3 生成反应与 PVDF 反应的叠加[43]。从图可以看出,所有 Li_xC_6 样品的 SEI 膜都在 60℃附近开始分解,在 100℃附近达到放热峰。因为 SEI 膜是在第一次充放电循环时形成的,其组成已基本不随后继的充放电循环而改变,所以其稳定性不受嵌锂程度的影响。通过与 1.0mol/L $LiPF_6$/EC+DEC 和 Li 电解液共存体系的热稳定性比较可知(图 3.51),SEI 膜分解之后,电解液能进入石墨层之间,直接与嵌入的锂进行反应,因此在 213℃附近出现了放热峰 b,在图 3.51 中的锂与电解液直接反应时,在 181℃出现第一个放热峰,并生成 SEI 膜,新的 SEI 膜阻止了反应的继续进行。在 Li_xC_6 共存体系中,该放热峰随嵌锂程度的增加呈现微弱的增加趋势。放热峰 c 可能是锂与电解液反应新形成的二次 SEI 膜的分解过程,该过程的产热量随嵌锂程度的增加呈增大的趋势,在 Li-电解液体系中也存在这一过程。

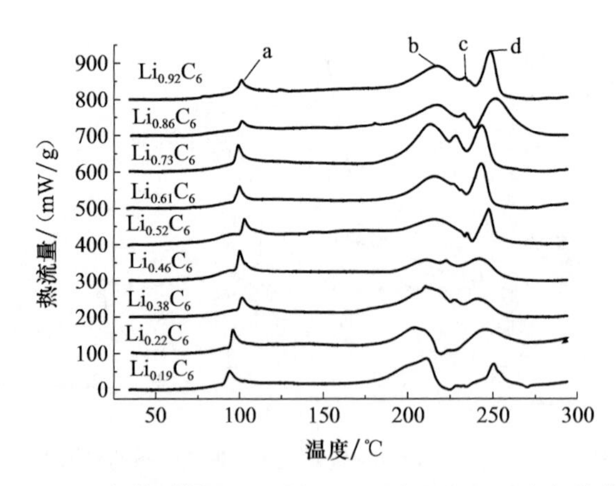

图 3.50　Li_xC_6 与等质量 1.0mol/L $LiPF_6$/EC+DEC 电解液共存时的热流曲线(纵坐标的值累加 100)

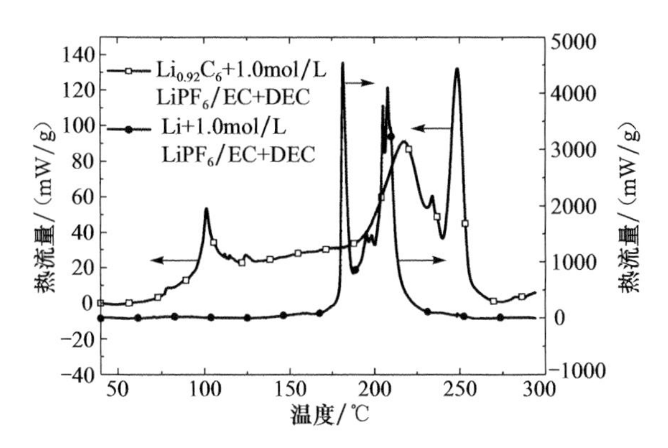

图 3.51 $Li_{0.92}C_6$(1∶1)和 Li(1∶10)分别与 1.0mol/L $LiPF_6$/EC+DEC 电解液共存时的热流曲线(以 $Li_{0.92}C_6$ 和 Li 为基求解单位反应热)

由前文可知,1.0mol/L $LiPF_6$/EC+DEC 电解液在 192℃以下分解,因此二次 SEI 膜分解后,剩余的嵌入锂继续与电解液或与电解液分解产物反应。电解液主要分解产物包括 $C_2H_5OCOOPF_4$、PF_3、C_2H_4、HF、PF_4OH、CO_2 等[24,45]。随后,嵌入锂将与这些产物反应,表现为图 3.50 中的 d 放热峰,Li-电解液体系中的最后一个放热峰也是这些反应所致。

在 $x \geqslant 0.52$ 后,d 放热峰变得更加尖锐,Yang 等[44]使用 DSC 以 10℃/min 升温速率研究发现,在 $x \geqslant 0.71$ 才有尖锐的放热峰,可能与本实验以 0.2℃/min 升温速率在 $x \geqslant 0.52$ 的放热峰相对应。Aurbach 等[15]和 Chung 等[46]认为,EC 和 $LiPF_6$ 能进入石墨层,并与嵌入锂反应生成碳酸锂和乙烯。该过程可能与首次循环时的 Li 插入反应相似,可对石墨表面结构造成很大的影响,其中包括石墨的剥落。因此,在图 3.50 中 Li_xC_6($x \geqslant 0.52$)-电解液体系的尖锐放热锋 d 可能是由石墨结构的塌陷所致[44]。从石墨中释放出来的 Li 在高温下可与 PVDF 和电解液分解产物反应,并放出更多的热量。这些反应包括 PVDF 脱去氟化氢反应、LiF 和氢的生成等其他反应,与 PVDF 反应的可能过程如下[4]:

$$\text{-}[CH_2-CF_2]_n\text{-} + n\text{Li} \longrightarrow n\text{LiF} + \text{-}[CH=CF]_n\text{-} + \frac{n}{2}H_2 \tag{3.39}$$

假设 Li_xC_6-电解液共存体系的反应遵循 Arrhenius 定律,可求解 SEI 膜分解(放热峰 a)以及 Li 与电解液反应(放热峰 b)的动力学参数,结果列于表 3.21 中。从表中可以看出,随着 x 的变化,SEI 膜分解的表观活化能没有太大的变化,说明 SEI 膜是由特定成分组成的稳定膜。Li 与电解液反应的表观活化能也几乎没有太大的变化。在 $x \leqslant 0.38$ 时,由于 Li 非常活泼,在新形成的 SEI 膜足以阻止 Li 与电解液反应之前,Li 已经被完全消耗掉,因此在 Li_xC_6 中 Li 的含量($x \leqslant 0.38$)越高,Li 与电解液的反应就具有越低的活化能,并且在 Li_xC_6-电解液体系中没有石墨结

表 3.21　Li_xC_6 与 1.0mol/L $LiPF_6$/EC+DEC 共存体系的热力学和动力学参数

x 在 Li_xC_6 的值	反应开始温度/℃	放热峰/℃				反应热/(J/g)					活化能/(kJ/mol)		指前因子/s^{-1}	
		a	b	c	d	a	b	c	d	总值	a	b	a	b
0.19	61	94	211	228	251	−484.1	−785.1	−22.6	−312.0	−1603.8	100.4	93.0	1.09×10^{10}	1.6×10^{6}
0.22	67	96	204	224	246	−478.8	−786.3	−12.3	−544.1	−1821.5	115.2	81.2	2.6×10^{13}	6.7×10^{4}
0.38	59	102	210	228	241	−429.1	−848.0	−94.6	−254.3	−1626.0	77.4	62.4	3.23×10^{6}	4.3×10^{3}
0.46	57	100	211	223	242	−520.2	−810.8	−161.2	−382.9	−1875.1	92.8	83.0	9.01×10^{8}	6.9×10^{4}
0.52	51	103	216	235	247	−593.3	−1264.8	−26.2	−296.3	−2180.6	83.7	62.5	5.59×10^{7}	2.9×10^{2}
0.61	64	100	216	231	243	−488.4	−1059.9	−48.7	−375.3	−1972.3	99.1	78.0	4.49×10^{9}	1.7×10^{4}
0.73	58	99	214	228	243	−512.2	−1341.4	−257.0	−490.3	−2600.9	83.8	68.4	3.58×10^{7}	4.2×10^{4}
0.86	60	102	218	233	252	−495.5	−1090.6	−138.7	−617.6	−2342.4	78.6	64.3	5.14×10^{6}	5.9×10^{2}
0.92	59	101	217	234	249	−487.7	−1230.0	−141.0	−394.8	−2253.5	96.2	69.1	2.8×10^{9}	1.7×10^{3}
Li+电解液	128	—	181	195	208	—	−6769.3	−4688.5	−12500.7	−23958.5	—	129.2	—	8.2×10^{10}

构塌陷现象的出现。在 $x=0.46$ 时，新生成的 SEI 膜阻止了 Li 继续与电解液反应，每单位的 C_6 中还剩余约 0.08 单位的嵌入锂，在新的 SEI 膜分解后，剩余的 Li 不足以与 PVDF 和电解液分解产物反应产生尖锐的放热峰。$x\geqslant 0.52$ 之后，有更多的嵌入锂(每单位的 C_6 中含有 0.14 单位或更多的嵌入锂)嵌在石墨层中，石墨层中嵌入的锂越多，石墨结构就越不稳定，容易坍塌，因而具有较低的活化能。释放出的锂最终导致石墨结构的坍塌并与 PVDF 和电解液分解产物反应，生成 LiF、H_2 和 Li_2CO_3 等。

由以上分析可知，在 1.0mol/L $LiPF_6$/EC+DEC 电解液与等质量 Li_xC_6 共存时，反应出现四个放热峰。第一个是不稳定的 SEI 膜在 60℃分解的过程，并在 100℃附近达到放热峰，然后电解液到达石墨层间，与嵌入锂发生反应，并生成二次 SEI 膜。当嵌入锂被消耗尽或新生成的 SEI 膜足以阻止反应的继续进行，反应终止。随温度的继续升高，二次 SEI 膜分解，剩余的 Li 从石墨层中脱出，与 PVDF 或其他物质反应并放出更多的热量。嵌锂程度对电解液与 Li_xC_6 共存体系的热稳定性影响较小，可能是因为在石墨表面已经能形成稳定的 SEI 膜，防止了电解液与嵌入锂之间的反应，在 SEI 膜分解后的温度已经足以使溶剂与嵌入锂发生反应，石墨嵌锂程度对反应的影响比较小。

6. 电解液种类对 Li_xC_6 热安全性的影响

图 3.52 为 $Li_{0.92}C_6$ 与 1.0mol/L $LiPF_6$/EC+DEC 电解液以及 $Li_{0.95}C_6$ 与 1.0mol/L $LiPF_6$/EC+DMC+EMC 电解液共存时的 C80 热流曲线。从图中可以看出，两种电解液与嵌锂石墨共存升温时的热特性基本一致，都大致经历四个放热过程。但是在 $Li_{0.95}C_6$ 与 1.0mol/L $LiPF_6$/EC+DMC+EMC 共存时，前两个放热峰比较提前，反应开始温度在 70℃，并分别在 87℃、105℃、195℃和 228℃达到四个

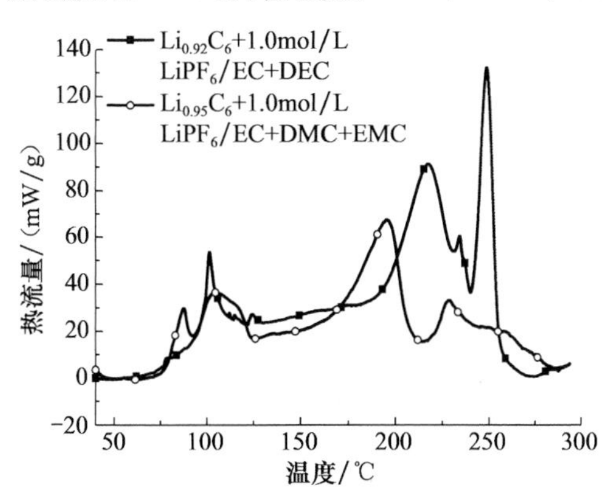

图 3.52　$Li_{0.92}C_6$ 与 1.0mol/L $LiPF_6$/EC+DEC 和 $Li_{0.95}C_6$ 与 1.0mol/L $LiPF_6$/EC+DMC+EMC 电解液共存的热流曲线

放热峰，放热量分别为－87.9J/g、－279.8J/g、－867.1J/g和－404.6J/g。此过程的前两个放热过程可能是SEI膜分解的过程，而中间出现的低谷可能是由于SEI膜的成分不同，分解温度不同，导致出现两个放热峰。第三个放热峰与$Li_{0.92}C_6$和1.0mol/L $LiPF_6$/EC+DEC共存体系热流曲线中的第二个放热过程一致，为电解液与嵌入锂之间的反应。在反应的后期只有一小的放热峰，可能是嵌入的锂已几乎消耗完毕，剩余少量的Li与PVDF等物质的反应，因此最后一个放热过程的反应热比较少。

同样基于动力学分析，可求得$Li_{0.95}C_6$与1.0mol/L $LiPF_6$/EC+DMC+EMC共存体系的表观活化能为296.0kJ/mol，指前因子为$6.29\times10^{39}s^{-1}$。比$Li_{0.92}C_6$与1.0mol/L $LiPF_6$/EC+DEC共存体系的表观活化能96.2kJ/mol要大，因此其反应活性小，热稳定性较好。此外，$Li_{0.95}C_6$与1.0mol/L $LiPF_6$/EC+DMC+EMC共存体系的反应开始温度为70℃，比$Li_{0.92}C_6$与1.0mol/L $LiPF_6$/EC+DEC共存体系的反应开始温度59℃高11℃，前者总反应热－1639.4J/g比后者总反应热－2253.5J/g少614.1J/g。这也说明了$Li_{0.95}C_6$与1.0mol/L $LiPF_6$/EC+DMC+EMC共存体系的热稳定性优于$Li_{0.92}C_6$与1.0mol/L $LiPF_6$/EC+DEC共存体系的热稳定性。

7. 不同质量比下的电解液与Li_xC_6热安全性

Li_xC_6与1.0mol/L $LiPF_6$/EC+DEC电解液在不同质量比下也呈现不同的热特性，图3.53显示了在1.6∶1、1∶1、1∶2.4和1∶3.2比例下的热特性，反应热以Li_xC_6为基进行求解。

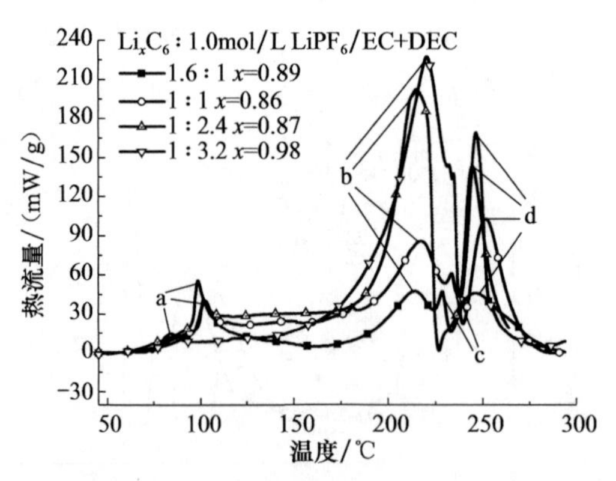

图3.53　1.0mol/L $LiPF_6$/EC+DEC电解液与Li_xC_6在不同质量比下的热流曲线

将图3.53中的放热峰分别用a、b、c和d表示，将它们的热力学参数和动力学参数求解列于表3.22中。由数据结果可知，质量比的变化对该共存体系的反应开始温度几乎没有影响，都在57～60℃范围内，并且对放热峰也没有影响，质量比为

1∶3.2时的第一个放热峰在83℃，比前三种情况下的要低，可能是因为该Li_xC_6样品的嵌锂量大(x=0.98)。这些体系反应的过程是一致的，只是随电解液比例的增加，在1∶1的比例中出现的第三个放热峰消失，这可能是与其他放热过程叠加在一起的结果。随电解液比例的增加，反应热逐渐增加，这可能是因为过量的电解液分解放出了热量。第一个放热过程的表观活化能在两者比例接近时，没有太大差别，而在质量比为1∶3.2时，活化能较大。

表3.22　Li_xC_6与1.0mol/L $LiPF_6$/EC+DEC电解液在不同质量比下的热力学和动力学参数

Li_xC_6∶电解液	Li_xC_6中x值	反应开始温度/℃	放热峰/℃				反应热/(J/g)					活化能/(kJ/mol)		指前因子/s^{-1}	
			a	b	c	d	a	b	c	d	总值	a	b	a	b
1.6∶1	0.89	57	103	214	228	246	−344.6	−428.4	−97.0	−428.7	−1298.7	87.0	100.4	1.08×10^8	7.6×10^6
1∶1	0.86	60	102	218	233	252	−495.5	−1090.6	−138.7	−617.6	−2342.4	78.6	64.3	5.14×10^6	5.9×10^2
1∶2.4	0.87	57	98	215	—	244	−389.8	−2043.0	—	−667.8	−3100.6	97.2	104.3	5.89×10^9	1.5×10^7
1∶3.2	0.98	58	83	220	232	246	−66.6	−2490.8	−226.5	−620.1	−3404.0	154.5	54.8	5.74×10^{18}	0.39×10^2
1∶1*	0.84	73	85	211	—	251	−121.3	−616.0	—	−193.3	−930.6	130.0	88.2	7.41×10^{14}	7.99×10^5

*升温速率为0.5℃/min。
—代表没有数据。

8. 升温速率对Li_xC_6-电解液热安全性的影响

图3.54给出了Li_xC_6与1.0mol/L $LiPF_6$/EC+DEC电解液共存体系在0.5℃/min和0.2℃/min升温速率下的C80热流曲线。在0.5℃/min的升温速率下，$Li_{0.84}C_6$与1.0mol/L $LiPF_6$/EC+DEC电解液共存体系在73℃开始放热，比在0.2℃/min的升温速率下推迟了13℃，但是其在85℃就达到了放热峰，比在0.2℃/min的升温速率下反而提前了17℃，放热量为−121.3J/g。随后在211℃和

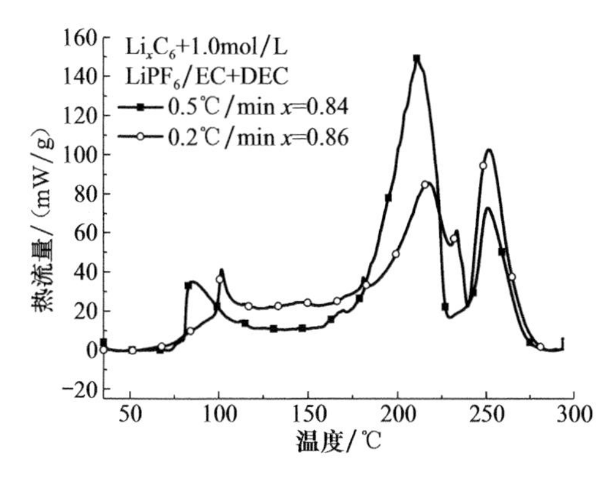

图3.54　Li_xC_6与1.0mol/L $LiPF_6$/EC+DEC共存体系在0.5℃/min和0.2℃/min升温速率下的热流曲线

251℃达到放热峰，放热量分别为−616.0J/g和−193.3J/g。$Li_{0.84}C_6$与1.0mol/L $LiPF_6$/EC+DEC共存体系在0.5℃/min的升温速率下的热力学和动力学参数可参见表3.22。由比较可知，在0.5℃/min的升温速率下，共存体系的活化能较低，说明在快速的升温速率下，由于存在温度梯度，推迟了反应发生，但是升温速率对体系内在的热稳定性并没有影响。

由上述研究可知，在不同升温速率下，Li_xC_6与1.0mol/L $LiPF_6$/EC+DEC电解液共存体系的热特性曲线基本一致。但是在快的升温速率下，体系的表观活化能较高。

9. Li_xC_6-电解液热安全性的综合分析

图3.55是$Li_{0.84}C_6$、1.0mol/L $LiPF_6$/EC+DEC及其两者共存时的C80热流曲线。由图可以看出，使用DMC清洗之后的嵌锂碳$Li_{0.84}C_6$在47℃开始放热，并在181℃达到放热峰，此外在248℃还有一小放热峰，整个过程的总产热量为−1339J/g。对于1.0mol/L $LiPF_6$/EC+DEC的电解液，首先在173℃出现吸热峰，然后在192℃达到放热峰。在两者的共存体系中，分别在102℃、218℃和252℃出现三个明显的放热峰，在233℃也出现一小的放热峰，可能是与其他放热过程叠加的结果，总反应热为−2342J/g。

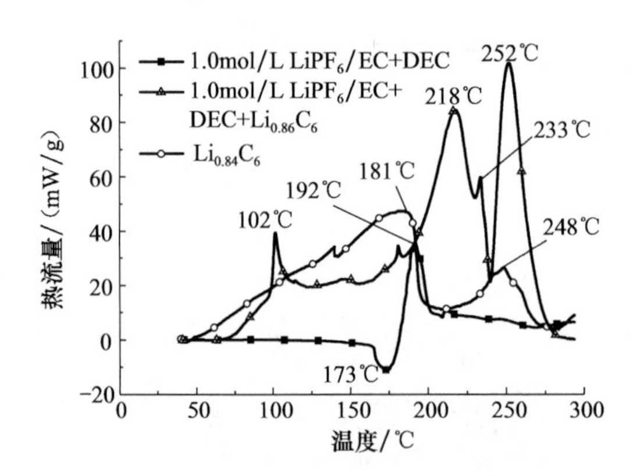

图3.55　$Li_{0.84}C_6$、1.0mol/L $LiPF_6$/EC+DEC及其两者共存时的热流曲线

清洗后的嵌锂碳样品中主要含有石墨、石墨中所嵌的锂、SEI膜和PVDF。SEI膜主要由稳定成分（如Li_2CO_3）和亚稳定成分（如$(CH_2OCO_2Li)_2$）组成[4,44,47,48]。石墨和Li_2CO_3都很稳定，在300℃不会发生反应。而PVDF对负极和电解液共存体系的产热贡献也非常少[49]。因此，在$Li_{0.84}C_6$中出现的放热峰可能是由SEI膜分解[47]和与嵌入锂之间的反应，可能的反应过程为[44]

$$(CH_2OCO_2Li)_2 \longrightarrow Li_2CO_3 + C_2H_4\uparrow + CO_2\uparrow + 0.5O_2\uparrow \tag{3.40}$$

$$2Li + (CH_2OCO_2Li)_2 \longrightarrow 2Li_2CO_3 + C_2H_4 \tag{3.41}$$

假定反应遵循Arrhenius定律，基于动力学分析，可求得SEI膜分解的活化能

E=101.3kJ/mol,指前因子 A=5.60×$10^9 s^{-1}$。

在 $Li_{0.86}C_6$ 与 1.0mol/L $LiPF_6$/EC+DEC 电解液共存体系中,从60℃开始分解,并有三个明显的放热峰。在102℃的第一个放热峰的放热过程的反应热为−495.5J/g。根据以前的研究,第一个放热过程为SEI膜分解的过程,PF_5 被认为是导致SEI膜分解的主要原因[44,50]。因为由可逆平衡 $LiPF_6(s) \rightleftharpoons LiF(s) + PF_5(g)\uparrow$,产生的 PF_5 是强路易斯酸,它可攻击孤立电子对或具有较大电子云密度的原子,因而可与羰基(—C=O)中的氧原子反应。此外,SEI膜中主要成分是 $(CH_2OCO_2Li)_2$,具有C—O官能团。因而,在 $LiPF_6$ 基电解液中,在60℃时,PF_5 就可破坏C—O官能团而使SEI膜遭到破坏[50]。使用3.2节中的方法,可计算求解反应的活化能 E=78.6kJ/mol,指前因子 A=5.14×$10^6 s^{-1}$。

SEI的分解使得电解液很容易到达嵌锂碳层的表面,同时,在高温时,嵌锂石墨中的锂可从石墨层的内部结构中移到石墨层的边缘[50,51]。PF_5 通过移除石墨中的电子而加速锂的移动,于是电解液可与锂很容易地直接反应。$Li_{0.86}C_6$-电解液共存体系在125℃和180℃之间有一平缓的放热过程,最终在218℃达到放热峰,该过程可能是电解液与嵌入锂之间的反应过程[24,52]。已有研究表明,在SEI膜分解之后,电解液与嵌入锂反应形成新的稳定的SEI膜[44,52,53]。当二次SEI膜的厚度足以阻止电解液和嵌入锂之间的反应,或嵌入锂被消耗尽时,二次SEI膜的生成反应便停止。新生成的SEI膜阻止了电解液与嵌入锂的继续反应。由于二次SEI膜在温度继续升高时能分解,在233℃出现的放热峰可能是二次SEI膜分解的过程。使用ARC研究的结果表明,在90~243℃,$Li_{0.81}C_6$ 和EC/DEC反应形成烷基碳酸锂[36],这与本研究中第三个放热过程相一致。另有报道PVDF在负极的反应中产生很少的热量[44,49],因而在252℃的放热峰可能是PVDF、Li_xC_6、烷基碳酸锂和EC/DEC之间的多种反应的叠加结果,并生成 Li_2CO_3 等产物。有些学者认为该峰是嵌锂石墨与PVDF之间的反应,Yamaki等[52]认为,在280℃的尖锐放热峰(对应本书的252℃放热峰)是由于SEI膜的破坏而引起的电解液与嵌锂石墨之间的直接反应。因此,各种盐和EC/DEC都参与了这些反应[44]。嵌入锂与电解液反应(第二个放热过程)反应热为−1090.6J/g,活化能 E=64.3kJ/mol,指前因子 A=5.9×$10^2 s^{-1}$。较低的活化能说明锂与电解液反应非常容易。

3.4.2 钛酸锂-电解液的热安全性

1. 钛酸锂的循环性能

图3.56为Li/钛酸锂半电池前三个循环,所用的电解液为1.0mol/L $LiPF_6$/EC+DEC,充放电电流密度为0.2mA/cm²。可以看出,钛酸锂半电池的放电平台非常平稳,在1.55V左右,而且在第一次放电时,并未发现在石墨半电池中出现的

SEI膜放电平台，这是因为钛酸锂的放电平台与形成SEI膜层所需的电位并不一致。对比前三次循环的充放电曲线可以看出，钛酸锂作为负极时，不可逆比容量损失仅为8mAh/g、5mAh/g和5mAh/g，容量损失与石墨半电池相比较低，这要归因于钛酸锂电极的"零应变"材料特性。

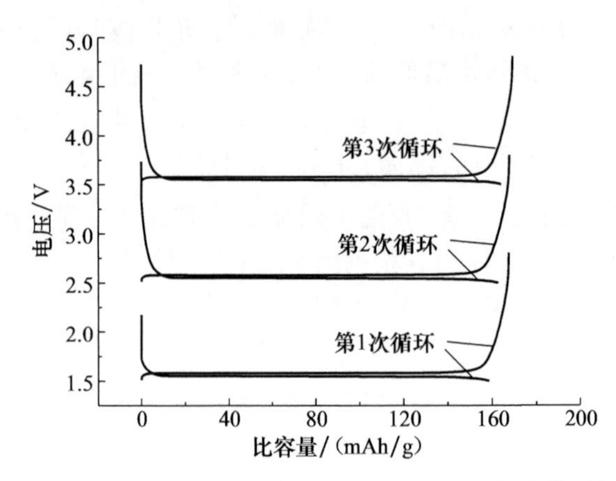

图 3.56 Li/钛酸锂半电池前三个循环性能(纵坐标的值累加1.0)

2. 钛酸锂的热安全性

图3.57为不同嵌锂程度下的 $Li_{4+x}Ti_5O_{12}$ 的C80热流曲线，升温速率为0.2℃/min，温度范围为30～300℃。由图可以看出，$Li_4Ti_5O_{12}$ 在嵌锂后，尽管嵌锂程度不同，但是大部分都在165～240℃有一个主要的放热过程；然而，当 $Li_4Ti_5O_{12}$ 未嵌锂时，主要放热峰推延到225℃以后。当嵌锂程度加深时，$Li_{4+x}Ti_5O_{12}$ 的放热行为复杂化。$Li_{6.25}Ti_5O_{12}$ 在165～240℃的主放热峰之前，有一个较小的放热峰，其峰值温度为103℃。$Li_7Ti_5O_{12}$ 在165～240℃的主放热峰之前，还有两个较小

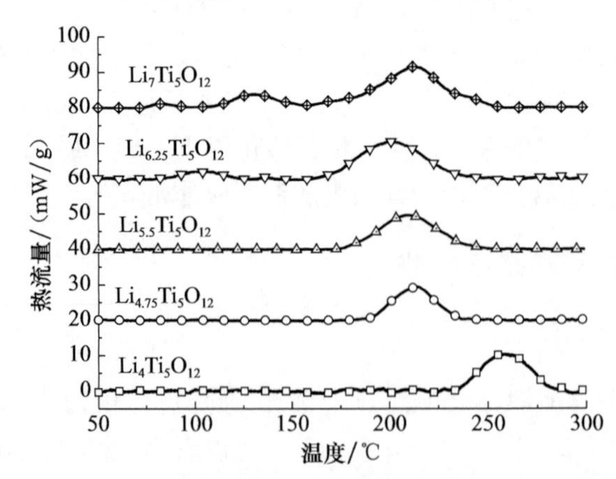

图 3.57 不同嵌锂程度下 $Li_{4+x}Ti_5O_{12}$ 的热流曲线(纵坐标的值依次累加20)

的放热峰,其峰值温度分别在83℃和131℃。由 $Li_{4+x}Ti_5O_{12}$ 的实验结果可得其热力学参数,列于表3.23中。

表3.23　$Li_{4+x}Ti_5O_{12}$ 分解热力学参数

$Li_{4+x}Ti_5O_{12}$ 中的 x 值	反应开始温度/℃	放热峰/℃	反应热/(J/g)
0.0	224	259	−89.8
0.73	183	213	−75.3
1.45	172	209	−104.7
2.18	84	201	−139.1
2.9	75	212	−182.2

图3.58给出了不同嵌锂程度下 $Li_{4+x}Ti_5O_{12}$ 反应开始温度、放热峰峰值温度和放热量与 x 的关系。由图可以看出,随 x 值的增加,也就是嵌锂程度的加深,$Li_{4+x}Ti_5O_{12}$ 反应开始温度呈降低的趋势,放热量呈增加的趋势。可以看出,在 $x \leqslant 1.45$ 时,反应开始温度、放热峰峰值温度逐渐降低;放热量先有少量降低,之后开始增加。在 x 从1.45增加到2.18时,反应开始温度有了显著下降,同时,对比 $Li_{4+x}Ti_5O_{12}$ 的放热曲线可以发现,$Li_{4+x}Ti_5O_{12}$ 开始出现主放热峰之前的小放热峰。当 x 处于0.73～2.9范围内时,$Li_{4+x}Ti_5O_{12}$ 的放热峰峰值温度波动不大,维持在(207±6)℃左右,放热量基本呈现线性增加的趋势。总体来说,当 $x=2.9$ 时,$Li_{4+x}Ti_5O_{12}$ 接近最大嵌锂程度,相比较低嵌锂程度时的 $Li_{4+x}Ti_5O_{12}$,此时的 $Li_7Ti_5O_{12}$ 产热更高、分解开始温度更低,所具有的热稳定性更低。

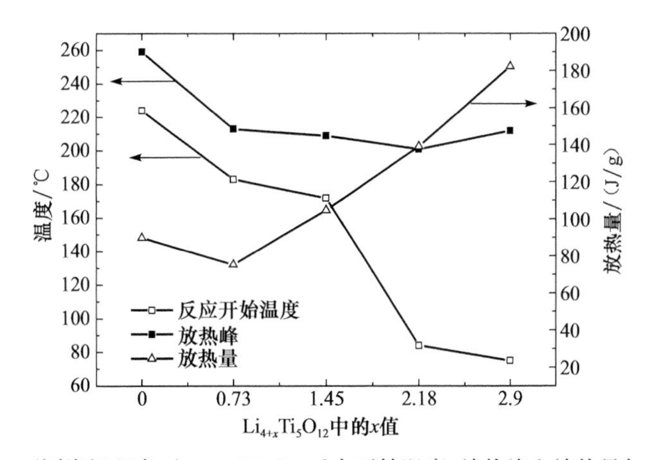

图3.58　不同嵌锂程度下 $Li_{4+x}Ti_5O_{12}$ 反应开始温度、放热峰和放热量与 x 的关系

3. 电解液对不同嵌锂深度下钛酸锂热安全性的影响

在 $Li_{4+x}Ti_5O_{12}$ 中添加1.0mol/L $LiPF_6$/EC+DEC后的热分析结果如图3.59所示,可以看出,该体系在升温下有两个明显的放热峰,在图中标为a、b。对于 $Li_{6.9}Ti_5O_{12}$、$Li_{5.45}Ti_5O_{12}$ 与电解液的共存体系,a峰均在115℃附近开始产热,并分别

在168℃、164℃附近达到放热峰，而且两个峰值热流量分别为21.3mW/g和20.3mW/g，非常接近。尽管嵌锂量不同，但是这两个体系的第一个产热峰从峰型、峰值及温度范围上均近似。为了明确该峰是由何反应引起的，对$Li_{6.9}Ti_5O_{12}$以及$Li_{5.45}Ti_5O_{12}$与电解液共存体系在188℃的热反应产物进行了XRD测试，具体结果如图3.60中(i)和(ii)所示。

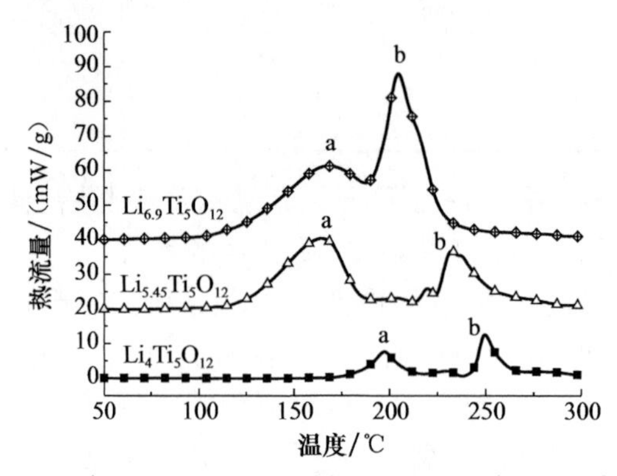

图3.59　$Li_{4+x}Ti_5O_{12}$与1.0mol/L $LiPF_6$/EC+DEC电解液(二者质量比为2∶1)共存时的热流曲线(纵坐标值累加20)

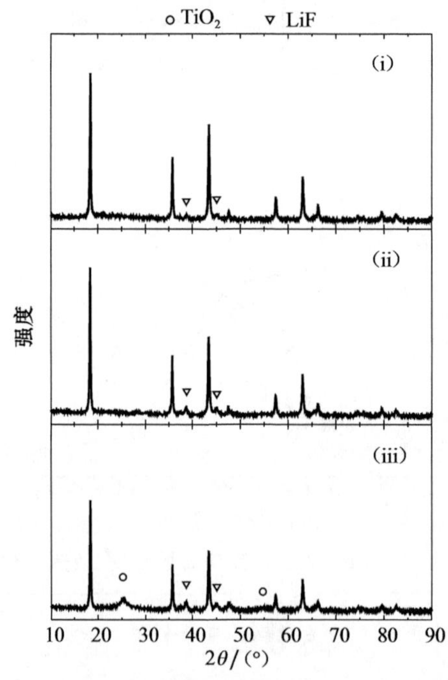

图3.60　与1.0mol/L $LiPF_6$/EC+DEC电解液共同经过不同温度上限C80测试后的$Li_{4+x}Ti_5O_{12}$的XRD曲线

(i)温度上限为188℃，x=2.9；(ii)温度上限为188℃，x=1.45；(iii)温度上限为220℃，x=0

可以看出，两个体系的XRD测试结果非常接近，且均有LiF出现，因此推测该产热峰是由$Li_{4+x}Ti_5O_{12}$中的嵌锂与路易斯酸PF_5的反应引起的，嵌锂与PF_5作用形成了LiF。

而对于$x=0$的$Li_4Ti_5O_{12}$，由于其中嵌锂量远低于以上两种体系，所以其中的Li与路易斯酸PF_5反应生成LiF的反应滞后于以上两种体系，而且反应程度也更低；同时，经过对$Li_4Ti_5O_{12}$与电解液共存体系在220℃的热反应产物进行XRD测试后可以发现，产物中除了有新增的LiF，还出现了TiO_2(如图3.60中(iii))，这主要是因为$Li_4Ti_5O_{12}$中的Ti已经是正四价，不会再被氧化，所以随着其中的Li与PF_5进行反应，$Li_4Ti_5O_{12}$分解生成了TiO_2。以上反应的产热贡献构成了第一个产热峰，峰值温度为197℃，峰值热流为7.7mW/g，远低于嵌锂程度更高的$Li_{6.9}Ti_5O_{12}$及$Li_{5.45}Ti_5O_{12}$。

对于b峰，可以看出，嵌锂程度更高的$Li_{6.9}Ti_5O_{12}$峰值热流更高。为了明确该产热过程涉及的反应，对C80测试结束后的体系产物分别进行了XRD测试，结果如图3.61所示。

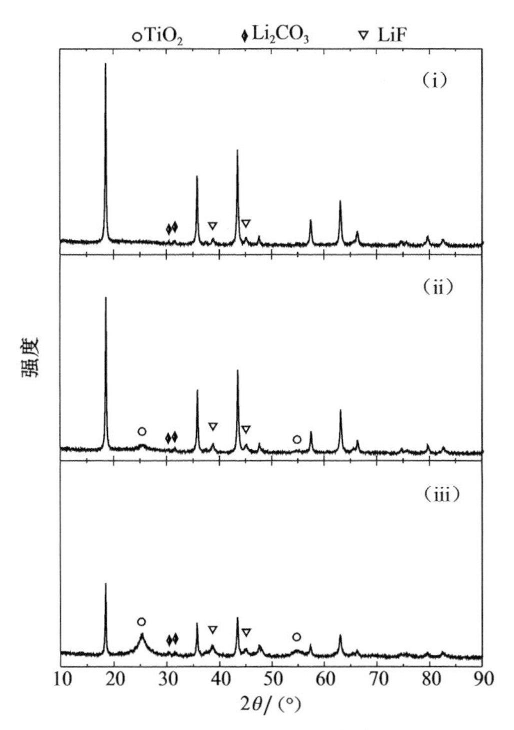

图3.61 与1.0mol/L $LiPF_6$/EC+DEC电解液共同经过300℃上限C80测试后的$Li_{4+x}Ti_5O_{12}$的XRD曲线

(i)$x=2.9$；(ii)$x=1.45$；(iii)$x=0$

可以看出，与a峰结束后产物的XRD测试结果对比，三种体系均出现了新产物Li_2CO_3，因此可以推测b峰涉及的主要反应是$Li_{4+x}Ti_5O_{12}$中的嵌锂与体系中溶剂之间的反应，这一反应过程可能按照以下方程式进行，反应的主要产物是 Li_2CO_3：

$$2Li + CH_2OCOOCH_2 \longrightarrow Li_2CO_3 + C_2H_4 \quad (3.42)$$

$$2Li + C_2H_5OCOOC_2H_5 \longrightarrow Li_2CO_3 + C_2H_4 + C_2H_6 \quad (3.43)$$

由于 $Li_{5.45}Ti_5O_{12}$ 中的嵌锂比较少，而且一部分嵌锂与 PF_5 反应被消耗，所以 $Li_{5.45}Ti_5O_{12}$ 与电解液共存体系的 b 峰峰值热流比 $Li_{6.9}Ti_5O_{12}$ 体系低，且峰值温度更高。而且，由其 XRD 测试结果可以看出，体系中出现了 TiO_2，说明反应消耗了嵌锂后，$Li_{5.45}Ti_5O_{12}$ 成为 $Li_4Ti_5O_{12}$，而 $Li_4Ti_5O_{12}$ 进一步发生了之前分析过的反应，即正四价 Ti 不再被氧化，$Li_4Ti_5O_{12}$ 热解产生 TiO_2。

对于 $Li_4Ti_5O_{12}$ 体系，由于体系中的 Li 远少于 $Li_{6.9}Ti_5O_{12}$ 体系中的 Li，所以其 b 峰峰值热流也较低；但是，对比 $Li_{5.45}Ti_5O_{12}$、$Li_4Ti_5O_{12}$ 两种体系的热行为数据可以发现，这两种体系 b 峰峰值温度分别为 233℃ 和 249℃，峰值热流分别为 16.9mW/g 和 12.6mW/g，峰值温度及热流均比较接近。

3.4.3 Li_xC_6 和 $Li_{x+4}Ti_5O_{12}$ 热安全性比较

Li_xC_6 和 $Li_{x+4}Ti_5O_{12}$ 是目前商用锂离子电池中较为常用的主要负极材料，为比较两种材料的热稳定性，对这两种材料单一存在时以及与 1.0mol/L $LiPF_6$/EC+DEC 电解液共存时的热稳定性进行比较。

图 3.62 为嵌锂程度比较接近状态下 $Li_{0.92}C_6$ 与 $Li_{6.9}Ti_5O_{12}$ 的 C80 热流曲线，实验条件同前。从图可以看出，$Li_{0.92}C_6$ 的反应开始温度非常低，47℃已有反应放热，比 $Li_{6.9}Ti_5O_{12}$ 的反应开始温度低 28℃。为了更明晰地对比两种材料的热动力学特性，将其相关参数列于表 3.24 中。可以看出，从热力学参数比较，两种负极材料中，$Li_{0.92}C_6$ 的热稳定性更差，容易发生分解反应，而且产热更高。从动力学参数比较，$Li_{0.92}C_6$ 产热反应的活化能也要比 $Li_{6.9}Ti_5O_{12}$ 低，反应更容易。

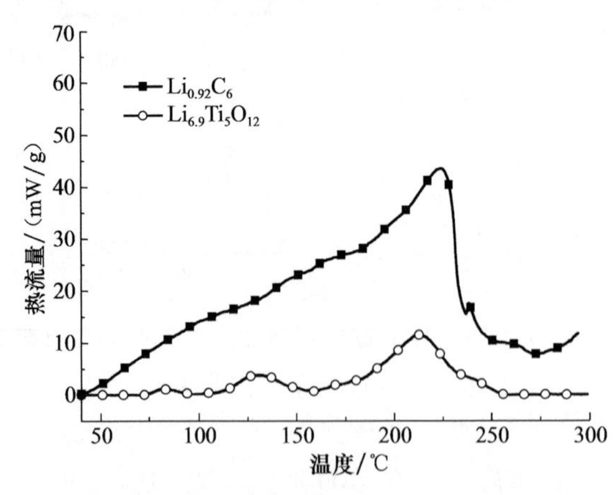

图 3.62 $Li_{0.92}C_6$ 与 $Li_{6.9}Ti_5O_{12}$ 的热流曲线

表 3.24 Li_xC_6 与 $Li_{x+4}Ti_5O_{12}$ 分解热力学和动力学参数

负极类型	反应开始温度/℃	放热峰/℃	反应热/(J/g)	活化能/(kJ/mol)	指前因子/s^{-1}	相关系数 R^2
$Li_{0.92}C_6$	47	207	−265.3	115.3	1.94×10^9	0.991
$Li_{6.9}Ti_5O_{12}$	75	212	−182.2	179.8	3.72×10^{11}	0.989

为了比较这两种材料与电解液共存时的热稳定性，图 3.63 给出了 $Li_{0.92}C_6$、$Li_{6.9}Ti_5O_{12}$分别与电解液共存时的热流变化曲线。

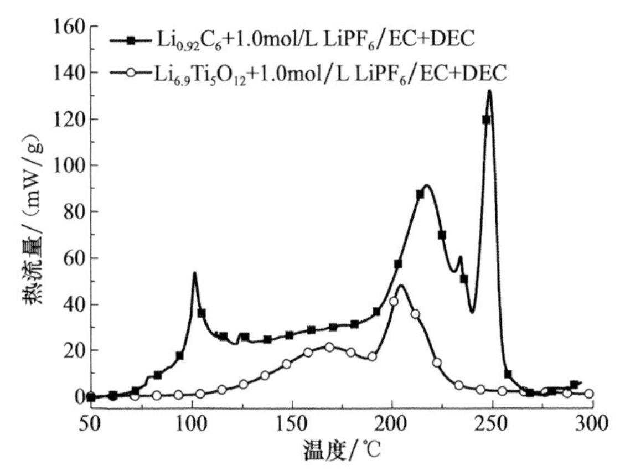

图 3.63 $Li_{0.92}C_6$、$Li_{6.9}Ti_5O_{12}$与电解液共存的热流曲线

可以看出，对于两种材料与电解液的共存体系，由于石墨表面覆盖有 SEI 膜，它在 60℃左右即会发生热分解，在 100℃附近达到放热峰；而钛酸锂的充放电过程并不满足 SEI 膜的形成电位，因此钛酸锂表面并未有类似石墨的 SEI 膜热分解，使得钛酸锂与电解液共存体系的产热开始温度高于石墨与电解液的共存体系，钛酸锂体系在 115℃以下更加稳定。

在电极结构及 SEI 膜的影响下，可以看出，两种材料与电解液之间的反应历程也不一样。由前文分析可知，石墨共存体系在发生了 SEI 膜热解后，在温度范围为 115～190℃时，进入了一个较长的产热不太剧烈的过程，这个过程应该是电解液缓慢分解放热引起的，并非由嵌锂与电解液之间的放热反应主导；直到 190℃左右，体系中的嵌锂与电解液反应，才进入剧烈放热的过程，进而构成了峰值温度为 217℃的第二个放热峰。而钛酸锂与电解液的共存体系，随着温度逐渐升高，在 115℃附近开始产热，随后在 168℃达到放热峰值；这一过程的温度范围也为 115～190℃，主要是由 $Li_{4+x}Ti_5O_{12}$中的嵌锂与电解液中的路易斯酸 PF_5 互相反应引起的，嵌锂与 PF_5 作用形成了 LiF。对于 115～190℃这个阶段，石墨-电解液共存体系的产热比钛酸锂-电解液共存体系的产热高，但是其活化能更大，反应较为缓慢。因此，在 190℃之前，与石墨-电解液共存体系相比，钛酸锂-电解液共存体系的热稳定性优势是存在的，但不突出。

在190～230℃，可以看出，两种体系均有剧烈放热，均由电极材料中的嵌锂与电解液发生反应产热引起，而石墨共存体系的产热显著高于钛酸锂共存体系，两种体系的动力学参数较为接近，如表3.25所示，但是石墨体系的热行为更为复杂，并形成了新的SEI膜，使得体系的产热速率有短暂下降。在230～300℃，石墨体系形成的新SEI膜热解，引起了更为剧烈的产热。而钛酸锂体系基本没有明显放热，体系趋于热稳定。因此可以看出，在190～300℃，钛酸锂与电解液共存体系的热稳定性远高于石墨与电解液共存体系。在高温阶段，钛酸锂的热稳定性优势更加明显。

表3.25 Li_xC_6、$Li_{x+4}Ti_5O_{12}$与电解液共存体系的分解热力学和动力学参数

电极材料	反应开始温度/℃	放热峰/℃				反应热/(J/g)					活化能/(kJ/mol)		指前因子/s^{-1}	
		a	b	c	d	a	b	c	d	总值	a	b	a	b
$Li_{6.9}Ti_5O_{12}$	59	101	217	234	249	−487.7	−1230.0	−141.0	−394.8	−2253.5	96.2	69.1	2.8×10^{9}	1.7×10^{3}
$Li_{0.92}C_6$	100.3	168.2	206.2	—	—	−306.8	−269.4	—	—	−576.2	158.7	549.1	3.1×10^{16}	1.2×10^{75}

3.5 辅助材料的热安全性

除了上述电解液、正极和负极，其他材料也是锂离子电池的重要组成部分，尤其是对于商品化的锂离子电池，如胶黏剂、隔膜、导电剂等。这些材料的热安全性也将对电池的热失控有一定的影响，而关于这些材料的热安全性的研究较少，Venugopal等[54,55]曾使用DSC研究了隔膜的热稳定性。为探究这些辅助材料对电池热安全性的影响，研究它们的热稳定性是主要而可靠的途径之一，因此本章主要使用C80微量量热仪研究上述典型材料在空气和氩气氛围下的热稳定性。

3.5.1 聚偏氟乙烯的热安全性

胶黏剂是其中的一种重要辅助材料，其用量占正负极活性物质的5%～8%，其黏结性能对锂离子电池的正常生产和最终性能都有很大影响。目前，用于液态锂离子电池的胶黏剂主要是有机氟聚合物，其主要成分是聚偏氟乙烯(PVDF)，包括偏氟乙烯的均聚物、共聚物及其他改性物[4]。胶黏剂的主要作用是黏附活性物质，并使活性物质与集电极发生黏附，此外，在电池进行充放电时也能起到黏附作用，在电池生产过程中形成浆状，以利于涂布。这就要求胶黏剂具有良好的耐热性、耐溶剂性和电化学稳定性，其中胶黏剂的热稳定性将影响电池的安全性。

PVDF是由偏二氟乙烯(VF_2)单体通过加聚反应合成的聚合体，其结构是

—CH_2— 和 —CF_2— 相间连接。该聚合体具有典型的含氟聚合物的稳定性，聚合物链上的交互基团能产生一个独特的极性。该极性可影响聚合物的溶解度以及锂离子、活性物质和金属集流体之间的相互作用力[56]。

由于 PVDF 是正负电极材料中不可缺少的物质，PVDF 的稳定性也关系到电极的热稳定性。图 3.64 为锂离子电池中常用胶黏剂 PVDF 的热流曲线，从图中可以看出，PVDF 在空气和氩气氛围升温时，从 131℃开始吸热，并在 166℃达到吸热峰，吸热量为 390.5J/g 和 412.6J/g。该过程为 PVDF 熔融过程，气体氛围对其熔融过程几乎没有影响。随温度升高，PVDF 在空气氛围下，可能由于少量氧气和痕量水的存在，而在 248℃出现一放热峰，而在氩气氛围下并没有出现该过程，因此该放热过程可能是少量的氧气 PVDF，当氧气耗尽时，反应终止，整个放热过程的放热量为－58.6J/g。

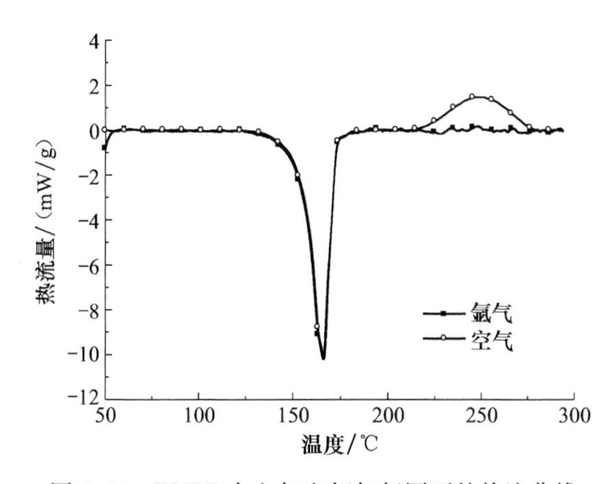

图 3.64 PVDF 在空气和氩气氛围下的热流曲线

以上研究说明，PVDF 具有很好的热稳定性，虽然其熔点在 131℃附近，但是并没有发生反应，PVDF 在氩气氛围中 300℃以下时都具有很好的热稳定性。

3.5.2 乙炔黑的热安全性

由于活性材料的电导率低，一般加入导电剂以加速电子的传递，同时也能有效提高锂离子在电极材料中的迁移速率[39]。常用的导电剂为石墨、乙炔黑和炭黑。乙炔黑和炭黑一般为烃热分解制备而成，表面为憎水性，在混合过程中，不能被电解液完全分散。乙炔黑是一种新型碳材料，其纳米级基本粒子呈链状结构排列，且微粒的表面由石墨状晶体组成，从而使其具有良好的导电性和较大的比表面积。

乙炔黑的热稳定性也比较好，图 3.65 为乙炔黑在空气和氩气氛围下的热流曲线。由图可以看出，乙炔黑在两种气体氛围下都很稳定，分别在 178℃和 183℃出现很小的放热峰,可能是反应池内部少量杂质引起的,而不是乙炔黑本身的放热过程。因此,乙炔黑具有很好的热稳定性,一般不会为电池的热失控贡献热量。

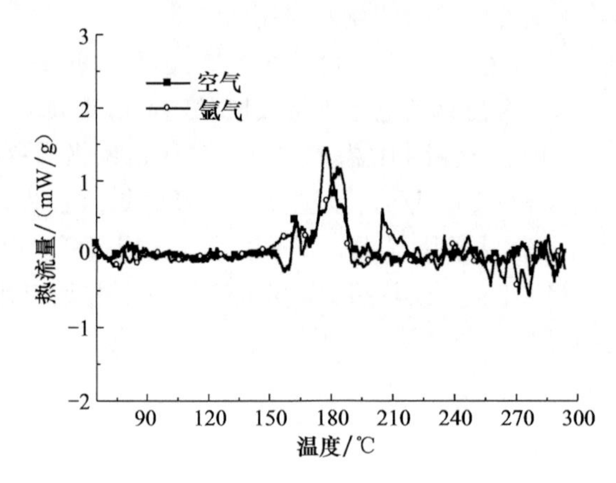

图 3.65 乙炔黑在空气和氩气氛围下的热流曲线

3.5.3 隔膜的热安全性

隔膜的主要作用是[54]:①隔离正、负极并使电池内的电子不能自由穿过;②能够让离子(电解质液中)在正、负极间自由通过。作为锂离子电池的隔膜,由于电解液溶剂为有机溶剂,误用时容易起火,为确保电池的安全,隔膜还应具有耐电解液、不吸水、电绝缘好、离子传导性好、在 50μm 厚度以下仍能维持高的机械强度等特性。特别是热可溶性,具有特殊功能,如 130℃左右,膜的微孔闭合,电池放电自动停止,能确保电池安全[39]。

图 3.66 为 Celgard2400 隔膜在空气和氩气氛围下的热流曲线。由图可以看出,在氩气氛围下,隔膜在 116~145℃有一吸热过程,吸热峰在 133℃,吸热量为 259.6J/g。该过程就是隔膜熔化的过程,当温度接近隔膜熔点(116℃)时,多孔的离子传导的聚合物膜变成了无孔的绝缘层,微孔闭合而产生自关闭现象。这时,电池阻抗明显上升,通过电池的电流也受到限制,因而可防止由过热引起的爆炸等现象。同时,隔膜熔化吸热,也减小电池热量的积累,从而保障电池的安全。而在空气氛围下,隔膜并没有明显的吸热峰,而是从 113℃就开始放热,但是到 132℃时,放热量明显增大,并在 136℃和 162℃之间形成放热平台,放热量为−342.9J/g。在 166℃有一小的吸热峰,吸热量仅为 3.7J/g。随后又进入放热状态,在经历 170~190℃的放热平台之后,在 194℃有一尖锐的放热峰,随后是放热平台,从 168℃到反应结束总放热量为−1286.8J/g。可见,在空气氛围下,由于氧气和少量水分的存在,使隔膜发生氧化,并放出大量的热。因此,如果电池破裂并发生爆炸或着火时,隔膜约贡献−1629.7J/g 的热量。

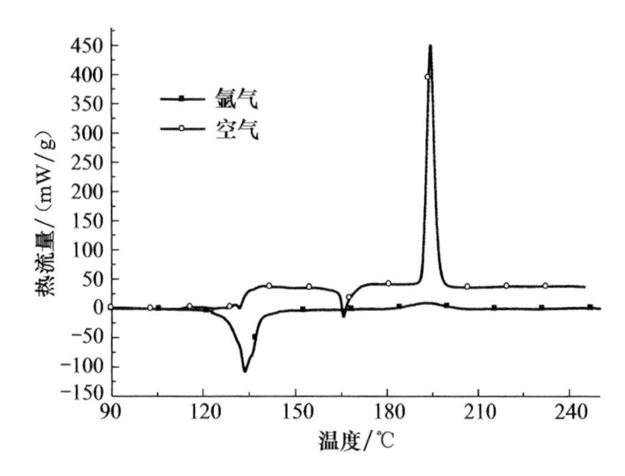

图 3.66 Celgard2400 隔膜在空气和氩气氛围下的热流曲线

以上实验研究说明,隔膜具有良好的热熔融性能,在电池中能隔断电流的通过,终止反应的进行,减少热量的产生,从而保障电池的安全。

参考文献

[1] Etacheri V, Marom R, Elazari R, et al. Challenges in the development of advanced Li-ion batteries: A review. Energy & Environmental Science, 2011, 4(9): 3243-3262.

[2] Wang Q, Ping P, Zhao X J, et al. Thermal runaway caused fire and explosion of lithium ion battery. Journal of Power Sources, 2012, 208: 210-224.

[3] Thackeray M M, Wolverton C, Isaacs E D. Electrical energy storage for transportation—Approaching the limits of, and going beyond, lithium-ion batteries. Energy & Environmental Science, 2012, 5(7): 7854-7863.

[4] Spotnitz R, Franklin J. Abuse behavior of high-power, lithium-ion cells. Journal of Power Sources, 2003, 113(1): 81-100.

[5] Bandhauer T M, Garimella S, Fuller T F. A critical review of thermal issues in lithium-ion batteries. Journal of the Electrochemical Society, 2011, 158(3): R1-R25.

[6] Wang Q, Sun J, Lu S, et al. Study on the kinetics properties of lithium hexafluorophosphate thermal decomposition reaction. Solid State Ionics, 2006, 177(1): 137-140.

[7] Gavritchev K, Sharpataya G, Smagin A, et al. Calorimetric study of thermal decomposition of lithium hexafluorophosphate. Journal of thermal analysis and calorimetry, 2003, 73(1): 71-83.

[8] Lu Z, Yang L, Guo Y. Thermal behavior and decomposition kinetics of six electrolyte salts by thermal analysis. Journal of Power Sources, 2006, 156(2): 555-559.

[9] Gavrichev K, Sharpataya G, Gorbunov V. Calorimetric study of alkali metal tetrafluoroborates. Thermochimica Acta, 1996, 282: 225-238.

[10] Hu Y, Li H, Huang X, et al. Novel room temperature molten salt electrolyte based on LiTFSI and acetamide for lithium batteries. Electrochemistry Communications, 2004, 6 (1): 28-32.

[11] Zinigrad E, Larush-Asraf L, Salitra G, et al. On the thermal behavior of Li bis(oxalato) borate LiBOB. Thermochimica Acta, 2007, 457(1): 64-69.

[12] Sloop S E, Kerr J B, Kinoshita K. The role of Li-ion battery electrolyte reactivity in performance decline and self-discharge. Journal of Power Sources, 2003, 119: 330-337.

[13] Wang Q, Sun J, Yao X, et al. Thermal stability of $LiPF_6$/EC+DEC electrolyte with charged electrodes for lithium ion batteries. Thermochimica Acta, 2005, 437(1): 12-16.

[14] Aurbach D. Nonaqueous Electrochemistry. Boca Raton: CRC Press, 1999.

[15] Aurbach D, Zaban A, Ein-Eli Y, et al. Recent studies on the correlation between surface chemistry, morphology, three-dimensional structures and performance of Li and Li-C intercalation anodes in several important electrolyte systems. Journal of Power Sources, 1997, 68(1): 91-98.

[16] Andersson A M, Herstedt M, Bishop A G, et al. The influence of lithium salt on the interfacial reactions controlling the thermal stability of graphite anodes. Electrochimica Acta, 2002, 47(12): 1885-1898.

[17] Botte G G, Bauer T J. MRSST—A new method to evaluate thermal stability of electrolytes for lithium ion batteries. Journal of Power Sources, 2003, 119: 815-820.

[18] Moshkovich M, Cojocaru M, Gottlieb H, et al. The study of the anodic stability of alkyl carbonate solutions by in situ FTIR spectroscopy, EQCM, NMR and MS. Journal of Electroanalytical Chemistry, 2001, 497(1): 84-96.

[19] Mogi R, Inaba M, Iriyama Y, et al. Study on the decomposition mechanism of alkyl carbonate on lithium metal by pyrolysis-gas chromatography-mass spectroscopy. Journal of Power Sources, 2003, 119: 597-603.

[20] Yoshida H, Fukunaga T, Hazama T, et al. Degradation mechanism of alkyl carbonate solvents used in lithium-ion cells during initial charging. Journal of Power Sources, 1997, 68 (2): 311-315.

[21] Katayama N, Kawamura T, Baba Y, et al. Thermal stability of propylene carbonate and ethylene carbonate—Propylene carbonate-based electrolytes for use in Li cells. Journal of Power Sources, 2002, 109(2): 321-326.

[22] Arakawa M, Yamaki J I. Anodic oxidation of propylene carbonate and ethylene carbonate on graphite electrodes. Journal of Power Sources, 1995, 54(2): 250-254.

[23] Wang Q, Sun J, Chu G Q, et al. Effect of $LiPF_6$ on the thermal behaviors of four organic solvents for lithium ion batteries. Journal of Thermal Analysis and Calorimetry, 2007, 89 (1): 245-250.

[24] Gnanaraj J, Zinigrad E, Asraf L, et al. The use of accelerating rate calorimetry (ARC) for the study of the thermal reactions of Li-ion battery electrolyte solutions. Journal of Power

Sources,2003,119:794-798.

[25] Gnanaraj J,Zinigrad E,Asraf L,et al. A detailed investigation of the thermal reactions of $LiPF_6$ solution in organic carbonates using ARC and DSC. Journal of the Electrochemical Society,2003,150(11):A1533-A1537.

[26] Ono Y. Dimethyl carbonate for environmentally benign reactions. Pure and Applied Chemistry,1996,68(2):367-375.

[27] Tundo P. New developments in dimethyl carbonate chemistry. Pure and Applied Chemistry,2001,73(7):1117-1124.

[28] Kumai K,Miyashiro H,Kobayashi Y,et al. Gas generation mechanism due to electrolyte decomposition in commercial lithium-ion cell. Journal of Power Sources,1999,81:715-719.

[29] Takeuchi E S,Gan H,Palazzo M,et al. Anode passivation and electrolyte solvent disproportionation:Mechanism of ester exchange reaction in lithium-ion batteries. Journal of the Electrochemical Society,1997,144(6):1944-1948.

[30] Wang Q,Sun J,Yao X,et al. C80 calorimeter studies of the thermal behavior of $LiPF_6$ solutions. Journal of Solution Chemistry,2006,35(2):179-189.

[31] Kawamura T,Kimura A,Egashira M,et al. Thermal stability of alkyl carbonate mixed-solvent electrolytes for lithium ion cells. Journal of Power Sources,2002,104(2):260-264.

[32] Würsig A,Buqa H,Holzapfel M,et al. Film formation at positive electrodes in lithium-ion batteries. Electrochemical and Solid-State Letters,2005,8(1):A34-A37.

[33] 李建刚,杨冬平,万春荣,等. 锂离子电池正极/电解液的界面反应. 电池,2004,2:135-137.

[34] Aurbach D. Electrode-solution interactions in Li-ion batteries:A short summary and new insights. Journal of Power Sources,2003,119:497-503.

[35] Holzapfel M,Alloin F,Yazami R. Calorimetric investigation of the reactivity of the passivation film on lithiated graphite at elevated temperatures. Electrochimica Acta,2004,49(4):581-589.

[36] Jiang J,Dahn J. Effects of particle size and electrolyte salt on the thermal stability of $Li_{0.5}CoO_2$. Electrochimica Acta,2004,49(16):2661-2666.

[37] Baba Y,Okada S,Yamaki J I. Thermal stability of Li_xCoO_2 cathode for lithium ion battery. Solid State Ionics,2002,148(3):311-316.

[38] 王青松,孙金华,姚晓林,等. Li_xCoO_2 及其与 $LiPF_6$/EC+DEC 电解液的热稳定性研究. 化学通报,2006,69(1):20-25.

[39] 吴宇平,万春荣,姜长印,等. 锂离子二次电池. 北京:化学工业出版社,2002.

[40] Amarilla J, Rojas R. Differential scanning calorimetry an essential tool to characterize $LiMn_2O_4$ spinel. Journal of Thermal Analysis and Calorimetry,2003,73(1):191-200.

[41] Thackeray M M,Mansuetto M,Johnson C. Thermal stability of $Li_4Mn_5O_{12}$ electrodes for lithium batteries. Journal of Solid State Chemistry,1996,125(2):274-277.

[42] Xia Y, Kumada N, Yoshio M. Enhancing the elevated temperature performance of Li/$LiMn_2O_4$ cells by reducing $LiMn_2O_4$ surface area. Journal of Power Sources,2000,90(2):

135-138.

[43] Wang Q, Sun J, Yao X, et al. Thermal behavior of lithiated graphite with electrolyte in lithium-ion batteries. Journal of the Electrochemical Society, 2006, 153(2): A329-A333.

[44] Yang H, Bang H, Amine K, et al. Investigations of the exothermic reactions of natural graphite anode for Li-ion batteries during thermal runaway. Journal of the Electrochemical Society, 2005, 152(1): A73-A79.

[45] Hong E S, Okada S, Sonoda T, et al. Thermal stability of electrolytes with mixtures of $LiPF_6$ and $LiBF_4$ used in lithium-ion cells. Journal of the Electrochemical Society, 2004, 151(11): A1836-A1840.

[46] Chung G C, Kim H J, Yu S I, et al. Origin of graphite exfoliation an investigation of the important role of solvent cointercalation. Journal of the Electrochemical Society, 2000, 147(12): 4391-4398.

[47] Aurbach D. Review of selected electrode—Solution interactions which determine the performance of Li and Li ion batteries. Journal of Power Sources, 2000, 89(2): 206-218.

[48] Richard M, Dahn J. Predicting electrical and thermal abuse behaviours of practical lithium-ion cells from accelerating rate calorimeter studies on small samples in electrolyte. Journal of Power Sources, 1999, 79(2): 135-142.

[49] Roth E, Doughty D, Franklin J. DSC investigation of exothermic reactions occurring at elevated temperatures in lithium-ion anodes containing PVDF-based binders. Journal of Power Sources, 2004, 134(2): 222-234.

[50] Lee H, Wan C, Wang Y. Thermal stability of the solid electrolyte interface on carbon electrodes of lithium batteries. Journal of the Electrochemical Society, 2004, 151(4): A542-A547.

[51] von Sacken U, Nodwell E, Sundher A, et al. Comparative thermal stability of carbon intercalation anodes and lithium metal anodes for rechargeable lithium batteries. Journal of Power Sources, 1995, 54(2): 240-245.

[52] Yamaki J, Takatsuji H, Kawamura T, et al. Thermal stability of graphite anode with electrolyte in lithium-ion cells. Solid State Ionics, 2002, 148(3-4): 241-245.

[53] Richard M, Dahn J. Accelerating rate calorimetry study on the thermal stability of lithium intercalated graphite in electrolyte. II. Modeling the results and predicting differential scanning calorimeter curves. Journal of the Electrochemical Society, 1999, 146: 2078.

[54] Venugopal G, Moore J, Howard J, et al. Characterization of microporous separators for lithium-ion batteries. Journal of Power Sources, 1999, 77(1): 34-41.

[55] Venugopal G. Characterization of thermal cut-off mechanisms in prismatic lithium-ion batteries. Journal of Power Sources, 2001, 101(2): 231-237.

[56] 史明东，刘文彬，张鸿飞. 电池用胶黏剂的发展现状. 化学与黏合，2003，3：130-133.

第 4 章　锂离子电池热失控机制

4.1　锂离子电池热失控过程

关于锂离子电池引发的火灾爆炸事故屡见报道，从最初的手机电池、笔记本电池起火事件到后期的 Dell、Apple、Toshiba、Lenovo、Sony、Acer、Samsung 等厂商的电池召回，再到近几年电动汽车动力电池的热自燃、起火爆炸事件，锂离子电池的安全性日渐成为人们关注的焦点。锂离子电池的安全性问题都与电池的滥用工况相关。当锂离子电池滥用或误用时会引发电池内部发生剧烈的化学反应，产生大量的热和气体，若热量来不及散失而在电池内部迅速积聚，电池可能会出现高压泄气、冒烟等现象，严重时电池发生剧烈燃烧，甚至发生爆炸。

4.1.1　锂离子电池的滥用工况

目前，锂离子电池潜在的安全性问题是阻碍其在储能、动力电源产业商业化大规模应用的主要原因之一。正、负极材料，电解液及其添加剂，电池的结构以及制备工艺条件都对锂离子电池的安全性有重要影响[1]。高容量及动力型锂离子电池的安全性尤为重要，特别是在滥用工况下，锂离子电池材料热稳定性受到破坏，致使内部材料之间发生化学反应，释放出大量的热和气体，引发电池热失控[2]。

滥用主要是指过温度(温度过高或过低)、过强度、过深度、过负荷等情况[3]。滥用会使电池内部不可逆副反应加剧，加快容量衰减进程，造成电池内部损坏，缩短电池寿命，甚至引起着火、爆炸等安全事故。

高温条件下，若电池内热生成速率大于散热速率，电池温度将会不断升高，致使电池内部有机物分解(如电解液、负极材料、正极材料及其他热分解反应)和电池内压升高，可能造成电池着火、爆炸。低温条件下，锂离子的沉积速度可能大于嵌入速度，导致金属锂沉积在电极表面，容易产生枝晶，引发安全问题。过充电时，锂离子电池电压将升高，极化增大，引起正极活性物质结构的不可逆变化以及电解液的分解，产生大量气体和热量，使电池温度和内压急剧增加，引起电池燃烧、爆炸。锂离子电池过放电会导致负极的铜集流体溶解沉积，充电时产生铜枝晶，产生安全问题。振动、挤压和撞击条件下，锂离子电池的极耳、接线柱、外部的连线、焊点等可能会折断、脱落，而电池极片上的活性物质也可能剥落，从而引发电池(组)的内部短路、外部短路、过充电、过放电、控制电路失效等，进而引发一系列危险情况。

高功率、大电流充放电条件还可能导致电池及其控制电路的极耳熔化、导线及电子元器件的损坏。

锂离子电池的正、负极内部短路是锂离子电池安全性的重大隐患，电池隔膜的作用主要是防止正、负极内部短路。过充放电、外界温度过低，容易出现枝晶，刺破隔膜，引发电池内短路；而高温使电池隔膜发生热解反应而熔融，进而引发一系列不可控化学反应。因此，锂离子电池热失控的发生与隔膜密切相关。

4.1.2　锂离子电池热失控原理

滥用条件(过温度、过充放、内外短路等)加速了锂离子电池内部热量产生，热量产生的速度随温度增加以指数函数上升，而散热速度随着温度的增加呈线形增长。热传输的滞后造成电池内部热量的快速积累，电池温度上升，而急剧上升的温度加剧了电池材料热解反应的进行，释放更多的热量，最终导致电池热失控。电池的热失控反应模型可用 Semenov 模型来表示，如图 4.1 所示[4]。

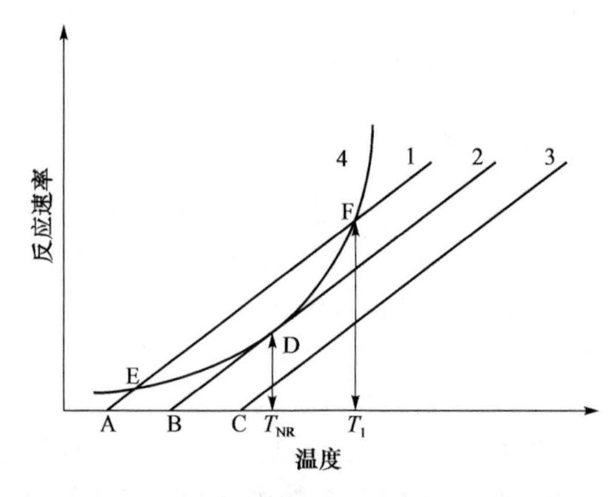

图 4.1　Semenov 模型下体系的热平衡示意图

图 4.1 中曲线 4 表示电池的产热速率曲线，由 Arrhenius 公式推导出；直线 1、2、3 表示不同环境温度下热损失速率曲线，由牛顿冷却定律推导出。产热速率曲线和热损失速率曲线的每一个交点都表示放热体系的热生成速率与热损失速率刚好相等，即处于热“平衡”状态。但这种平衡是动态平衡，也就是说，体系虽处于平衡状态，但化学反应并没有停止。热平衡点 E 为温度热平衡点，即一旦体系温度由于某一小扰动而偏离平衡点，体系将具有自动返回平衡点的能力。点 F 是不稳定平衡点，即使体系在 F 点建立了平衡，只要有微小的扰动，体系的平衡将被打破。当环境温度升高至 B 点时，发热曲线和散热曲线有一个切点 D，该切点对应的温度为不归还温度 T_{NR}，此时散热曲线与温度轴的交点所对应的温度 B 为自反应性物质发生自加速分解(热自燃)的最低环境温度(SADT)。此时体系处于自发着火的临界状态。锂离子电池可视

为一个电化学反应系统，热量来自电池各组分间的电化学反应。在不同放热工况和边界条件下，一旦电池温度达到 T_{NR}，电池将有发生热失控的危险。

4.1.3　锂离子电池热失控过程

锂离子电池材料的热稳定性是安全性的基础，这主要与电池材料的热活性有关。当电池温度升高时，电池内部可能发生的放热反应有[5,6]：①固体电解质界面(solid electrolyte interface，SEI)膜分解；②正极材料的热分解；③负极材料的热分解；④正极上电解质的热分解以及有机电解液在正、负极上的氧化还原反应。然而在热失控过程中，这些反应并非依次进行的，有些反应可能是同时发生的。锂离子电池在高温下的化学及其电化学反应是非常复杂的，以钴酸锂电池为例，其热失控过程可简单表示如图 4.2 所示。

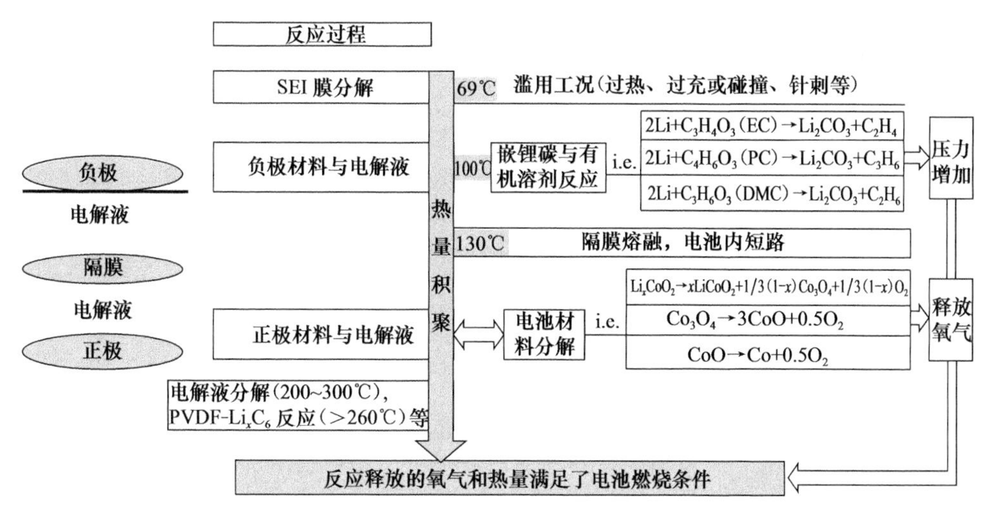

图 4.2　钴酸锂电池热失控过程

热失控发生的第一阶段是 SEI 膜的分解。嵌锂碳负极表面的 SEI 膜由稳定态物质(如 Li_2CO_3)和亚稳定态物质(如 $(CH_2OCO_2Li)_2$) 两部分构成。当电池温度升高时，SEI 膜发生放热分解反应，即 SEI 膜中的亚稳定态物质向稳定态转化。Richard 研究表明，SEI 膜的分解温度与电池储存温度、嵌锂碳的表面积以及电解液组成有关，亚稳定物质的分解反应(90～120℃)[7]如下：

$$(CH_2OCO_2Li)_2 \longrightarrow Li_2CO_3 + C_2H_4 + CO_2 + \frac{1}{2}O_2$$

随着 SEI 膜分解热的堆积，电池温度升高。当电池温度高到一定值时，电解液几乎参与了电池内部发生的所有反应，不仅包括电解液与正极材料、嵌锂碳、金属锂之间的相互反应，同时包括电解液自身的分解反应，释放 C_2H_4、C_3H_6 等气体，致使电池内压增加。尽管此刻电池温度已超过气体的着火点，但由于缺少足够的氧气，电池并没有起火燃烧。

$$2Li + C_3H_4O_3(EC) \longrightarrow Li_2CO_3 + C_2H_4$$
$$2Li + C_4H_6O_3(PC) \longrightarrow Li_2CO_3 + C_3H_6$$
$$2Li + C_3H_6O_3(DMC) \longrightarrow Li_2CO_3 + C_2H_6$$

电池隔膜在130℃左右发生熔融[8,9]，引发电池内短路。电解液分解释放的热量堆积导致正极材料发生分解反应放出氧气，致使电解液和电池内气体燃烧。常用的正极材料有$LiCoO_2$、$LiMn_2O_4$、$LiFePO_4$、$LiNiO_2$等，以$LiCoO_2$材料为例，其发生的分解反应为[10-14]

$$Li_xCoO_2 \longrightarrow xLiCoO_2 + \frac{1}{3}(1-x)Co_3O_4 + \frac{1}{3}(1-x)O_2$$
$$Co_3O_4 \longrightarrow 3CoO + 0.5O_2, \quad CoO \longrightarrow Co + 0.5O_2$$

锂离子电池的有机电解液是极易燃烧的物质，当电池过热或过充电时，都可能引起电解液的燃烧或爆炸。有机电解液主要由锂盐、溶剂两部分组成。$LiPF_6$是目前最优良的锂离子电池电解质盐；常用溶剂为烷基碳酸酯，如碳酸乙烯酯(EC)、碳酸丙烯酯(PC)、碳酸二甲酯(DMC)、碳酸二乙酯(DEC)、碳酸甲乙酯(EMC)等。释放的氧气和电解液发生如下反应，以EC为例[6]：

$$2.5O_2 + C_3H_4O_3(EC) \longrightarrow 3CO_2 + 2H_2O$$

金属锂在含EC的电解液中可能发生的反应如下[15]：

$$2Li + 2EC \longrightarrow LiO(CH_2)_4OLi + 2CO_2$$
$$LiPF_6 \longrightarrow LiF + PF_5$$
$$LiO(CH_2)_4OLi + PF_5 \longrightarrow LiO(CH_2)_4F + LiF + POF_3$$

电解液不仅能与电极材料发生反应，在200～300℃温度范围也能发生自分解反应，产生CH_3CH_2F、FCH_2CH_2Y(Y为OH、F等)CO_2等[16-19]。

$$C_2H_5OCOOC_2H_5 + PF_5 \longrightarrow C_2H_5OCOOPF_4 + HF + C_2H_4$$
$$C_2H_4 + HF \longrightarrow C_2H_5F$$
$$C_2H_5OCOOPF_4 \longrightarrow PF_3O + CO_2 + C_2H_2 + HF$$
$$C_2H_5OCOOPF_4 \longrightarrow PF_3O + CO_2 + C_2H_5F$$
$$C_2H_5OCOOPF_4 + HF \longrightarrow PF_4OH + CO_2 + C_2H_5F$$

此时，电池内部已积满气体，内压急剧增大。当电池内部压力或温度达到设定值时，电池的防爆阀将自动开启泄压，达到预防内部气体积累过多而发生形变或爆裂的目的。一旦电池中的热气体释放到大气中，这些气体将在空气中发生燃烧或爆炸。

此外，当电池温度高于260℃时，还存在正极材料、嵌锂碳与黏结剂的反应，如充放电过程中，含氟黏结剂(PVDF)与负极作用产生的热量是无氟黏结剂的2倍。Markevich等[20]指出对于含有PVDF黏结剂的钴酸锂正极材料，PVDF黏结剂能

增加 $LiCoO_2$ 的热分解反应活性，其反应过程如下：

$$4LiCo^{III}O_2 \longrightarrow Co^{IV}O_2 + Co^{II}Co_2^{III}O_4 + 2Li_2O \xrightarrow{4HF} 4LiF + 2H_2O$$

对于 PVDF-Li_xC_6 反应，其反应程度取决于嵌锂度。在电解质中，PVDF 黏结剂与 Li_xC_6 材料反应如下[21]：

$$—CH_2—CF_2— \xrightarrow{base} —CH=CF— + HF$$

$$—CH_2—CF_2— + Li \longrightarrow LiF + —CH=CF— + 0.5H_2$$

此外，Finegan 等[22]联用高速 X 射线同步加速器与红外热像仪研究了锂离子电池热失控过程中的结构破损过程。以 18650 卷绕式商用电池为例，其热失控过程是从内层结构向外层传播。在滥用工况下，电芯的内层材料结构最先变形，紧密卷绕的电极、集流体和隔膜虽总体保持相对位置不变，但局部区域已出现分离现象。随着电池内部温度积累，电化学反应和热分解反应加剧，电池内部气体和压力增加，迫使排气孔打开以释放压力。电池内部压力不均匀，致使正负极层状材料破裂，电池结构局部坍塌。伴随着电池材料的坍塌，空气逐渐渗入内部，致使坍塌区域扩大。材料坍塌和隔膜熔化导致电池内部短路，最终引起热失控。

4.1.4　锂离子电池热失控内在要素

作者课题组[23]使用 C80 微量量热仪测量了全电池体系以 0.2℃/min 速率从室温升温到 300℃的原始热流曲线，提出了将去卷积分析应用于 C80 数据分峰的方法，并在此基础上，对电池的热失控危险行为进行了划分，如图 4.3 所示。

该全电池由以下成分构成：60.1mg Li_xCoO_2、24.0mg Li_xC_6、23.8mg 1.0mol/L $LiPF_6$/EC+DEC 电解液、4.2mg 隔膜、11.2mg 铝箔和 18.0mg 铜箔。去卷积分析后，原始热流曲线被分为七个峰，分别为 a、b、c、d、e、f、g，分别对应于以下过程：SEI 膜分解、隔膜熔化、正极-负极短路、Li_xCoO_2 的歧化反应、Li_xC_6 内嵌锂与电解液之间的反应、Li_xCoO_2 进一步分解、Li_xCoO_2 释放氧气与电解液及其分解产物之间的反应以及与 PVDF 相关的反应。每个热流峰的产热，基于相应电极的质量进行计算，产热值分别对应于−1077.66J、943.74J、−25615.66J、−29340.06J、−6652.43J、−12072.59J、−17251.04J。体系内产热的最大贡献是正极 Li_xCoO_2 的歧化、分解反应，其次是短路引起的焦耳热。

与商用电池质量比例较为接近的全电池体系从 90℃即开始表现出产热，该过程主要由负极表面 SEI 膜的热分解引起。提高负极 SEI 膜的热稳定性，有利于提高电池的放热起始温度。因此，负极表面 SEI 膜的热分解为热失控行为的起点。

在全电池体系中，隔膜的熔化导致正负极物质之间发生短路，该现象引发的焦耳热数值较大，进而引发一系列不可控电化学反应[24]，增加了体系的热失控危险性。提升隔膜的熔断温度，对提高电池的安全性，延缓电池发生热失控的时间，提

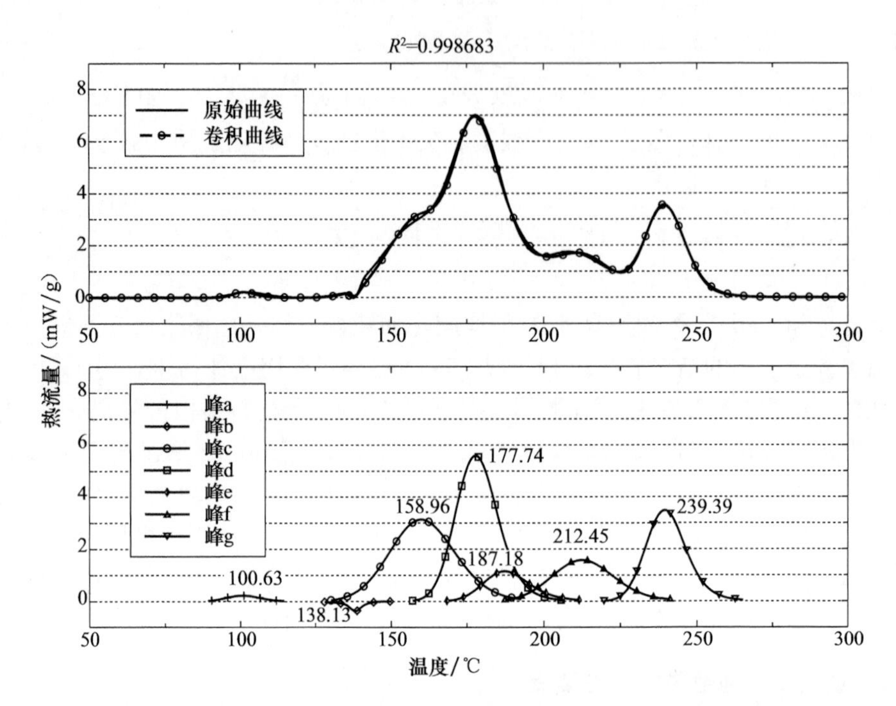

图 4.3 钴酸锂电池体系在 0.2℃/min 升温下原始及去卷积热流曲线

高电池的热失控承受能力有重要意义。隔膜熔融所对应的温度即 Semenov 模型中的不归还温度 T_{NR},为电池热失控发生的临界温度[25,26]。

此外,从图 4.3 中可以看出,该电池体系中产热贡献最大的过程是正极物质的歧化反应与热分解过程。正极材料的热分解过程不仅贡献热量最多,而且释放出氧气,致使电池体系中的可燃物质、可燃气具备了燃烧三要素,是电池热失控的主导因素。因此,提高正极物质的热稳定性,降低正极物质可释放氧的含量,是降低电池热失控危险性的关键方法。

综上所述,锂离子电池热失控发生与否取决于内短路和电极材料的热分解反应。若电池隔膜熔融温度高,则电极材料的热分解反应决定着电池发生热失控的危险性。

4.2 锂离子电池模型

4.2.1 锂离子电池电化学模型

电化学模拟是基于物质、电荷的扩散守恒、能量守恒建立的模型[27-30],主要模拟不同条件下电池的电化学过程。常用的电化学模型主要有 Newman 电化学模型和White电化学模型[27,31]。其中,Newman电化学模型是通过球坐标下的Fick扩散方程描述固相中物质的平衡与扩散,模拟锂离子电池倍率充放电过程;White电化学模型是通过抛物线近似法从宏观上近似描述固相中物质的平衡与扩散,模拟不同温度下锂离子电池的放电过程。卢立丽等[32]对这两种模型进行了比较,认为放电电流密度、锂离子固相扩散等对Newman模型计算结果的影响更为明显。

锂离子电池单元在结构上主要有正极、负极、正极集流体、负极集流体、隔膜以及填充其中的电解液等。充电过程中,锂离子从正极材料中脱出,通过电解质扩散到负极,并嵌入负极晶格中,同时与外电路从负极流入的电子复合,放电过程则与之相反。一维电化学模型如图4.4所示。

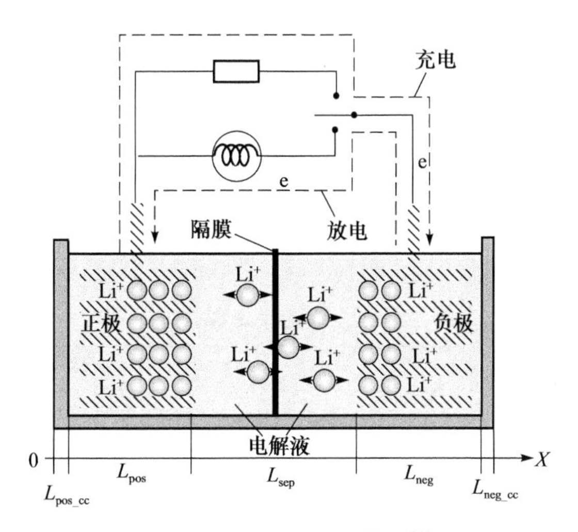

图4.4　一维电化学模型[2]

将整个电池单元视为一个独立的封闭系统,在充放电过程中,电池中电化学反应至少包括两种电极过程(即阳极过程和阴极过程),以及电解质项中的传质过程(即电迁过程和扩散过程)等。由于电极过程涉及电极与电解质之间的电量传送,而电解质中不存在自由电子,故当电流通过时,在电极/电解质界面上就会发生某一或某些组分的氧化或还原,即发生化学反应。随着锂离子的嵌入与脱出,系统内部遵循电荷守恒、锂离子扩散、Butler-Volmer定律等。在此,采用以下模型假设[33]:①正负极材料为球形颗粒,颗粒内部的扩散行为遵循Fick扩散定律;②球形颗粒在正负极内均匀分布;③可按稀溶液理论描述电解液的行为。在此假设下,电池中的电化学行为可用数学语言描述,见表4.1和表4.2。

表 4.1　锂离子电池中锂离子守恒方程与边界条件

守恒方程	边界条件
电解液中锂离子的扩散：$\varepsilon_e \frac{\partial c_e}{\partial t} = \frac{\partial}{\partial x}\left(D_e \frac{\partial c_e}{\partial x}\right) + (1-t_+^0) a_s J$	$D_{eff,p} \frac{\partial c_e}{\partial x}\Big\|_{x=0} = D_{eff,n} \frac{\partial c_e}{\partial x}\Big\|_{x=L_{pos\_cc}+L_{pos}+L_{sep}+L_{neg}+L_{neg\_cc}} = 0$
固体电极中锂离子的扩散：$\frac{\partial c_s}{\partial t} = \frac{D_s}{r^2}\frac{\partial}{\partial r}\left(r^2 \frac{\partial c_s}{\partial r}\right)$	$D_s \frac{\partial c_s}{\partial r}\Big\|_{r=0} = 0, D_s \frac{\partial c_s}{\partial r}\Big\|_{r=R} = J$
电解液中电荷守恒：$-\frac{\partial}{\partial x}\left(\kappa^{eff}\frac{\partial \varphi_e}{\partial x}\right) + \frac{\partial}{\partial x}\left(\kappa_D^{eff} \frac{\partial}{\partial x}\ln c_e\right) = a_s F J$	$\frac{\partial \varphi_e}{\partial x}\Big\|_{x=0} = \frac{\partial \varphi_e}{\partial x}\Big\|_{x=L_{pos\_cc}+L_{pos}+L_{sep}+L_{neg}+L_{neg\_cc}} = 0$
固体电极上电荷守恒：$-k_{s,eff}\frac{\partial^2 \varphi_s}{\partial x^2} = -a_s F J$	$k_{s,eff}\frac{\partial \varphi_s}{\partial x}\Big\|_{x=L_{pos\_cc}} = I_{app}, k_{s,eff}\frac{\partial \varphi_s}{\partial x}\Big\|_{x=0} = 0$ $k_{s,eff}\frac{\partial \varphi_s}{\partial x}\Big\|_{x=L_{pos\_cc}+L_{pos}+L_{sep}+L_{neg}+L_{neg\_cc}} = 0$ $k_{s,eff}\frac{\partial \varphi_s}{\partial x}\Big\|_{x=L_{pos\_cc}+L_{pos}} = k_{s,eff}\frac{\partial \varphi_s}{\partial x}\Big\|_{x=L_{pos\_cc}+L_{pos}+L_{sep}} = 0$ $\varphi_{s,p}\|_{x=0} = E_{cell}, \varphi_{s,n}\|_{x=L_{pos\_cc}+L_{pos}+L_{sep}+L_{neg}+L_{neg\_cc}} = 0$

表 4.2　电化学参数方程

参数	方程
电化学反应速率	$J = i_{0,i}\left[\exp\left(\frac{\alpha F \eta_i}{RT}\right) - \exp\left(\frac{-\beta F \eta_i}{RT}\right)\right]$
交换电流密度	$i_{0,i} = k_{0,i}(c_{2i,max})^{1-\beta}(c_{2i,max} - c_{2i,surf})^{1-\beta}(c_{2i,surf})^{\beta}$
过电压	$\eta = \varphi_s - \varphi_e - E$
电解质离子扩散速率	$D_{e,eff} = D_e \varepsilon_e^{1.5}$
电解质离子电导率	$\kappa^{eff} = \kappa_e \varepsilon_e^{1.5}$
电解质离子扩散电导率	$\kappa_D^{eff} = \frac{2RT\kappa^{eff}}{F}(t_+^0 - 1)\left(1 + \frac{d\ln f}{d\ln c_e}\right)$
固体电极电子电导率	$\kappa_{s,eff} = \kappa_s \varepsilon_s^{1.5}$
表面积	$a_s = 3\varepsilon_s / r_s$

此外，Somasundaram 等[34]、张雄文[35]等提出用二维瞬态数学模型来描述圆柱卷绕式电池的电化学行为，锂离子电池二维模型包括电池的卷绕结构，考虑了电池内部终端面和电池外部终止面，建立了锂离子在电极活性材料中的微观扩散模型。该模型可计算充放电过程中电流分布以及电流分布与温度分布的关系，但计算量较大。

4.2.2　锂离子电池热模型

1. 热模型分类

热模拟基于电池材料电池的热性质实验，主要用于模拟电池温度分布、热行为和安全性的模型，计算不同条件下(环境温度、滥用、短路、损坏)电池的温度变化和分布及其安全性。本章重点关注锂离子电池的热安全性，而锂离子电池热模型的建立是进行电池热失效模拟的必要前提。电池热模型按维度可分为集总质量模型、一维模型、二维模型和三维模型。

集总质量模型是将电池看成一个质点，在热模型仿真后获得的是电池平均温度情况。这种模型计算简便，可用于电池整体性能及相关影响因素的研究[36-38]。一维模型是将电池向一个方向(一般是厚度方向)投影，研究温度在该方向的分布情况[26,39,40]。但此模型在锂离子电池发展初期采用过，现在很少研究。二维模型是研究电池某个截面上的温度分布情况，如对于圆柱形电池考虑半径和方位角两个因素，方形电池考虑长度和宽度两个因素，常用来模拟电池在不同充放电状态、静力学状态下的热响应[34,41-43]。二维模型较一维模型有很大改进，但仍然不足以模拟电池热失控的真实情况。

电池的如热、电路径设计、外形参数、尺寸和边界条件对电池的性能和寿命都有很大的影响，特别是对于大型电池[44,45]。三维模型与前面三种模型相比，在模拟不同参数的电池热性能以及协助热系统管理设计方面更为强大和灵活，模拟结果与真实情况更为接近，但建模过程复杂、计算周期长、不易操作。

2. 三维模型

三维模型用于研究电池整体的温度分布情况。毕奥数是表征固体内部单位导热面积上的导热热阻与单位面积上的换热热阻(即外部热阻)之比，即

$$Bi = hL_c/k \tag{4.1}$$

式中，h 为表面传热系数；k 为固体导热系数；L_c 为特征长度，对于圆柱和球，常取 R。毕奥数提供了一个将固体中的温差与表面和流体之间的温差相比较的量。如果 $Bi \leqslant 0.1$，那么物体最大与最小温度之差小于 5%，对于一般工程计算，此时已经足够精确，可以认为整个物体温度均匀。这样可以利用集总参数法研究问题。在锂离子电池热行为模拟过程中，常用集总热容法来计算低毕奥数的电池热系统[46,47]。

虽然电池单元由不同物质组成，但由于电极片很薄，化学反应发生在电极片与电解液接触的表面上，因此可把电池内部视为各向同性的均一材料，内部物质放热均匀，即视为集总热容系统。通过此假设，简化后的三维模型的计算精度和任务量

比较合适[5]。由于电解液在电池内部流动性差，其传递的对流热可忽略不计，也可忽略各组分之间的辐射热。因此，电池内部主要为热传导传热，其传热控制方程为

$$\rho C_p \partial T/\partial t = \vec{\nabla}(K_j \vec{\nabla} T) + Q \tag{4.2}$$

式中，左侧表示电池单元热力学能的增量，右侧第一项表示通过界面的导热而使电池单元在单位时间内增加的能量，下标 j 表示不同的坐标轴，不同坐标轴下的热导率值可表示为

$$K_X = K_Z = \sum_i K_i L_i / \sum_i L_i \tag{4.3}$$

$$K_Y = \frac{\sum_i L_i}{\sum_i K_i / L_i} \tag{4.4}$$

大容量锂离子电池在电动汽车、储能等领域有很好的应用前景，然而安全性是阻碍大容量锂离子电池实用化的主要障碍之一。随着容量和体积的增大，电池内部的不一致性增大。此外，由式(4.1)可知，毕奥数 Bi 随着散热系数或电池特征长度的增加而增大。事实上，锂离子动力电池常用液体冷却系统降温[48]，其散热系数较高；锂离子动力电池的特征长度也常用 $2R$ 表示。因此，大型锂离子动力电池的毕奥数将大于 0.1，运用集总热容法计算的热模型精确度有待提高。Mahamud 等[49]用零阶和一阶埃尔米特积分近似改进了集总热容计算方法，使之适用于高毕奥数的大容量电池热模型计算。

3. 锂离子电池热源

锂离子电池在充电和放电过程中会以多种方式进行吸热或者放热行为。其中，电池热量产生原因是多方面的，包括电池内阻的焦耳热、电池循环过程中的电化学热以及电池内部化学物质反应的化学热等。然而，电池的散热则只能依赖于电池与外界环境之间的热辐射、热传导和对流作用。电池的产热关系可以用式(4.5)来表达：

$$Q = Q_{rev} + Q_{rxn} + Q_{ex} + \cdots \tag{4.5}$$

式中，Q_{rev}表示焓变热，它是一种可逆热，取值可正可负。一般情况下，电池在充电时取值为负，对应于吸热过程；而电池在放电时取值为正，对应于放热过程[5,39,43,50-52]。Q_{rxn}代表不可逆热，不可逆热主要由电极极化造成，数值总为正[53]。Q_{ex}则是电池体系与外界环境之间的交换热。在系统与环境的交界处，由于对流的作用，系统将会不断地向环境输送对流热量 Q_C，根据牛顿冷却定律，$Q_C = h_c(T_\infty - T)$；在系统与环境的交界处，由于辐射作用，系统将会不断地向环境输送辐射热量 Q_R，根据 Stefan-Boltzmann 定律，$Q_R = \varepsilon\sigma(T_\infty^4 - T^4)$。而对流热量 Q_C 与辐射热量 Q_R 之和满足如下关系：

$$Q_C + Q_R = -K \vec{\nabla} T \tag{4.6}$$

根据产热方式，用于研究电池整体温度分布的热模型可分为分层模型和不分层模型。分层模型是通过计算电池单元每个组分的产热，如每个电池单元分为 5 层：正极集流体、正极、隔膜、负极和负极集流体，通过计算每一层的产热来得出总热量。可逆过程生热只发生在电池的正极和负极中，如式(4.7)所示，Q_{r_p}表示正极可逆过程生热，Q_{r_n}表示负极可逆过程生热。

$$Q_{rev} = Q_{r\_p} + Q_{r\_n} = -IT(\partial E_{oc}/\partial T) \tag{4.7}$$

不可逆过程生热是由电极极化造成的。根据极化产生的位置可以分为正极集流体极化生热速率 Q_{i_Al}、正极极化生热速率 Q_{i_p}、隔膜部分极化生热速率 Q_{i_s}、负极极化生热速率 Q_{i_n}和负极集流体极化生热速率 Q_{i_Cu}，如式(4.8)所示[54]：

$$Q_{rxn} = Q_{i\_Al} + Q_{i\_p} + Q_{i\_s} + Q_{i\_n} + Q_{i\_Cu} \tag{4.8}$$

不分层模型是将电池内的每一层或者整个电池等效为均匀生热，可逆热计算方式为

$$Q_{rev} = -IT(\partial E_{oc}/\partial T) = -a_s JFT(\partial E_{oc}/\partial T) \tag{4.9}$$

式中，电流密度 J 为正值时表示放电。

不可逆热 Q_{rxn}主要由电极极化造成，电极极化按其产生原因可以分为欧姆极化、浓差极化和电化学极化，其表现形式都为电极电势偏离于可逆值，即超电势。也就是说，电池无论是在充电还是在放电的过程中，过电压引起的总是放热行为。

$$Q_{rxn} = I\eta = a_s JF(E_{oc} - E) \tag{4.10}$$

4.2.3　锂离子电池耦合模型

模拟电池温度分布和热失效的热模型种类繁多，按模型原理可分为电化学-热耦合模型、电场-热耦合模型和热滥用模型。

1. 电化学-热耦合模型

电化学-热耦合模型是从电化学反应热的角度描述电池热模型，主要用于模拟电池在正常工作状态下的温度情况，该模型一般假设电池内电流密度均匀分布，这种假设在模拟小型电池时，可以保证模型的精度，但是在模拟大型电池时，可能会存在较大的模型误差。下面简要介绍电化学-热耦合三维模型的耦合过程。

图 4.5 为一维电化学模型与三维热模型耦合示意图，在锂离子电池组温度变化的模拟过程中，运用一维电化学模型模拟充放电循环过程中的电化学特性，运用三维热模型模拟电池的温度变化及温度在电池内部的分布情况。两种模型耦合的纽带是电池充放电过程释放的平均热量 Q 和电池内部瞬态变化的平均温度 T，即根据电池组件的热特性(假设满足 Arrhenius 定律)构造充放电状态函数，并使用散装材料的热物性确定函数所需的电池组件的热容和导热系数，计算电池内部的

产热速率,并计算出随充放电过程而变化的动态产热速率,将测定的锂离子电池在不同放电过程中的产热规律,作为热源项耦合到传热模型中;同时根据三维热模型中得到的瞬态温度场求解因电池温度升高而导致的化学反应、化学反应之间的相互诱发过程及其热效应等。通过适当简化电池结构和恰当的假设,根据锂离子电池的热物理特性以及产热速率、温度、放电倍率、带电状态、电池材料等相互之间的函数关系,确立锂离子电池的热平衡关系,建立锂离子电池在电化学-热耦合三维模型。

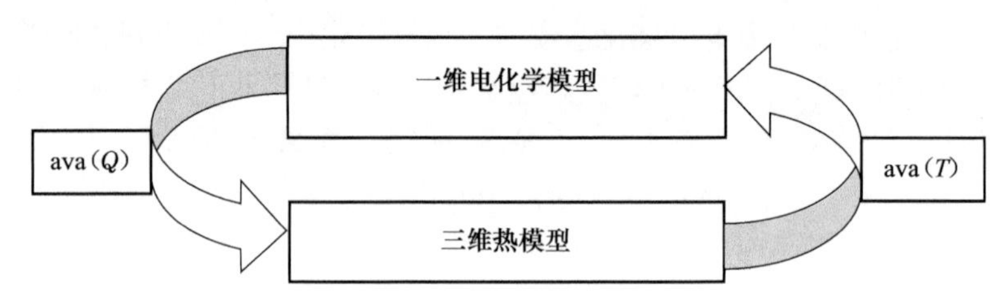

图 4.5 一维电化学模型与三维热模型耦合示意图

2. 电场-热耦合模型

电场-热耦合模型是结合电池单体内部的电流密度分布情况,研究电池单体温度场分布的模型。该模型可以指导改进电池外形、极耳、集流体等设计,同时可以帮助研究电池的一致性问题。目前电场-热耦合模型多使用二维模型或三维不分层模型。

电场模型有两种:①微观层面,根据电池的电化学模型计算电池微观层面的电流密度分布[55];②宏观层面,主要根据欧姆定律计算电池宏观层面的电流密度分布[56]。Forgez 等[57]将电池各部分阻抗等效为电阻,构建了等效电路模型,模拟了电池的热行为。该模型简单易行,但仅是电池外部特性的近似拟合,不能描述电池内部的电势温度分布等。Gerschler 等[58]基于阻抗谱分析,提出了电池的电场模型。根据电池的几何特征、模型的精确度以及计算时间,将圆柱形电池模型分为 100 份,其中 36 份描述电池的卷绕结构,64 份用来描述为电池芯、外壳、底部和顶部机构。鉴于电池几何特性以及正负极材料的电特性,锂离子电池的电模型由这些元素的等效电路连接而成,其网路结构如图 4.6 所示。其中,R_{Al}和 R_{Cu}分别代表铝集流体和铜集流体阻抗;Z 是电池的瓦尔堡阻抗,即锂离子在活性物质中的扩散引起的浓度阻抗;R_{case} 和 $R_{contact}$ 分别为电池的壳体和接触阻抗;I_{SE} 为放电电流,OCV 为开路电压。

电池的多物理场模型主要是耦合电场和温度场进行分析,首先在宏观层面计算出电池内部的电场分布情况,然后根据欧姆内阻生热等计算出电池的温度场分布。目前相关研究较少,也比较简单,如文献[59]中将电池简化为二维模型进行分

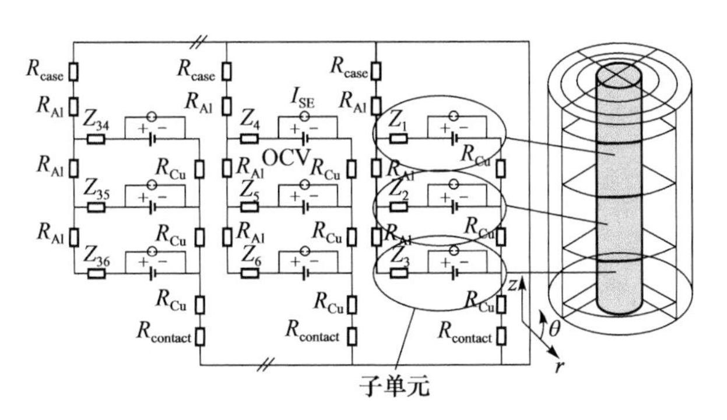

图 4.6　圆柱形锂离子电池的等效电路图[58]

析。电场-热耦合模型比单纯的热模型能够更好地解释电池的温度分布情况。在 Jochen 提出的电场-热耦合模型中，每一个元素的能量守恒方程表示为

$$\frac{\mathrm{d}T_{E1}}{\mathrm{d}t}=\frac{1}{C_{E1}}\cdot\left(\frac{\mathrm{d}Q_{\mathrm{gen},E1}}{\mathrm{d}t}-\sum_{i}\frac{T_{E1}-T_i}{R_i}-\sum_{j}\frac{\mathrm{d}Q_{\mathrm{conv}E1,j}}{\mathrm{d}t}-\sum_{k}\frac{\mathrm{d}Q_{\mathrm{rad}E1,k}}{\mathrm{d}t}\right)\quad(4.11)$$

式中，C_{E1} 为每一元素的热容；R_i 是相邻两元素的热阻抗；$\mathrm{d}Q_{\mathrm{gen}}/\mathrm{d}t$ 由两部分组成，即焦耳热和可逆热。其中焦耳热可由电模型得出，即

$$\frac{\mathrm{d}Q_{\mathrm{Joule}}}{\mathrm{d}t}=P=\sum_{k}I_k^2\cdot R_k\quad(4.12)$$

电场-热耦合模型如图 4.7 所示，该电热模型可以展示热模型与电场特性之间的联系，完成电池各组成部分对电场和温度场作用的分析。

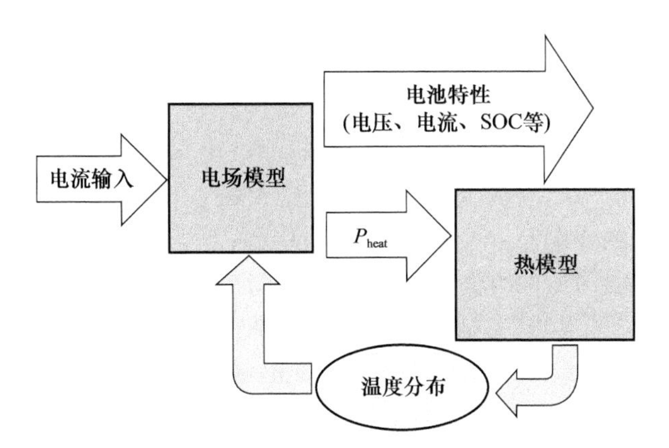

图 4.7　电场-热模型耦合示意图[58]

3. 热滥用模型

锂离子电池的安全性是影响其实际应用的重要因素，热滥用模型是研究其安全性的重要工具。电池热滥用模型一般是在传统热模型的基础上，耦合电池内部

可能的生热反应，从而模拟预测电池在热滥用下如何到达热失控点或者发生热失控后电池状态的变化。在热滥用模型中，热源组成可用式(4.13)表示：

$$Q = Q_{rev} + Q_{rxn} + Q_{ex} + Q_{ab\text{-}chem} + \cdots \tag{4.13}$$

式中，$Q_{ab\text{-}chem}$对应的是在滥用条件下电池内部发生化学反应而引起的热量。热量是电池发生热失控时，可能发生的所有化学反应共同作用下产生的热量的总和。而对应的化学反应主要包括：SEI 膜的分解反应、正负极活性物质与电解液之间的反应、正负极活性物质的分解反应等。王青松等[60]揭示了电池热失控机理，并用无量纲方法呈现了电池的热失控区域和非热失控区域。对于热失控区域的热量计算，可通过列举各组分代表性的化学反应并根据反应动力学求解相应的反应热[59]。Kim 等[5]、Hatchard 等[51]假定电池内部材料在不同高温下发生的热分解反应遵循 Arrhenius 定律和质量作用定律，从而求得各反应活化能 E 和指前因子 A，进而得出反应热[61]。以 SEI 膜分解反应热为例，说明如下：

$$R_{SEI}(T, c_{SEI}) = A_{SEI}\exp\left(-\frac{E_{a,SEI}}{RT}\right)c_{SEI} \tag{4.14}$$

$$Q_{SEI} = H_{SEI}W_C R_{SEI} \tag{4.15}$$

$$\frac{dc_{SEI}}{dt} = -R_{SEI} \tag{4.16}$$

式中，c_{SEI}是 SEI 膜中锂元素无量纲浓度；$R_{SEI}(s^{-1})$、$A_{SEI}(s^{-1})$、$E_{a,SEI}$(J/mol)为反应参数；H_{SEI}(J/g)为单位质量 SEI 膜分解放出的热量；$W_C(g/m^3)$为电池的容积比量。

此外，$Q_{ab\text{-}chem}$也可由电池材料的热性质实验测量获得。文献[62]～[64]基于 C80 微量量热仪测得不同温度下全电池体系的热流曲线，进而获得 $LiCoO_2$/C、$LiNiCoMnO_2/Li_4Ti_5O_{12}$电池材料分解热 $Q_{ab\text{-}chem}$；王松蕊等[25]运用差示扫描量热仪(DSC)获得 $LiFePO_4$/C 在不同温度阶段的热源[6]，之后基于加速量热仪(ARC)和 DSC 测量的电极材料反应热提出了热箱测试模型[51]。

4.3 锂离子电池热失控预测

4.3.1 模拟预测

1. 模拟方法

目前，锂离子电池在充放电过程中的温度分布模拟主要采用有限体积法和有限元法，这两种方法在该领域具有重要的研究价值和发展前途。

有限体积法是计算偏微分方程的一种方法，它将计算区域划分为一系列不重复的控制体积，并使每个网格点周围有一个控制体积，将待解的微分方程对每一个控制体积积分，进而解出一组离散方程。Hatchard[51]提出了一维热箱测试模型，Kim[5]进一步将此模型拓展为基于有限体积法计算的三维热滥用模型。此外，张雄文[35]用有限体积法构建了电化学-热耦合模型，分析了锂离子电池焦耳热、极化热和可逆热在放电过程中的比例问题。

计算流体动力学(CFD)方法，以电子计算机为工具，应用各种离散化的数学方法，对流体力学的各类问题进行数值实验、计算机模拟和分析研究，以解决各种实际问题。Fluent软件是目前国际上比较流行的商用CFD软件包，它采用基于完全非结构化网格的有限体积法，具有基于网格节点和网格单元的梯度算法。它具有丰富的物理模型、先进的数值方法和强大的前后处理功能，在航空航天、汽车设计、石油天然气和涡轮机设计等方面都有着广泛的应用。Freitas[65]运用商业计算流体动力学软件解出了二维物质传输模型，得到了瞬态温度变化图形。基于电池冷却系统的流体力学特性，CFD软件也常用于锂离子电池的热管理系统分析[66-68]。Mahamud等[69]运用ANSYS Fluent软件基于二维CFD电池模型分析了电池的热行为。Kim[5]通过列举可能的电池材料热解反应热，基于ANSYS Fluent软件构建了锂离子电池三维热滥用模型。对于锂离子动力电池的热模拟，CFD是非常耗时和不切实际的。

有限元法是以变分原理为基础，吸取差分格式的思想而发展起来的一种有效的数值解法。它是求解偏微分方程和积分方程的一种近似解法。有限元法也常用来构建锂离子电池三维热滥用模型。Kim等[56,70,71]构建了圆柱坐标系下的瞬态热-有限元锂离子电池模型。基于有限元分析算法编制的软件，即有限元模拟软件。文献中常见的电池模拟有限元模拟软件有LS-DYNA、ANSYS、ABAQUS、COMSOL Multiphysics、FEPG等。有限元模拟软件LS-DYNA和ABAQUS常用来分析卷绕式电池充电和冲击实验。Jeon等[53]运用ABAQUS软件模拟了圆柱形钴酸锂电池在放电过程中的热行为。蔡龙等[72]运用多物理场模拟软件COMSOL Multiphysics发展了已有的锂离子电池模型，该软件可以导入由AutoCAD绘出的电池的二维结构模型[34]。改进后的电池模型能够模拟正常放电工况以及滥用工况如内外短路时电池内部的电化学过程[35,53,73,74]。

2. 模拟案例分析

锂离子电池的热模拟可以进一步理解锂离子电池热失控的起因和过程，为提高锂离子电池的安全性提供依据。

Al-Hallaj[26]建立了一维热模型并确定了电池发生热失控的可能条件，Spotnitz[6]充分考虑到热失控过程中可能的放热反应，并提出过热、短路、过充、针刺、撞击等热滥用工况下的模拟方法。Hatchard[51]基于ARC和DSC测量的电极材料反应热提出了热箱热滥用模型。后来Kim[73]等将其拓展为三维模型。

郭桂芳等[75]运用有限元法计算了55Ah $LiFePO_4/C$电池三维热滥用模型，模拟结果与热箱实验结果比较一致，如图 4.8 所示。

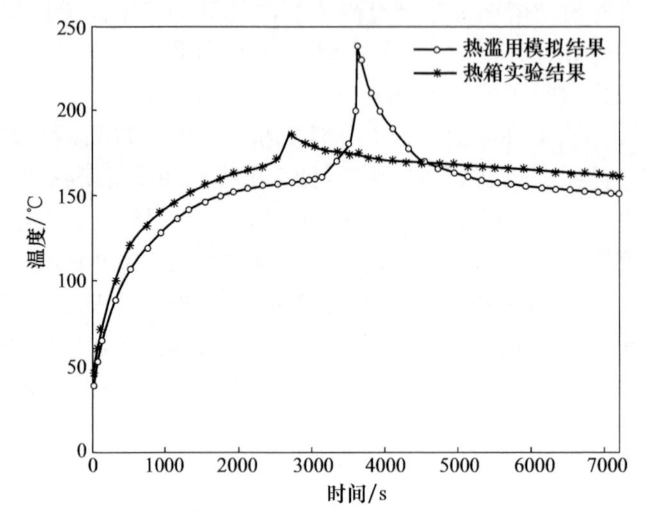

图 4.8　热滥用模拟与热箱实验结果对比[75]

热箱温度为 155℃

Kim[5]基于有限体积计算方法构建的三维热滥用模型充分考虑了电池形状、组件尺寸以及材料和温度的空间分布，模拟了热箱中电池的热失控过程，以及高温热点在电池中的传播。模拟结果显示，在同样热滥用工况下，尺寸大的电池易发生热失控。大型圆柱电池局部热点沿方位角方向纵向传播，进而形成空心圆反应区。图 4.9 为热箱温度为 155℃时锂离子电池在时间为 64min 的热失控模拟结果图。

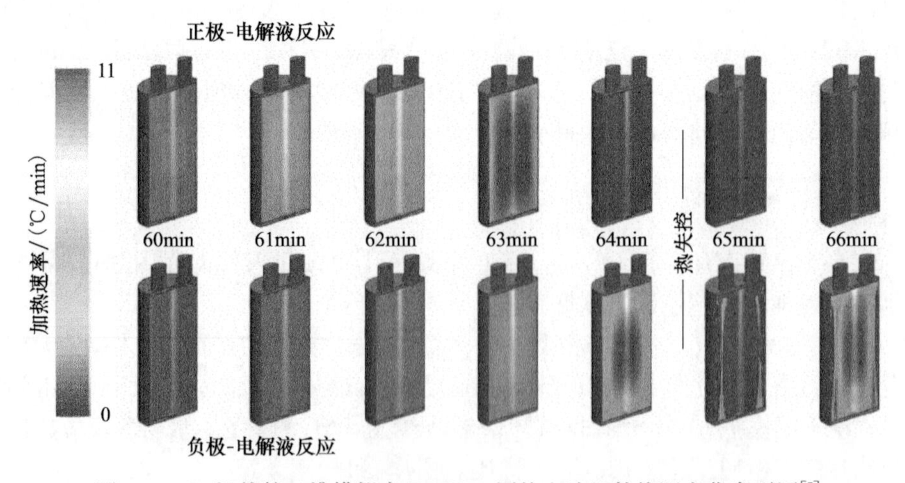

图 4.9　155℃热箱三维模拟中 D50H90 圆柱电池组件热源变化序列图[5]

Yamauchi[76]假设因短路而产生的焦耳热触发了电池材料的连锁化学反应，引发电池热失控，在此假设基础上模拟了电池的短路行为。模拟结果显示，截止充电电压越高，内短路间距越大，电池发生热失控的可能性越大，如图 4.10 和图 4.11 所示，图中水平实线代表热失控的临界温度。

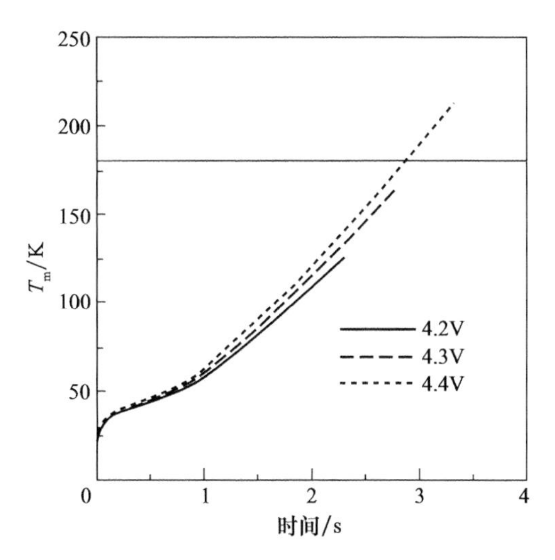

图 4.10　充电截止电压分别为 4.2V、4.3V、4.4V 时针刺模拟电池温度随时间的变化[76]

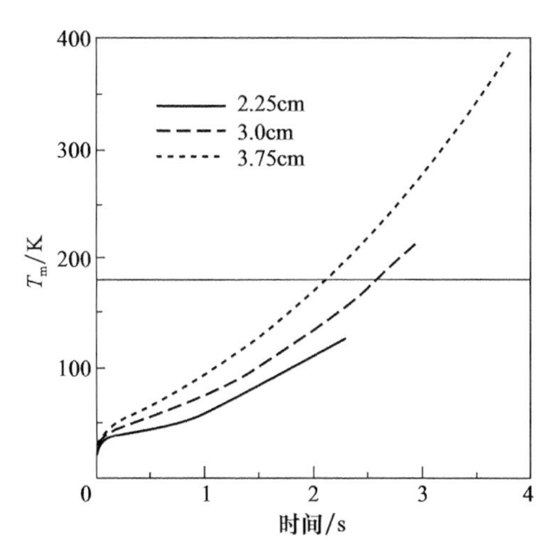

图 4.11　内短路相距为 2.25cm、3.0cm、3.75cm 位置处电池模拟温度随时间的变化[76]

王松蕊等[25]基于电化学-热耦合模型模拟了 $LiFePO_4/C$ 电池的热行为，用 DSC 测得电池不同温度阶段释放的热量，运用多物理场模拟软件 COMSOL Multiphysics 呈现了锂离子电池从自加热到热失控的过程，并模拟了不同熔融点的隔膜对电池热失控的影响。孙秋娟等[63]运用 C80 微量量热仪获得钛酸锂电池的 $Q_{ab\text{-}chem}$，用 COMSOL Multiphysics 软件模拟了 947mAh 软包钛酸锂电池在绝热工况下充放电过程中的热失控行为(图 4.12)，以及 50Ah 钛酸锂动力电池热失控瞬间电池的温度分布(图 4.13)。

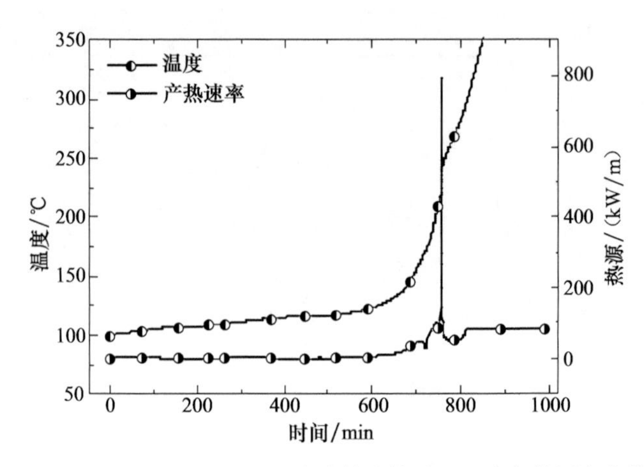

图 4.12　$LiNi_{1/3}Co_{1/3}Mn_{1/3}O_2$-$Li_4Ti_5O_{12}$电池热失控过程温度与热源变化的模拟结果[63]

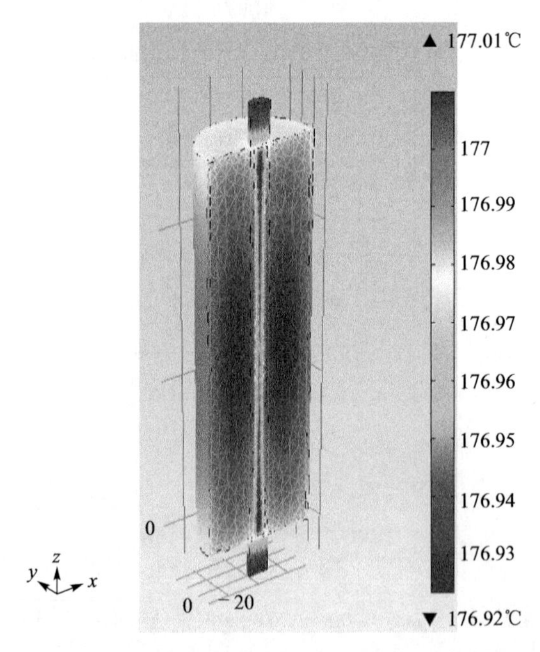

图 4.13　钛酸锂电池在循环倍率为 1.0C 发生热失控时的温度分布[63]

由于单个电池工作电压、供能有限，动力应用场合通常都需要若干个单体电池串联或并联在一起使用，以满足负载电压、能量供应的要求。成组的单体集合犹如木桶效应,如果任何一个单体损坏,则视同为整组损坏,即电池组的额外特性受单体电池特性的制约。Spotnitz 等[77]运用加速量热仪数据,基于个体电池的放热反应和电池模块内的能量守恒,模拟了笔记本电脑电池中电池模块的热滥用行为。笔记本电脑电池由 8 块 18650 锂离子电池组成,其布置方式如图 4.14 所示,通过对其中一块电池添加热载荷,迫使其发生热失控,研究该热失控电池对模块中其他电池的影响。模拟结果显示,单体电池的放热效应对电池模块的热滥用容忍度影响明显,单体电池小幅度的温升有可能引起电池模块的热失控,如图 4.15 所示。孙秋娟等[64]给出了由过热单体电池引起电池模块的温度场变化,如图 4.16 所示。

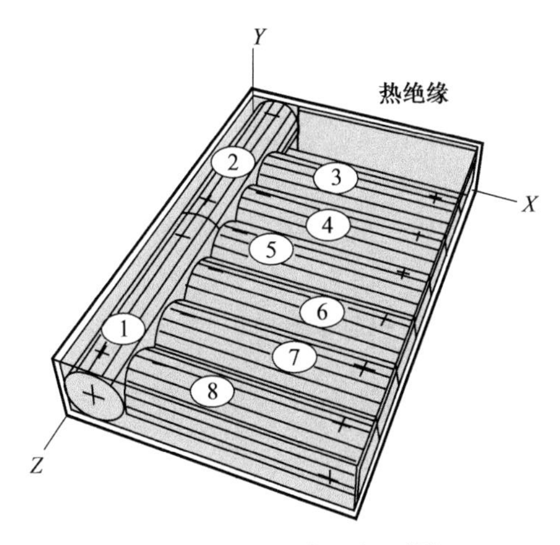

图 4.14　电池模块布局[77]

电池与外界环境无热交换

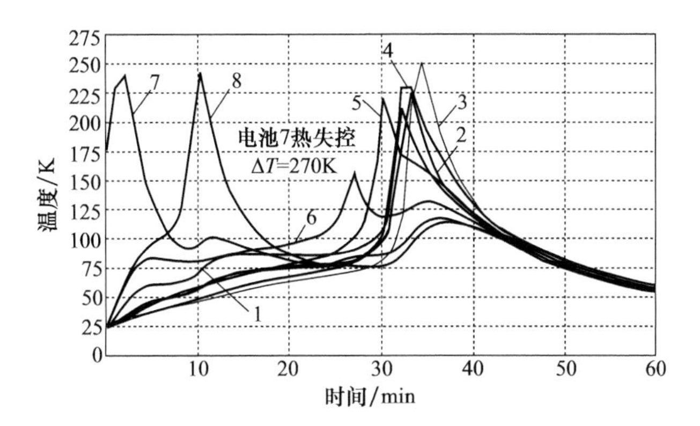

图 4.15　电池模块内电池的温度曲线变化[77]

7 号电池为过热电池,高于模块其他电池 270K,

单体电池间的热对流系数为 100W/(m · K)

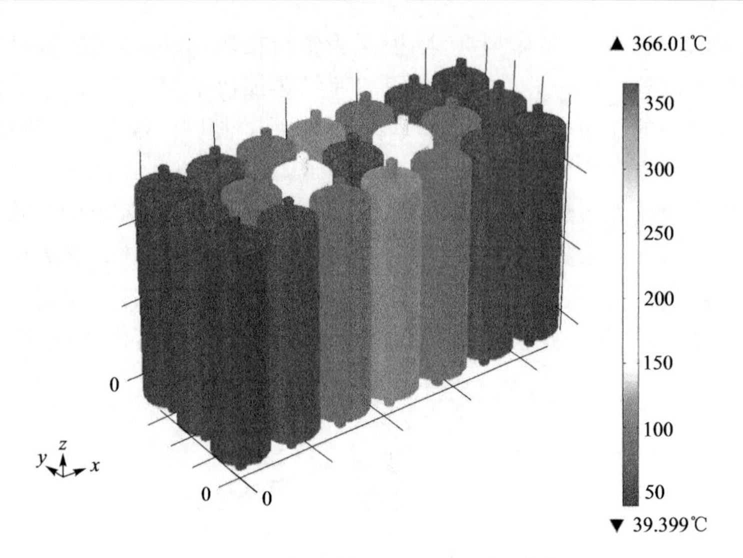

图 4.16　电池模块的温度场分布[64]

4.3.2　锂离子电池热失控的最低环境温度

根据锂离子电池 Semenov 热失控模型，由电池与包装材料所组成体系的热平衡方程可表示为

$$c_p M_0 \frac{\mathrm{d}T}{\mathrm{d}t} = \Delta H M_0^n A \exp[-E_a/(RT)] - US(T - T_0) \tag{4.17}$$

式中，U 为表面传热系数，S 为表面积，T_0 为环境温度，M_0 为物质体系初始质量，A 为反应指前因子。在不归还温度 T_{NR} 点，有 $\mathrm{d}T/\mathrm{d}t = 0$ 及 $\mathrm{d}(\mathrm{d}T/\mathrm{d}t)/\mathrm{d}T = 0$，由式(4.17)可得

$$B_1 \exp[-E/(RT_{NR})] = B_2(T_{NR} - T_0) \tag{4.18}$$

$$\frac{B_1 E}{RT_{NR}^2} \exp[-E/(RT_{NR})] = B_2 \tag{4.19}$$

式中，$B_1 = \Delta HAM_0^n$、$B_2 = US$ 均为常数。将式(4.18)和式(4.19)相除得

$$E/R = T_{NR}^2/(T_{NR} - T_0) \tag{4.20}$$

由式(4.20)可以计算出不归还温度 T_{NR}。

根据 Semenov 模型(图 4.1)，系统所对应的环境温度为该体系的最低环境温度(SADT)

$$\mathrm{SADT} = T_0 = T_{NR} - RT_{NR}^2/E_a \tag{4.21}$$

根据实验测量，磷酸铁锂电池体系样品质量为 0.1228g，活化能 $E_a = 78.56\mathrm{kJ/mol}$，磷酸铁锂电池热失控模拟结果得出 $T_{NR} = 120.2℃$，代入式(4.21)可得 SADT=103.8℃，即：在该类存储条件下，单个电池模组发生热失控的最低环境温度为

103.8℃。在实际使用过程中，可取1.5的安全系数，则电池的最高储存环境温度为69.2℃。

4.4 锂离子电池电-热转换过程

4.4.1 锂离子电池电-热转换参数

研究锂离子电池在极端条件下放电与瞬态产热的关系，不仅需要在实验上同步测量锂离子电池的电化学过程和产热过程，更需要在理论上发掘电化学过程中电能和热能之间的转换关系这一科学问题。这就要解决充放电速率、充放电状态函数、短路与电池产热的对应关系。

电池是将化学能转化为电能的装置。电能是电池在一定条件下对外做功所能输出的能量，单位是“度”，即kWh。在物理学中，常用能量单位是焦耳(J)，换算关系为1kWh=3.6×10^{6}J。充电过程是利用外部电源将电池的电压和容量升上去的过程，此时，电能转化为化学能，即电能=化学能+热能；放电过程为电流从电池流经外部电路的过程，此时，化学能转化为电能，即化学能=电能+热能。

有学者[78,79]提出使用热能转换效率来描述电池中热能的相对值，进而分析温度分布与热能的关系，评价电池的热行为。热能转换效率定义如下：

$$\eta=\frac{q}{q_{\mathrm{n}}} \tag{4.22}$$

式中，q_{n}是电池中储存电能的理论值，描述如下：

$$q_{\mathrm{n}}=\int_0^1 V_{\mathrm{OCV}}\mid C_{\mathrm{n}}\mid \mathrm{dSOC} \tag{4.23}$$

式中，C_{n}为电池实测容量，放电时为正值，充电时为负值；q为电池的热能，即可逆热q_{rev}与不可逆热q_{rxn}之和，可逆热、不可逆热表示如下：

$$q_{\mathrm{rxn}}=\int_{\mathrm{SOC}^0}^{\mathrm{SOC}^t}(-\Delta V C_{\mathrm{n}})\mathrm{dSOC} \tag{4.24}$$

$$q_{\mathrm{rev}}=\int_{\mathrm{SOC}^0}^{\mathrm{SOC}^t}\left[T\left(\frac{\mathrm{d}E_0}{\mathrm{d}T}\right)C_{\mathrm{n}}\right]\mathrm{dSOC} \tag{4.25}$$

$$\Delta V=V_{\mathrm{t}}-V_{\mathrm{OCV}} \tag{4.26}$$

4.4.2 锂离子电池电-热转换影响因素

锂离子电池热行为(释放的热能、温度分布等)与电池运行工况(电池荷电状态、放电深度或充放电倍率)之间的关系可以定性定量地用数学公式表示。因此，热能转换效率可以作为联系温度分布与操作工况的重要参数。

一般来说，随着放电深度的增加，热能转换效率增大，即放电深度对热能转换效率影响比较显著。循环充放电工况下，Kang 等[78]提出电池的电能转换比，即放电电能与充电电能之比。不同倍率下的放电过程电能转换比、循环充放电过程下的电能比及运用美国能源部方法得到的拟合曲线如图 4.17 所示。

$$\eta_{\text{battery}} = \frac{Q_{\text{out}}}{Q_{\text{in}}} = \frac{\int_{\text{SOC}^0}^{\text{SOC}^t} U_{\text{disch}} C_{\text{n}} \,\text{dSOC}}{\int_{\text{SOC}^0}^{\text{SOC}^t} U_{\text{charge}} C_{\text{n}} \,\text{dSOC}} \tag{4.27}$$

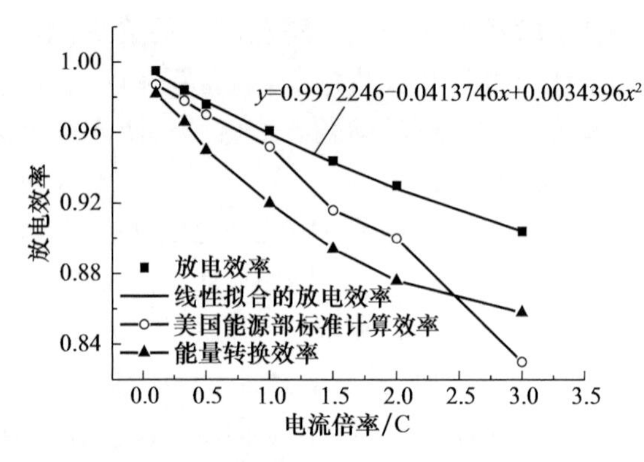

图 4.17 不同倍率下的放电过程电能转换比、循环充放电过程下的电能比及拟合曲线变化[78]

因此，充放电循环过程的热能转换效率为

$$\eta = 1 - \eta_{\text{battery}} = 1 - \frac{Q_{\text{out}}}{Q_{\text{in}}} \tag{4.28}$$

热能转换效率是关键性参数，反映了指定过程的产热量，决定了在外界环境不变时电池温度场的分布。它也可以用来评价锂离子电池的多方面的特性，因为越少的热能转换效率对应越高的电能转换率。所以，锂离子电池应尽可能地降低热能转换效率。

参考文献

[1] 唐致远，陈玉红，卢星河，等. 锂离子电池安全性的研究. 电池，2006，36(1)：74-76.

[2] Wang Q S，Ping P，Zhao X J，et al. Thermal runaway caused fire and explosion of lithium ion battery. Journal of Power Sources，2012，208：210-224.

[3] 胡信国. 动力电池技术与应用. 北京：化学工业出版社，2013.

[4] 孙金华，丁辉，等. 化学物质热危险性评价. 北京：科学出版社，2005.

[5] Kim G H，Pesaran A，Spotnitz R. A three-dimensional thermal abuse model for lithium-ion cells. Journal of Power Sources，2007，170(2)：476-489.

[6] Spotnitz R，Franklin J. Abuse behavior of high-power，lithium-ion cells. Journal of Power Sources，2003，113(1)：81-100.

[7] Aurbach D, Zaban A, Ein-Eli Y, et al. Recent studies on the correlation between surface chemistry, morphology, three-dimensional structures and performance of Li and Li-C intercalation anodes in several important electrolyte systems. Journal of Power Sources, 1997, 68(1): 91-98.

[8] Wang Q S, Sun J H. Enhancing the safety of lithium ion batteries by 4-isopropyl phenyl diphenyl phosphate. Materials Letters, 2007, 61(16): 3338-3340.

[9] Venugopal G. Characterization of thermal cut-off mechanisms in prismatic lithium-ion batteries. Journal of Power Sources, 2001, 101(2): 231-237.

[10] Wang Q S, Sun J H, Chen X F, et al. Effects of solvents and salt on the thermal stability of charged $LiCoO_2$. Materials Research Bulletin, 2009, 44(3): 543-548.

[11] Shigematsu Y, Ue M, Yamaki J. Thermal behavior of charged graphite and Li_xCoO_2 in electrolytes containing alkyl phosphate for lithium-ion cells. Journal of the Electrochemical Society, 2009, 156(3): A176-A180.

[12] Lee S Y, Kim S K, Ahn S. Performances and thermal stability of $LiCoO_2$ cathodes encapsulated by a new gel polymer electrolyte. Journal of Power Sources, 2007, 174(2): 480-483.

[13] Jiang J, Dahn J R. Effects of particle size and electrolyte salt on the thermal stability of $Li_{0.5}CoO_2$. Electrochimica Acta, 2004, 49(16): 2661-2666.

[14] Yamaki J, Baba Y, Katayama N, et al. Thermal stability of electrolytes with Li_xCoO_2 cathode or lithiated carbon anode. Journal of Power Sources, 2003, 119: 789-793.

[15] Yang H, Shen X D. Dynamic TGA-FTIR studies on the thermal stability of lithium/graphite with electrolyte in lithium-ion cell. Journal of Power Sources, 2007, 167(2): 515-519.

[16] Wang Q S, Sun J H, Yao X L, et al. Thermal stability of $LiPF_6$/EC+DEC electrolyte with charged electrodes for lithium ion batteries. Thermochimica Acta, 2005, 437(1-2): 12-16.

[17] Gnanaraj J S, Zinigrad E, Asraf L, et al. The use of accelerating rate calorimetry (ARC) for the study of the thermal reactions of Li-ion battery electrolyte solutions. Journal of Power Sources, 2003, 119: 794-798.

[18] Kawamura T, Kimura A, Egashira M, et al. Thermal stability of alkyl carbonate mixed-solvent electrolytes for lithium ion cells. Journal of Power Sources, 2002, 104(2): 260-264.

[19] Moshkovich M, Cojocaru M, Gottlieb H E, et al. The study of the anodic stability of alkyl carbonate solutions by in situ FTIR spectroscopy, EQCM, NMR and MS. Journal of Electroanalytical Chemistry, 2001, 497(1-2): 84-96.

[20] Markevich E, Salitra G, Aurbach D. Influence of the PVDF binder on the stability of $LiCoO_2$ electrodes. Electrochemistry Communications, 2005, 7(12): 1298-1304.

[21] Gray F M. Solid Polymer Electrolytes: Fundamentals and Technological Applications. New York: VCH Publishers, 1991.

[22] Finegan D P, Scheel M, Robinson J B, et al. In-operando high-speed tomography of lithium-ion batteries during thermal runaway. Nature Communications, 2015, 6: 1-10.

[23] 平平. 锂离子电池热失控与火灾危险性分析及高安全性电池体系研究. 合肥:中国科学技术大学博士学位论文,2014.

[24] Balakrishnan P, Ramesh R, Kumar T P. Safety mechanisms in lithium-ion batteries. Journal of Power Sources, 2006, 155(2): 401-414.

[25] Wang S R, Lu L L, Liu X J. A simulation on safety of $LiFePO_4$/C cell using electrochemical-thermal coupling model. Journal of Power Sources, 2013, 244: 101-108.

[26] Al-Hallaj S, Maleki H, Hong J S, et al. Thermal modeling and design considerations of lithium-ion batteries. Journal of Power Sources, 1999, 83(1): 1-8.

[27] Doyle M, Newman J, Gozdz A S, et al. Comparison of modeling predictions with experimental data from plastic lithium ion cells. Journal of the Electrochemical Society, 1996, 143(6): 1890-1903.

[28] Wu M S, Liu K, Wang Y Y, et al. Heat dissipation design for lithium-ion batteries. Journal of Power Sources, 2002, 109(1): 160-166.

[29] Albertus P, Newman J I. A simplified model for determining capacity usage and battery size for hybrid and plug-in hybrid electric vehicles. Journal of Power Sources, 2008, 183(1): 376-380.

[30] Zhang Q, White R E. Calendar life study of Li-ion pouch cells. Part 2: Simulation. Journal of Power Sources, 2008, 179(2): 785-792.

[31] Kumaresan K, Sikha G, White R E. Thermal model for a Li-ion cell. Journal of the Electrochemical Society, 2008, 155(2): A164-A171.

[32] 卢立丽,王松蕊,刘兴江. 锂离子电池电化学模拟模型的比较. 电源技术,2011,35(7):765-767.

[33] 周苏,孙晓燕,纪光霁,等. 基于传质现象的锂电池机理建模. 武汉科技大学学报,2011,34(6):467-472.

[34] Somasundaram K, Birgersson E, Mujumdar A S. Thermal-electrochemical model for passive thermal management of a spiral-wound lithium-ion battery. Journal of Power Sources, 2012, 203: 84-96.

[35] Zhang X W. Thermal analysis of a cylindrical lithium-ion battery. Electrochimica Acta, 2011, 56(3): 1246-1255.

[36] Botte G G, Johnson B A, White R E. Influence of some design variables on the thermal behavior of a lithium-lon cell. Journal of the Electrochemical Society, 1999, 146(3): 914-923.

[37] Sato N. Thermal behavior analysis of lithium-ion batteries for electric and hybrid vehicles. Journal of Power Sources, 2001, 99(1): 70-77.

[38] Funahashi A, Kida Y, Yanagida K, et al. Thermal simulation of large-scale lithium secondary batteries using a graphite-coke hybrid carbon negative electrode and $LiNi_{0.7}Co_{0.3}O_2$ positive electrode. Journal of Power Sources, 2002, 104(2): 248-252.

[39] Onda K, Ohshima T, Nakayama M, et al. Thermal behavior of small lithium-ion battery during rapid charge and discharge cycles. Journal of Power Sources, 2006, 158(1): 535-542.

[40] Al-Hallaj S, Selman J. Thermal modeling of secondary lithium batteries for electric vehicle/hybrid electric vehicle applications. Journal of Power Sources, 2002, 110(2): 341-348.

[41] Wu J, Srinivasan V, Xu J, et al. Newton-Krylov-multigrid algorithms for battery simulation. Journal of the Electrochemical Society, 2002, 149(10): A1342-A1348.

[42] Khateeb S A, Amiruddin S, Farid M, et al. Thermal management of Li-ion battery with phase change material for electric scooters: experimental validation. Journal of Power Sources, 2005, 142(1): 345-353.

[43] Chen S C, Wang Y Y, Wan C C. Thermal analysis of spirally wound lithium batteries. Journal of the Electrochemical Society, 2006, 153(4): A637-A648.

[44] Vlahinos A, Pesaran A. Energy efficient battery heating in cold climates. SAE Technical Paper, San Diego, 2002: 2002-01-1975.

[45] Kim G H, Pesaran A. Battery thermal management system design modeling. Colorado: National Renewable Energy Laboratory, 2006.

[46] Park C, Jaura A K. Dynamic thermal model of Li-ion battery for predictive behavior in hybrid and fuel cell vehicles. SAE Technical Paper, Detroit, 2003: 2003-01-2286.

[47] Park C, Jaura A K. Transient heat transfer of 42V Ni-MH batteries for an HEV application. SAE Technical Paper, San Diego, 2002: 2002-01-1964.

[48] Parrish R, Elankumaran K, Gandhi M, et al. Voltec battery design and manufacturing. SAE Technical Paper, Detroit, 2011: 2011-01-1360.

[49] Mahamud R, Park C. Spatial-resolution, lumped-capacitance thermal model for cylindrical Li-ion batteries under high Biot number conditions. Applied Mathematical Modelling, 2013, 37(5): 2787-2801.

[50] Gu W, Wang C. Thermal-electrochemical modeling of battery systems. Journal of the Electrochemical Society, 2000, 147(8): 2910-2922.

[51] Hatchard T, MacNeil D, Basu A, et al. Thermal model of cylindrical and prismatic lithium-ion cells. Journal of the Electrochemical Society, 2001, 148(7): A755-A761.

[52] 赵学娟. 锂离子电池在绝热条件下的循环产热研究. 合肥：中国科学技术大学硕士学位论文，2014.

[53] Jeon D H, Baek S M. Thermal modeling of cylindrical lithium ion battery during discharge cycle. Energy Conversion and Management, 2011, 52(8): 2973-2981.

[54] 李腾，林成涛，陈全世. 锂离子电池三维多层多物理场模型. 清华大学学报(自然科学版)，2012, 52(7): 995-1000.

[55] Smith K, Wang C Y. Power and thermal characterization of a lithium-ion battery pack for hybrid-electric vehicles. Journal of Power Sources, 2006, 160(1): 662-673.

[56] Kim U S, Shin C B, Kim C S. Effect of electrode configuration on the thermal behavior of a lithium-polymer battery. Journal of Power Sources, 2008, 180(2): 909-916.

[57] Forgez C, Vinh-Do D, Friedrich G, et al. Thermal modeling of a cylindrical $LiFePO_4$ graphite lithium-ion battery. Journal of Power Sources, 2010, 195(9): 2961-2968.

[58] Gerschler J B,Kowal J,Sander M,et al. High-spatial impedance-based modeling of electrical and thermal behavior of lithium-ion batteries—A powerful design and analysis tool for battery packs in hybrid electric vehicles. Proceedings of the Electric Vehicle Symposium, Anaheim,2007:125-130.

[59] Kwon K H,Shin C B,Kang T H,et al. A two-dimensional modeling of a lithium-polymer battery. Journal of Power Sources,2006,163(1):151-157.

[60] Wang Q S,Ping P,Sun J H. Catastrophe analysis of cylindrical lithium ion battery. Nonlinear Dynamics,2010,61(4):763-772.

[61] 王青松. 锂离子电池材料的热稳定性及电解液阻燃添加剂研究. 合肥:中国科学技术大学博士学位论文,2005.

[62] 孙秋娟,王青松,平平,等. 循环充放电条件下锂离子电池的温度模拟. 新能源进展,2014,2(4):315-321.

[63] Sun Q J,Wang Q S,Zhao X J,et al. Numerical study on lithium titanate battery thermal response under adiabatic condition. Energy Conversion and Management,2015,92:184-193.

[64] Chen M,Sun Q J,Li Y Q,et al. A thermal runaway simulation on lithium titanate battery and the battery pack. Energies,2015,8(1):490-500.

[65] Freitas G,Peixoto F C,Vianna Jr A S. Simulation of a thermal battery using Phoenics®. Journal of Power Sources,2008,179(1):424-429.

[66] Javani N,Dincer I,Naterer G,et al. Heat transfer and thermal management with PCMs in a Li-ion battery cell for electric vehicles. International Journal of Heat and Mass Transfer, 2014,72:690-703.

[67] He F,Li X S,Ma L. Combined experimental and numerical study of thermal management of battery module consisting of multiple Li-ion cells. International Journal of Heat and Mass Transfer,2014,72:622-629.

[68] Wang T,Tseng K J,Zhao J Y,et al. Thermal investigation of lithium-ion battery module with different cell arrangement structures and forced air-cooling strategies. Applied Energy, 2014,134:229-238.

[69] Mahamud R,Park C. Reciprocating air flow for Li-ion battery thermal management to improve temperature uniformity. Journal of Power Sources,2011,196(13):5685-5696.

[70] Kim U S,Yi J,Shin C B,et al. Modeling the dependence of the discharge behavior of a lithium-ion battery on the environmental temperature. Journal of the Electrochemical Society,2011,158(5):A611-A618.

[71] Kim U S,Yi J,Shin C B,et al. Modelling the thermal behaviour of a lithium-ion battery during charge. Journal of Power Sources,2011,196(11):5115-5121.

[72] Cai L,White R E. Mathematical modeling of a lithium ion battery with thermal effects in COMSOL Inc. Multiphysics(MP) software. Journal of Power Sources,2011,196(14):5985-5989.

[73] Smith K, Kim G H, Darcy E, et al. Thermal/electrical modeling for abuse-tolerant design of lithium ion modules. International Journal of Energy Research, 2010, 34(2): 204-215.

[74] Santhanagopalan S, Ramadass P, Zhang J Z. Analysis of internal short-circuit in a lithium ion cell. Journal of Power Sources, 2009, 194(1): 550-557.

[75] Guo G F, Long B, Cheng B, et al. Three-dimensional thermal finite element modeling of lithium-ion battery in thermal abuse application. Journal of Power Sources, 2010, 195(8): 2393-2398.

[76] Yamauchi T, Mizushima K, Satoh Y, et al. Development of a simulator for both property and safety of a lithium secondary battery. Journal of Power Sources, 2004, 136(1): 99-107.

[77] Spotnitz R, Weaver J, Yeduvaka G, et al. Simulation of abuse tolerance of lithium-ion battery packs. Journal of Power Sources, 2007, 163(2): 1080-1086.

[78] Kang J Q, Yan F W, Zhang P, et al. A novel way to calculate energy efficiency for rechargeable batteries. Journal of Power Sources, 2012, 206: 310-314.

[79] Kang J Q, Yan F W, Zhang P, et al. Comparison of comprehensive properties of Ni-MH (nickel-metal hydride) and Li-ion (lithium-ion) batteries in terms of energy efficiency. Energy, 2014, 70: 618-625.

第 5 章　锂离子电池火灾危险性

5.1　锂离子电池火灾的事故树分析

5.1.1　事故树简介

事故树分析是一种逻辑分析工具，遵照逻辑学的演绎分析原则，通过分析所有事故的现象、原因、结果事件及其组合，找到避免事故的措施。事故树是从结果到原因描绘事故发生的有向逻辑树，是用逻辑门连接的树图。在事故树中使用的符号通常分为事件符号和逻辑门符号两大类。事件符号中用矩形符号(图 5.1(a))表示顶上事件或中间事件，代号分别为 T 和 A。顶上事件就是所要分析的事故，位于事故树的顶端。中间事故是位于顶上事件和基本事件之间。圆形符号表示基本事件，也就是事件发生的最基本的原因，是不能再往下分析的事件，位于事故树的底部[1,2]。

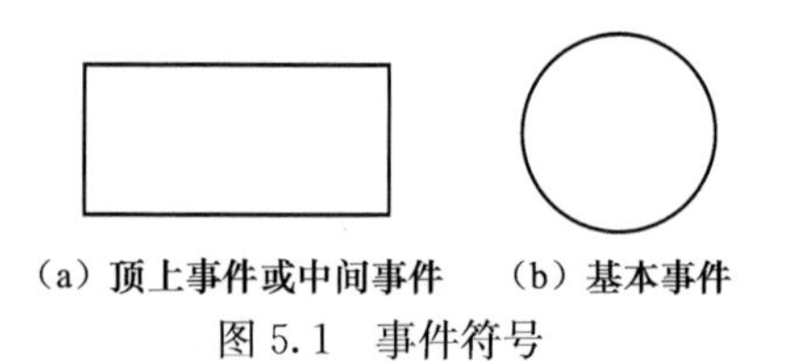

图 5.1　事件符号

逻辑门符号用于表示层与层事件之间的逻辑连接关系。其基本的、应用最多的有与门、或门、条件与门和条件或门。与门(图 5.2(a))表示只有输入事件 B_1、B_2 都发生时，输出事件 A 才发生。或门(图 5.2(b))表示输入事件 B_1、B_2 中任一个事件发生时，输出事件 A 发生。条件门可分为条件与门和条件或门两种，见图 5.2(c)和(d)。条件与门表示输入事件 B_1、B_2，不仅同时发生，而且还必须满足条件 a，

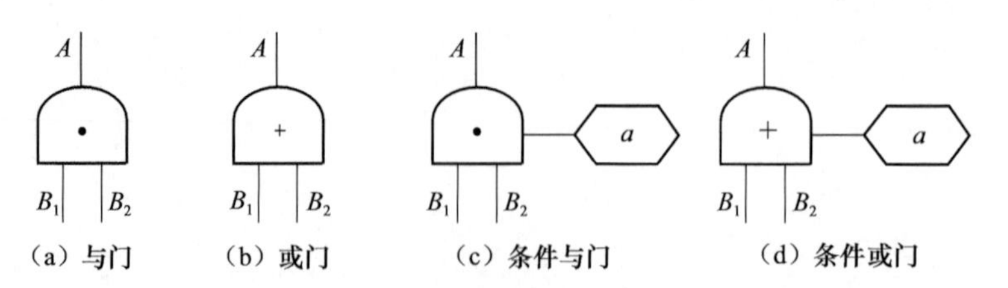

图 5.2　事故树逻辑门符号

才会有输出事件 A 发生,否则就不发生。条件或门表示输入事件 B_1、B_2 至少有一个发生,在满足条件 a 的情况下,输出事件 A 才发生。

5.1.2 锂离子电池火灾和爆炸的事故树演化分析

以锂离子电池火灾和爆炸作为顶上事件进行分析,考虑到助燃物、可燃物、点火源三个要素是火灾和爆炸发生的必要条件,因此与之进行一一对应可知,该顶上事件的发生是由于电池系统内部产生氧化剂、大量的燃料以及足够高的温度三者同时存在导致的,如图5.3所示。氧化剂的来源有两种,一种是正极材料的分解,另一种是空气中的氧气。燃料的主要组成成分为电解液、烷烃气体、酯类醇类化合物等,其主要是由于电解液在足够高温度下的分解反应和电解液与脱嵌锂的反应。电池体系的高温来源也有几种,一种是电池本身暴露于火场或强的热辐射中,另一种是电池内部反应产热。氧化剂、燃料和点火源相互耦合、互相促进,如果有某一滥用条件在其中产生作用,将有可能促使电池内部体系发生多米诺效应,引发电池火灾甚至爆炸。将顶上事件作为主要分析对象,逐层往下分析,可以得到电池火灾的演化过程,并得到一系列诱使电池火灾爆炸的基本事件。

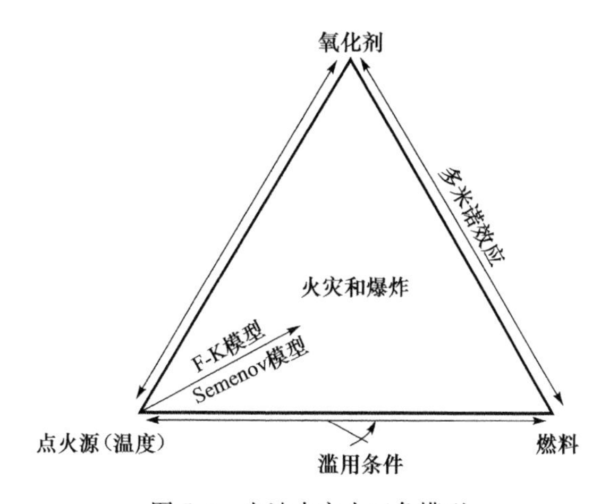

图5.3 电池火灾火三角模型

通过分析,构建事故树如图5.4所示。将事故树根据布尔代数化简法进行化简:

$$
\begin{aligned}
T &= (x_2 \cdot A_3 + A_8 + A_9) \cdot (x_6 + x_7 \cdot x_{13} \cdot A_3) \\
&\quad \cdot (x_8 + A_{10} \cdot A_{11} \cdot A_{12} \cdot A_{13}) \cdot x_1 \\
&= (x_2 \cdot A_3 + x_3 \cdot A_3 + x_4 \cdot A_3 \cdot x_5 \cdot A_3 \cdot A_3) \\
&\quad \cdot (x_6 + x_7 \cdot x_{13} \cdot A_3) \cdot (x_8 + A_{10} \cdot A_{11} \cdot A_{12} \cdot A_{13}) \cdot x_1
\end{aligned}
$$

式中

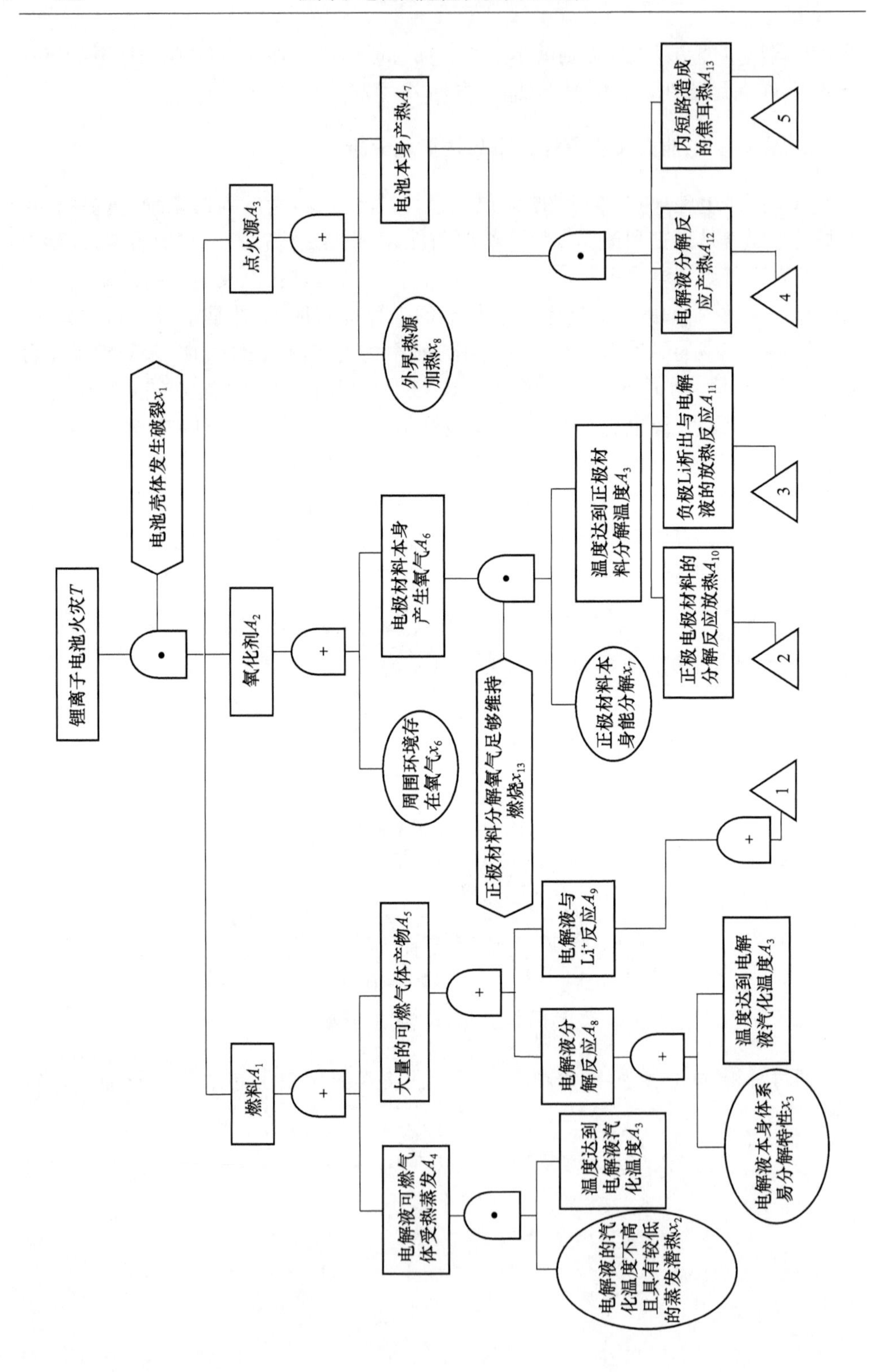
锂离子电池火灾T
电池壳体发生破裂x_1
燃料A_1
氧化剂A_2
点火源A_3
电解液可燃气体受热蒸发A_4
大量的可燃气体产物A_5
周围环境存在氧气x_6
电极材料本身产生氧气A_6
外界热源加热x_8
电池本身产热A_7
正极材料分解氧气足够维持燃烧x_{13}
温度达到电解液汽化温度A_3
电解液的汽化温度不高且具有较低的蒸发潜热x_2
电解液分解反应A_8
电解液与Li^+反应A_9
温度达到电解液汽化温度A_3
电解液本身体系易分解特性x_3
正极材料本身能分解x_7
温度达到正极材料分解温度A_3
正极电极材料的分解反应放热A_{10}
负极Li析出与电解液的放热反应A_{11}
电解液分解反应产热A_{12}
内短路造成的焦耳热A_{13}
1
2
3
4
5

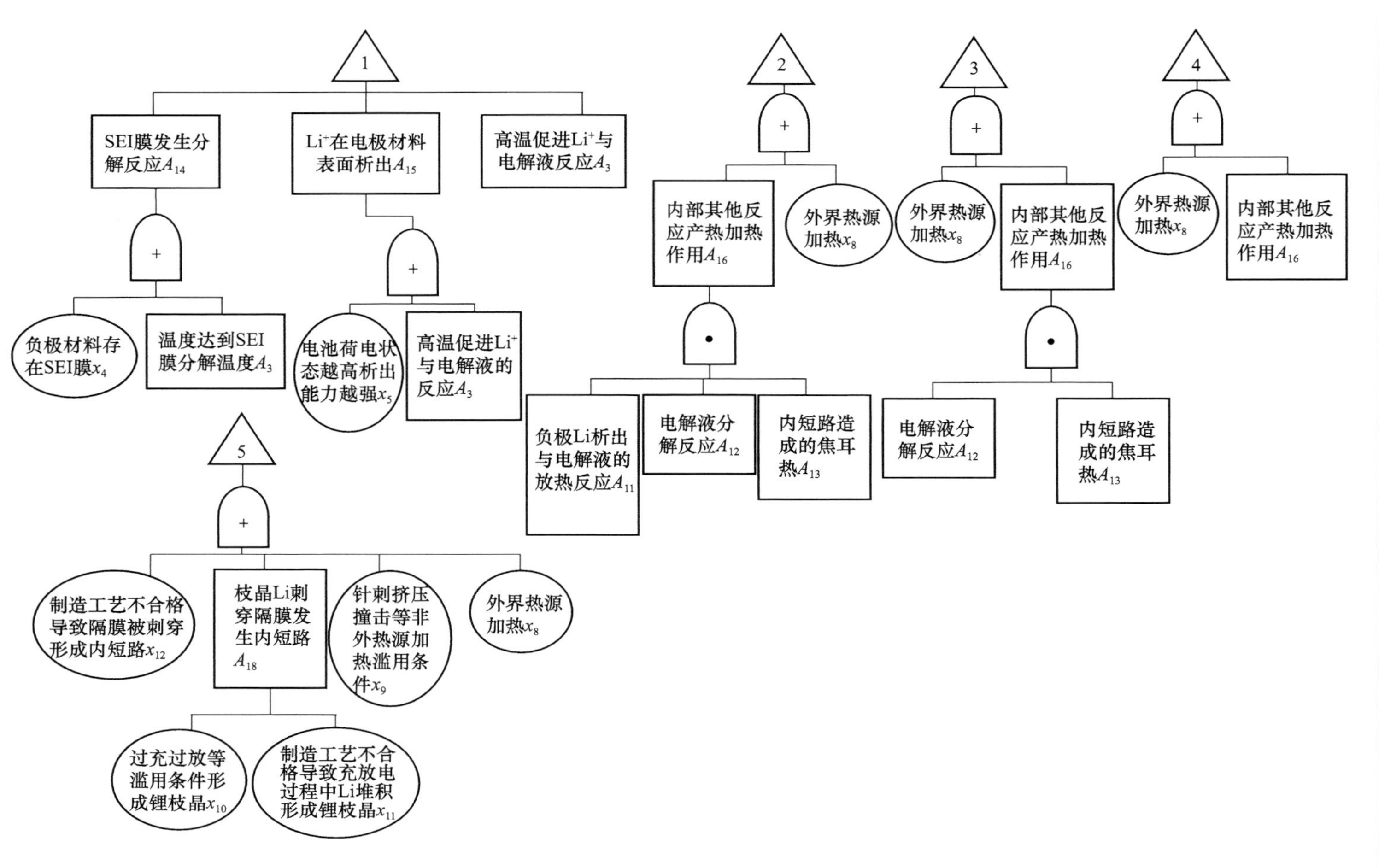

图 5.4　锂离子电池火灾事故树分析

$A_{13}=x_8+x_9+x_{10}+x_{11}+x_{12}$

$A_{12}=x_8+A_{13}=x_8+x_9+x_{10}+x_{11}+x_{12}$

$A_{11}=x_8+A_{17}=x_8+A_{12}\cdot A_{13}=x_8+x_9+x_{10}+x_{11}+x_{12}$

$A_{10}=x_8+A_{16}=x_8+A_{11}\cdot A_{12}\cdot A_{13}=x_8+x_9+x_{10}+x_{11}+x_{12}$

$A_3=x_8+A_7=x_8+A_{10}\cdot A_{11}\cdot A_{12}\cdot A_{13}=x_8+x_9+x_{10}+x_{11}+x_{12}$

代入计算公式中可以得到顶上事件：

$$T=(x_2+x_3+x_4\cdot x_5)\cdot(x_6+x_7\cdot x_{13})\cdot(x_8+x_9+x_{10}+x_{11}+x_{12})\cdot x_1 \tag{5.1}$$

令 $K_1=x_2+x_3+x_4\cdot x_5$，$K_2=x_6+x_7\cdot x_{13}$，$K_3=x_8+x_9+x_{10}+x_{11}+x_{12}$，$K_4=x_1$，可以看到顶上事件可以化简为 4 个中间事件 K_1、K_2、K_3、K_4 的与门。如果直接展开式(5.1)将得到数目较多的最小割集，这里根据范式的对称性，直接采用结构重要系数的定义式计算所有基本事件的结构重要系数[1]：

$$I_\phi(i)=\frac{1}{2^{n-1}}\sum_i[\phi(1_i,x)-\phi(0_i,x)] \tag{5.2}$$

在 13 个基本事件中，两种状态的组合共有 2^{13} 种，x_i 作为变化对象，其他事件保持不变的对照组有 2^{12} 个，$\sum\limits_i[\phi(1_i,x)-\phi(0_i,x)]$ 表示在这 2^{12} 个状态中，x_i 发生变化引起顶上事件发生变化的次数。

若 x_1 的变化能引起顶上事件发生变化，则中间事件 K_1、K_2、K_3 必须为 1。x_1 的结构重要系数为

$$I_{x_1}=\frac{(2^4-3)\cdot(2^5-1)\cdot(2^3-3)}{2^{12}}=0.492$$

x_2 与 x_3 具有对称性，若 x_2 或者 x_3 的变化能引起顶上事件发生变化，K_1 中另外两项都保持为 0，且 K_2、K_3、K_4 都必须为 1：

$$I_{x_2}=I_{x_3}=\frac{3\cdot(2^5-1)\cdot(2^3-3)}{2^{12}}=0.114$$

同理可以计算其余基本事件结构系数：

$$I_{x_4}=I_{x_5}=\frac{(2^5-1)\cdot(2^3-3)}{2^{12}}=0.038$$

$$I_{x_6}=\frac{(2^4-3)\cdot(2^5-1)\cdot 3}{2^{12}}=0.294$$

$$I_{x_7}=I_{x_{13}}=\frac{(2^4-3)\cdot(2^5-1)}{2^{12}}=0.098$$

$$I_{x_8}=I_{x_9}=I_{x_{10}}=I_{x_{11}}=I_{x_{12}}=\frac{(2^4-3)\cdot(2^3-3)}{2^{12}}=0.016$$

根据计算结果可以比较得到：$I_{x_1}>I_{x_6}>I_{x_2}=I_{x_3}>I_{x_7}=I_{x_{13}}>I_{x_4}=I_{x_5}>I_{x_8}=I_{x_9}=I_{x_{10}}=I_{x_{11}}=I_{x_{12}}$。再将所有基本事件列出：

x_1:电池壳体发生破裂。

x_2:电解液的汽化温度不高且具有较低的蒸发潜热。

x_3:电解液本身体系易分解特性。

x_4:负极材料存在SEI膜。

x_5:电池的荷电状态越高析出能力越强。

x_6:周围环境存在氧气。

x_7:正极材料本身能分解。

x_8:外界热源加热。

x_9:针刺挤压撞击热源加热滥用条件。

x_{10}:过充过放等滥用条件形成锂枝晶。

x_{11}:制造工艺不合格导致充放电过程中Li堆积形成锂枝晶。

x_{12}:制造工艺不合格导致隔膜被刺穿形成内短路。

x_{13}:正极材料分解氧气足够维持燃烧。

如果将顶上事件的表达式(5.1)分解成最小割集,可以找出30种途径(最小割集)导致电池发生火灾,通过对基本事件的结构重要系数分析,可以得到电池壳体的抗压特性及周围环境中存在富足的氧气占有很高的比重,如果对这两者进行控制,电池很难发生火灾。然而实际情况下,电池壳体在发生热失控后很难不破裂,一般大型电池都设计有泄压阀,在电池压力达到一定值时及时将内部气体泄放,可以有效防止电池发生火灾甚至爆炸。大部分电池都裸露在空气中使用,难以避免与氧化剂接触。x_2、x_3、x_4、x_7 这些基本事件与电池生产工艺有关。在严格控制生产流程的情况下,能使电池的均一性更好,总体安全性较好。x_8、x_9、x_{10}、x_{11}、x_{12}都具有等同的结构重要系数,虽然它们数值排在最后,但其他基本事件在现今的生产制造工艺和使用条件中是无法避免的,一旦事件成立,很容易导致电池发生火灾。在使用中要尽量避免这些基本事件的发生。该事故树从火三角模型的角度从事故推向原因,比较清晰地展示出电池整个火灾发生的主要致因,也比较系统地分析了电池发生火灾的诸多因素,并分析了各个因素的重要程度,为电池的结构设计和消防设计提供新思路。

5.2　锂离子电池火灾行为

当锂离子电池发生热失控时,它将迅速地释放出其存储的能量,电池存储的能量越多,释放的能量也越剧烈。电池之所以具有如此强烈的放热行为一方面是因为其本身具有很高的比能量,另一方面根据5.1节事故树分析可知,电池不仅仅存储电能,还具有可燃性电解液,当电池发生热失控时,电池内部就会发生大量化学反应,如电解液与嵌锂反应、正极分解反应等,迅速释放出大量的热能,具有引发电池火灾甚至爆炸的危险。即使是相对安全的电池体系,在外界热滥用条件作用下,也不可避免地有发生火灾甚至爆炸的危险。在电池发生热失控时,电池内部会形成热点,热点处隔膜发生熔化,正负极材料直接接触而发生短路。随着持续产热,电池整体温度持续升高,正负极材料和电解液发生化学反应,其中电解液分解产生大量可燃性气体,电池泄压阀破裂后,气体若遇到高温则会发生燃烧,致使火灾发生。电池的火灾行为主要可以分以下几个阶段。

1. 电池温度升高

电池发生自发产热初始温度是在70~90℃,在第4章的热失控机理中讨论过用Semenov模型来解释电池的热失控行为,当电池内部产热大于外部散热时,电池的温度将不断升高。在5.1节中,通过事故树分析得到电池温度升高主要是由电解液与电极中锂离子的反应和电解液、电极材料自身分解驱动的,随着温度的升高,隔膜会发生熔化和分解。电池发生热失控时,满电状态的电池可达到660℃以上,从图5.5中可以看到铝集流体发生熔化形成的铝珠,而铝的熔点在660℃左右。Finegan课题组[3]使用断层扫描技术发现随着反应的持续进行,电池内部温度会持续升高,甚至达到黄铜的熔点1083℃(图5.6)。

图5.5　一块热失控后18650电池的铝集流体熔解后重新固化[4]

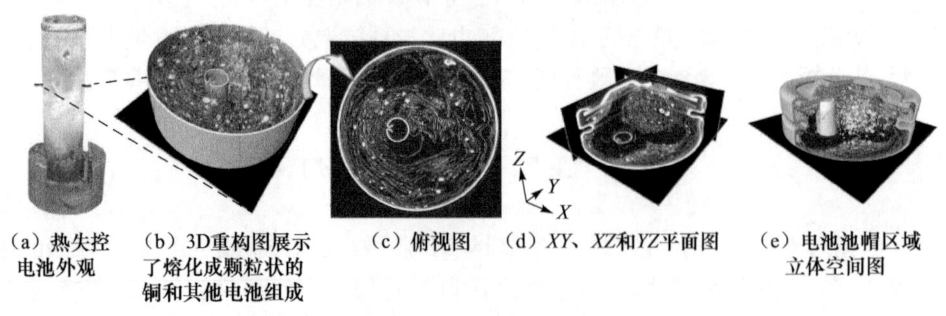

图5.6　18650电池热失控之后断层扫描[3]

2. 电池内部压强增加

电池内部压强增加主要是由受热的电解液汽化和分解所致,一些正极材料在一定温度下也会发生分解，产生氧气。气体的产量与电池的荷电状态有关，一般情况下电池荷电状态越高，电解液分解越充分，电池内部压力也会越大；电池的容量越大，所产生的气体量也越多。对于软包电池，产生的气体将导致电池发生膨胀（图 5.7），但对于圆柱形电池，由于壳体强度足够，一般不会发生膨胀，但如果压力过高，可导致电池直接发生爆炸。

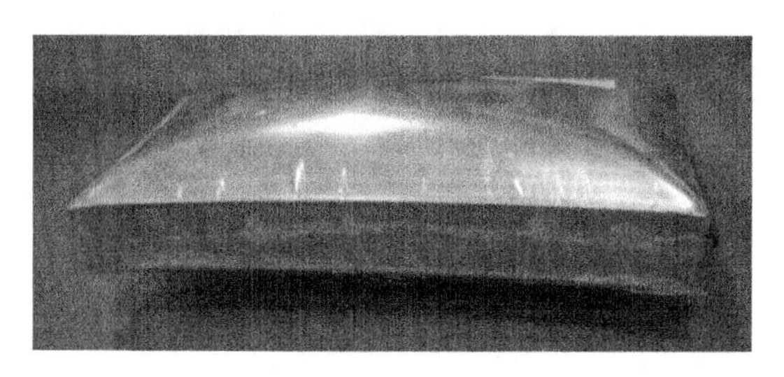

图 5.7　受热膨胀的软包电池

3. 电池气体压力泄放

对于一些软包电池，由于它不具备很好的隔热性能和耐压性能，在比较低的温度就会开始泄压。对于一些方形电池，一般会在电池边缘的某处位置设置线性泄压阀，当内部压力超过耐压极限时，气体就会从泄压阀处泄放并发出声音。对于小型圆柱形电池如 18650 电池，若无泄压阀，则电池上下两端可能会发生破裂，气体从裂口喷出，但对于大型圆柱形电池，一般都设计了泄压阀，当气体压强超过泄压阀压力极限时，泄压阀就会发生破裂，释放气体并发出尖锐的声音[4]。由于高温下，黏结剂 PVDF 的黏滞作用失效，电极材料在电池喷出的气流的作用下发生脱落并随着气流喷出，所以很多情况下的气体是黑色的烟气。有时，电池喷气过程中会产生大量的火花从缺口喷出（图 5.8）。由于电池内部温度在发生热失控时急剧上升，火花有可能是电池内部的铝或者铜发生熔化后从电池内部喷出，在空气中发生燃烧的结果。

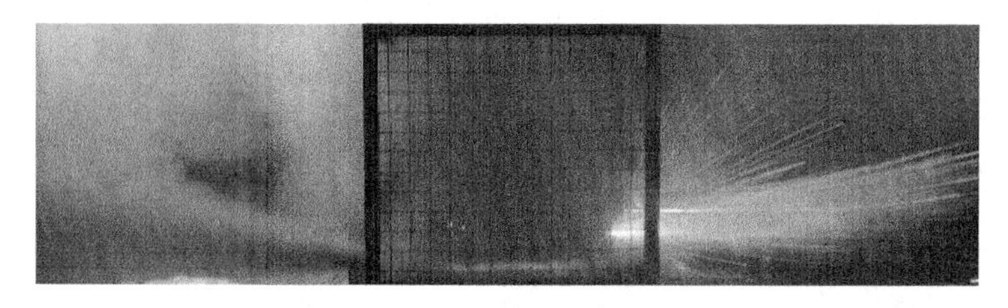

图 5.8　满电状态下电池热失控两端泄放情况

4. 电池燃烧

电池热失控产生的气体主要有 CO、CO_2、CH_4、C_2H_4、H_2 和电解液的蒸气，其中多数为可燃性气体，与空气发生混合后在高温作用下可能会发生燃烧。关于电池的点燃，电池内部的确会产生 O_2 作为氧化剂，但产生的氧不足以支持燃烧，然而电池在喷出气体时接触到空气中的 O_2，当温度达到其着火点时，便会形成火焰。图 5.9 是使用高速摄影拍摄到的电池着火的过程，电池首先是电解液滴落到热源

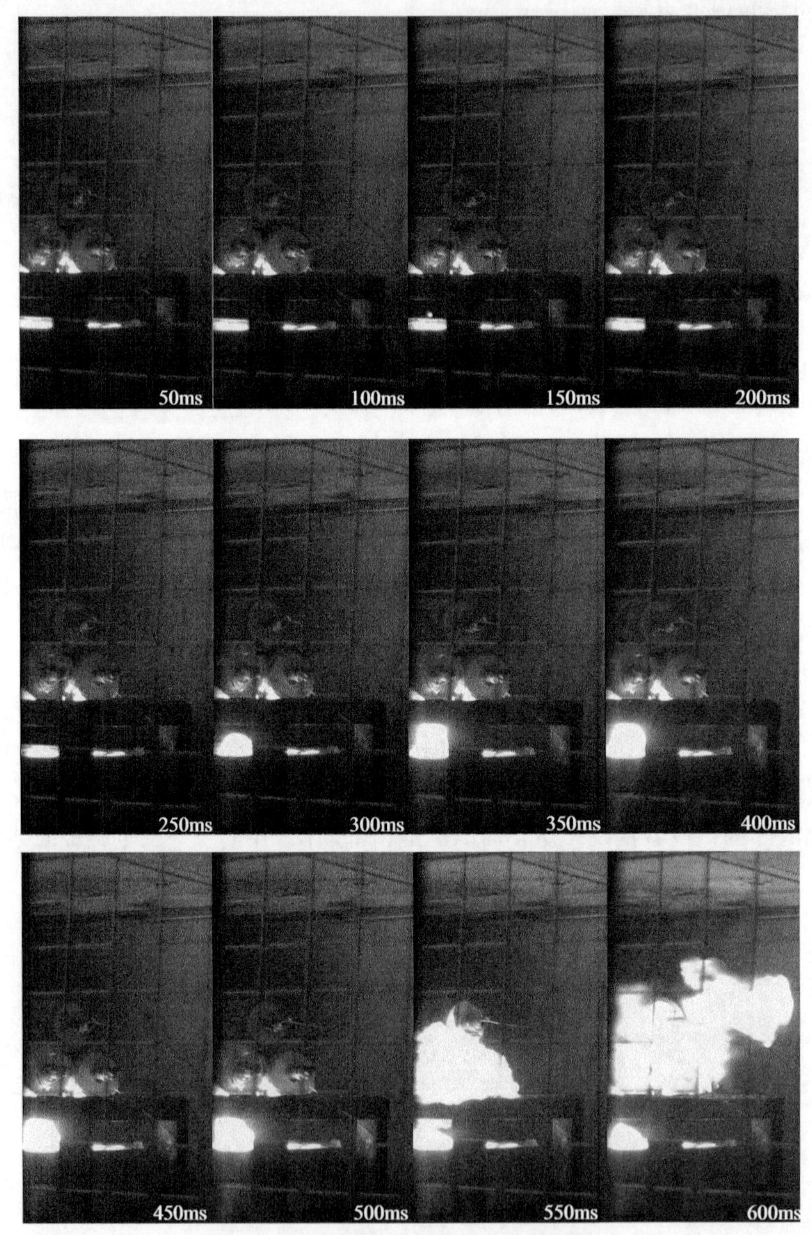

图 5.9　高速摄影拍摄电池着火过程

上，燃烧后再引燃电池，形成电池火焰。在气体燃烧的过程中由于电池内部的 O_2 无法完全满足气体燃烧本身所需要的量，需要从周围环境中卷吸空气作为氧化剂来维持燃烧，电池火焰周边因卷吸空气而形成漩涡，并出现火焰振荡现象(图 5.10)。随着电池反应的进行，电池内部温度逐渐升高，在不需要外在点火源的情况下也能发生着火，图 5.11 为 50Ah 钛酸锂电池受下方电池热失控作用后自燃。对于大容量电池，在实验过程中能发生一次甚至多次射流火焰，图 5.12 为 50Ah 磷酸铁锂电池在燃烧过程中出现的多次射流火焰行为现象。喷射的次数与电池荷电状态正相关，一方面可能由于随着时间的进行，电池内部温度逐渐升高，电池的反应也会发生变化，电池内部气体产量也会有一定变化，另一方面可能由于电解液与负极材料脱嵌的锂反应生成 Li_2CO_3，附着在负极材料表面重新形成 SEI 膜，阻止进一步的反应从而导致产气量变小。然后 SEI 膜再次发生分解，电解液继续与脱嵌的锂反应，产生大量的气体，形成第二次射流火焰。但如果气体生成速率过快，则出口处的气流速度大于火焰蔓延速度，会导致火焰吹熄。

图 5.10　电池燃烧火焰发生空气卷吸和火焰振荡

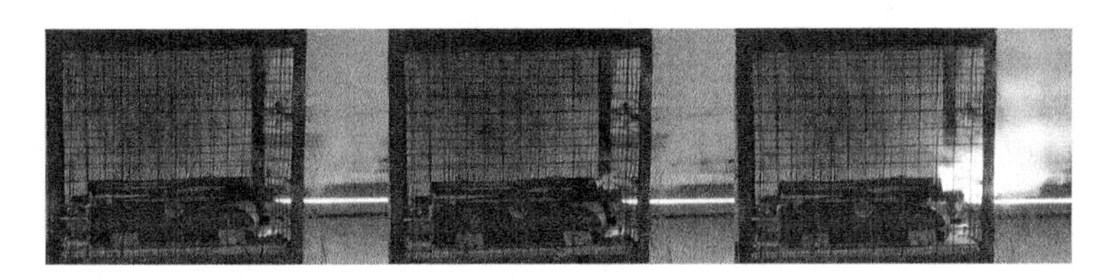

图 5.11　电池泄放自燃

5. 电池爆炸

爆炸一般都伴随着大量的气体和热的产生。很多小型手机电池和大容量电池在热失控或者燃烧过程中可能会发生爆炸。如果电池内快速产生大量的热量，根

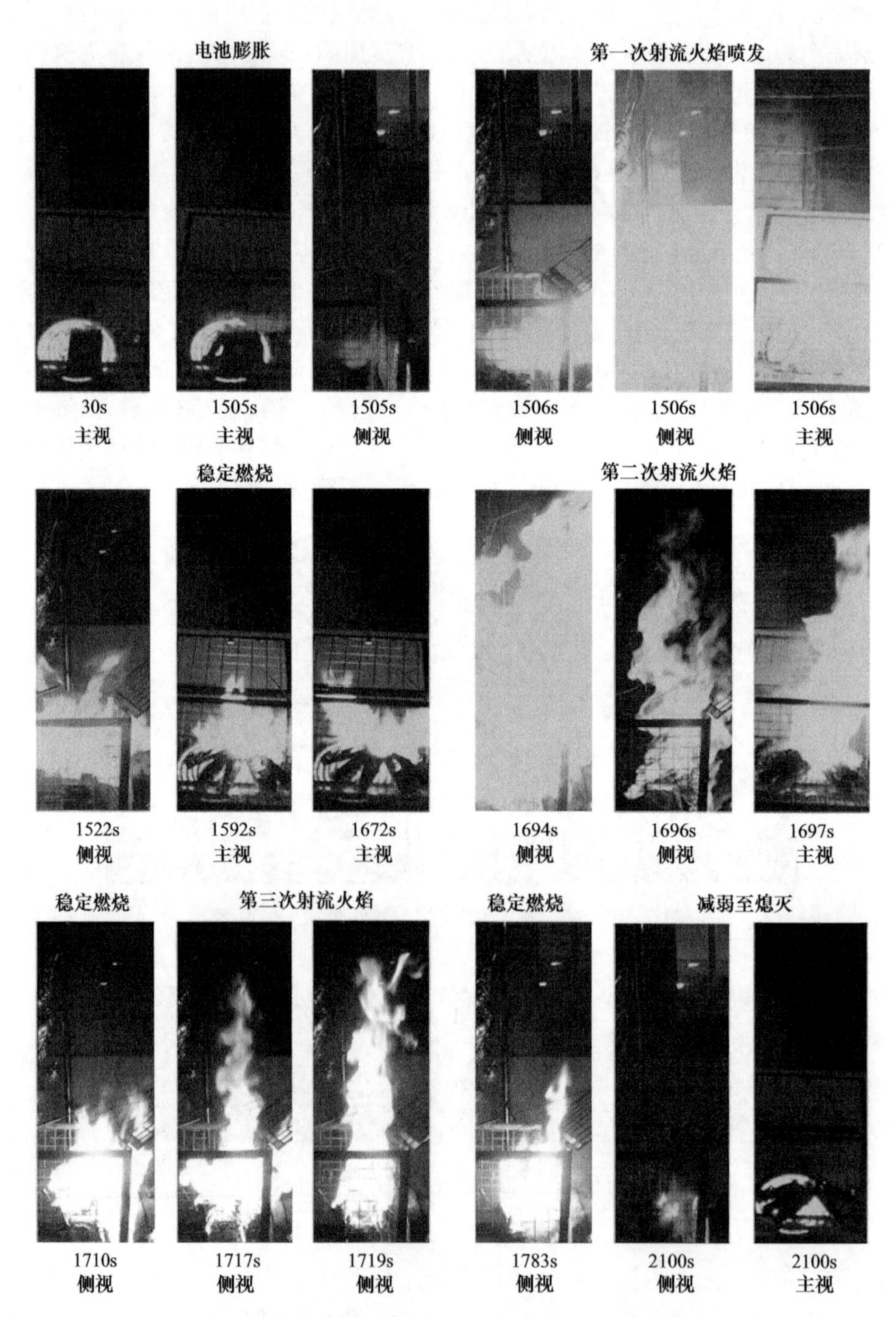

图 5.12　50Ah 磷酸铁锂电池在侧面受热下的燃烧行为

据图 5.3 中的火三角模型，热量会促进电池内部氧气和可燃性气体量的增加，此时分解的氧气又会与可燃气体混合，发生强烈的氧化还原反应，如果这些热量和气体没有得到及时散失，将有可能导致电池爆炸。电池在燃烧过程中发生多次射流火焰或者气体喷射可能是一种及时地散失气体与热量的过程，从而避免爆炸的发生。而电池热量的激增与电池的组成体系有很大关系，如电极材料 NMC 与电解液共存体系下(图 5.13)，在 270.1～289.5℃有一个很强的放热峰，产热量为 481.4J/g，根据文献报道，NMC 材料在 236～350℃从层状结构转变为 LiM_2O_4 型尖晶石，之后又在 350～441℃转变为 M_3O_4 型尖晶石结构[5]。

$$\mathrm{NMC(R3\text{-}m)} \xrightarrow{\Delta T,\text{溶解}} \mathrm{(Mn,Ni)O(Fm3m)} + \mathrm{CoO} + \mathrm{Ni} + \mathrm{O_2}$$

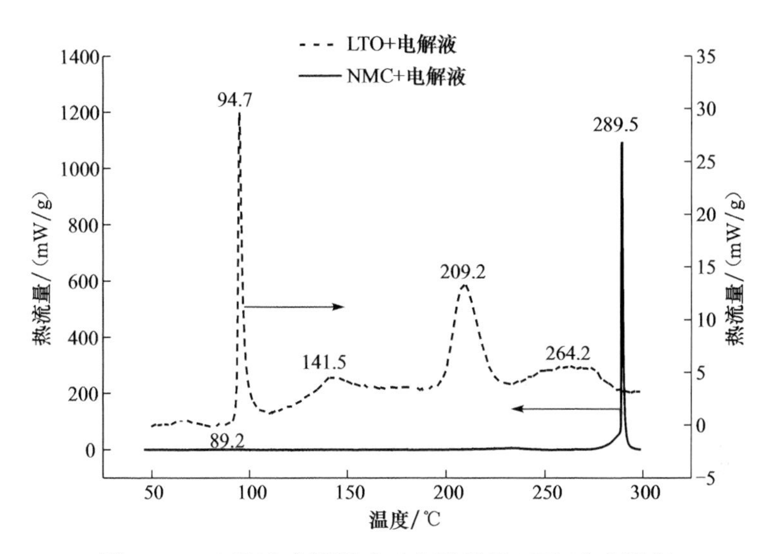

图 5.13　NMC(完全脱嵌)与电解液以及 LTO(完全嵌入)与电解液共存体系下的热流曲线[5]

作者在对多块 NMC-LTO 体系电池组的热辐射加热实验中，发现其中一块电池(仅受到周围电池热失控作用)表面温度在 168℃左右发生了爆炸。

6. 火焰向周围电池蔓延

在锂离子电池的大规模应用中，一块电池很难达到很高的电压和容量，所以都会使用电池管理系统对多块电池进行串并联来实现高电压和容量。当一块电池发生热失控时，通过电池表面与表面之间的热传导将热量传递给周围的电池，单块电池的燃烧火焰也会对周围电池有很强的加热作用。这样就会引发周围电池的热失控，导致电池火焰的蔓延。为了防止这类事故的发生，大都会在大规模电池模块中使用热管理系统甚至消防系统。

5.3 多种电池体系下的火灾危险性分析

5.3.1 多种电池体系下的火灾危险性实验

影响电池火灾危险性的因素主要有电池的容量、电池的组成体系、电池的荷电状态及电池构造(在电池中装有 PTC 和泄压阀)等。这些因素对电池火灾危险性起着至关重要的作用。而火灾危险性的评价方法有很多,目前主要有以下几种:

(1) 分析电池发生热失控过程中温度变化,将电池的温度变化转换为热焓[6]:

$$\Delta H = C_{\text{total}} m_{\text{total}} \Delta T_{\text{ad}} \tag{5.3}$$

$$C_{\text{total}} = \frac{c_{\text{cell}} m_{\text{cell}} + c_{\text{can}} m_{\text{can}}}{m_{\text{cell}} + m_{\text{can}}} \tag{5.4}$$

$$\Delta T_{\text{ad}} = T_{\max} - T_{\text{ig}} \tag{5.5}$$

磷酸铁锂的热容一般为 0.73J/(g·K),或者使用电池的燃烧热焓,再将热焓用 TNT 当量表示:

$$W = \frac{\Delta H}{H_{\text{TNT}}} \tag{5.6}$$

不同电池可以使用等效 TNT 当量来比较电池的热危险性。当今电池的最高可利用比能量约为 580Wh/kg,将近 TNT 比能量的一半(1282Wh/kg)[7]。然而,当考虑到电池的燃烧热时,整体所释放出来的能量要超过相同质量的 TNT[8]。

(2) 分析电池热失控的内部压力和压力变化速率。电池爆炸的发生一般都会产生大量的气体,不同的电池体系所产生的气体量不同,气体组成成分也不一样。固定空间中电池产生气体导致的压力变化程度能客观地反映出这种体系电池的危险程度;另外,对于大型锂离子电池的商业应用,对电池进行气体毒性评估也是不可缺少的一个环节[9,10]。

(3) 分析电池热特性。关于热特性的测量方法有很多,其中包括使用 C80 微量量热仪或差示扫描量热仪测量电极材料的热滥用特性,通过测量可以得到电池发生热失控的主导因素;使用加速度绝热量热仪(ARC)可以测量电池在绝热条件下内部发生的自加速反应;使用热箱测试可以测量电池在线性升温下电池内部的自加速反应的起始温度;使用耗氧量热仪可以测量电池的燃烧产热。这些实验手段可以对电池从材料到整个电池模组进行热特性和燃烧特性的分析,是当下评估电池危险性的主要手段。

将多方面的文献进行整理,包括锰酸锂-石墨、磷酸铁锂-石墨、镍锰钴三元材料-钛酸锂等电池体系,从 1.15Ah 的 18650 钴酸锂电池到 200Ah 大容量电池满电状态下进行热力学参数统计,如表 5.1 所示。对比在不同功率作用下的 18650 钴

表 5.1 多电池体系满电状态下热力学参数统计

电池种类	学者	电池形状（体积 V，受热面积 S）	开始燃烧临界条件下表面中心温度/℃	最高（火焰）温度/℃	射流火焰次数	质量损失（损失质量/总质量）	加热时间/min	燃烧时间/min	备注
18650 锰酸锂（2.9Ah）	Chen 等[12]	圆柱形 $V=16.532cm^3$ $S=11.7cm^2$	—	700	1	36%	5.75	0.67	使用 2kW 电炉加热
18650 钴酸锂（2.6Ah）	Fu 等[13]	圆柱形 $V=16.532cm^3$ $S=2.54cm^2$	284.2	663.2	1	—	2.62	0.42	加热功率为 $30kW/m^2$，电池在燃烧的最后发生爆炸
18650 钴酸锂（2.6Ah）	Fu 等[13]	圆柱形 $V=16.532cm^3$ $S=2.54cm^2$	263.1	736.8	1	—	0.67	0.67	加热功率为 $50kW/m^2$，电池在燃烧的最后发生爆炸
18650 钴酸锂（2.6Ah）	Fu 等[13]	圆柱形 $V=16.532cm^3$ $S=2.54cm^2$	184.2	931.6	1	—	0.28	0.63	加热功率为 $60kW/m^2$，电池在燃烧的最后发生爆炸
18650 磷酸铁锂（1.15Ah）	Summer[14]	圆柱形 $V=16.53cm^3$ $S=11.7cm^2$	226.7～254.4	300～342.8	—	—	1	4	火盆直接加热，测试点最高温度约 232℃
26650 磷酸铁锂（2.3Ah）	Summer[14]	圆柱形 $V=34.49cm^3$ $S=16.9cm^2$	248.9～275	351～337	—	—	1	3.25	火盆直接加热，测试点最高温度约 232℃
8Ah 钴酸锂聚合物	Summer[14]	方形 $V=3.5cm^3$ $S=10.5cm^2$	171	393.9～420	—	—	0.75	2.75	火盆直接加热，测试点最高温度约 232℃

续表

电池种类	学者	电池形状（体积 V，受热面积 S）	开始燃烧临界条件下表面中心温度/℃	最高（火焰）温度/℃	射流火焰次数	质量损失（损失质量/总质量）	加热时间/min	燃烧时间/min	备注
10Ah 磷酸铁锂	作者课题组	方形 V=160.1cm^3 S=88.96cm^2	140.3	787.9	1	19.3%	5.77	约 8	使用 3kW 电炉加热，喷出的气体被旁边燃烧的固体酒精引燃，电池裂口在外包装下的薄弱部位
50Ah 磷酸铁锂	作者课题组[11]	方形 V=988.4cm^3 S=353cm^2	125.6	894	1	21.26%	16.05	20.87	使用 3kW 电炉加热，从减压阀处喷出气体，电解液滴落到电炉被点燃
50Ah 钛酸锂	作者课题组[5]	圆柱形 V=748.89cm^3 S=159cm^2	146.6	747	2	28.14%	24.25	9.28	使用 5kW 电炉加热，电池在第二次出现强大射流火焰时附带强烈的黑色烟雾
50Ah 磷酸铁锂（5 块 10Ah 串联）	作者课题组[11]	方形 V=800.5cm^3 S=125.1cm^2	166.5(非受热表面中心平均温度)	1500	3	24.4%	25.06	9.51	使用 3kW 电炉加热，电池燃烧过程中呈扇形散开
200Ah 磷酸铁锂	作者课题组	方形 V=3232.2cm^3 S=557.28cm^2	—	—	5	25.26%	39.27	41.12	使用 3kW 电炉加热，电池在第一次射流火焰后有很长时间的稳定燃烧，又发生 4 次强烈的射流火焰

酸锂电池，发现在 30kW/m²、50kW/m²、60kW/m² 功率作用下，电池燃烧状况存在很大的不同。加热功率越高，燃烧的开始温度越低，电池表面最高温度越高，加热时间也越短。可见，外界环境的恶劣程度对电池起火、燃烧有着十分重要的影响。另外，由于电池的可燃物包含电解液、包装材料、隔膜、电极材料的黏结剂等，其质量随着电池容量增加而增加，但是对于一个体系，其质量分数相差却不大。图 5.14 为磷酸铁锂电池体系中各个成分的质量分布，可燃物约占总质量的 26%。所以，对于磷酸铁锂电池，电池燃烧过程中可能燃烧不完全，如果电极材料没有被喷出，燃烧后测量的质量损失会有所偏离但不会超过 26%。

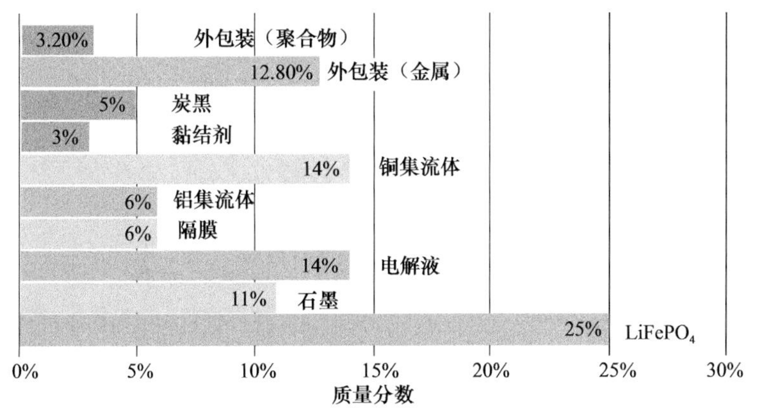

图 5.14　50Ah $LiFePO_4$-石墨电池质量分布[11]

此外，电池容量越大，燃烧过程中形成的射流火焰次数也越多，这可能与电池可燃物的质量含量以及电池体积直接相关。根据之前关于电池爆炸原因的描述，电池多次射流火焰一方面可能是由电池内部温度分布不均一所致。当某部分温度达到一定值时，电极材料发生剧烈反应，而温度的差异使得不同部位在不同时间段达到相关反应温度，从而致使多次射流火焰的产生。另一方面可能是由电池内部复杂反应达到不同阶段所致。电池从刚开始加热到发生着火的时间(加热时间)和燃烧的时间影响因素有很多，包括电池的外包装形状、泄压阀的压力控制范围、外界热辐射作用面积等，但总体对于相同的外界热滥用条件下，电池容量越大，发生着火所需要的时间越长。对比磷酸铁锂/石墨和镍锰钴三元材料/钛酸锂两种电池体系，后者的火焰温度更高，点燃时间更长但燃烧时间更短，反应程度要比前者更加剧烈。可见电极材料体系本身的安全性是影响电池火灾危险性的关键因素。另外，火焰区域的温度测量值与所使用的热电偶粗细有关。热电偶越细，响应时间也越短，能探测到很短时间内出现的最高温度。如表 5.1 所示，使用 1mm 的热电偶探测到的火焰区域最高温度在 700～1000℃，但采用 0.5mm 的热电偶则能捕捉到短时间内的高温，如由 50Ah 磷酸铁锂电池(5 块 10Ah 磷酸铁锂电池组成)探测到的火焰区域最高温度在 1500℃。

5.3.2 荷电状态对电池火灾危险性影响分析

电荷状态(SOC)的大小取决于 Li^+ 在电极材料中的分布。满电状态下(100% SOC),Li^+ 主要嵌入在负极材料中;反之,完全放电下(0% SOC),Li^+ 则嵌入正极材料中。Gachot[15]课题组提出了在 100℃和 250℃之间电解液的分解机理。电解液的分解主要有两步反应(图 5.15):①线形和环形碳酸盐的还原反应;②Li^+ 与自由基团发生亲核反应。

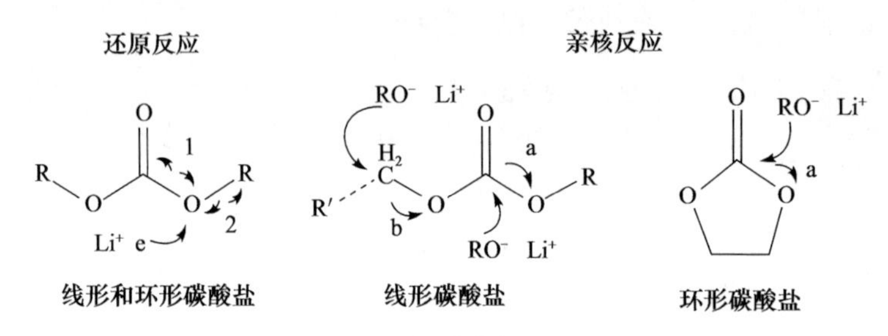

图 5.15 电解液分解过程反应

电解液在分解过程中会产生 H·、CH_3·、C_2H_5·,这些基团有可能会形成一些可燃性碳氢化合物,如 CH_4、C_2H_6、C_3H_6、C_3H_8 等。这些反应产物是电池发生喷气燃烧的主要成分。由此可见,Li^+ 在电极材料中的析出及其与电解液反应的速度直接影响电池的燃烧行为,因而荷电状态对电池火灾行为会产生很大影响。

锥形量热仪常用于检测物体燃烧热释放速率,评估物体的火灾危险性。热释放速率的测量和计算通常使用"氧消耗"原理。根据 Thorton 的发现,只要能精确测量到燃烧系统中所耗用掉的氧气,就能计算得到燃烧的热释放速率,而不用关心这些热是通过何种传热方式散失到何处,所需关心的只是氧气被消耗的量。采用这一原理进行燃烧热释放速率的测量就称为氧消耗(oxygen consumption)原理法[16]。诸多学者也使用锥形量热仪测量了电池燃烧的热释放速率。下面分别对 100%、50%和 0% SOC 下 2.9Ah 软包锰酸锂/石墨电池、50Ah 方形磷酸铁锂/石墨电池体系(由五块 10Ah 电池组成)和 50Ah 圆柱形镍锰钴三元材料/钛酸锂电池体系火灾危险性进行比较分析。

根据文献报道,0%、50%和 100% SOC 下 2.9Ah 软包锰酸锂/石墨电池热释放速率如图 5.16 所示[17],对应的电池燃烧热释放速率峰值分别为 2.6kW、13kW 和 21kW。0%、50%和 100% SOC 下 50Ah 方形磷酸铁锂/石墨电池热释放速率如图 5.17 所示,对应的电池燃烧热释放速率峰值分别为 12.9kW、30kW 和 49.4kW。另外,0%、50%、65%、70%和 100% SOC 下 18650 钴酸锂电池燃烧热释放速率如图 5.18 所示,对应的电池燃烧热释放速率峰值分别为 1.1kW、1.5kW、5.8kW、6.5kW 和 6.8kW[13]。可以发现,无论哪种电池体系,燃烧剧烈程度随着荷电状态和电池容量的增高而增高。根据以上关于荷电状态对电池燃烧行为的影响分析可以发现,负极端主导的反应速率随着 Li 含量的增加而增加,而正极端则减少。但是如果对热释放速率进行积分以得到燃烧热值,可以发现,虽然 100% SOC 电池燃烧的热释放速率最高,但其燃烧释放的能量却不是最高的。此外,在 5.3.1 节中,提到电池中的可燃物主要为电解液、包装材料、隔膜、电解材料的黏结剂。文献[17]给出了 2.9Ah 锰酸锂/石墨电池的组成分布,其中包装材料、隔膜和电极材料黏结剂总共组成为 10%,而 100% SOC 电池的单位质量燃烧热为 4.03MJ/kg,将其与电池组分中有机成分贡献的单位质量燃烧热对比,可以发现后者稍微偏大。这是由燃烧不完全导致的(图 5.19),而其中聚合物燃烧对总燃烧热的贡献在一半以上。

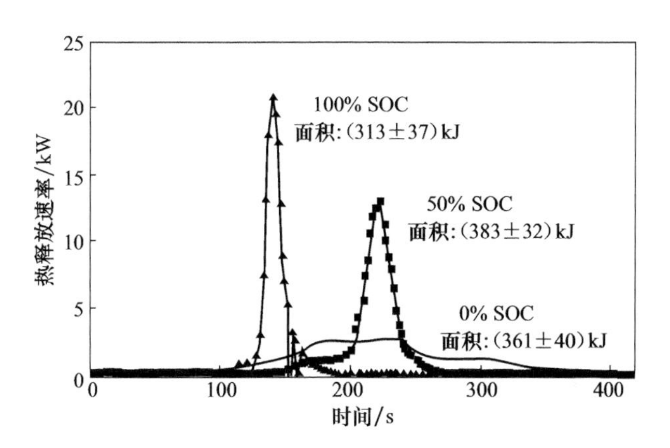

图 5.16　0%、50%和 100% SOC 下 2.9Ah 锰酸锂电池燃烧热释放速率比较[17]

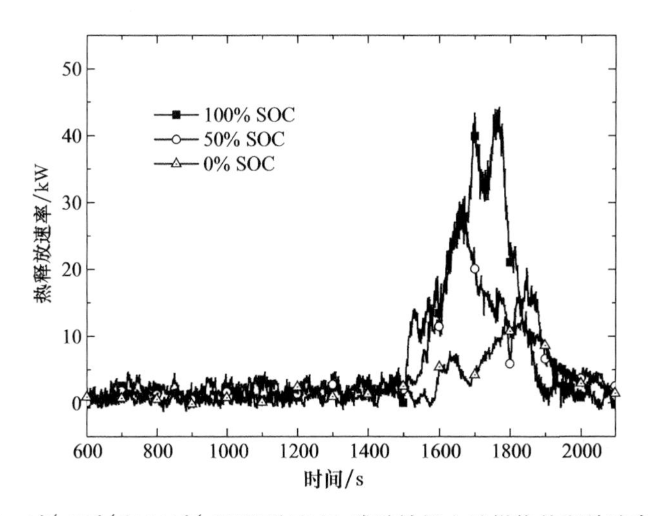

图 5.17　0%、50%和 100% SOC 下 50Ah 磷酸铁锂电池燃烧热释放速率比较[11]

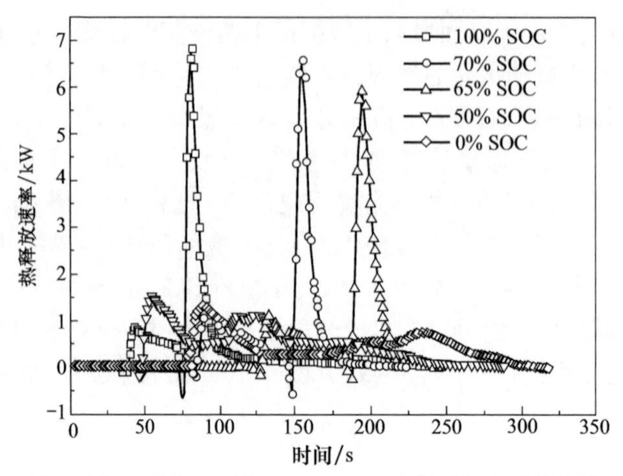

图 5.18　0%、50%、65%、70%和 100% SOC 下 2.6Ah 钴酸锂电池燃烧热释放速率比较[13]

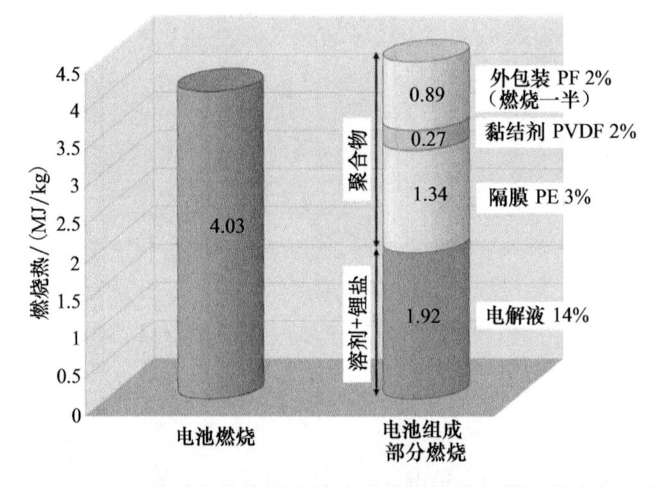

图 5.19　2.9Ah 钴酸锂电池最大单位质量燃烧热与其组成中有机成分计算单位质量燃烧热对比[17]

5.4　电池组的火灾行为

在储能电站、电动汽车应用中，电池系统由多个电池排列构成，当其中一块电池发生热失控，若不及时采取消防措施，将导致电池与电池之间热失控的传递。本节将讨论毗邻电池组热失控传递行为。

单块电池在挤压、针刺、冲撞等滥用条件的作用下，可能会发生热失控现象。对于单个电池如何影响大而复杂的电池系统，文献[18]中设计了将 10 块 2.2Ah

18650钴酸锂电池进行串并联并围成一个等边三角形，对最中间的6号电池进行针刺的实验，见图5.20。

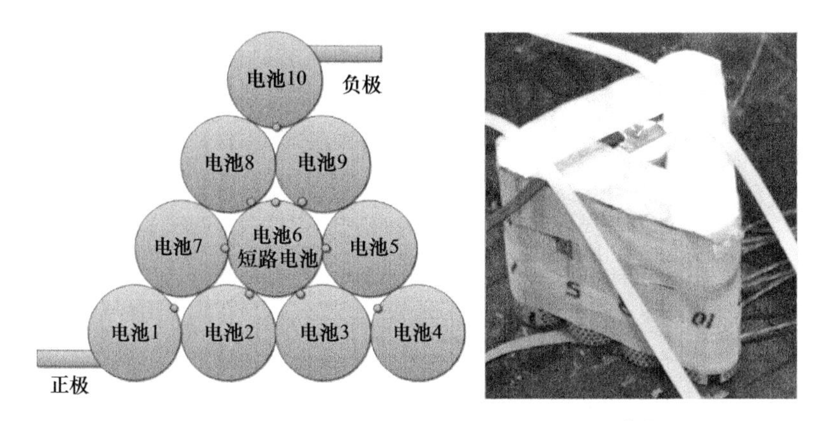

图5.20　18650电池排列和热电偶布置图解[18]

实验发现电池串联（10S1P）时仅有被针刺的6号电池发生热失控，周围电池并没有出现此现象，在对并联的电池组（1S10P）进行相同测试时，电池组中所有电池均发生了热失控现象。电池在发生针刺时，内部会发生短路，致使整个电池系统的其他并联电池也会发生外短路。电池的热失控传递既受电池与电池之间热传递的作用，也受失效电池造成的外短路作用。作者还对5块3Ah软包电池进行了串联（5S1P）和并联（1S5P）情况下的针刺引发热失控测试，如图5.21所示。

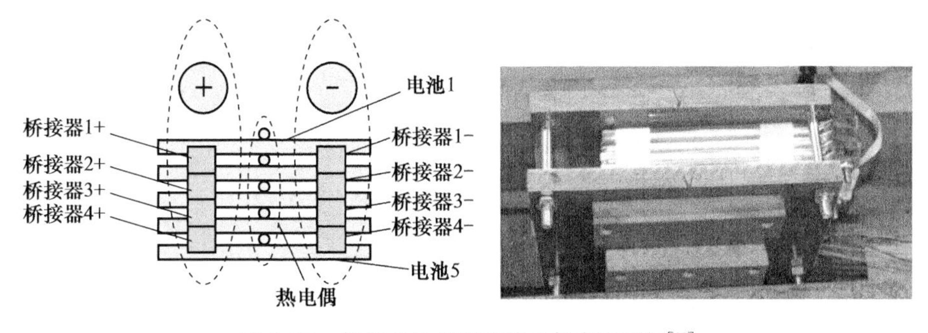

图5.21　软包电池排列和热电偶布置图解[18]

实验发现无论串联还是并联，在中间电池发生热失控后，周围所有电池在60～80s均发生了热失控，但是并联结构比串联结构燃烧要更加猛烈。图5.22显示了电池组发生热失控过程中所有测量温度点的变化，展示了热失控的传递过程。对于短路造成的产热，可以在连接线路之间加入二极管，当电流过大时，起到保护其他电池的作用。对于电池之间的热传导，主要还要在电池间加入隔热材料或者散热装置，来减小电池之间传热的影响，以有效抑制热失控传递。另外,作者还进行了边缘电池的针刺实验,发现与中间电池针刺具有同样的热失控传递现象。

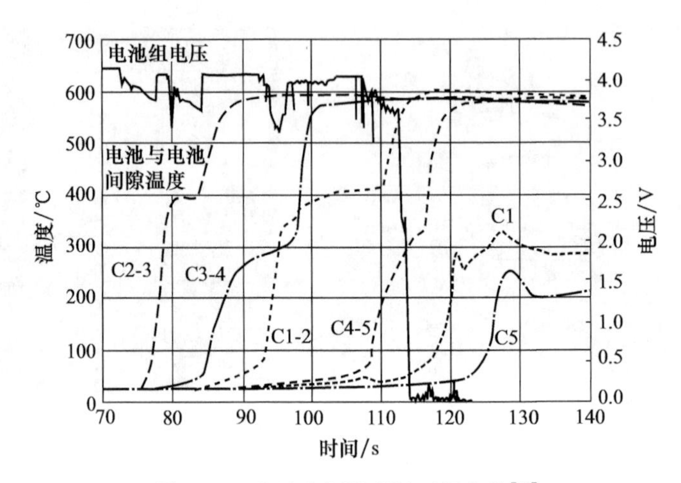

图 5.22　电池之间温度随时间变化[18]

文献[19]和[20]对电池组热失控传递中的传热作用给出了机理分析。Feng 等将 6 块 25Ah 电池并排放在一起,通过针刺引发第一块电池的热失控,在第一块电池的热失控行为影响下,接连引发第二块、第三块直至第六块电池热失控,见图 5.23。

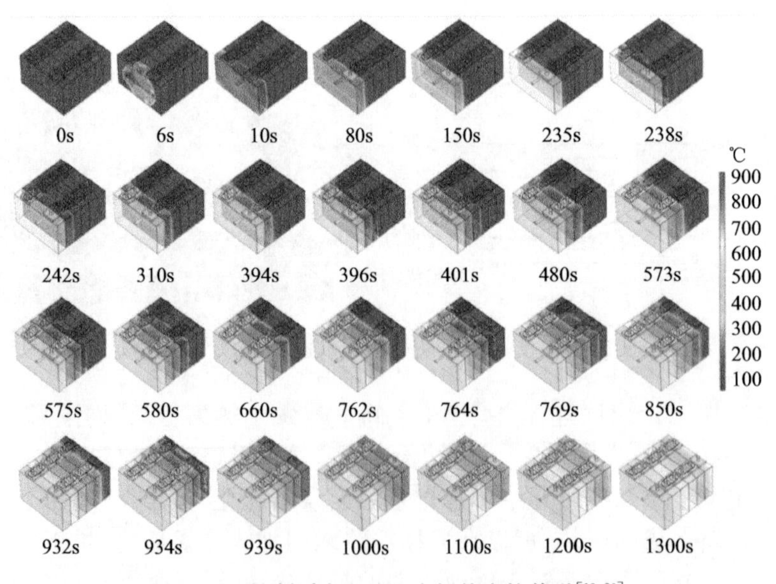

图 5.23　针刺诱发电池组之间热失控传递[19,20]

在整个火焰的传递过程中，电池之间的热量传递可以通过热阻进行表达(图5.24)：

$$R = 2 \cdot (R_{jr} + R_{Ap,1} + R_{Ap,2} + R_{shell} + R_k) \tag{5.7}$$

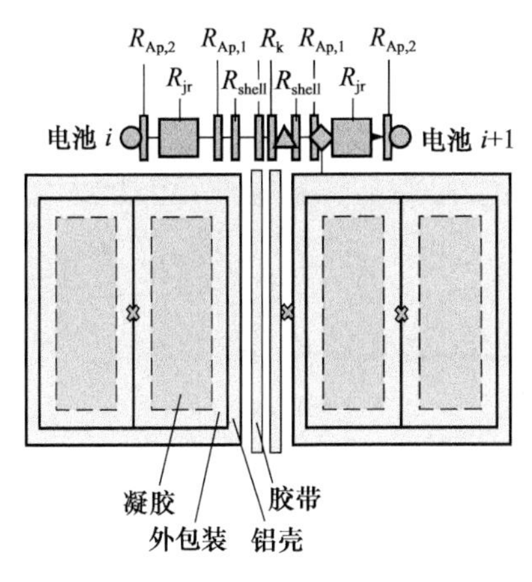

图5.24　电池之间的传热热阻分布[19]

通过热阻表达式，可以看到毗邻电池间的温度差主要由凝胶、外包装、铝壳和胶带四部分的热阻作用引起。两块电池之间的温度差表示为：$T_{\Delta} = TC_{i+1} + \alpha \cdot (TC_i - TC_{i+1})$，其中 α 为转换因子：

$$\alpha = \frac{R_{shell} + R_{Ap,1} + R_{jr} + R_{Ap,2}}{R} \tag{5.8}$$

图5.25解释了针刺电池的热失控通过接触热传导引发邻近电池发生热失控的过程。当邻近电池由于受到热失控电池加热作用达到一定温度(由ARC测得)时，旁边电池温度急剧上升而发生热失控。而由于热阻作用，电池间热电偶测量的燃烧开始温度，会小于ARC所测量的开始温度。实际测量的电池热失控传递过程中，电池表面温度曲线如图5.26所示。测量到的热失控传递所需时间如表5.2所示。

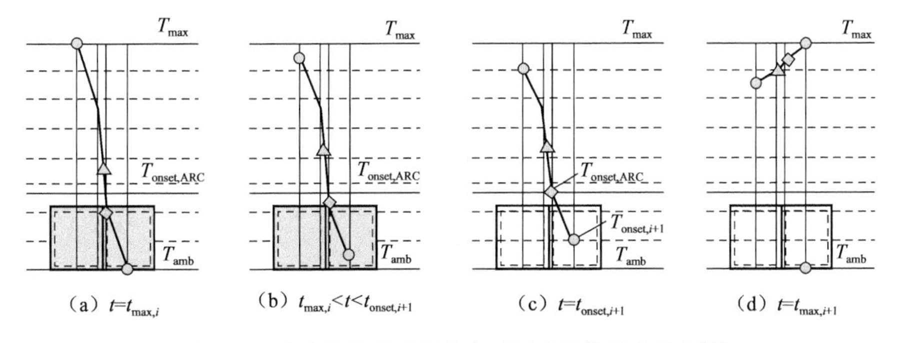

图5.25　热失控传递过程中在不同阶段的温度分布[19]

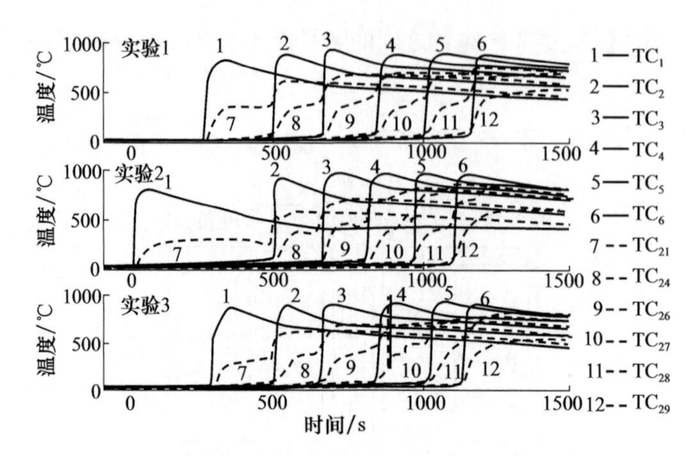

图 5.26　三次穿刺诱导热失控传递实验温度响应图[19]

表 5.2　电池热失控传递时间

实验序号	$D_{1,2}$/s	$D_{2,3}$/s	$D_{3,4}$/s	$D_{4,5}$/s	$D_{5,6}$/s
1	245	163	186	164	159
2	481	161	156	157	137
3	210	164	183	181	113

当电池产生火焰时，电池的热流传递总共有三条路线：①电池壳间的热传递；②电池极耳连接处热传递；③火焰加热。作者计算了三种传热形式的能量比例，得出：①电池只需要 12%的热失控能量便能引发周围电池的热失控；②通过极耳连接所传递的能量只有壳之间传递能量的 1/10；③火焰对于热失控传递的影响非常小。火焰虽然可能未直接对热失控传递产生很大的影响，但其间接提高了发生热失控电池的整体温度，提高了电池壳间的传热，从而间接增强了热失控传递的热量。火焰的温度一般超过 1000℃，无论是直接加热作用还是辐射作用，在电池组火灾中，火焰对电池热失控传递都具有很大的影响。

在电池组火灾中，由于各电池燃烧互相促进，提高了电池内反应速率，其危险性比单块电池更大。文献[12]中分别对一块、两块、四块和九块 18650 电池使用 2kW 电炉加热，测量它们的热释放速率并计算出燃烧热值，通过对实验数据拟合得到燃烧热值的公式：

$$Q_n = Q_1 n^a \tag{5.9}$$

式中，$Q_1 = 31.8\text{kJ}$，$a = 1.26$。作者根据拟合公式对 6×6 和 10×10 的电池组进行多次重复性实验验证，最高误差不超过 5%。可见电池组的燃烧 Q_n 并非单块电池燃烧 Q_1 的简单加和，当电池组内电池发生热失控时，电池之间互相会促进燃烧，提高燃烧效率，电池的火灾危险性也就增大。

为探究火焰在电池组中热失控传递的作用，作者对两种可能排列方式（平行排列和菱形排列)下的电池组进行了测试。实验布置如图5.27所示,测试选用7块50Ah体系为NMC/LTO的大型储能电池,所有电池(66mm×260mm)均充至满电状态,且电池之间并没有添加连接杆以减少如连接杆传热和外电流的作用。

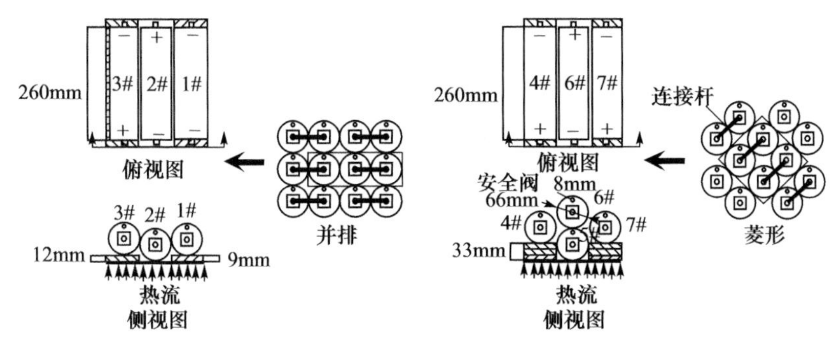

图5.27　锂离子电池组热失控传递实验排列方式

使用5kW电炉在电池下方加热,三块平行排列的电池中,1#与3#电池下方分别放置有9mm厚的石膏板和12mm厚的防火板来减少火源加热作用。电池为50Ah容量的NMC/LTO电池,所有电池均为满电状态(100% SOC)。在加热条件下,三块电池表面温度变化如图5.28所示。

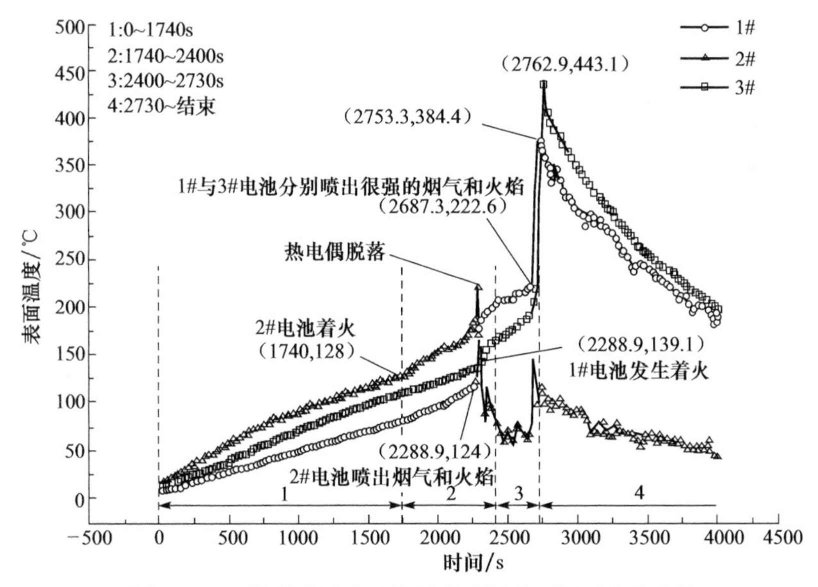

图5.28　三块锂离子电池并排排列的表面温度变化曲线

根据图5.28温度曲线和燃烧行为记录,在第一阶段中,1#、2#、3#电池表面平均升温速率分别为2.26℃/min、3.85℃/min、3.31℃/min。可见1#、3#电池在受到相同强度的辐射传热下,石膏板(1#)和防火板(3#)起到很好的阻挡效果,且石膏板具有更好的阻隔效果。在第二阶段中，2＃电池首先开始燃烧，在 2288.9s 时，1＃电池在 2＃电池的火焰影响下也开始燃烧，表面温度急剧上升，平均升温速率变为 76℃/min。而 3＃电池在 1＃和 2＃电池的燃烧火焰热辐射以及温度热传导作用下，升温速率加快也致使其发生燃烧。若无火焰影响，在正常的热传递作用下，3＃电池会先于 1＃电池燃烧，可见火焰随机性与实验设计结构对热失控传播具有很大的影响。在加热时间进行到 2687.3s 时，1＃和 3＃电池依次产生很强的射流火焰和烟气流，这也符合 5.2 节中叙述的电池火灾行为。最终，1＃和 3＃电池表面最高温度分别达到 384.4℃和 443.1℃。

在四块菱形排列的电池组中，4＃与 7＃电池分别用两块 12mm 厚的防火板和一块 9mm 厚的石膏板与火源相隔，6＃电池直接受到火源加热，而 5＃电池与其紧密相连。图 5.29 为电池组在受到 5kW 电炉辐射加热下的电池表面温度变化。

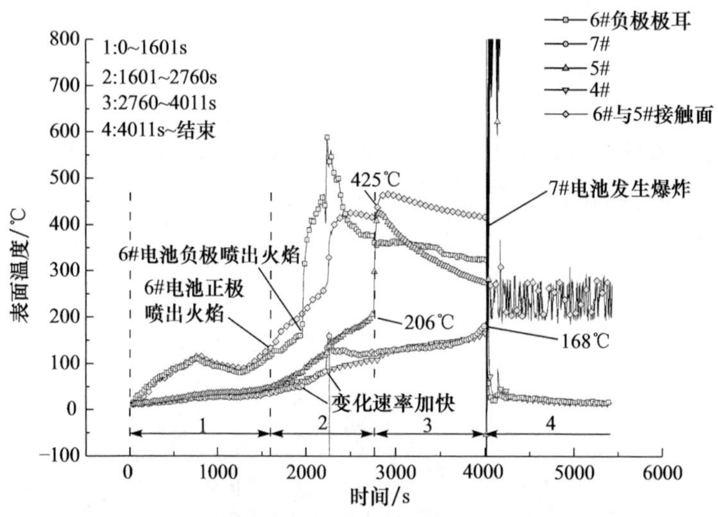

图 5.29　四块锂离子电池菱形排列的表面温度变化曲线

由于石膏板和防火板的阻挡作用，4＃与 7＃电池温升速率仅为 1.53℃/min，该温度与环境温度相似，电炉对于电池的加热作用几乎可以忽略。6＃电池在 1593s 时正极喷出火焰，此时表面温度为 118℃。6＃与 5＃电池的接触面处温度与 6＃电池极耳处温度一致，但当正极着火时，接触面的温度要高于负极极耳处温度，这是火焰对电池本身加热作用导致的。由于圆柱形电池的电极材料是卷绕型，其两端是对称结构，所以在 1953s 时负极极耳热电偶的温度迅速从 158℃升至峰值 588℃。6＃电池的负极火焰转变为射流火焰，并伴随着浓烈的黑烟。此间位于 6＃电池上方的 5＃电池在火焰辐射和热传导的作用下温升速率加快。火焰的作用下使得 7＃电池在 2220s 时发生着火，但火焰比较小，在 2626s 时 5＃电池也自发着火，如图 5.29 所示。在第三阶段 1251s 的时间段中无任何燃烧现象发生，但在第四阶段时，7#电池发生爆炸，之后4#电池也发生爆炸。在第三阶段中，5#与6#电池的表面温度都出现了下降，但4#和7#电池表面温度仍然上升，说明此阶段两个电池内部仍然发生强烈的化学反应，且表面温度上升曲线十分相近。探测到的7#电池爆炸时的温度为168℃，即使与燃烧的温度对比也是比较低的。对这两组实验的一些参数进行统计，如表5.3所示。其中热失控传递时间定义为受热电池热失控起始时间与周围未失控电池发生失控起始时间之差。

表5.3　电池组热失控传递实验相关参数列表

电池编号	点燃温度/℃	点燃时间/s	热失控传递时间/s	质量损失比/%
1	124.1	2288.9	548.9	26.1
2	128	1740	0	41.6
3	139.1	2326	586	29
4	—	—	—	59.47
5	206	2626	1033	30.79
6	118	1593	0	20.9
7	78.5	2206	613	—

通过表5.3可以看出，电池在辐射直接加热下，着火温度一般在110～130℃。但是其中4#、5#和7#电池主要受到6#电池燃烧后热传导和火焰辐射加热作用，致使5#与7#电池着火温度有很大的不同。火焰加热使得电池部分位置受到高温作用，该受热部位在高温作用下会出现强烈的化学反应，突然产生的气体突破电池限压阀的压力限制在火焰点燃下而发生着火。根据这个特点，7#与4#电池的爆炸可以解释为电池边缘在火焰的作用下已经发生了强烈的化学反应，电池边缘高温向中间部位热传导，电池中间部分逐渐开始升温。根据图4.1中的Semenov原理，电池内部温度达到某一点时，电池会自发发生放热反应，如第三阶段中即使没有外界火源作用，电池内部温度仍然持续上升。当温度上升至168℃(表面温度)时，内部产热突然急剧增加，发生爆炸。本次实验中的热失控传递时间与文献[19]中的实验区别在于，火焰对电池组中热失控传递影响非常大，在四块菱形排列的电池中7#电池相比于5#电池并没有受到6#电池的热传递作用，但其着火时间却更短，然而，4#电池在整个热失控实验过程中一直没有发生燃烧现象，可见火焰在热失控传递中发挥关键作用。

参 考 文 献

[1]　王洪德，董四辉，王峰. 安全系统工程. 北京：国防工业出版社，2013.

[2]　王青松. 锂离子电池材料的热稳定性及电解液阻燃添加剂研究. 合肥：中国科学技术大学博士学位论文，2005.

[3] Finegan D P, Scheel M, Robinson J B, et al. In-operando high-speed tomography of lithium-ion batteries during thermal runaway. Nature Communications, 2015, 6: 6924.

[4] Mikolajczak C, White K, Long R T. Lithium Ion Batteries Hazard and Use Assessment. Quincy: Exponent Failure Analysis Associates Inc., 2011.

[5] Huang P, Wang Q, Li K, et al. The combustion behavior of large scale lithium titanate battery. Scientific Report 5, 2015, 5: 7788.

[6] Lu T Y, Chiang C C, Wu S H, et al. Thermal hazard evaluations of 18650 lithium-ion batteries by an adiabatic calorimeter. Journal of Thermal Analysis and Calorimetry, 2013, 114(3): 1083-1088.

[7] Kinney G F, Graham K J. Explosive Shocks in Air. 2nd ed. Berlin: Springer, 1985.

[8] Doughty D H, Yamaki J, Barnett B, et al. Battery safety and abuse tolerance. Pennington: The Electrochemical Society, 2008.

[9] Jhu C Y, Wang Y W, Shu C M, et al. Thermal explosion hazards on 18650 lithium ion batteries with a VSP2 adiabatic calorimeter. Journal of Hazardous Materials, 2011, 192(1): 99-107.

[10] Jhu C Y, Wang Y W, Wen C Y, et al. Self-reactive rating of thermal runaway hazards on 18650 lithium-ion batteries. Journal of Thermal Analysis and Calorimetry, 2011, 106(1): 159-163.

[11] 平平. 锂离子电池热失控与火灾危险性分析及高安全性电池体系研究. 合肥:中国科学技术大学博士学位论文, 2014.

[12] Chen M, He Y D, Zhou C D, et al. Experimental study on the combustion characteristics of primary lithium batteries fire. Fire Technology, 2016, 52(2): 365-385.

[13] Fu Y, Lu S, Li K, et al. An experimental study on burning behaviors of 18650 lithium ion batteries using a cone calorimeter. Journal of Power Sources, 2015, 273: 216-222.

[14] Summer S M. Flammability assessment of lithium-ion and lithium-ion polymer battery cells designed for aircraft power usage. Springfield: Federal Aviation Administration, 2010.

[15] Gachot G, Grugeon S, Eshetu G G, et al. Thermal behaviour of the lithiated-graphite/electrolyte interface through GC/MS analysis. Electrochimica Acta, 2012, 83: 402-409.

[16] Janssens M L. Measuring rate of heat release by oxygen consumption. Fire Technology, 1991, 27(3): 234-249.

[17] Ribière P, Grugeon S, Morcrette M, et al. Investigation on the fire-induced hazards of Li-ion battery cells by fire calorimetry. Energy & Environmental Science, 2012, 5(1): 5271-5280.

[18] Lamb J, Orendorff C J, Steele L A M, et al. Failure propagation in multi-cell lithium ion batteries. Journal of Power Sources, 2015, 283: 517-523.

[19] Feng X N, Sun J, Ouyang M G, et al. Characterization of penetration induced thermal runaway propagation process within a large format lithium ion battery module. Journal of Power Sources, 2015, 275: 261-273.

[20] Feng X, Lu L, Ouyang M, et al. A 3D thermal runaway propagation model for a large format lithium ion battery module. Energy, 2016, 115: 194-208.

第6章　锂离子电池本质安全对策

锂离子电池具有比能量大、输出电压高、循环寿命长、环境污染小等优点，已被广泛应用于微电子领域；同时，在电动汽车、光伏工程、军事、空间技术等领域也有着广阔的应用前景。如果电池的比能量、比功率、循环稳定性、环境适应性、可靠性等技术指标，以及单位瓦时价格等经济指标是影响其商业化应用程度的关键性因素，那么大容量锂离子电池的安全性则是其能否在动力与储能领域应用的决定性因素。锂离子电池在正常使用条件下通常是安全的，但是其耐热扰动能力差，在各种复杂的应用条件下，锂离子电池体系存在发生爆炸和燃烧的危险，有着严重的安全隐患。近年来，锂离子电池爆炸、着火等事件屡有发生，在很大程度上制约了动力与储能用锂离子电池的发展，所以安全问题成为锂离子电池深入大型化亟待解决的问题之一。

锂离子电池产生安全问题可以归结为两大方面的原因：一是由锂离子电池自身特点决定的；二是由极端条件或电池使用不当造成的。锂离子电池内部存在着一系列潜在的化学放热反应，这是引发锂离子电池安全问题的根源。锂离子电池在过充时，正极材料会出现脱锂，结构上的巨大变化使其具有强氧化能力；正极材料也有可能直接放出氧，从而氧化电解液中的溶剂；负极表面固体电解质界面(SEI)膜的分解，负极析出的金属锂与电解液的反应，这些过程放出的热量如果不能及时散出，都可能会引发锂离子电池的热失控；锂离子电池电解液大多为低闪点的有机碳酸酯类溶剂，当电池处于过充状态时有机溶剂容易在正极表面产生不可逆的氧化分解，在放出大量热量的同时伴随着大量可燃性气体的产生，导致电池内部温度及压力急剧上升，从而引起燃烧爆炸，同时电解液高度易燃，若出现泄漏等情况，会发生剧烈的燃烧，甚至导致爆炸；锂离子电池中黏结剂的晶化、锂枝晶的形成以及活性物质剥落等均易造成电池内部短路，带来安全隐患。在一些极端条件，如电池过充电、针刺穿透、挤压，以及高温环境等情况下，正负极和有机电解液容易发生化学反应，这些反应产生的热量如果不能及时散失到周围环境中，必将导致热失控的产生，最终导致电池的燃烧甚至爆炸等。

针对锂离子电池的安全问题，一般从三个方面提高其安全性。一是改善正负极电极材料的热稳定性，从而提高锂离子电池本质安全性能。在高温条件下，正极材料和电解液之间的反应是引起电池安全问题的主要原因之一。目前，常用的锂离子电池正极材料中，$LiFePO_4$ 的热稳定性比 $LiCoO_2$、$LiNiO_2$ 和 $LiMn_2O_4$ 的都要高，其在充电状态下与电解质在 340℃ 以下没有表现出明显的吸热或放热现象[1]。为了提高正极材料的热稳定性,目前主要通过正极材料的改性,如优化合成条件、改进合成方法和改性电极材料等方法来实现。电极材料改性是提高锂离子电池热稳定性的有效措施,常用的改性方法主要是表面包覆和掺杂改性。表面包覆能减少活性材料与电解液之间的反应,并且在过充中能够减少正极材料释放的氧气,稳定基体材料的相变[2],从而提高锂离子电池热稳定性。二是改进锂离子电池电解液,使其难燃甚至不燃,以此提高电解液的安全性。锂离子电池的电解液是由锂盐和有机溶剂组成的混合溶液,可以通过提高电解液的纯度、加入功能添加剂、使用新型锂盐、使用新型溶剂和使用离子液体等手段来提高锂离子电池电解液的安全性,目前研究最多的是通过加入阻燃添加剂来提高锂离子电池电解液的安全性。一种理想的阻燃添加剂应该不仅能够有效降低电解液可燃性,还能保证它与正、负极材料之间的稳定性。目前常用的阻燃添加剂主要包括有机磷化物、有机卤化物、磷-卤、磷-氮复合有机化合物。三是通过外部手段,优化锂离子电池的设计和管理等,对锂离子电池充放电过程进行实时监控,出现异常问题能够及时处理,保证锂离子电池的使用安全,如电芯的安全设计、绝缘处理、设置安全阀、提高锂离子电池制作的工艺水平等。

6.1　电极材料的改性

6.1.1　正极材料的改性

1. $LiCoO_2$ 的改性

尽管 $LiCoO_2$ 的循环性能比其他正极材料优越,但是仍会发生衰减。透射电镜(TEM)可以明显观察到 $LiCoO_2$ 在 3.50～4.35V 循环时受到不同程度的破坏,如产生严重的应变、缺陷密度增加和粒子发生偶然破坏;应变导致两种类型得到的阳离子无序:八面体位置层缺陷引起的无序和部分八面体结构转变为尖晶石结构引起的无序。因此,对于长寿命需求的探索还有待于进一步提高其循环性能。同时,研究过程发现,$LiCoO_2$ 经过长时期循环后,从层状结构转变为立方尖晶石结构,特别是位于表面的离子。另外,降低 $LiCoO_2$ 的成本和提高在较高温度(<65℃)下的循环性能也是目前研究的方向之一。采用的主要方法有掺杂和包覆。

1) $LiCoO_2$ 的掺杂

$LiCoO_2$ 常见的掺杂元素有 Li、B、Al、Mg、Cr、Ni、Mn、Cu、Sn、Zn 和稀土元素等。

锂的过量也可以称为掺杂。由于锂的过量,为了保持电中性,Li_xCoO_2 中含有氧缺陷,用高压氧处理可以有效降低氧缺陷结构。可逆比容量与锂的量有明显关系。当 Li/Co=1.10 时,可逆比容量最高(140mAh/g)。当 Li/Co>1.10 时,由于

Co 的含量降低，所以比容量降低。当然，如果提高充电的终止电压到 4.52V，比容量可达 160mAh/g。但是过量的锂并没有将 Co^{3+} 还原，而是产生了新价态的氧离子，其结合能提高，周围电子密度小；而且空穴结构均匀分布在 Co 层和 O 层，提高 Co—O 的键合强度[3]。

硼离子的掺杂主要是降低极化，减少电解液的分解，提高循环性能。例如，掺杂硼后的可逆比容量大于 130mAh/g。掺杂量为 10%时，100 次循环后比容量还在 125mAh/g 以上。

镁离子的掺杂对锂的可逆嵌入容量影响不大，而且也表现出良好的循环性能。这主要是镁掺杂后形成固溶体，而不是多相结构。Tukamoto 等[4]在 $LiCoO_2$ 中掺杂微量二价元素 Mg，可以在不改变晶体结构的前提下，使材料的电导率从 1×10^{-3}S/cm 提高到 0.5S/cm，同时在充放电循环过程中材料呈单相结构。他们认为，掺杂的 Mg 占据了 $LiCoO_2$ 晶格中 Co 的位置，从而按照平衡机理产生了 Co^{4+}，即空穴。因此，半导体 $LiCoO_2$ 的电导率在 Mg 掺杂后能够大幅提高。李畅等[5]用柠檬酸配位聚合法合成的 $LiAl_{0.3}Co_{0.7-x}Mg_xO_2$ 粉体，通过对几组衍射峰的标定，确定材料保持了六方层状结构，在 800℃下材料具有良好的结晶性。镁的掺杂既提高了电导率，又保持了晶格的结构完整。但 Levasseur 等通过 Li MAS-NMR 联用的方法，观察到镁掺杂后的相结构存在缺陷：氧空位和中间相 Co^{3+}[6]。

采用铝进行掺杂主要考虑如下因素：①铝价格低廉，毒性低，密度小；②α-$LiAlO_2$ 与 $LiCoO_2$ 的结构类似，且 Al^{3+}(53.5pm)和 Co^{3+}(54.5pm)的离子半径基本上相近，能在较大范围内形成固溶体 $LiAl_yCo_{1-y}O_2$；③Al 的掺杂可以提高电压；④掺杂后可以稳定结构，提高比容量，改善循环性能。Yoon 等[7]采用丙烯酸作为载体的溶胶-凝胶法制备掺杂的 $LiAl_yCo_{1-y}O_2$，在 600℃热处理温度时，比容量和循环性能较好，初始可逆比容量达 160mAh/g，10 次循环后主体结构没有明显变化。郝万君等[8]将适量的硝酸铝、硝酸钴和碳酸锂溶于一定量的水中，边搅拌边加入一定量的柠檬酸，反应得到溶胶，而后将溶胶在 120℃下烘干，形成凝胶，研细后在 800℃下烧结 10h 后得到正极材料 $LiAl_yCo_{1-y}O_2$。研究表明，$y\leqslant0.5$ 时，材料呈单相；$0.6\leqslant y\leqslant0.9$ 时，材料呈两相，为 $Li(Al_yCo_{1-y})O_2$、γ-$LiAlO_2$ 相共存状态；$y=1$ 时，材料又呈单相，为 γ-$LiAlO_2$ 相。材料中值的上限即 Al 最大固溶度在 0.5 左右。在单相区($y\leqslant0.5$)，随着 Al 掺杂的增多，材料晶格结构参数发生变化，a 轴缩短，c 轴变长，c/a 基本呈线性增加，材料的层状属性更加明显。

用 Cr 取代制备的 $LiCo_{1-y}Cr_yO_2$($0\leqslant y\leqslant0.20$)为六方形结构，随 y 的增加，由于 Cr^{3+} 的半径大于 Co^{3+}，晶体参数 a 和 c 增加。循环伏安法表明，当 $y=0.05$ 和 $y=0.10$ 时，$Li_{1-x}(Co_{1-y}Cr_y)O_2$ 在 $x=0.5$ 时发生的相变得到抑制；对于给定的 x 值，$y=0.05$ 时的电压高于 $y=0.10$ 时的电压。增加 Cr 的含量，可减少能发生可逆脱嵌的锂量。$y=0.05$ 和 $y=0.10$ 时不理想的循环性能可能归结于层状结构中存在轻微的阳离子无序[9]。

理论上，镍酸锂的容量比钴酸锂容量高，因此可通过部分 Ni 取代 $LiCoO_2$ 中的 Co 来提高 $LiCoO_2$ 正极材料的容量。由于钴和镍是位于同一周期的相邻元素，具有相似的核外电子排布，且 $LiCoO_2$ 和 $LiNiO_2$ 同属于 α-$NaFeO_2$ 型化合物，因此可以将钴、镍以任意比例混合并保持产物的层状结构，制得的 $LiNi_{1-x}Co_xO_2$ 兼备 Co 系和 Ni 系材料的优点[10]。镍取代后的$LiCo_{1-x}Ni_xO_2$ 可以采用软化学法制备成纳米粒子。该方法在低至 330℃时就可以得到层状结构。但是，在合成纳米粒子时必须避免高温，特别是金属与甘油醇形成络合物的分解。镍的取代抑制晶体的生长，在 400℃时进行热处理后，制备的纳米颗粒大小为 10～15nm。

在镍掺杂的基础上可以进行进一步掺杂，如铝、镍共同掺杂的 $LiNi_{0.5-y}Al_yCo_{0.5}O_2$（$0<y<0.3$）；铝的掺杂可提高锂离子的扩散系数。

将锰取代部分钴后，可得到尖晶石 $LiCoMnO_4$，表现为 5V 左右的电压。但是，如果采用 $Na_xCo_{0.5}Mn_{0.5}O_2$ 作为前驱体，然后进行离子交换可合成 $Li_xCo_{0.5}Mn_{0.5}O_2$；得到的材料为层状结构，电位处于 4.0～5.0V，而且可逆容量随 x 的增加而增加，最大值位于 $x=0.8$ 处[11]。

稀土元素的掺杂主要包括 Y、La、Tm、Gd 和 Ho。掺杂量为 1%（摩尔分数）时，初始可逆比容量比没有掺杂的 $LiCoO_2$ 平均增加 20mAh/g，而且放电平台更好。这主要是由于稀土元素取代部分 Co，尽管 a 轴和 b 轴略有减少，但是层间距 c 增大，总的晶胞体积增大率在 0.7%左右。因此，锂的嵌入和脱嵌能力更好，有利于提高可逆比容量。但是随着掺杂量的增加，初始充放电容量反而减少，这有待于进一步研究。

其他方面的掺杂包括 LiF、Ni、Cu、Mg、Sn、Zn 等。

2) $LiCoO_2$ 的包覆

$LiCoO_2$ 表面包覆的材料比较多，主要为无机氧化物，如 MgO[12]、$LiMn_2O_4$、SnO_2、Al_2O_3、TiO_2ZrO_2。1999 年，Cho 等[13]率先通过在 $LiCoO_2$ 表面进行氧化物或磷酸盐包覆，将 $LiCoO_2$ 的比容量提高到了 170mAh/g。比容量的提高是因为包覆后的材料在充电状态下 Co^{4+} 与电解液中 HF（$LiPF_6$ 与水分反应的产物）的反应活性大大降低。Cho 等认为，包覆层与 $LiCoO_2$ 反应生成了 $LiCo_{1-x}M$(Al、Zr、Ti 或 B)$_xO_2$，$LiCo_{1-x}M_xO_2$ 薄层能够抑制材料在 2.75～4.4V 循环时 $LiCoO_2$ 晶格膨胀，因为氧化物的断裂韧度按照 $ZrO_2>Al_2O_3>TiO_2>B_2O_3$ 的顺序递减，所以 ZrO_2 包覆效果最好。Chen 和 Dahn[14]则认为，$LiCoO_2$ 充电至 4.5V 时的比容量衰减的原因是在 $LiPF_6$ 基电解液中 $LiCoO_2$ 表面阻抗增大。因此，可以通过氧化物包覆、研磨（或在空气中进行简单的热处理）以获得新鲜的 $LiCoO_2$ 表面或者用 LiBOB 替代 $LiPF_6$ 来抑制阻抗增大。

2. $LiNiO_2$ 的改性

在镍酸锂的掺杂改性方面已进行了较多的研究。迄今为止,掺杂元素几乎已经涉及整个周期表。掺杂元素有阳离子,也有阴离子。掺杂方式有单元素掺杂和多元素复合掺杂。

$LiNiO_2$ 的改性主要有以下几个方向:

(1) 提高脱嵌相结构的稳定性,从而提高安全性;

(2) 抑制或减缓相变,降低容量衰减速率;

(3) 降低不可逆容量,与负极材料达到较好平衡;

(4) 提高可逆容量。

1) 单一元素的掺杂

掺杂元素的主要目的是提高 $LiNiO_2$ 六方晶体结构在循环过程中的稳定性,提高 $LiNiO_2$ 正极材料的热稳定性和循环性能。引入的掺杂元素较多,如 Li、F、Na、Mg、Al、Ti、Mn、Fe、Co、Cu、Zn、Ga 和 Nb 等。

对于 Li 的掺杂从某种程度上不是掺杂,而是过量锂的加入,生成非计量化合物 $Li_{1+x}NiO_2$,一般不利于电化学性能的提高。

F 的单独掺杂主要是取代部分氧原子,导致 Ni^{2+} 移动到锂离子所在的位置,增加阳离子的无序程度。然而,由于内部阻抗减少,电化学性能却有明显提高。但是取代后,在充放电过程中晶体结构还是发生变化。也有研究人员报道,氟的掺杂可以抑制相转变,从而提高循环性能。Naghash 和 Lee[15]研究了掺 F 对 $LiNiO_2$ 基正极材料电化学性能的影响,结果表明,掺 F 能改善 $LiNiO_2$ 基正极材料的循环性能;少量掺杂对初始容量影响不大,但过量掺杂会导致容量大大减少,甚至失去电化学活性。

Park 等[16]研究了掺硫对 $LiNiO_2$ 基正极材料电化学性能的影响,结果表明,掺硫能提高 $LiNiO_2$ 基正极材料的循环性能,首次放电比容量高达 160mAh/g;但是随着硫掺杂量的上升,其首次放电比容量下降,下降程度随硫掺杂量的增大而增大。

Na 的掺杂主要是取代 Li,如生成 $Li_xNa_{1-x}NiO_2$。随 x 的不同,相的状态不同。当 $0.13<x<0.15$ 时,为第 1 种菱形相,在 Li/Na($3a$)位置没有无序的 Ni,并且不出现因相邻 Ni 层位置变化而产生的杨-泰勒效应。作为正极材料,第 1 种菱形将具有良好的应用前景[17]。

Mg 的掺杂可以明显改善 $LiNiO_2$ 材料的循环性能、热稳定性能和快速充放电能力。Pouillerie 等[18]详细研究了脱锂相 $Li_xNi_{1-y}Mg_yO_2$($y=0.05$,0.10)的结构。研究结果表明,无论锂含量如何变化,这两个系列均以固溶体形式存在。这说明,在 $LiNiO_2$ 中掺入 5%的镁就可以抑制镍酸锂在循环过程中的各种相变。他们还对材料的 X 射线衍射图谱进行了 Rietveld 结构精化。结果表明,在充放电过程中,

所有的 Mg^{2+} 都从主芯片向间芯片迁移，这种阳离子转移是首次放电末期存在一个小的不可逆容量的原因，但是，Mg^{2+} 不会诱发芯片空间的局部塌陷，而这样的塌陷在间芯片中的 Ni^{2+} 被氧化时则会发生。他们认为，进入锂位上的 Mg^{2+} 会减少循环过程中晶胞参数的变化，这是掺镁镍酸锂的循环性能得以改善的根本原因。

Al 可以均匀掺杂到 $LiNiO_2$ 中，在 $LiAl_xNi_{1-x}O_2$ 中的掺杂量 x 可以高达 0.25，在 750℃下热处理仍然为单相的层状结构。由于 Al^{3+} 为惰性离子，在过充电条件下，可以防止 $LiNiO_2$ 结构的破坏。同时，电荷载流子的扩散阻抗减少，锂离子的扩散系数增加；充放电过程中的放热反应得到明显的抑制，与电解液的接触稳定性明显提高；掺杂铝后，还原电位增加约 0.1V，对应于锂嵌入的第 3 个平台在正常的充放电（终止电压低于 4.3V）下不会出现。因为没有掺杂铝的电极，其第 3 个电压平台位于约 4.23V。在正常充放电条件下，只出现第 1 个和第 2 个电压平台，电位分别为 3.73V 和 4.05V（没有掺杂的电位为 3.63V 和 3.93V）。因此，循环性能与耐过充性能有明显提高。Al 的掺杂可以提高在室温和较高温度下的电化学性能，与此同时循环过程晶体的稳定性得到明显提高[19]。

Ga 的掺入非常容易与 $LiNiO_2$ 形成类质同相固溶体，这是因为 Ga^{3+} 和 Ni^{3+} 的离子半径完全相同，对 $LiNiO_2$ 晶体具有很好的稳定作用，且能很好地改善正极材料的循环性能[20]。但是 Ga 价格昂贵，不宜用于升级生产。

为了稳定 Ni^{4+}，Co 可以部分取代镍得到 $LiNi_{1-x}Co_xO_2$。由于钴和镍是位于同一周期的相邻元素，具有相似的核外电子排布，且 $LiCoO_2$ 和 $LiNiO_2$ 同属于 α-$NaFeO_2$ 型化合物。所以，可以将钴、镍以任意比例混合并保持层状结构。Co 可以降低 $LiNiO_2$ 正极材料的不可逆容量，从而提高可逆容量，改善 $LiNiO_2$ 材料的稳定性。黄元乔等[21]对 $LiNi_{1-x}Co_xO_2$ 材料进行了研究，研究表明：当 x=0.18 时，晶体层状结构发育良好，结晶度高，作为正极材料显示出良好的循环性能，在 2.7～4.3V 进行充放电实验，首次充放电比容量可达 224.3mAh/g 和 194.2mAh/g，合成条件也相对简化。适当加入 Co，可有效调节 $LiNiO_2$ 材料在充放电过程中层状结构的阳离子分布，减少了 Ni^{3+} 的 Jahn-Teller 效应，从而稳定了材料结构，抑制了充放电过程中可能出现的结构塌陷，而又不过多地损失其放电比容量。

Mn 的掺杂能抑制 $LiNiO_2$ 正极材料的相变，提高其循环性能和热稳定性能。Lu 等[22]研究了一种层状 L-Ni-M-O 固溶体。这种固溶体的两个端元组分分别是 $LiNiO_2$ 和 Li_2MnO_3 或 $Li[Li_{1/3}Mn_{2/3}]O_2$。在这种固溶体中，Mn 以＋4 价态存在。温度在 30℃和 50℃，电压范围为 3.0～4.4V 时，x=5/12 的样品放电比容量分别达到 150mAh/g 和 160mAh/g。温度在 30℃和 50℃，电压范围为 3.3～4.4V 时，x=5/12 的样品放电比容量分别达到 150mAh/g 和 160mAh/g。温度在 30℃，电压范围为 2.0～4.6V 时，x=1/3、5/12 和 1/2 的样品放电比容量分别达到 200mAh/g、180mAh/g 和 160mAh/g。温度在 55℃，电压范围 2.0～4.6V 时，x=

1/3的样品放电比容量可达220mAh/g。对$x=5/12$样品的充电电极所作的差示扫描量热分析结果显示，其安全性能优于$LiCoO_2$。他们发现，Ni^{2+}能与Mn^{4+}共存于层状$Na_{2/3}[Ni_{1/3}Mn_{2/3}]O_2$和$Li_{2/3}[Ni_{1/3}Mn_{2/3}]O_2$的过渡金属层中，这对掺杂镍酸锂的制备具有重要的参考价值。

在氧气气氛750℃下，通过固相反应，可以将Ti^{4+}掺杂到$LiNiO_2$中，形成的$LiNi_{1-x}TiO_2$（$0.025<x<0.2$）为高度有序、具有单一相的层状结构。Ti^{4+}的掺杂可保持晶体结构的稳定性，防止杂离子Ni^{2+}迁移到锂所在的位置。其可逆比容量高达240mAh/g，而且在2.8～4.3V范围内，0.2C倍率下具有良好的循环性能。刘汉三等[23]认为，钛的掺杂之所以能够提高锂镍钴氧化物电极材料的充放电循环稳定性和热稳定性，根本原因在于：钛掺杂抑制了电极材料在充放电过程的结构相变和晶格变化，以及在高电位下电极材料与电解液之间发生的界面反应，减小由于结构变化和界面反应产生的不可逆比容量损失；提高了电极材料脱锂状态下的结构稳定性，抑制了自身热分解反应的发生，阻止氧气和热量的释放，减少电解液的氧化分解反应。

掺杂Fe^{3+}后，能有效抑制$LiNiO_2$在充放电过程中的相变。Delmas等[24]研究了铁对$LiNiO_2$电化学性能的影响，研究结果显示，掺铁明显抑制了充电过程中的所有相变。但Delmas指出，Fe掺杂会增强结构的三维特征，导致锂脱嵌的电位提高，使Ni^{3+}很难氧化为Ni^{4+}，而且许多Ni^{2+}或Fe^{3+}占据锂离子所在的位置，使电化学性能明显劣化，因此要避免使用。

2）多种元素的掺杂

不同元素具有不同的掺杂效应，单一元素的掺杂有利也有弊。进行两种或多种元素的掺杂可以扬长避短；同时由于多种元素的共同作用，提高电化学性能更佳，从而可全面提高$LiNiO_2$的整体性能。

（1）Co-Al复合掺杂。Weaving等[25]研究了$LiNi_{1-x-y}Co_xAl_yO_2$的电化学性能，获得高达184mAh/g的可逆比容量，而且容量保持能力良好。Lee等[26]采用X射线和中子衍射技术、充放电循环实验和热分析研究了$LiNi_{0.85}Co_{0.1}Al_{0.05}O_2$的结构、电化学性能和热稳定性能，结果表明：Co-Al复合掺杂能促进Ni^{2+}的氧化，减少$3a$位的Ni^{2+}含量，抑制部分阳离子混合，抑制充放电循环过程中六方相H2向六方相H3的相变，从而提高镍酸锂正极材料的可逆容量，减少不可逆容量，提高循环性能和热稳定性能。

Madhavi等[27]研究了$LiNi_{0.7}Co_{0.3-z}Al_zO_2$（$0<z<0.2$）的正极行为。实验结果表明，掺铝量$z=0.05$和$z=0.10$时的样品在50次循环之后的容量衰减比不掺铝的样品和掺铝量$z>0.10$的样品小得多。掺铝量$z=0.05$的样品，经过100次循环后放电比容量还有137mAh/g，相当于70%的容量保持率。循环伏安测量和对充电正极材料的DSC分析结果证实，适量掺铝（$z<0.10$）能抑制循环过程中的

相变，提高材料的热稳定性。

(2) Mn-Al 复合掺杂。Kang 等[28]研究了掺 Al 对 $LiNi_{0.5}Mn_{0.5}O_2$ 电化学性能的影响，在 $LiNi_{0.5}Mn_{0.5}O_2$ 中掺入 5%（摩尔分数）的 Al，放电比容量从 120mAh/g 增加到 142mAh/g，容量衰减率从每次循环衰减 0.09%降低到几乎没有容量衰减。DSC 分析数据表明，完全充电状态的 $LiNi_{0.475}Mn_{0.475}Al_{0.05}O_2$ 分解放热温度比 $LiNi_{0.8}Co_{0.2}O_2$ 提高 70℃左右，与 $LiNi_{0.5}Mn_{0.5}O_2$ 相当；放热量只有 530J/g，大大低于 $LiNi_{0.8}Co_{0.2}O_2$（1200J/g）和 $LiNi_{0.5}Mn_{0.5}O_2$（1000J/g），反映出 $LiNi_{0.475}Mn_{0.475}Al_{0.05}O_2$ 的热稳定性优于 $LiNi_{0.8}Co_{0.2}O_2$ 和 $LiNi_{0.5}Mn_{0.5}O_2$。

(3) Ti-Mg 复合掺杂。Yang 等[29]用原位 XRD 技术研究了 $LiMg_{0.125}Ti_{0.125}Ni_{0.75}O_2$ 在充放电过程中的结构变化。结果显示，即使在过充状态下（充电电压达 5.2V），$LiMg_{0.125}Ti_{0.125}Ni_{0.75}O_2$ 也都不出现六方相 H3。这表明 Ti-Mg 复合掺杂完全抑制了六方相 H3 的形成，因而能大大提高其循环性能和热稳定性能。

(4) Co-Ti-Mg 复合掺杂。Subramanian 等[30]研究了在 $LiNi_{0.8}Co_{0.2}O_2$ 中掺入 Ti 和 Mg 对其结构和电化学性能的影响。结果表明，Co-Ti-Mg 复合掺杂镍酸锂具有相当高的可逆比容量（152mAh/g）和良好的循环性能，经过 30 次循环后放电比容量还有 150mAh/g。

(5) Al-Mg 复合掺杂。Madhavi 等[31]研究了 Al 掺杂和 Al-Mg 复合掺杂对 $LiNi_{0.7}Co_{0.3}O_2$ 电化学性能和热稳定性的影响。实验结果显示，Al 掺杂的样品，其循环容量保持率明显高于没有掺杂的样品；而 Al-Mg 复合掺杂的样品，其循环容量保持率又明显高于只有 Al 掺杂的样品。这说明 Al 掺杂和 Al-Mg 复合掺杂能显著提高 $LiNi_{0.7}Co_{0.3}O_2$ 的循环性能。对充电状态的正极材料所作的 DSC 分析数据显示，Al 掺杂和 Al-Mg 复合掺杂使 $LiNi_{0.7}Co_{0.3}O_2$ 正极材料的分解温度提高了 25～34℃，并使放热量减少，表明 Al 掺杂和 Al-Mg 复合掺杂能提高 $LiNi_{0.7}Co_{0.3}O_2$ 正极材料的热稳定性。

(6) Co-Mn 复合掺杂。Liu 等[32]研究了 Co-Mn 复合掺杂对镍酸锂正极材料的结构和电化学性能的影响。结果显示，掺 Co 能明显提高镍酸锂基正极材料的循环性能；在 $LiNi_{0.8}Co_{0.2}O_2$ 中再掺入适量的 Mn，可使起始容量有所提高，循环性能保持较高的水平；但掺锰量过高，则会使起始容量和循环性能显著下降。

Yoshio 等[33]研究了钴的掺入对 $LiMn_{0.2}Ni_{0.8}O_2$ 的结构和放电容量的影响，结果表明，在 $LiMn_{0.2}Ni_{0.8}O_2$ 中掺入的钴能加快过渡金属离子的氧化，抑制部分阳离子混合，明显提高 $LiMn_{0.2}Ni_{0.8}O_2$ 的放电容量。但掺钴量在 0.05～0.20 变化对 $LiCo_yMn_{0.2}Ni_{0.8-y}O_2$ 的放电容量没有显著影响。此外，还有许多其他元素对镍酸锂材料的复合掺杂，也使其表现出了不同程度的优异性能。

3) $LiNiO_2$ 的包覆

为了克服结构稳定性差的问题，将 $LiNiO_2$ 进行包覆或涂层是一种较佳的选择。涂层材料包括 ZrO_2、$Li_2O_2B_2O_3$ 玻璃体和 MgO。

通过溶胶-凝胶法在每个 $LiNiO_2$ 粒子表面包覆一层薄薄的 ZrO_2，该包覆层明显减少晶体相变，与没有进行包覆的晶体相比，晶体参数变化大大降低，使得 $LiNiO_2$ 在循环性能方面有了明显改进。

当半晶 $Li_xNi_{1-y}Co_yO_2$ 的表面用 MgO 包覆后，循环性能得到明显提高。但是初始容量有所下降，与在 $LiNi_{0.8}Co_{0.2}O_2$ 表面包覆 $Li_2O_2B_2O_3$ 玻璃体明显不同。在 $LiSr_{0.02}Ni_{0.9}Co_{0.1}O_2$ 的表面涂上一层 MgO，热分解的起始温度升高约 10℃，放热量也大大减少，大电流（如 1C）放电行为明显改进，大大减少爆炸的可能性；而且在大电流下的电化学行为有明显改进[34]。

综上，对 $LiNiO_2$ 正极材料的表面进行涂层，可以产生如下作用：①抑制相变，提高结构稳定性[35]；②防止 $LiNiO_2$ 与电解液之间的直接接触，减少副反应[36]；③表面性能得到提高，减少循环过程中的产热量[37]。因此，表面改性可以有效提高 $LiNiO_2$ 的综合性能。

3. 尖晶石 $LiMn_2O_4$ 的改性

尖晶石锰酸锂为正极材料的锂离子电池，由于其容量随着循环次数增加而衰减较快，尤其在高温（55℃）下更甚，所以亟待解决。研究最多的两种改性方法是尖晶石锰酸锂表面包覆与掺杂。

1）表面包覆

表面包覆的方法能赋予目标材料颗粒新的功能，有效防止电解液与正极材料的反应，减少尖晶石锰酸锂中三价锰离子的溶解，达到提高材料的循环稳定性的目的。一般通过溶胶-凝胶法、化学沉淀法来使正极活性材料表面包覆氧化物、金属、氟化物、磷酸盐和其他电极材料，既能提高材料储存性能、循环性能，又对材料的可逆容量影响不大，是目前常用方法之一。

（1）氧化物表面包覆。目前，表面包覆氧化物提高材料电化学性能的具体机理仍没有定论，一般研究普遍认为，包覆层使得颗粒接触电解液的接触面积下降，从而抑制了锰元素的溶解。而也有人认为，包覆层已形成保护壳，包覆锰酸锂的氧化物能捕获电解液中的氟化氢，减少高温下锰的溶解，提高尖晶石锰酸锂的循环稳定性。Park 等[38]通过包覆氧化物，如 Al_2O_3、ZnO、SnO_2 和 ZrO_2 等，使其循环性能大大提高，但材料起始容量虽有降低，循环性能却大大提高。采用三氧化二铝包覆尖晶石锰酸锂正极材料的研究较多，包覆后目标材料的晶格常数和极化变小，循环性能无论在常温或高温下均能得到提高[39]。此外，Sun[40]、Zheng[41]等为改进尖晶石锰酸锂的性能，分别对尖晶石锰酸锂材料表面进行 ZnO 与 SiO_2 的包覆。实验结果表明，材料的容量保持率得到了大幅度的提高。氧化镁的包覆能减少尖晶石锰酸锂在电化学循环中的微应变，使材料结构更加稳定[42]。

(2) 金属表面包覆。Au、Ag 导电性能较好，包覆在锰酸锂表面后，可增加其导电性，Tu 等[43]采用离子溅射法在锰酸锂表面包覆金薄膜，包覆后的材料有更好的容量保持率，并可抑制循环过程中三价锰离子的溶解。

(3) 磷酸盐表面包覆。磷酸盐的包覆材料如 $AlPO_4$，相比于氧化物包覆，其热稳定性更好[44]。包覆后的材料与电解液接触面积更小，能在一定程度上阻止锰酸锂中锰的溶解，提高电池循环稳定性，且尖晶石结构的锰酸锂可逆容量也没有受到较大影响。

(4) 氟化物表面包覆。氟化物在 HF 体系相当稳定，包覆在锰酸锂表面可以改善其循环性能。Li 等[45]发现，随着 SrF_2 的包覆量增加到 2.0%(物质的量的比)，锰酸锂的放电容量稍有降低，而在高温下的循环性能却显著提高。在 55℃下，没有包覆的尖晶石锰酸锂，循环 20 次后，容量保持率只有 79%，而 SrF_2 包覆量为 2.0%的锰酸锂的容量保持率却高达 97%。Lee 等[46]报道的 BiOF 包覆的 $Li_{1.1}Al_{0.05}Mn_{1.85}O_4$ 电极在高温 55℃循环 100 次后，容量保持率达到了 96.1%，而没有包覆的只有 84.4%。

2) 掺杂

掺杂是用来改善材料性能的一种常用方法，有选择性地掺杂其他离子，能有效改善尖晶石锰酸锂的循环性能，但初始容量会因掺杂量的增加而降低，在进行选择时，一般需从以下几个方面考虑：①掺杂离子的半径需与 Mn 离子半径接近，否则可导致锰酸锂晶格扭曲，从而使循环性能变差，稳定性降低[47,48]。②若掺杂低价元素离子，需有良好的化学稳定性，否则易被氧化，导致锰元素的平均价态降低，反而会起到反作用。低价元素离子可提高正极材料尖晶石锰酸锂中锰元素的平均价态，能对抑制 Jahn-Teller 效应起到一定积极作用。③选择择位能与锰离子相近的或更强的，这样掺杂离子会进入 Mn 的 16*d* 位置，使尖晶石结构更稳定。④掺杂离子 Mn—O 键的键能较强，可以使得结构更加稳定，循环性能得到改善。

目前尖晶石锰酸锂材料的掺杂研究主要分为阳离子掺杂、阴离子掺杂、阴阳离子复合掺杂等。

(1) 阳离子掺杂。首先，阳离子的掺杂大部分是一些金属元素的掺杂，一般选择与锰离子半径相当的离子，如 Co、Ni、La、Al 等。Mn^{3+} 的 16*d* 位置被这些金属阳离子取代，氧仍占据 32*e* 位置，锂离子占据八面体的 8*a* 位置，Fd3m 空间结构保持得更加稳定。通常情况下，金属阳离子与氧离子结合的结合键能要高于 Mn—O 键，所以在掺杂以后其结构的稳定性在某种情况下会有所加强，同时金属的导电性能一般都比较好，掺杂进 $LiMn_2O_4$ 以后，可以使 Li 与 O 的结合减弱，使得材料的内阻降低，电导率升高，有利于 Li^+ 的嵌入和脱嵌。但值得注意的是，并不是任意的阳离子都适合用来掺杂，也不是掺杂量越多越好，在有些情况下，掺杂一些与 Mn^{3+} 离子半径相差较大的离子可能会破坏材料的结构，而若掺杂量太多，Mn^{3+} 浓度过低，也会降低 $LiMn_2O_4$ 的电容量。

研究认为，掺杂低价位的金属阳离子可提高锰的价态，Jahn-Teller 效应所引起的歪曲力也会因此减弱，可以说，在掺杂后 Jahn-Teller 效应在一定程度上得到了抑制，而改进了的结构使得锂离子扩散系数得到提高，这得益于尖晶石锰酸锂材料晶格参数的优化。Kakuda 等[49]通过固相法合成，将元素铝掺杂到尖晶石 $Li_{1.1}Mn_{1.9}Al_{0.1}O_4$ 中，虽然掺杂铝使初始容量降低，但容量保持率上升。Cr 掺杂可降低锂离子混排，稳定尖晶石结构，提高容量保持率。

另外，稀土的掺杂能够提高尖晶石结构材料的循环性能[50]。

(2) 阴离子掺杂。掺杂的阴离子主要取代尖晶石中的氧元素，掺杂的元素一般为氟(F)、氯(Cl)、碘(I)和硫(S)等。掺入电负性比氧大的阴离子，由于具有更强的电子吸附能力，锰在有机溶剂中的溶解度会有所降低，从而可以提高材料储存的稳定性，特别是在较高温度下的稳定性会有显著的提高。Son 等[51]研究了掺杂 F 元素的锰酸锂的电化学性质，测得比容量上升至 132mAh/g，这是因为 F 电负性比 O 大，降低了 Mn^{3+} 在有机溶剂中还原溶解。而掺入一些原子半径比氧离子大的阴离子，则可以加大堆积的结构空间，使得锂离子嵌入时不会形变过大，这样就可以降低产生 Jahn-Teller 效应的可能性，进而保证循环过程中结构的稳定性。

(3) 复合掺杂。在尖晶石锰酸锂结构中同时掺杂金属或非金属离子达两种以上的称为复合掺杂，一般称为复合阳离子掺杂和阴阳离子复合掺杂。Sun[52]采用复合掺杂的方法制备得到了 $LiAl_{0.24}Mn_{1.76}O_{3.98}S_{0.02}$，经过 50℃与 80℃循环 50 次后发现，材料的容量损失率分别仅为 3%和 5%。

3) 减小 $LiMn_2O_4$ 的比表面积

材料的比表面积大小会直接影响化学反应的速率，所以 $LiMn_2O_4$ 比表面积的大小，对于锰的溶解和电解液的催化分解影响很大。而材料的比表面积和制备该材料的过程是密不可分的，一般来说，高温固相法制备的 $LiMn_2O_4$ 的比表面积在与其他制备方法比较中是相对较小的。

4. $LiFePO_4$ 的改性

磷酸铁锂具有原料来源广泛、价格低廉、热稳定性好、比能量高、循环性能好、安全性能突出及对环境无污染的特点，其理论比容量为 170mAh/g，工作电压为 3.45V 左右，是最具潜力的正极材料之一。然而，磷酸铁锂正极材料仍存在两个不足之处：一是其电导率低和离子扩散系数低；二是材料的堆积密度小，导致其体积比容量低，制作的电池体积庞大。从 1997 年磷酸铁锂被发现至今，磷酸铁锂的改性研究一直在以各种方式开展。

1) 异相掺杂

异相掺杂主要是指掺杂元素进入 $LiFePO_4$ 取代其中一种或几种元素。根据取代的位置不同，可分为铁位掺杂和锂位掺杂。铁位掺杂主要是一些与铁元素性质和半径相近的元素，如 Co、Mn、Ni、Ti、Mg 等；锂位掺杂元素主要有 W、Cu、Mg、Na、Al 等。Chung 等[53]通过在 $LiFePO_4$ 中掺杂一些超价元素 Nb^{5+}、W^{6+}、Ti^{4+}，使 $LiFePO_4$ 电导率相比 $LiCoO_2$、$LiMnO_2$ 提高了 8 个数量级，达到 10^{-2}S/cm，而且 $LiFePO_4$ 纳米颗粒在低倍率下的比容量接近理论比容量，在 10C 下也能保持在 80mAh/g 的水平。这一结果引起了掺杂研究的热潮，各种具有潜力的超价离子如 V^{5+}、Ti^{4+}、Cr^{3+}、Al^{3+}、Nb^{5+}、Mo^{6+}、La^{3+} 等被应用于 $LiFePO_4$ 纳米颗粒的掺杂。

2）颗粒细化

Axmann 等[54]利用原子仿真的方法研究了尺寸在原子水平的 $LiFePO_4$ 中 Li^+ 的脱嵌行为。他们提出，原子尺寸的 $LiFePO_4$，Fe 原子容易占据本应是 Li 所处的位置 M1。在 $LiFePO_4$ 中，Li^+ 扩散通道是一维的，发生在[010]方向上，Fe 占据在 M1 位置阻碍了 Li^+ 的传输，同时会导致 $LiFePO_4$ 结构的不稳定。此外，Fe 和 Li 之间的静电排斥也使得 Li 很难占据 M1 位置，合成过程中的 $LiPO_3$ 杂质的堆积也阻碍着 Li^+ 的传输[54]。

通过细化 $LiFePO_4$ 颗粒尺寸能够避免上述这些问题。Chung 等[55]把烧结温度提高到 800℃，避免了 $Fe_{\cdot Li}$ 缺陷的产生。Hong 等[56]发现水热法制备 $LiFePO_4$ 时，水热温度如果处于 180℃以下，所得 $LiFePO_4$ 导电性能较差，这是由于 7%位置混乱的 Li 阻碍了 Li^+ 的传输。Kang 等[57]通过在 $LiFePO_4$ 电极表面存储一层无机导电层提高了 $LiFePO_4$ 的导电性。值得一提的是，上述这些改善 $LiFePO_4$ 导电性的工作都是基于纳米尺寸的 $LiFePO_4$，它具有比微米尺寸 $LiFePO_4$ 更敏感的表面效应，同时缩短了 Li^+ 的扩散通道，一定程度上减少了 $Fe_{\cdot Li}$ 缺陷的产生。

3）导电层包覆

为了改善 $LiFePO_4$ 的导电性能，可以采用导电层的包覆，这也是一种常见的手段。其中碳包覆被认为是最有效的方法。碳包覆一方面可增强粒子与粒子之间的导电性，减少电池的极化；另一方面还能为 $LiFePO_4$ 提供电子隧道，以补偿 Li^+ 脱嵌过程中的电荷平衡。碳包覆可分为原位包覆和非原位包覆。原位包覆是指在合成 $LiFePO_4$ 的过程中加入碳源，烧结过程中形成碳导电层包覆 $LiFePO_4$ 颗粒。原位包覆的前提是要保证前驱体中 Li 源、Fe 源和 P 源在很小的尺度上均匀混合；否则，碳源的存在会阻碍 $LiFePO_4$ 形成中的固相反应，而产生杂相。非原位包覆是指在合成的 $LiFePO_4$ 表面包覆一层碳导电层。这种方法要求 $LiFePO_4$ 在包覆前具有很小的尺寸，但目前的包覆方法难以实现碳在 $LiFePO_4$ 表层均匀包覆。

原位包覆方面，Ravet 等[58]最先对 $LiFePO_4$ 进行了碳包覆并使 $LiFePO_4$ 实际容量接近于理论容量。之后，各种各样的碳源被用来包覆 $LiFePO_4$，如蔗糖、葡萄糖、一些碳质聚合物，甚至一些含碳的前驱体（碳酸盐、草酸、柠檬酸盐）等。碳包覆不仅能起到改善导电性的作用，同时能够改善 $LiFePO_4$ 表面形貌，并且作为一个形核剂能有效减小 $LiFePO_4$ 颗粒尺寸。原位包覆中，各种合成方法有其各自的优势。主要的合成方法有固相球磨法、喷雾热解法、水热法、共沉淀法等。其中，固相球磨法工艺简单，适用于工艺生产，同时能制备出纳米级的 $LiFePO_4$。

$LiFePO_4$ 被原位碳包覆后，导电性能得到一定改善，但还需要在制备浆料的过程中进行非原位碳包覆。很多碳源，如石墨、炭黑、多孔碳被用作导电剂对 $LiFePO_4$ 进行非原位包覆。碳包覆的质量取决于碳源的量、石墨化程度和碳在 $LiFePO_4$ 表面的形貌和分散程度。石墨化程度一般取决于碳源和合成温度。

4）碳纳米管对 $LiFePO_4$ 的包覆改性

不同于其他碳的同素异形体，如石墨、金刚石和富勒烯，碳纳米管具有一维线性结构，具有较大的长径比。它可以看成由石墨烯层围绕中心轴卷曲得到半径在纳米级的管状结构。碳纳米管具有良好的力学性能、优良的导电性和导热性，这些性能使碳纳米管成为导热材料、结构材料、导电剂、储能器、催化剂载体等的理想材料。

相比传统碳源对锂离子电池正极材料进行包覆改性，碳纳米管作为碳源有着独到的结构和性能优势。它的一维结构能形成有效的导电网络结构，加快锂离子的传输速度。碳纳米管较高的电导率，使它成为锂离子电池正极材料的优良导电剂。

碳纳米管的缺点之一是易团聚，团聚的碳纳米管不能表现出它一维结构的优良性能。作为 $LiFePO_4$ 的导电剂，碳纳米管独特的一维结构能够提供四通八达的锂离子运输通道，极大地缩短锂离子扩散路径。但是碳纳米管一旦团聚，就不能形成有效的导电网络结构。近年来，碳纳米管已经成功取代传统碳源炭黑对 $LiFePO_4$ 进行改性，表现出优良的电化学性能。Jin 等[59]在 $LiFePO_4$ 中添加5%的多壁碳纳米管（MWCNTs），在0.25C下放电比容量达到142mAh/g，相比于纯相 $LiFePO_4$ 和添加导电炭黑的 $LiFePO_4$ 有着更好的循环性能。为了使 $LiFePO_4$ 能够适用于动力电池，Li 等[60]以碳纳米管作为导电剂对 $LiFePO_4$ 进行包覆改性研究，实验结果表明，MWCNTs 在 $LiFePO_4$ 颗粒间形成了3D导电网络结构，改善了 $LiFePO_4$ 的倍率性能。Toprakci 等[61]使用静电纺丝的方法将 MWCNTs 均匀地分散在 $LiFePO_4$ 颗粒表面，形成导电网络结构，极大地改善了 $LiFePO_4$ 的电化学性能。但以上两种方法制备工艺复杂，不适用于工业化生产。Wang 等[62]使用固相法和微波加热法得到了 $LiFePO_4$/MWCNTs 复合电极，表现出很好的循环稳定性，但是由于碳纳米管存在一定的团聚，对于 $LiFePO_4$ 的倍率性能的提高效果不明显。

6.1.2 负极碳材料的改性

石墨具有很多优异特性，是锂离子电池的理想碳负极材料。但石墨本身的结构缺陷，使其表面存在很多缺陷，导致首次放电效率低、循环性能差等问题。所以，需要对天然石墨不断进行表面改性及修饰，以期降低首次循环的不可逆容量，提高可逆容量。目前研究较多的有包覆法、掺杂元素法、氧化还原法、机械研磨等多种表面改性方法。

1. 引入非金属元素

在石墨体系中，添加合适的元素可能会改变碳原子的原子环境，使碳材料的嵌锂行为发生明显的改变。掺杂方式有两种：一种是先用非碳元素化合物浸渍或混入碳材料中，经过热处理制备掺杂碳；另一种是采用化学气相沉积，将掺杂的非碳元素气相热解沉积于石墨体系中。

目前，引入的非金属元素主要有磷、硼、硅、氮、硫、氧等。其中，磷、硅、氮元素虽然对锂没有活性，但是有利于石墨材料结晶性能的提高，进而有助于提高可逆容量。

硼元素在众多的掺杂元素中最为活跃。硼的缺电子性，为电子受体，能增加锂与碳材料的结合能，减少锂离子与周围已嵌入的锂离子的排斥力，提高可逆容量，有利于石墨化过程，同时减少位错的端面数，降低层间距 d_{002}。它对充电电压的影响主要在 1.1～1.6V。碳材料的容量随硼含量的增加而线性增加，甚至碳材料中硼的含量可高达 13%，而且能降低不可逆容量的大小。

氮在碳材料中的存在形式主要有三种：石墨烯氮、共轭氮和氨基氮。前两者对可逆容量的提高起着有利的作用，后者比较活泼，与锂发生反应，能导致不可逆容量的增加。在聚合物裂解碳中不存在氨基氮，而通过化学气相沉积法制备的碳材料再进行热处理后，也没有氨基氮的存在。

硅在碳材料中的分布为纳米级，引入量在 0～6%范围内时，可逆比容量的增加幅度约为 30mAh/g/1% Si，即引入的每一个硅原子可以与 1.5 个锂离子发生可逆作用，其影响的电压范围为 0.1～0.6V，而且其比容量在多次循环以后没有衰减。研究发现，用竹子为前驱体进行低温热处理制备无定形碳中含有硅，其可逆比容量高达 600mAh/g 以上。硅与碳的复合物也能提高可逆比容量，主要原因在于硅的引入能促进锂在碳材料内部的扩散，有效防止枝晶的产生。但是硅的化学状态不是一般认为的游离态硅，而是以 Si—O—C 化合物形式存在，因此其比容量提高的机理并不完全是通常认为的硅与锂形成合金，还有待于进一步研究。

磷引入碳材料以后对碳材料的电化学行为的影响随前躯体的不同而有所不同。由于磷原子的半径（0.155nm）比碳原子（0.077nm）大，其掺杂增加了碳材料的层间距，有利于锂的嵌入和脱出；另外，还影响碳材料的结构，如促进石墨烯分子的有序排列、软化碳结构及有利于石墨化过程的进行等，导致可逆比容量提高，可高达550mAh/g，首次充放电效率达83%。

硫原子的引入对提高碳材料的电化学性能有一定的作用，在碳材料中的存在形式有三种，即C—S、S—S和硫酸酯。硫的引入对碳材料的结构有明显的影响，它们均有利于可逆容量的提高，但后者还会导致不可逆容量的提高。充电曲线表明，硫引入以后在0.5V以前的平台性能更为优越。

2. 引入金属元素

碳材料中引入的金属元素有主族和过渡金属元素。主族元素有钾、镁、铝和钙，过渡金属元素有钒、镍、钴、铜、铁等。

钾在碳材料中的引入是通过首先形成插入化合物KC_8，然后组装成电池。由于钾脱出以后可逆插入的不是钾，而是锂，加之钾脱出以后碳材料的层间距(0.341nm)比纯石墨的层间距(0.336nm)要大，有利于锂的快速插入，可形成LiC_6的插入化合物，可逆比容量达372mAh/g。另外，用KC_8为负极，正极材料的选择余地比较宽，如一些低成本的、不含锂的化合物。

镁在碳材料中的引入是被偶然发现的，将咖啡豆在低温进行热处理发现所得碳材料的可逆比容量高达670mAh/g，从X射线衍射发现有镁的衍射峰，但是具体原因并没有得到说明。

铝和镓的引入之所以能提高碳材料的可逆比容量，主要是因为它们与碳原子形成固溶体，在组成的平面结构中，由于铝和镓的p_z轨道为空轨道，因而可以储存更多的锂，提高可逆比容量。

过渡金属钒、镍和钴的引入主要是以氧化物的形式加入前躯体中，然后进行热处理。由于它们在热处理过程中起着催化剂的作用，有利于石墨化结构的生成以及层间距的提高，所以提高了碳材料的可逆比容量，改善了碳材料的循环性能。

铜和铁的掺杂过程比较复杂，先将它们的氧化物与石墨反应，形成插入化合物，然后用$LiAlH_4$还原。经过这样的处理，一方面提高了层间距，另一方面改善了石墨的端面位置，使碳材料的电化学性能提高，首次循环的可逆比容量大于372mAh/g。

3. 表面处理

天然石墨在PC电解质中容易剥离，同时快速充放电能力不如其他碳材料，因此对其表面进行涂层以期改善电化学性能。由于碳材料表面存在着一些不规则结构，而这些不规则结构又容易与锂发生不可逆反应，造成碳材料的电化学性能劣化，所以对表面进行处理，改善表面结构，可提高电化学性能，主要方法有氟化、气相氧化、液相氧化、等离子处理、碳包覆、金属包覆、聚合物包覆等。下面着重介绍氧化方法和包覆。

1）氧化处理

将石墨进行氧化处理，一方面能生成一些纳米级微孔或通道，增加锂插入和脱嵌的通道，同时也能增加锂的储存位置，有利于可逆容量的提高。另一方面表面形成—C—O—等与石墨晶体表面发生紧密结合的结构，在锂的插入过程中形成致密钝化膜，减少了溶剂分子的共插入，从而抑制电解液的分解，使循环性能有明显的改善。同时，表面氧原子提高了锂在粒子中的扩散，加速了锂离子在表面的吸附，有利于锂的插入和脱嵌。另外，对于普通的天然石墨，还可以将一些不稳定、反应活性高的结构除去，因此有利于降低不可逆容量。氧化处理的方法比较多，可以以空气、氧气、氨气、乙炔、臭氧为氧化剂，通过气相-固相反应实现，也可以采用强化学氧化剂的溶液，如过硫酸铵、硝酸、过氧化氢等与石墨反应，再经 LiOH 处理。吴宇平等[63]采用硫酸铈、过氧化氢溶液作为氧化剂，经氧化后天然石墨的稳定性、可逆容量和循环性能都得到了提高。Fukuda 等[64]采用硫酸和硝酸对石墨进行共氧化处理，Shui 等[65]用混酸对石墨进行水热氧化处理，也都取得了一定的效果。Mao 等[66]利用 K_2FeO_4 对石墨进行氧化处理，将比容量提高到了363mAh/g，并且50个循环后比容量也基本不衰减。而液相氧化与气相氧化相比，反应温度较低，一般小于 100℃；能耗低，并且具有条件温和、易于控制、表面处理均匀等优点。液相氧化处理主要的缺点是需要对样品进行分离、干燥等处理。

在上述氧化处理的基础上，也可以引入催化剂加速氧化过程，如镍、钴、铁等。这样不仅产生上述氧化处理的效果，还因催化剂的存在导致纳米级微孔和通道数目增加，更加有利于锂的插入和脱嵌；催化剂与锂形成合金，也能对可逆锂容量的提高起到一定的作用。但是该反应难以保证产品的均匀性，不利于工业化生产。

2）碳包覆

用气相、液相、固相碳化沉积的工艺在石墨等结晶度高的碳材料上包覆一层无定形碳，这样既可以保留石墨材料的高容量和低电位平台等优点，又兼有无定形碳与电解液兼容性好和大电流充放电性能佳的特点。由于无定形碳层的存在避免了天然石墨与溶剂的直接接触，避免了因溶剂分子共嵌入而造成的石墨剥离现象，所以扩大了电解液溶剂的选择范围，减少了石墨电极的容量衰减。另外，无定形碳的层间距比石墨大，可改善锂离子在其中的扩散性能，这相当于在石墨外表面形成一层锂离子的缓冲层，从而提高了石墨材料的大电流充放电性能。该方法的关键是在石墨外形成完整的包覆层。但是，在工业化过程中，存在的关键问题是在粉碎后，包覆层能否稳定存在，一般地，包覆层很容易发生脱落，因此至今尚未能实现产业化。

将其他碳材料涂层涂在天然石墨表面上一般采用包覆的方法。对于不同的原材料,最佳比例不同。热处理温度不同,电化学性能也相差较大。另外,在天然石墨表面覆盖一层 BC_x 或 C_xN 也可以改善其性能。当然,只有包覆适当的表面才有利于锂的充电、放电及容量的提高。

将气相热分解的碳沉积在天然石墨表面,也能明显改善其容量及循环性能。气相分解产生的碳也提供锂储存位置。

当然,其他碳材料也可以采用包覆进行改性,例如,MCMB 和低温碳纤维无定形碳浸渍在环氧树脂中,然后热处理,能提高循环性能[67]。

从上面的储锂机理可以看出,微孔可以作为储锂的"仓库",但直接与电解液相接触的微孔会因表面钝化膜的形成而消耗大量的电解液。在其表面上通过化学气相沉积法沉积另一层碳,将微孔与电解液之间的接触通道进行隔离,而又不阻止锂的插入,从而可明显提高电化学性能。

3) 金属及其氧化物包覆

与金属、金属氧化物的复合主要是通过在石墨表面沉积层金属氧化物而实现的。包覆金属后不仅可以增加石墨的电子电导率,而且氧化物及其合金也可以作为储锂的母体材料。用 NaH 在正丁醇中还原 $SnCl_2$ 或 $SnCl_4$ 在石墨表面包覆上一层纳米锡,可以得到 400～500mAh/g 的稳定比容量[68,69]。在石墨表面沉积一层金属(如 Ag)可形成一层稳定的固体电解质界面,当 Ag 含量为 5%时,1500 次循环后容量仅损失 12%[70]。此外,还有包覆纳米硅[71]、溶胶-凝胶法包覆纳米 $CaMoO_4$ 晶体[72]、利用微波反应在石墨表面包覆纳米二氧化锡[73]等技术。

为了抑制溶剂化锂离子插入石墨中,在石墨表面包覆一层纳米镍后,明显提高了石墨的电化学性能。其原因在于该层纳米金属有效地将电解质与石墨的活性端面隔离开,减少了溶剂化锂离子在这些位置的共插入和碳酸丙烯酯的还原。

由于锡也可以作为储锂的主体材料,所以石墨表面可以包覆锡。但是,复合物的电化学性能与锡的包覆量和随后的热处理温度有关。加热处理可将无定形锡转变为晶型锡。复合物除了容量高,充放电效率、大电流行为和循环寿命均要优于没有包覆的石墨。其他金属如铜等也可以达到提高电化学性能的目的。碳材料的表面也可以包覆锡的氧化物、锡及其合金。例如,通过浸渍和热处理,在活性炭纤维的表面涂布一层锡和锡的氧化物,当锡的量足够时,不仅可逆容量增加,而且循环性能也明显改善。

其他金属如锌、铝、铜也可以包覆在石墨表面,效果与上述金属基本相同,即降低了界面阻抗,减少了电解液与活性端面之间的接触。

另外,沉积的金属可以作为储锂的位置,有利于容量的提高,与此同时,提高了复合材料的电导率,有利于快速充放电。同样的金属沉积在不同的碳材料表面,所表现出来的电化学行为不一,如 Ni 沉积在人工石墨和天然石墨表面,当然,该现实也与沉积方法有关。

4）聚合物包覆

首先考虑包覆碳材料表面的聚合物为具有导电性和电化学活性的聚合物，如聚噻吩[74]、聚吡咯[75]和聚苯胺[70]。后来，发现其他聚合物也可以作为有效的涂层。

聚噻吩的作用是多方面的：首先，它可以作为导电剂，因为它具有良好的导电性，形成的复合物为良好的导电网络，所以在生产线中可以跳过压制过程；其次，因为它是聚合物，可以作为黏合剂，从而不需加入绝缘性的含氟聚合物；再次，锂可以掺杂在聚合物中，尽管容量较低，但它可以从某种程度上提高复合物的可逆容量；最后，聚合物涂层也可以减少石墨与电解液之间的接触，减少不可逆容量。

通过原位聚合，在石墨表面包覆聚吡咯，由于形成SEI膜的厚度减少，所以可逆容量、充放电效率、大电流充放电性能和循环性能均有提高。当聚吡咯的含量为7.8%时，电化学性能最佳。

不同形式的聚苯胺如苯胺绿、碱性苯胺和质子化苯胺均可以作为黏合剂，减少SEI膜的厚度，改善石墨的电化学性能，减少不可逆容量。

离子导电性共聚合物也可以包覆在石墨表面，从而减少不可逆容量，提高循环性能。其原因在于包覆层抑制了溶剂化锂离子的共插入，改善了石墨的结构稳定性。

其他没有电化学活性的聚合物，如明胶、纤维素和聚硅氧烷，也可以包覆在碳材料表面。以明胶为例，石墨粒子用明胶的水溶液处理后，明胶分子吸附在石墨粒子表面，减少了石墨粒子与液体电解质之间的接触，同时还可以作为黏合剂，减少含氟黏合剂的用量。

在碳表面覆盖一薄层硅胶，可防止有机电解液与碳粒子的直接接触，抑制有机电解液的插入，降低不可逆容量，提高首次循环的充放电效率。

5）有机物包覆

由于碳材料尤其是石墨表层反应活性较低，传统的一些改性层与石墨本体之间的结合并不是很紧密，而芳香族化合物可以与碳进行共价键合作用，所以可以通过相应的重氮盐在石墨表面的还原作用得到一层与石墨表层碳共价键的芳基膜。该芳基膜含有特定的活性官能团，一方面可以保护石墨表层，另一方面可以增强SEI膜的稳定性，同时这些特定的官能团可以控制石墨电极与电解液之间的兼容性，解决SEI膜的稳定性和均匀性问题。

6）机械化学法

粉碎的作用主要是增加端面的数目，同时减少离子大小，为锂的插入和脱锂提供更多的出入口，因此可逆容量增加。但是，端面的量越多，不可逆容量越大，因为这些端面的活性高，使锂与电解质发生不可逆反应；另外，端面之间可以相互结合，端面的数目随循环的进行而不断减少；同时，溶剂也能降低端面的活性，容量随循环的进行而不断衰减。

机械研磨不但可减小石墨粒径(较小的石墨粒径对可逆储锂有利),而且可在六方石墨中引入菱方相,菱方相石墨含量越高,电化学容量越大,若基面上存在大量的晶相边界,锂就有可能从这些特殊的位置嵌入。从动力学角度考虑,菱方相石墨含量的提高,可促进锂离子的嵌入。研磨的方式不同,对石墨电极性能的影响也不同。例如,石墨经长时间球磨,虽比容量会增大 700mAh/g,但不可逆比容量很大(580mAh/g),且循环性能很差,电位曲线也有一定滞后[76]。

单纯对石墨研磨的实际意义不大,现在主要将石墨与其他元素进行研磨,以达到复合的目的[77]。机械研磨已与其他元素复合的石墨,如先将 Si-Ni 合金与石墨电弧熔融再高速球磨[78],先对石墨进行球磨再用化学方法进行改性,先对硅锰合金与石墨进行球磨再进行高温复合[79],先对天然石墨进行球磨再在表面包覆纳米无定形碳[80],用醋酸锂与天然石墨进行湿法球磨掺杂锂等[81]。通过这种复合,协同效应比较明显。

6.2　安全电解液

6.2.1　锂离子电池电解液安全问题

锂离子电池的电解液是由锂盐和有机溶剂组成的混合溶液。其中常见的商用锂盐为 $LiPF_6$,它在高温下容易发生热分解。Sloop 等[82]比较分析了相同条件下电解液 1mol/L $LiPF_6$/EC+DMC 与混合体系 PF_5+EC/DMC 的热反应情况,发现两者的反应现象、气体产物均吻合。Nagasubramanian[83]也对电解液在高温下进行了储存测试,发现了类似的反应现象。Campion 等[84]认为,在微量水的存在下,锂盐不仅会分解释放出路易斯酸物质,还会在水的影响下释放出 HF,生成 POF_3。Gachot 等[85]基于气相色谱-质谱(GC/MS),分析了电解液 $LiPF_6$/EC+DMC 体系在高温下的分解产物,提出了与 Campion 等一致的看法,并给出了锂盐分解释放出 PF_5,并与水反应产生 HF、POF_3,与溶剂反应生成 CH_3F 等物质的过程。

基于以上研究结果,可以认为 $LiPF_6$ 在高温下容易分解,它与微量的水以及有机溶剂之间的热化学反应降低了电解液的热稳定性。电解液中的链状碳酸酯的沸点、闪点较低,在高温下容易与锂盐释放的 PF_5 反应,易被氧化。环状碳酸酯中 PC 会在石墨类负极物质表面共嵌,降低负极稳定性;EC 的熔点较高,会使电解液在低温下析出锂盐,降低电池的低温性能。Kawamura 等[86]对基于 EC+DEC、EC+DMC、PC+DEC、PC+DMC 混合溶剂的 $LiPF_6$ 和 $LiClO_4$ 电解液进行了 DSC 热分析,并探讨了水分、金属锂对电解液体系热行为的影响。Wang 等[87]采用 C80 微量量热仪比较分析了不同混合溶剂及其 $LiPF_6$ 电解液的热稳定性,研究发现,加入

$LiPF_6$ 以后，电解液的热危险性高于溶剂体系；而且，含有 DMC 的电解液比含有 DEC 的放热峰温度更高。Eshetu 等[88]针对 EC、DMC、PC、DEC、EMC 等单一溶剂或以上溶剂的混合物，对基于溶剂体系的电解液的闪点、点燃难易度、热释放速率、有效产热等进行了实验测试，给出了从计算预测角度以及实验结果角度的溶剂安全性排序，在计算参数和实验参数的基础上认为安全性最高的溶剂是 EC；对于其他溶剂，从不同衡量参数考虑，其安全性排序不同。

6.2.2　提高电解液热稳定性的途径

1. 提高电解液的纯度

电解液中微量杂质的存在特别是含有质子的杂质如 H_2O、HF、CH_3OH、CH_3CH_2OH 等对电池性能的影响非常大，即使是 10^{-6}级的含水量，也能使电解液中的溶质水解，特别是当溶质是 $LiBF_4$ 和 $LiPF_6$ 时，水解反应会产生 LiF 沉淀从而减少电解液中的活性锂[89]。由于电解液一般采用碳酸酯作为溶剂，具有较强的吸水能力，所以电解液在包装运输及使用过程中应严禁与空气接触以免引入水分。O_2 是电解液中危害较大的另一种杂质，电解液在过充状态下电极的电位很高，O_2 的存在容易引发电解液的氧化分解，产生气体及热量。除此之外，N_2 也能与锂反应放热，所以设法脱除电解液中的 O_2 和 N_2 也能提高电池的安全性。

2. 加入功能添加剂

添加剂根据功能的不同，主要可以分为以下几种[90,91]：安全保护添加剂、SEI 成膜添加剂、保护正极添加剂、稳定锂盐添加剂、促锂沉淀添加剂、集流体防腐蚀添加剂、增强浸润性添加剂等。由于添加剂种类庞多，功能繁复，这里只探讨能够提高电池安全性能的安全保护添加剂，主要包含阻燃添加剂以及防过充电添加剂。

一种理想的阻燃添加剂应该不仅能够有效降低电解液可燃性，还能保证它与正、负极材料之间的稳定性。目前有很多研究提出了多种阻燃添加剂，能够降低电解液的可燃性，其中大多数阻燃添加剂都为有机磷化合物，或者它们的卤化衍生物。另外，不含磷的一些添加剂，如氟化丙烯碳酸酯[92,93]和甲基全氟丁醚(MFE)[94]也被作为阻燃添加剂以改善电解液的可燃性。作为添加剂的一种，含氮类物质如丁二腈被认为能够减少电池的产气量，而且可以在高温下降低放热起始温度和产热量。

添加阻燃剂是直接降低电解液易燃性的便捷途径之一，但是含磷化合物的引入大部分是以电池其他性能的降低为代价的，如电解液电导率的下降、电池阻抗的增加、电池循环容量的衰减严重等。氟化物的引入会显著增加电解液的生产成本，难以被普及应用，而其他含氮类物质一般有剧毒，而且对电池燃烧性的影响较弱。

另外,需要注意的是,为了测定电解液的阻燃性能,研究者采用了多种不统一的测试方法,这些评估测试方法的区别,使得相同电解液的测试结果具有较低的重复性和一致性。

另外,电池的过度充电会引起负极表面的锂沉积,形成枝晶,正极物质的结构产生不可逆变化,电解液被氧化分解。这些电池材料因为过充电发生的各种反应会产生大量热量、气体,引起电池的温度、压力急剧增加,引发安全问题。而为了防止过充电,研究者提出了多种防过充电添加剂。根据各自的功能性,防过充电添加剂可以分为氧化还原类和聚合阻断类。前者可以在电池过充时,在正极被氧化,然后迁移到负极被还原,再到正极被氧化,不断穿梭于电池中,吸收多余电量,抑制电池电压急剧增加,使得电池的可逆性仍能维持,但是这种机制仅对防止电压升高有效,如果电池体系电压被控制,但是仍然有大量产热产气,那么该类添加剂的作用就比较片面。后者是在过充时发生聚合,聚合物增大电池阻抗而形成类似阻断电流的作用,这种作用对电池的性能有不可逆影响,可以终止电池内的电化学过程,但是也造成了电池的破坏。

对于氧化还原类防过充电添加剂,代表性物质有二茂铁衍生物[95]、噻蒽衍生物[96]、多硫化物[97]、2,5-二叔丁基-1,4-甲基丁子香酚[98]、4-特丁基-1,2-甲基丁子香酚[99]、茴香苯衍生物[95]、聚三苯胺[100]、3-氯苯甲醚[101]等物质。对于聚合阻断类防过充电添加剂,代表性物质有环己基苯[102,103]、联苯[104]和焦碳酸酯[105]等物质。

3. 使用新型锂盐

为了改善商用锂盐 $LiPF_6$ 的性能,研究者对其进行了原子取代,得到了许多衍生物,其中采用全氟烷基取代 F 原子得到 $LiPF_3(C_2F_5)_3$(LiFAP),实验结果表明,LiFAP 的闪点比 $LiPF_6$ 高,基于 LiFAP 的电解液与 $LiPF_6$ 电解液电导率近似;LiFAP 的耐水性增强,在 LiFAP 电解液中加入 0.1%水之后,未在 60h 内发现 HF 的生成。

除了 $LiPF_6$ 类型的锂盐,Takata 等[106]认为,$LiBF_4$ 对水、热都比较稳定,化学稳定性较高,安全性高于 $LiClO_4$。Zhang 等[107,108]认为,基于 $LiBF_4$ 电解液,电池的界面电荷转移阻抗在低温区较低。Takami 等[109]认为,$LiBF_4$ 的高温性能比 $LiPF_6$ 优异,但是由于 $LiBF_4$ 的阴离子体积较小,在溶液中,BF_4^- 与锂离子的结合作用较强,使得电解液的离子电荷传输能力较弱[110]。

为了改善阴离子体积小、离子电荷传输能力不高等问题,研究者对以“B”为中心原子的锂盐进行了扩展研究,得到了以“B”为中心原子、与氧配体螯合得到的阴离子锂盐。这些锂盐的大螯合阴离子能够分散电荷密度,减弱了阴离子与锂离子的结合能力,利于提高锂盐解离度,增大了阴离子的稳定性。在这些锂盐中,由于热稳定性较高,受到人们关注的锂盐有双乙二酸硼酸锂(LiBOB)、二氟乙二酸硼酸锂(LiDFOB)等。Xu 等[111,112]报道了基于 LiBOB 电解液的 $LiNiO_2$/C 电池不仅在室温下循环性能优异，而且在 60℃高温下能够在循环 77 周后仍然保持远高于基于 $LiPF_6$ 电解液电池的容量。Zhang 等[113]发现基于 LiBOB 电解液的电池能够保持升温小于 100℃，而基于 $LiPF_6$ 电解液的电池则发生了爆炸，因此 LiBOB 电解液的抗过充性能高于 $LiPF_6$ 电解液。但是，研究发现[114]，LiBOB 在碳酸酯类溶剂中的溶解度较低，电池中 LiBOB 的浓度达不到 1mol/L；基于 LiBOB 电解液的电池低温性能、界面阻抗均不理想。

Li 等[115]发现，LiDFOB 在碳酸酯溶剂中的溶解度高于 LiBOB，其电解液中的锂离子浓度较高，且电解液黏度较低，研究表明，基于 LiDFOB 和 EC、PC、DMC 体系的电解液电导率为 8.25mS/cm(25℃)，相应的 $LiFePO_4$ 电池循环性能优异。但是由于 LiDFOB 的热分解温度低于 LiBOB，所以电解液的安全性不如 LiBOB 电解液优异。

4. 使用新型溶剂

为了提高电解液的安全性等性能，一系列新型的有机溶剂，如羧酸酯、有机醚类有机溶剂等被作为电解液的添加剂。

羧酸酯型有机溶剂中，链状羧酸酯如甲酸甲酯(MF)、乙酸甲酯(MA)、丙酸甲酯(MP)等熔点较低，因此常被应用于改善电解液的低温性能。环状羧酸酯如 γ-丁内酯(GBL)[116]的沸点、闪点、介电常数较高，黏度较低，Takami 等[109]提出将其与 EC 一起作为 $LiBF_4$ 的溶剂，得到的电解液安全性很高，相应石墨半电池的低温、高温性能均较理想。但是由于 GBL 容易水解、表面张力较高，所以其与隔膜和电极的浸润性不理想；而且 GBL 与 $LiPF_6$ 的溶液与石墨负极兼容性不佳，电池容量衰减严重，因此 GBL 不常应用于锂离子电池中。

有机醚类溶剂的黏度较低，也常作为共溶剂或者添加剂引入电解液体系。链状醚如乙二醇二甲醚(DME)、二甘醇二甲醚(DG)、二甲氧基甲烷(DMM)、甲基九氟丁基醚(MFE)都有应用于电解液溶剂中。其中，MFE[28]能够提高 LiBETI 在 EMC 中的溶解度，得到的电解液能够保证 $LiCoO_2$ 电池较理想的低倍率循环性能。DME 可以与 $LiPF_6$ 形成较为稳定的复合物，增大 $LiPF_6$ 在电解液中的溶解度，提高电解液的电导率；但是，DME[117]的电化学稳定性不太理想。另外，四氢呋喃(THF)或 2-甲基四氢呋喃(2-Me-THF)等环状醚也可以作为电解液溶剂。因为有毒性，$LiAsF_6$ 已基本不再作为商用电解液锂盐，但 $LiAsF_6$ 与 2-Me-THF 的溶液是已有研究中性能非常好的单组分溶剂电解液之一。

5. 使用离子液体

离子液体又称室温离子液体或室温熔融盐，也称为非水离子液体、液态有机盐等[118]。离子液体的定义目前尚不明确，一般认为它是完全由阳离子和阴离子组成的液体，在室温或室温附近呈现为液态的有机盐类[119]。1914年开发出了第一个离子液体硝基乙胺，对离子液体展开实质性的研究是从1980年后开始的[120]，离子液体应用于电池体系开始于1970年。一般来说，离子液体应用于锂离子电池体系中时，并非以单一体系作为电解液，而是与其他锂盐、溶剂或者电解液混合成为电解液。

离子液体具有以下特性：离子液体被称为“设计者溶液”，组成离子液体的阴、阳离子可以根据使用者的需要或使其具有某种特种性质而自由组合；不易挥发、不易燃、蒸气压低、热稳定性达到300℃以上；具有良好的溶解性，可以作为许多有机物和无机盐的反应溶剂；电化学窗口都大于3V，一些特殊的离子液体电化学窗口甚至超过5V，对开发高电位的锂离子电池电解液具有重要的意义；离子液体是一种绿色溶剂，能稳定地存在于水和空气中而不发生分解，便于反应操作处理和易于回收，具有避免大量易挥发有机溶剂使用所带来的环境污染和对人的危害的优点；因含有弱配合离子，所以具有一定的非配合能力；有些离子液体表现出一定的酸性；有些有机溶剂与离子液体不互溶，因此可以将离子液体作为在化学分离中的萃取剂使用[121]。

离子液体按照阴、阳离子的不同排列组合，可达10^{18}种之多，其分类方法也各不相同。可以将离子液体分为$AlCl_3$型离子液体、非$AlCl_3$型离子液体和特殊离子液体三类[122]。也可以按照构成阳离子的不同，将离子液体分为季铵盐类、季磷盐类、含氮杂环类，其中含氮杂环类又包括咪唑盐类、吡咯烷类、哌啶类。此外，还包括一些含功能基团（$—CH_2OCH_3$、$—NH_2$、—SH、$—NHCONH_2$、—OH和$—SO_3H$）引入阳离子侧链的离子液体。构成离子液体的阴离子包括四氟硼酸、六氟磷酸、双三氟甲基磺酰亚胺、三氟甲磺酸等。这些阳离子和阴离子可以自由组合，形成不同的离子液体。图6.1和图6.2给出了构成离子液体阴、阳离子的结构。

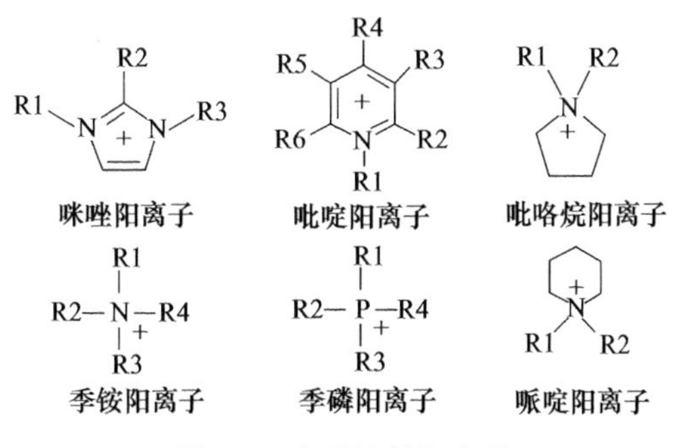

图6.1　离子液体阳离子

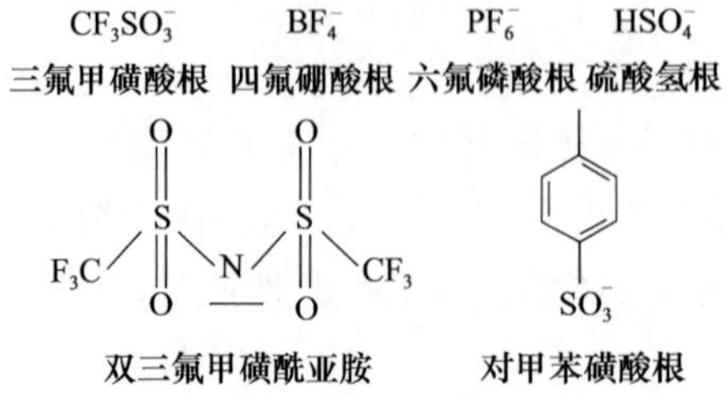

$CF_3SO_3^-$　BF_4^-　PF_6^-　HSO_4^-

三氟甲磺酸根　四氟硼酸根　六氟磷酸根　硫酸氢根

双三氟甲磺酰亚胺　对甲苯磺酸根

图 6.2　离子液体阴离子

当离子液体用作锂离子电池电解质时，具有以下几个特点[123]：蒸气压低，不易挥发；不易燃烧，安全性好；热稳定性好，分解温度一般都高于 300℃；可以很好地与锂盐和有机溶剂相容；具有较高的电导率，一般在 10^{-2}～10^{-3}S/cm；具有较宽的电化学窗口，一般都高于 5V。由于离子液体本身所具备的优点，将其作为锂离子电池电解质具有非常大的应用前景。目前离子液体的应用情况主要分两种：一是直接用作液态电解液；二是将室温离子液体引入聚合物中复合得到离子液体/聚合物电解质。后者兼具了离子液体和聚合物电解质的优点，使得电池的稳定性和安全性都得到很大的提高。

离子液体中研究较早且较多的是咪唑、季铵盐类。咪唑类离子液体的阳离子以 EMI^+ 和 BMI^+ 为主，具有高电导率、低黏度等特性，但是其咪唑环 C(2)上的 H 电化学活性较高，易于在负极表面分解，不利于稳定的 SEI 膜的形成。季铵盐类的电化学稳定性较高，但是黏度较大，且熔点常高于室温。Tsunashima 等[124]提出将有机溶剂 EC/DEC 与离子液体 1mol/L 的 LiTFSI/TMHA[TFSI]混合，可以降低电解液黏度，应用于 $LiCoO_2$、$Li_4Ti_5O_{12}$ 半电池后，电池的容量维持率较高。但相对于商用电解液，离子液体的黏度高 1～2 个数量级，电导率、离子自扩散系数较低，阳离子在电解液中的迁移会导致锂离子迁移速率降低，引起电化学极化，离子液体应用于锂离子电池仍需要进一步的研究。

6.2.3　锂离子电池阻燃添加剂的研究

大容量锂离子动力电池巨大的发展应用前景得到了越来越多的关注，但是发展大容量锂离子动力电池其中一个主要障碍就是安全性问题。锂离子电池在热冲击、过充、过放、短路等滥用状态下潜藏着着火、爆炸等安全隐患。而加入阻燃添加剂可以提高电池的安全性能，避免锂离子电池在滥用状态下发生燃烧和爆炸。

当电池在滥用状态下，电池体系温度升高，而电池体系的温度由电池的产热和散热来决定。锂离子电池的产热主要来自电池材料之间的放热反应，散热主要受电池的导热系数和外界环境影响。锂离子电池的主要放热反应有：①SEI 膜的分解；②负极与电解液的反应；③嵌入锂与氟化黏合剂的反应；④电解液分解；⑤正极活性物质分解;⑥负极的热分解;⑦电池放电时因熵变、极化电阻和欧姆电阻存在而产热。

当SEI膜分解后,就会导致嵌锂碳负极和电解液之间直接接触,而发生剧烈的化学反应,这些反应可能产生氢自由基和氢氧自由基,产生的自由基进一步发生自由基链式反应同时放出大量的热,上述热量又以指数型增加并且使电解液和嵌锂负极之间的反应升级,当电池体系温度达到一定的值后:一方面可能导致电解液的分解产生烷烃气体,这些烷烃气体遇空气或氧气产生燃烧和爆炸;另一方面可能导致正极材料放热分解反应,一旦正极材料开始反应,通常放出大量的热。最后当上述所有热量聚集达到一个极限,在电池有限的空间内得不到有效疏散时就会燃烧或爆炸[125,126]。

阻燃添加剂的加入可以使易燃的有机电解液变成难燃或不可燃的电解液,降低电池放热量和电池自热率,增加电解液自身的热稳定性,从而避免电池在过热条件下发生燃烧或爆炸。锂离子电池电解液阻燃添加剂的作用机理是自由基捕获机制。自由基捕获机制的基本过程是:阻燃添加剂受热,释放出自由基,该自由基可以捕获气相中的氢自由基和氢氧自由基,从而阻止氢氧自由基的链式反应,使有机电解液的燃烧无法进行或难以进行,提高锂离子电池的安全性能。目前,锂离子电池电解液阻燃添加剂大多为有机磷化物、有机卤化物、磷-卤和磷-氮复合有机化合物、其他一些阻燃化合物,分别称为磷系阻燃剂、卤系阻燃剂、复合阻燃剂和其他阻燃剂。

1. 磷系阻燃剂

磷系阻燃剂主要包括一些烷基磷酸酯、氟化磷酸酯以及磷腈类化合物,这些化合物常温下是液体,与非水介质有一定的互溶性,是锂离子电池电解液重要的阻燃添加剂。最早研究的添加剂主要是烷基磷酸酯类如磷酸三甲酯(TMP)、磷酸三乙酯(TEP)[127]、磷酸三苯酯(TPP)、磷酸三丁酯(TBP)[128]、磷酸三异丙基苯酯(IPPP)[129];磷腈类化合物如六甲基磷腈(HMPN);氟化磷酸酯如三(2,2,2-三氟乙基)磷酸酯(TFP)、二(2,2,2-三氟乙基)甲基磷酸酯(BMP)、(2,2,2-三氟乙基)-二乙基磷酸酯(TDP)[130,131]都是锂离子电池阻燃添加剂。表6.1为目前主要研究的有机磷化物阻燃添加剂物性简表。

表6.1 氟化磷酸酯和烷基磷酸酯的物理性质[132]

阻燃剂	TFP	BMP	TDP	TMP	TEP	HMPN
沸点/℃	178	203	210	197	215	>250
熔点/℃	−19.6	−22.5	−22	−46	−56.4	50
相对介电常数(20℃)	10.5	12	15	20.7	13	
自熄灭时间/(s/g)	20	20	40	>40	>40	>40

烷基磷酸酯类阻燃添加剂的不足之处是黏度较大,加入后会降低电解液的电导率;电化学稳定性差,在电池首次充放电过程中烷基磷酸酯易在碳负极表面发生

还原分解反应，严重影响负极表面 SEI 膜的形成，导致在电池循环过程中石墨负极容易脱落，电池容量的衰减加剧，例如，TMP 易在碳负极表面发生类似于 PC 的还原分解，导致电池容量衰减，若将烷基磷酸酯与成膜性较强的溶剂如碳酸乙烯酯(EC)或添加剂如碳酸亚乙烯酯(VC)复合使用，可使负极表面形成良好的 SEI 膜，能够达到较为理想的效果。

1) 氟化磷酸酯和烷基磷酸酯(TFP、BMP、TDP、TEP、TMP、HMPN)

Xu 和 Zhang 等[132]对 TFP、BMP、TDP、TEP、TMP、HMPN 这六种阻燃剂进行了对比，如表 6.1 所示。

从表 6.1 中可以看出，除 HMPN 在常温下为针状晶体，其余的五种阻燃剂在常温下均为黏稠状液体，且可以以任意比例与有机溶剂混合。由于阻燃剂较低的介电常数，它们无法作为单一的电解液溶剂来溶解足够多的锂盐。

(1) TFP、BMP、TDP、TEP、TMP、HMPN 的燃烧性能。

将不同质量分数的阻燃剂溶解于 1.0mol/L $LiPF_6$/EC+EMC(质量比 1∶1)电解液中，分别进行燃烧测试，得到自熄灭时间。图 6.3 为六种阻燃剂的自熄灭时间。Xu 和 Zhang 等之前的研究结果表明，自熄灭时间<6s/g，则电解液是不燃的；自熄灭时间>20s/g，则电解液是可燃的；当自熄灭时间处于两者之间时，则电解液具有良好的阻燃性能。从图中可以看出，包含 20%的 TFP 或 BMP 的电解液是不燃的，当 TDP 的含量达到 40%时，电解液也达到了不燃的效果。由于 TMP 和 TEP 不含氟化烷基，所以阻燃效果远低于 TFP 和 BMP。

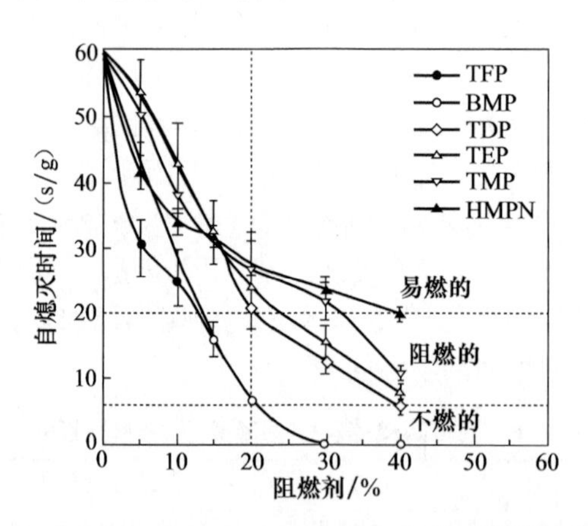

图 6.3 TFP、BMP、TDP、TEP、TMP、HMPN 六种阻燃剂的自熄灭时间[132]

基准电解液为 1.0mol/L $LiPF_6$/EC+EMC(1∶1)，阻燃剂含量均为质量分数

(2) TFP、BMP、TDP、TEP、TMP、HMPN 的电化学稳定性。

由于阻燃剂较低的介电常数和较高的黏性，阻燃剂含量越高，离子电导率越低。在常温 20℃下，当阻燃剂含量达到 40%时，阻燃剂的离子电导率顺序为：TEP>

TFP≈BMP>HMPN。

在电化学稳定性方面，如图 6.4 所示，当 TDP、BMP、TFP 的含量达到 40% 时，以镍酸锂正极半电池在 3.2～3.9V 进行循环伏安测试。从图中可以看出，TDP、BMP、TFP 在正极上是非常稳定的，并且即使含量达到 50%也不会影响它们在正极上的稳定性。由于磷酸盐的结构，阻燃剂在负极半电池中的稳定性较正极复杂一些。如图 6.5 所示，含有 40%的 TFP 和 BMP 的负极半电池循环伏安曲线，从图中可以看出，TFP 和 BMP 的循环伏安曲线与基准电解液的曲线几乎一致，说明当 TFP 和 BMP 的含量高达 40%时，在负极依然具有良好的稳定性。但是，如图 6.6 所示，氟化最少的 TDP 的稳定性较 TFP 和 BMP 要差很多，TDP 在石墨负极的稳定性甚至不如未经氟化的 TEP。在含有 50%的 TEP 的石墨负极半电池中，TEP 几乎对石墨负极的稳定性没有影响。

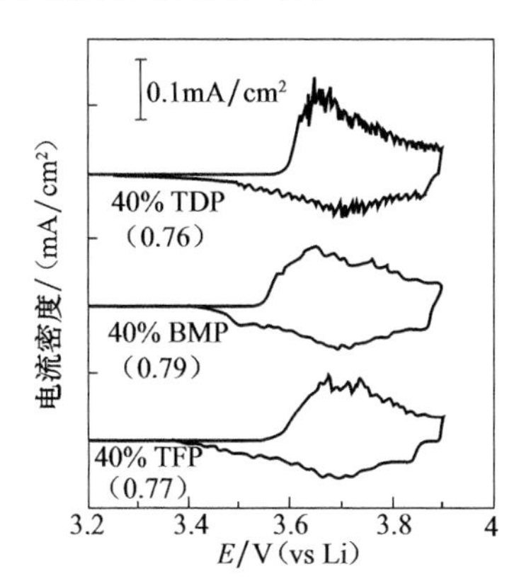

图 6.4　含有 40% TDP、BMP 和 TFP 的 $LiCoO_2$/Li 正极半电池循环伏安曲线[132]

扫描电压 3.2～3.9V

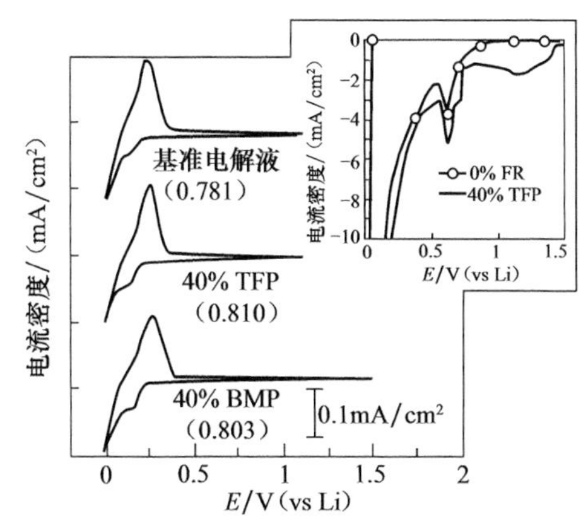

图 6.5　含有 40% TFP、BMP 和基准电解液的石墨/Li 负极半电池循环伏安曲线[132]

扫描电压 1.5～0.01V

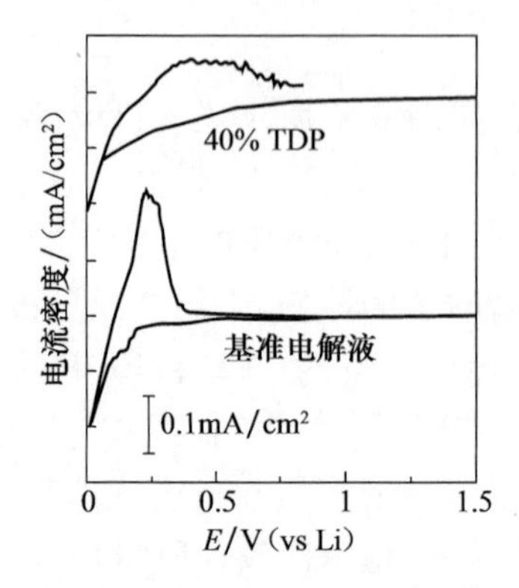

图 6.6 含有 40% TDP 和基准电解液的石墨/Li 负极半电池循环伏安曲线[132]

扫描电压 1.5～0.01V

(3) TFP、BMP、TDP、TEP、TMP、HMPN 的电池搁置 OCV 对比。

在电池的长期搁置测试中，将含有 40%阻燃剂的电解液组装的电池，以 4.1V 的状态，在 70℃下开始搁置，如图 6.7 所示。含有 HMPN 和 TFP 的全电池的开路电压在 800h 的搁置过程中下降很少，而其余三种都出现了不同程度的大幅度下降。

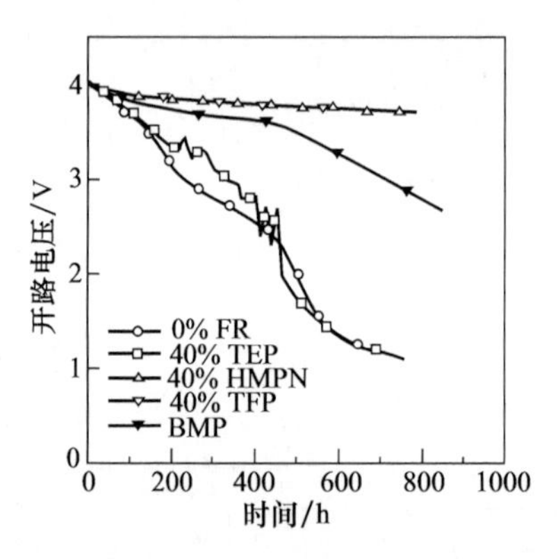

图 6.7 电池以 4.1V 的状态，在 70℃下搁置 800h 的开路电压曲线[132]

综合考虑阻燃效果、离子电导率、在正负极材料上的可逆性和电池的长期稳定性等因素，TFP 是这六种阻燃剂中最理想的选择。

2) 磷酸三异丙基苯酯(IPPP)

IPPP 是一种新型阻燃增塑剂，具有良好的兼容性、阻燃性、增塑性、机械性，其抗氧、抗静电、耐磨、耐候、耐辐射、热稳定性和防霉性，并集低黏度、低毒、无味、无刺激、易环境分解、无污染于一身，具有优良的环保效果。

Wang 等[129,133,134] 选用 IPPP 作为锂离子电池电解液的阻燃剂，溶解于 1.0mol/L $LiPF_6$/EC+DEC(质量比 1∶1)电解液中，各项实验表明，IPPP 的加入改善了电解液的热稳定性，降低了电解液与电极之间的反应活性。

(1) IPPP 电解液的燃烧性能。

图 6.8 为不同 IPPP 含量的 1.0mol/L $LiPF_6$/EC+DEC(质量比 1∶1)阻燃电解液的火焰传播和燃烧时间，即 IPPP 的燃烧性能。实验中使用改进的 UL94 燃烧实验法，使用长 40mm、直径 8mm 的玻璃纤维灯芯浸渍 1.0g 左右的不同含量添加剂的电解液，在燃烧箱水平放置，用酒精灯点燃灯芯的一端，用秒表测定电解液的燃烧时间。每个实验重复 4～6 次，最后将电解液的燃烧时间结果取平均值。由图中可以看出，与纯电解液相比，含有 IPPP 的电解液的火焰传播时间和燃烧时间都有所增加，即燃烧速率下降。当 IPPP 含量增加到 20%时，燃烧时间比含有 15%的 IPPP 电解液的燃烧时间有所降低，这可能是因为在电解液中含有 20%的 IPPP 足以使电解液熄灭，表现出很好的阻燃效果。

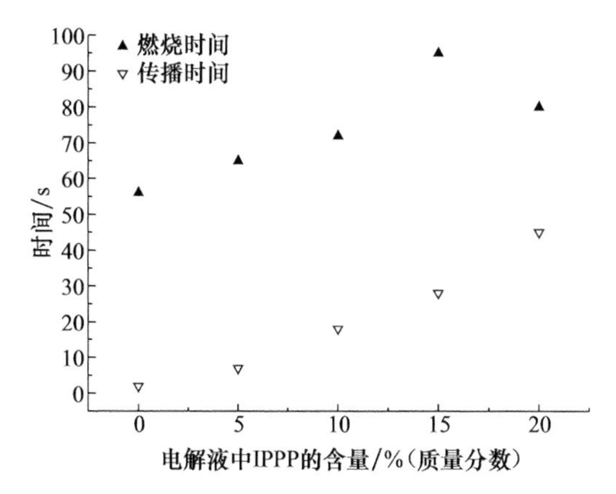

图 6.8　IPPP-1.0mol/L $LiPF_6$/EC+DEC 电解液的燃烧时间和火焰传播时间[129]

(2) IPPP 阻燃机理。

有机磷系阻燃剂可同时在凝聚相及气相发挥阻燃作用，但可能以凝聚相为主，对气相的阻燃可用游离基机理进行解释。高温下，IPPP 分解并产生气相游离基 PO·，能捕获 H·和 OH·游离基。于是，H·和 OH·在燃烧区域的浓度降低而难以维持燃烧。在该过程中，可能的反应过程可用式(6.1)和式(6.2)表示[135]。此外，该有机磷也可作用于凝聚相，当含有磷系阻燃剂的高聚物经受高温被引燃时，磷化合物受热分解生成磷的含氧酸(包括它们中的某些聚合物)，这类酸能催化含羟基化合物的吸热脱水成炭反应，生成水和焦炭，而磷则大部分残留于炭层中。由于正磷酸挥发性低、磷性强，故对羟基化合物的脱水具有特别有效的催化作用。在表面形成的焦炭能阻止分解产物的损失。在 IPPP 阻燃剂中，对电解液中的有机溶剂的成炭作用过程可用式(6.3)表示[135]：

$$O{=}P(—O—C_6H_5)_2(—O—C_6H_4—CH(CH_3)_2) \longrightarrow H_3PO_4 + \text{(结构式)} \tag{6.1}$$

$$\begin{gathered}2H_3PO_4 \longrightarrow HPO_2 + PO\cdot + \text{其他}\\ PO\cdot + H\cdot \longrightarrow HPO\\ HPO + H\cdot \longrightarrow H_2 + PO\cdot\\ PO\cdot + OH\cdot \longrightarrow HPO + O\end{gathered} \tag{6.2}$$

$$\begin{gathered}C_3H_4O_3(EC) \xrightarrow{H_3PO_4} 3C + 2H_2O + O\\ C_5H_{10}O_3(DEC) \xrightarrow{H_3PO_4} 5C + 3H_2O + 4H\cdot\\ 2H\cdot + O \longrightarrow H_2O,\quad 2H\cdot \longrightarrow H_2\end{gathered} \tag{6.3}$$

含羟基化合物炭化的结果，即在其表面生成石墨状的焦炭层，此炭层难燃，隔热、隔氧，可使燃烧窒息。同时，由于焦炭层的导热性差，传递至基材的热量减少，基材热分解减缓。此外，羟基化合物的脱水是吸热反应，且脱水形成的水蒸气又能稀释大气中的氧及可燃气的浓度，这也有助于中断燃烧。另外，磷的含氧酸多为黏稠状的半固态物质，可在材料表面形成一层覆盖于焦炭层的液膜，这能降低焦炭层的透气性和保护焦炭层不被继续氧化，有利于提高材料的阻燃性。

(3) IPPP 电解液的热稳定性。

图 6.9 为 IPPP-1.0mol/L $LiPF_6$/EC+DEC 电解液在氩气下的 C80 热流曲线。从图中可以看出，含有 IPPP 的电解液具有较高的反应开始温度，主反应峰在 200℃附近。不含 IPPP 时，电解液反应开始温度在 140℃，加入 5%的 IPPP 之后，反应开始温度升高到 165℃。含有 10%、15%和 20%的 IPPP 电解液的反应开始温度分别在 170℃、175℃和 184℃。与此相应，放热峰也从 191℃(无 IPPP)推迟到

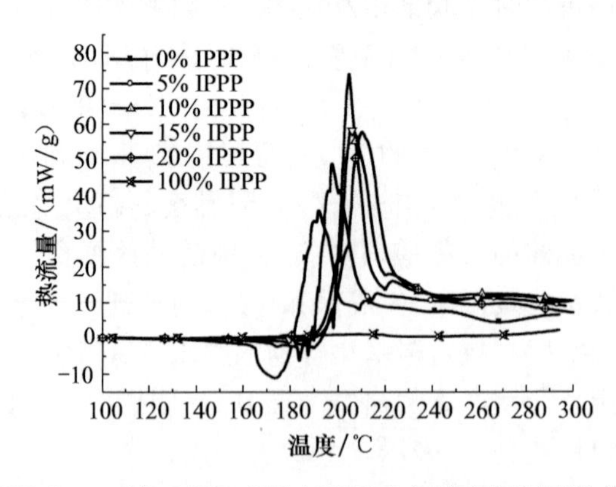

图 6.9　IPPP-1.0mol/L $LiPF_6$/EC+DEC 电解液在氩气下的热流曲线[129]

209℃(20%的 IPPP)。可以说明,IPPP 有效地推迟了电解液的反应开始温度,改善了电解液的热稳定性。

(4) IPPP 电解液对正极热稳定性的改善。

① Li/IPPP 阻燃电解液/$LiCoO_2$ 电池的循环性能。

由含有不同比例 IPPP 的 1.0mol/L $LiPF_6$/EC+DEC 电解液组装成的 Li/IPPP 阻燃电解液/$LiCoO_2$ 电池的首次充放电过程如图 6.10 所示。对于不含 IPPP 的电解液的 Li/IPPP 阻燃电解液/$LiCoO_2$ 电池,在首次循环时有较高的电压平台,加入 IPPP 之后,随 IPPP 含量的增加,放电电压平台也相应地降低。含有 20% IPPP 的电池具有最低的放电电压平台和很低的比容量(92mAh/g),该比容量不能满足实际需要。与此相比,含有 5%~15% IPPP 电解液的电池具有 120mAh/g 以上的比容量,比不含 IPPP 的电池比容量(132mAh/g)略有降低。根据图 6.10 的充放电平台,含 IPPP 的电解液增加了 Li/IPPP 阻燃电解液/$LiCoO_2$ 电池的电阻电压降,这可能是因为添加 IPPP 后,电解液的电导率下降,也可能是 IPPP 氧化在正极表面形成导电性能差的氧化膜,从而增加了 Li^+ 的穿透性[129]。

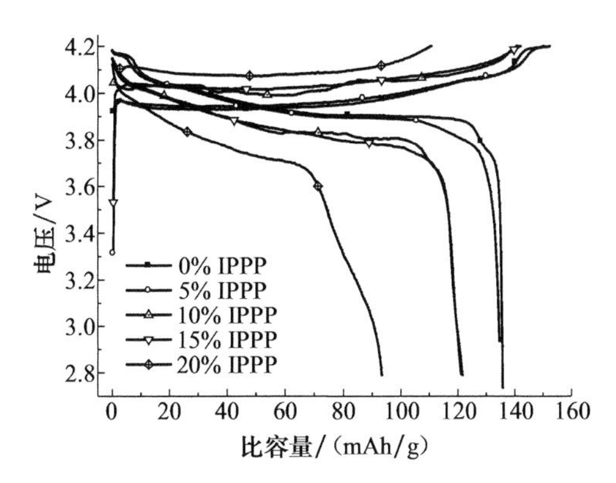

图 6.10 Li/IPPP 阻燃电解液/$LiCoO_2$ 电池的首次充放电循环[129]

图 6.11 为使用不同 IPPP 含量的 Li/IPPP 阻燃电解液/$LiCoO_2$ 电池循环比容量变化图。由图可以看出,含有 5% IPPP 电解液的电池在前 50 个循环中表现出良好的性能,10%和 15% IPPP 电解液的电池呈现不同程度的降低,20% IPPP 电解液的电池比容量随循环次数的增加大为降低。总体来说,随 IPPP 含量的增加,电池的放电比容量降低,可能是由 IPPP 在正极表面发生氧化所致。

② Li/IPPP 阻燃电解液/$LiCoO_2$ 电池正极热稳定性。

图 6.12 为 Li_xCoO_2 热流曲线,首先使用不同 IPPP 含量的电解液组装成 Li/IPPP 阻燃电解液/$LiCoO_2$ 电池,将电池充电至 4.2V 时,在氩气手套箱内拆开获得 Li_xCoO_2 样品。在没有 IPPP 作用时,Li_xCoO_2 在 169℃开始放热,在 259℃达到

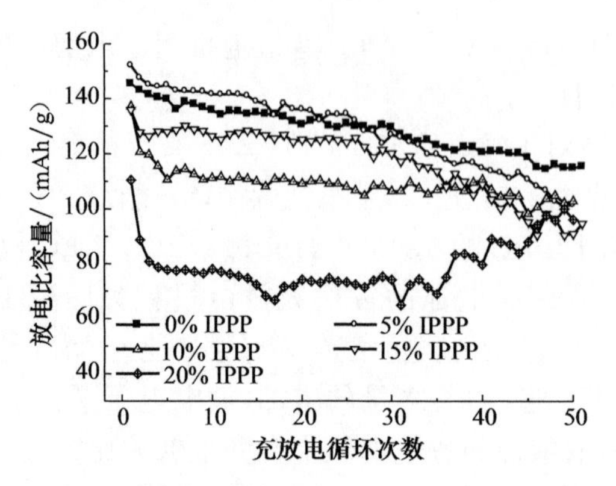

图 6.11 Li/IPPP 阻燃电解液/$LiCoO_2$ 电池的循环比容量[129]

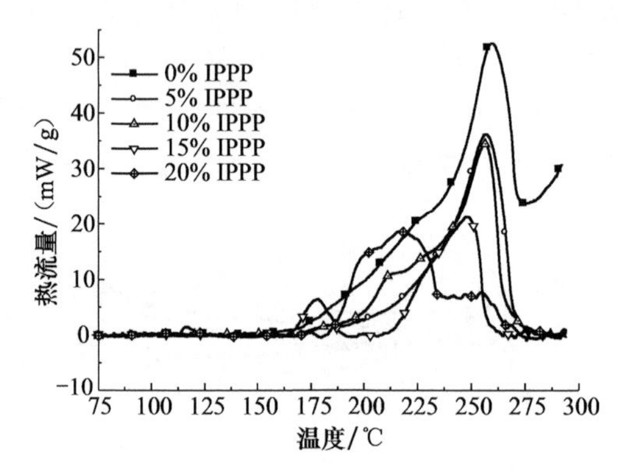

图 6.12 Li/IPPP 阻燃电解液/$LiCoO_2$ 电池在 4.2V 时的 Li_xCoO_2 热流曲线[133]

放热峰,放热量为−863.0J/g。在含有 5%和 10% IPPP 的电解液循环后的反应开始温度和放热峰相差不大,分别在 174℃、257℃和 172℃、256℃,反应热分别降低到−361.1J/g 和−368.9J/g。可见,在含有 IPPP 的电解液中循环后的 Li_xCoO_2 热稳定性有所提高。在含有 15% IPPP 的电解液中循环后的 Li_xCoO_2 从 165℃就开始放热,并在 178℃和 248℃出现两个放热峰,放热量却很少,为−25.6J/g 和−171.4J/g。第一个放热峰可能是 Li_xCoO_2 中残留的有机溶剂所致。在含有 20% IPPP 的电解液中循环后的 Li_xCoO_2 从 183℃开始放热,在 216℃达到放热峰,放热量为−267.2J/g。

IPPP 对 Li_xCoO_2 的反应开始温度虽然没有太大改善,但是对反应热却有显著降低,在含 15% IPPP 电解液循环后 Li_xCoO_2 的反应热降低最为显著,降低了 666.0J/g,有利于提高锂离子电池的安全性。

在有电解液存在的情况下,其共存体系的热稳定性如图 6.13 所示。Li_xCoO_2 与不含 IPPP 的 1.0mol/L $LiPF_6$/EC+DEC 电解液共存时的反应开始温度在 128℃,并在 196℃、205℃和 230℃出现三个放热峰,总反应热为−1052.6J/g。在与含有 IPPP 阻燃剂的电解液共存时，体系的热特性发生了改变，从表 6.2 可以看出其热力学和动力学参数的改变。Li_xCoO_2 与含有 5%和 10% IPPP 的电解液共存时的反应开始温度分别升高 11℃和 1℃，而随 IPPP 含量的增加，含 15%和 20% IPPP 共存体系的反应开始温度却分别降低到 110℃和 116℃，并且放热峰也相应地降低。但是，IPPP 阻燃电解液与 Li_xCoO_2 共存体系的反应热都有大幅度的降低，平均降低到−474J/g，并且活化能也有显著的提高，从 85.4kJ/mol 提高到平均 308kJ/mol，说明反应所需的能量较高，不易发生反应，热稳定性有所提高。

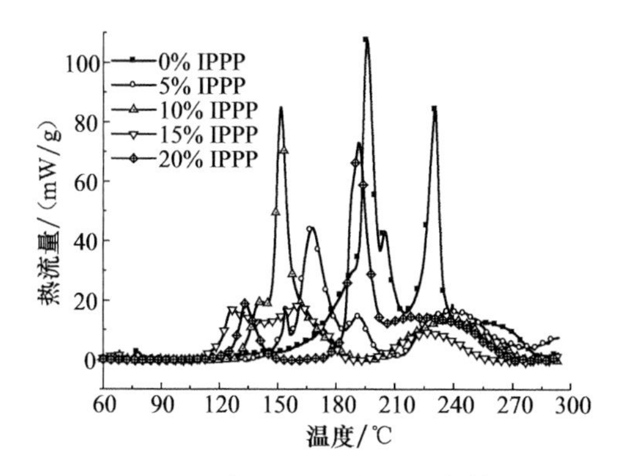

图 6.13　4.2V Li_xCoO_2 与 IPPP 电解液共存体系的热流曲线[136]

表 6.2　IPPP 电解液与 Li_xCoO_2 共存体系的热力学特性参数[136]

IPPP 含量 /%	反应开始温度/℃	放热峰 /℃	反应热 /(J/g)	活化能 /(kJ/mol)	指前因子 /s^{-1}	相关系数 R^2
0	128	196/205/230	−1052.6	85.4	2.13×10^5	0.982
5	139	154/168/191/239	−499.6	313.0	7.29×10^{34}	0.993
10	129	142/152/238	−516.0	367.1	1.18×10^{43}	0.997
15	110	127/161/229	−348.1	253.7	2.66×10^{29}	0.994
20	116	133/191	−531.8	297.9	5.71×10^{34}	0.997

总体来说，在使用不同 IPPP 含量的电解液组装成的 Li/IPPP 阻燃电解液/$LiCoO_2$ 电池中，Li_xCoO_2 正极的反应开始温度有所提高，反应热大大降低，热稳定性有所提高。而在 Li_xCoO_2 与 IPPP 电解液共存时，体系的热稳定性有所变化，IPPP 在电解液中含量为 5%和 10%时，体系的热稳定性增强，IPPP 在电解液中含量为 15%和 20%时，由于反应开始温度的降低，尽管反应活化能增加，但是也不利于锂离子电池的安全。因此，可选用 5%～10% IPPP 阻燃电解液，来提高锂离子电池的安全性。

(5) IPPP 电解液对负极热稳定性的改善。

① Li/IPPP 阻燃电解液/C 电池的循环性能。

图 6.14 为不同 IPPP 含量的电解液组装成的 Li/IPPP 阻燃电解液/C 电池的循环比容量，在没有 IPPP 添加剂时，Li/C 电池的循环比容量随循环次数的增加而逐渐降低，平均比容量为 326.0mAh/g。添加 IPPP 之后，Li/IPPP 阻燃电解液/C 电池的比容量反而有所增加，添加 5% 和 10% IPPP 时，比容量分别增加到 331.6mAh/g 和 328.7mAh/g。比容量变得起伏不定，可能是由 IPPP 添加剂与电解液或 Li 发生反应，在负极表面生成新的物质而妨碍 Li 的自由通过所致。当 IPPP 在电解液中含量达到 15%时，Li/IPPP 阻燃电解液/C 电池的比容量降低至 321.4mAh/g，且在 30 个循环之后，比容量波动较大。当 IPPP 的含量增加到 20%时，Li/IPPP 阻燃电解液/C 电池的比容量一开始就变化很大，在 14 个循环后，比容量迅速降低，到第 32 个循环时，已降低到 251.2mAh/g。随后，由于嵌入的 Li 沉积在石墨层内，在 32 个循环之后脱嵌出来，表现出很高的比容量。这说明在石墨层表面形成的 SEI 膜不稳定，妨碍了 Li 的自由脱嵌，而当石墨层内的嵌锂量达到一定程度时，发生石墨剥离现象，从而在石墨层中嵌入的过量锂很容易地脱出来，表现为比容量的增加。

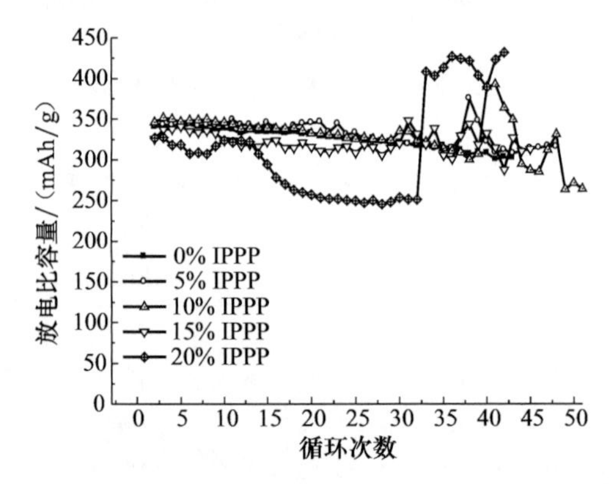

图 6.14 Li/IPPP 阻燃电解液/C 电池的循环比容量[136]

总之，在电解液中添加 IPPP 作为阻燃剂，当 IPPP 含量超过 15%时，由于在石墨表面形成的 SEI 膜不稳定，电池的比容量波动比较大，但是比容量损失比较少。当 IPPP 的含量在 10%以下时，Li/IPPP 阻燃电解液/C 电池的比容量有所增加，是因为在石墨表面生成的 SEI 膜也比较稳定，增加 Li 的可逆循环，并且基本不发生剥离。所以，5%～10%的 IPPP 含量，能够改善 Li/IPPP 阻燃电解液/C 电池的循环性能。

② Li/IPPP 阻燃电解液/C 电池的负极热稳定性。

由于锂离子电池负极的热稳定性比较差，SEI 膜的分解温度比较低，所以电池负极对于电池的热稳定性具有关键的作用。从图 6.15 可看出，IPPP 对 Li/IPPP 阻燃电解液/C 电池中 Li_xC_6 的热稳定性的影响。在不含 IPPP 电池中，$Li_{0.84}C_6$ 在 47℃就发生分解，而对于含有 5%的 IPPP 电解液的电池中的嵌锂石墨，在 79℃时才开始发生放热，SEI 膜开始分解。随 IPPP 含量的增加，Li_xC_6 的反应开始温度进一步提高，在 IPPP 含量分别为 10%、15%和 20%时，反应开始温度分别推迟到 130℃、123℃和 181℃，说明 IPPP 的存在有效地抑制了 Li_xC_6 的分解，提高了其热稳定性。并且 SEI 膜分解的放热量也大大降低，从 IPPP 含量为 0%时的 −491J/g，分别降低至 −43.4J/g(5% IPPP)、−13.1J/g(10% IPPP)、−126.7J/g (15% IPPP)和 −8.2J/g(20% IPPP)，总反应热也从 −1339.0J/g，分别降低至 −715.9J/g、−596.3J/g、−713.6J/g 和 −587.8J/g。总体来说，IPPP 能明显改善 Li_xC_6 的热稳定性。

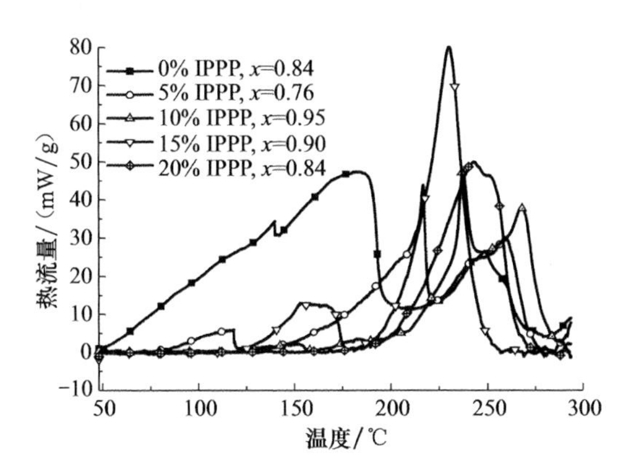

图 6.15　Li/IPPP 阻燃电解液/C 电池中 Li_xC_6 的热流曲线[136]

在实际的电池体系中，电解液与石墨负极共存，因此该共存体系的热稳定性直接关系到电池的安全性。图 6.16 为含 IPPP 电解液与在该电解液中循环后的嵌锂石墨 Li_xC_6 共存时的热稳定性。$Li_{0.84}C_6$ 在与 0%的 IPPP 共存时，在 60℃即开始发生放热反应，并在 102℃达到 SEI 膜分解的放热峰，放热量为 −495.5J/g。而加入 IPPP 阻燃剂后，共存体系的 SEI 膜分解反应开始温度、放热量都大大降低。与 5% IPPP、10% IPPP、15% IPPP 和 20% IPPP 共存体系的反应开始温度分别推迟到 85℃、88℃、90℃和 89℃。放热量也大大降低，分别降到 −46.7J/g、−18.2J/g、−16.6J/g 和 −22.6J/g。可见加入 5%的 IPPP，即可使反应开始温度推迟 17℃，最为重要的是将反应热降低了一个数量级($4.96\times10^2 \rightarrow 4.67\times10^1$)，从而减少了热量的积累，降低了后继反应发生的可能性，提高了电池的安全性。随 IPPP 含量的增加，SEI 膜反应开始温度有所提高，反应热有所降低，但效果不是很明显。因此，5%的 IPPP 即可使负极与电解液共存体系的热稳定性大大增加，有效地提高锂离子电池的安全性。

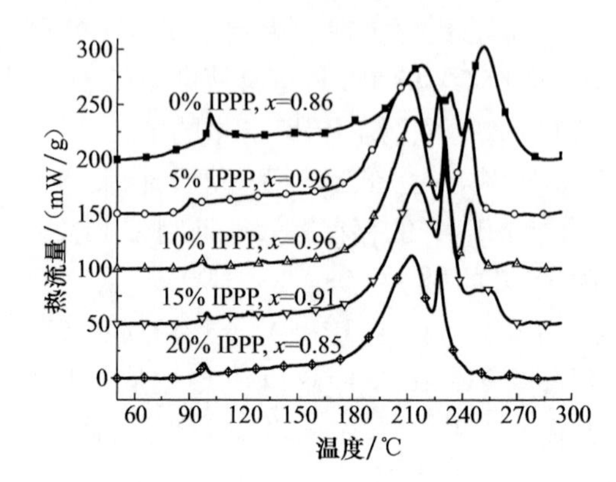

图 6.16　Li_xC_6 与 IPPP 电解液共存体系的热流曲线(纵坐标的值累加 50)[136]

可见,电解液中添加 IPPP 阻燃剂,无论是对单独的 Li_xC_6 还是与该电解液共存时,都能有效地提高其热稳定性,电解液中添加 5%的 IPPP 即可显著提高石墨负极 SEI 膜的热稳定性。因此,IPPP 可用作提高石墨负极热稳定性的添加剂,提高锂离子电池的安全性。

(6) IPPP 电解液对全电池热稳定性的改善。

① C/IPPP 阻燃电解液/$LiCoO_2$ 电池的循环性能。

图 6.17 为 C/IPPP 阻燃电解液/$LiCoO_2$ 电池的首次充放电过程。从图中可以看出,不含 IPPP 时,电池的首次放电电压平台比较高,放电比容量为 133mAh/g。加入 IPPP 后的全电池的放电电压平台均有所降低,放电比容量也有所降低,含有 5%、10%、15%和 20% IPPP 的比容量分别为 126mAh/g、124mAh/g、105mAh/g 和 107mAh/g。可见,IPPP 对电池的比容量有一定的降低,这可能是因为负极表面形成的 SEI 膜阻止了锂的自由通过,从而有一部分不可逆锂的存在,降低了电池的比容

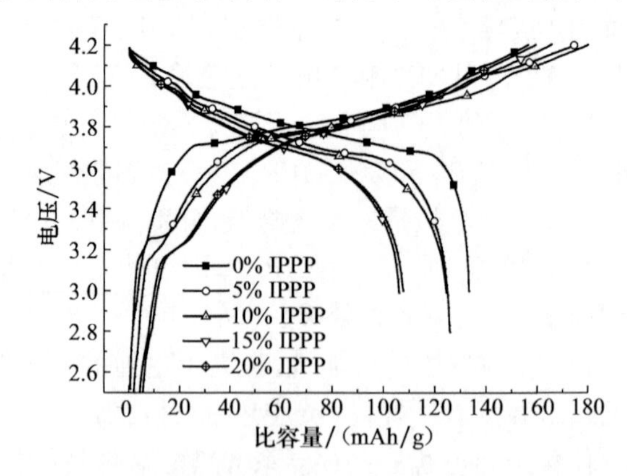

图 6.17　C/IPPP 阻燃电解液/$LiCoO_2$ 全电池的首次充放电循环[136]

量。在 IPPP 含量为 5%和 10%时，比容量分别降低了 5.3%和 6.8%，因此可使用 5%和 10%的 IPPP 电解液作为锂离子电池的电解液。

图 6.18 为 C/IPPP 阻燃电解液/$LiCoO_2$ 全电池的循环比容量。从图中可以看出，电解液为 0%、5%和 10% IPPP 的电池的初始比容量相差不大，随循环次数的增加，含 0% IPPP 电解液的电池比容量逐渐降低，到 65 个循环后仍保持在 105mAh/g。含有 5% IPPP 电解液的电池在前 25 个循环时，其比容量比不含 IPPP 的电池比容量还要高一些，但在 25 个循环之后，比容量低于不含 IPPP 的电池，并且在 65 个循环时，其比容量降到 96mAh/g。在含有 10% IPPP 的电池中，其循环比容量也呈一直降低的趋势，并且低于不含 IPPP 电池的循环比容量，在 65 个循环之后，比容量保持在 97mAh/g。当 IPPP 的含量在电解液中增加到 10%和 20%时，电池的初始比容量就比较低，分别为 107mAh/g 和 111mAh/g。含 15% IPPP 的电池比容量在 15 个循环后较为平稳，而含 20% IPPP 的电池则一直呈降低的趋势，经历 65 个循环之后，比容量分别保持在 97mAh/g 和 75mAh/g。由于 20% IPPP 电池比容量衰减过快，所以不能满足实际的需要。含有 5%和 10% IPPP 电池的比容量虽然也有所降低，但是能提高电池的安全性，可以作为合理的添加比例。15% IPPP 虽然能进一步增强电池的安全性，但是要牺牲更多的循环比容量，因此可根据实际需要来选取添加比例，如对电池安全性需求高时，可适当牺牲部分比容量，对比容量需求高时，可适当牺牲电池的安全性。

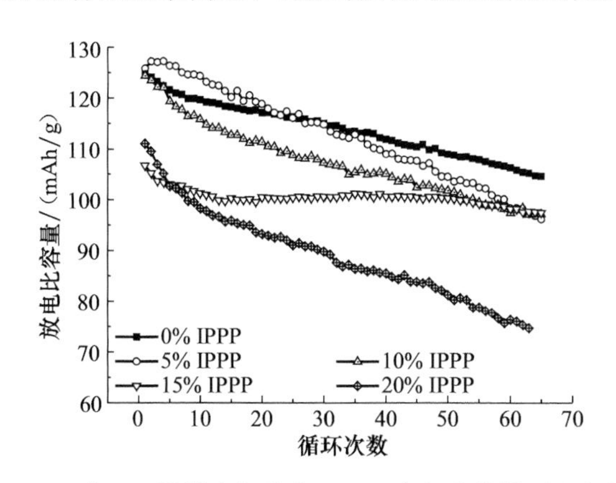

图 6.18　C/IPPP 阻燃电解液/$LiCoO_2$ 全电池的循环比容量[134]

加入 IPPP 之后，电池的放电电压平台、循环效率和循环比容量等电化学性能有一定的降低。5%和 10%的 IPPP 含量是可以接受的水平，因此可采用添加 IPPP 来增强电池的安全性。

② C/IPPP 阻燃电解液/$LiCoO_2$ 电池的热稳定性。

为探究 IPPP 对全电池热稳定性的影响，将全电池充电到 4.2V 之后，在氩气手套箱内拆开。为防止电极片向反应池漏电,使用隔离膜将电池的主要构成部件包裹在一起,放入C80反应池内进行实验,得到图6.19所示的C/IPPP阻燃电解液/$LiCoO_2$全电池的热流曲线。不含IPPP阻燃剂的电池在72℃就开始放热,且出现多个放热峰,并在131℃有一个吸热峰,该吸热峰为隔膜受热熔融的过程。在此之前的放热过程为负极SEI膜的分解过程。后面的多个放热过程说明正极与电解液、负极与电解液等之间发生了复杂的化学反应,并放出热量。在加入IPPP阻燃剂之后,5% IPPP的电池在89℃开始放热,与石墨负极与电解液的反应开始温度基本相当,说明该过程为SEI膜的分解过程,并放出少量的热量。随IPPP含量的增加,SEI膜分解开始温度分别为98℃(10% IPPP)、86℃(15% IPPP)和89℃(20% IPPP)。添加IPPP后,不仅降低了反应开始温度,还使SEI膜分解的反应热大大降低,含有0%～20% IPPP的电池SEI膜的反应放热(以反应物的总质量为基准计算)分别为－49.8J/g、－21.3J/g、－15.4J/g、－5.3J/g和－9.5J/g,SEI膜分解反应热的降低,有利于提高电池的安全性。在IPPP含量为15%和20%时,几乎都是在131℃和163℃出现两个吸热峰,前一个吸热峰为隔膜熔融的过程,尽管尚不清楚后一个吸热过程的原因,但是吸热过程可吸收其他放热过程产生的热量,降低电池的温度,减少电池发生热失控的概率,很好地提高电池的安全性。

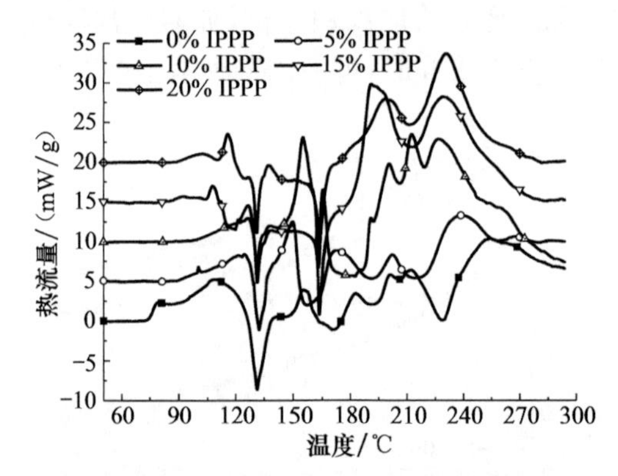

图6.19　C/IPPP阻燃电解液/$LiCoO_2$全电池的热流曲线(纵坐标的值累加5)[134]

以上研究表明,在C/IPPP阻燃电解液/$LiCoO_2$全电池中,IPPP对其电化学性能有少量影响,但是对电池的热稳定性有显著的改善,并且5%～10%的IPPP含量的全电池具有优良的电化学性能。因此,在牺牲少量的电化学性能的情况下,可采用5%～10%的IPPP作为锂离子电池电解液阻燃添加剂,提高锂离子电池的安全性。

3) 磷酸三苯酯(TPP)

TPP具有较好的阻燃性并且能与石墨负极兼容。Chen和Smart等[137-139]发现TPP在作为阻燃添加剂时,电池性能可以得到保障。然而,在这些已有研究中,阻燃剂多以添加剂成分出现(<15%),但为了达到显著的阻燃性能,这些含量并不足够。除了电解液的易燃性,由于电极材料与电解液之间存在高反应活性,所以提高电极材料的热稳定性是提高电池安全性的方法之一;同时,为了提高电池的比能量,降低电池材料成本,很多新型电极材料如 $Li(Ni_{0.8}Co_{0.15}Al_{0.05})O_2$(NCA)、$Li(Ni_{1/3}Mn_{1/3}Co_{1/3})O_2$(NMC)被合成出来,这些电极材料的比容量高于传统商用的 $LiCoO_2$ 材料,且成本更低,有取代钴酸锂的趋势。

Ping 等[140]对高达40%含量的 TPP 作为共溶剂的电解液进行了系列研究,考察了 TPP 基电解液与正极材料 NCA、NMC,负极材料 MCMB、P-Coke 的兼容性,并考察了 TPP 基电解液与正、负极材料共存体系的安全性,提出了改善电解液与电极兼容性、降低电池阻抗的方法,提出了基于 TPP 电解液的高安全性锂离子电池体系。

本节用到的电解液及其构成如表6.3所示。

表6.3　本节用到的电解液及其构成[140]

电解液	电解液构成
基准电解液	1mol/L $LiPF_6$/EC∶DEC(体积比1∶2)
5% TPP	1mol/L $LiPF_6$/31.7% EC∶63.3% DEC∶5% TPP(体积比)
10% TPP	1mol/L $LiPF_6$/30% EC∶60% DEC∶10% TPP(体积比)
20% TPP	1mol/L $LiPF_6$/26.7% EC∶53.3% DEC∶20% TPP(体积比)
30% TPP	1mol/L $LiPF_6$/23.3% EC∶46.7% DEC∶30% TPP(体积比)
40% TPP	1mol/L $LiPF_6$/20% EC∶40% DEC∶40% TPP(体积比)

图6.20给出了基于不同电解液的 NCA/Li 半电池在30℃时的电压-比容量图,可以看出,当 TPP 含量分别为0%、10%、20%时,电池电压-比容量曲线之间的差别不大。但是与这三个曲线相比,30%、40% TPP 电池电压-比容量的曲线显示出了明显不同;基于30%、40% TPP 电解液的电池表现出了较大的容量损失。由图6.21可以看出,电池首次循环时的不可逆比容量基本一致,与 TPP 含量的关系不大。概括来说,首次循环的不可逆比容量基本为(24±4)mAh/g。可以看出,TPP 对于正极材料表面膜的构成并无明显贡献。

由以上测试曲线可以看出,半电池的电化学性能测试对于确定电极/电解液体系容量衰减的原因存在不确定性,由于 Li 电极的存在,无法确定容量损失是由正极、负极或者是两者共同引起的。而对称电池的两个电极是由相同材料的电极构成的,避免了 Li 电极的影响。

(1) 高含量 TPP 电解液与正极材料的兼容性。

① 高含量 TPP 电解液与 NCA 的兼容性。

图6.22给出了 NCA/NCA 对称电池在30℃时,基于不同电解液的比容量-循

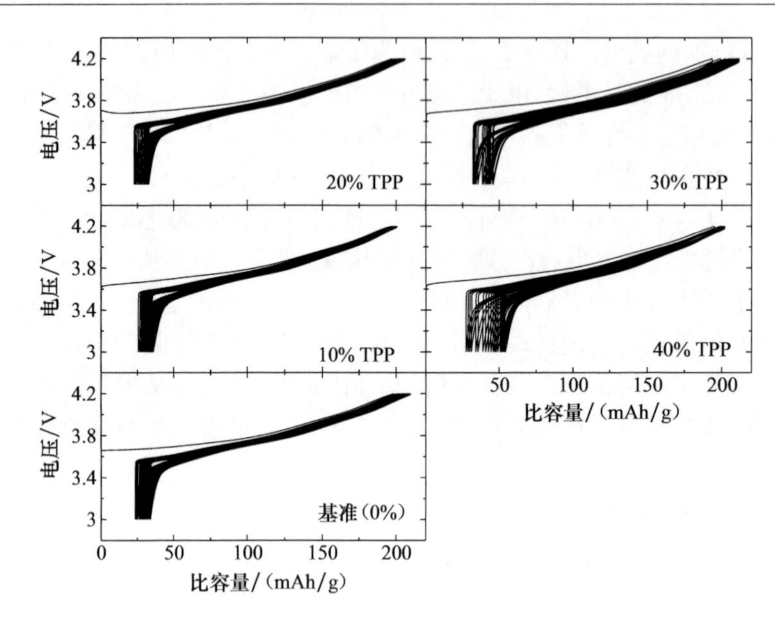

图 6.20　基于不同电解液(0%(基准)、10%、20%、30%、40% TPP)的 NCA/Li 半电池 30℃时的电压-比容量图[140]

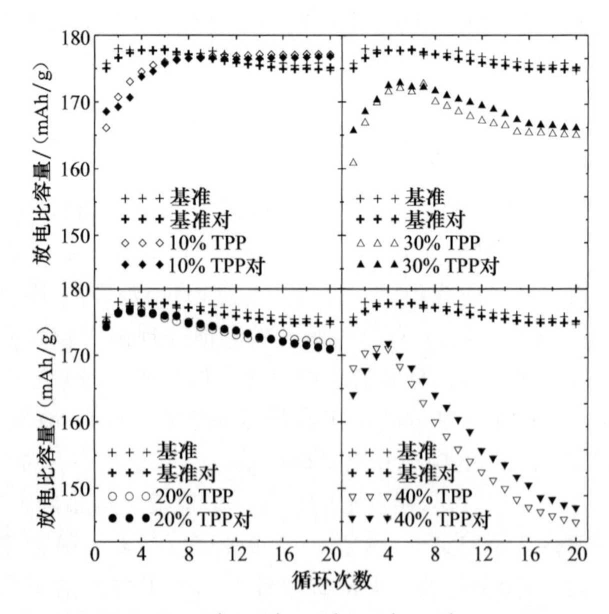

图 6.21　基于不同电解液(0%、10%、20%、30%、40% TPP)的 NCA/Li 半电池 30℃时的放电比容量-循环次数关系[140]

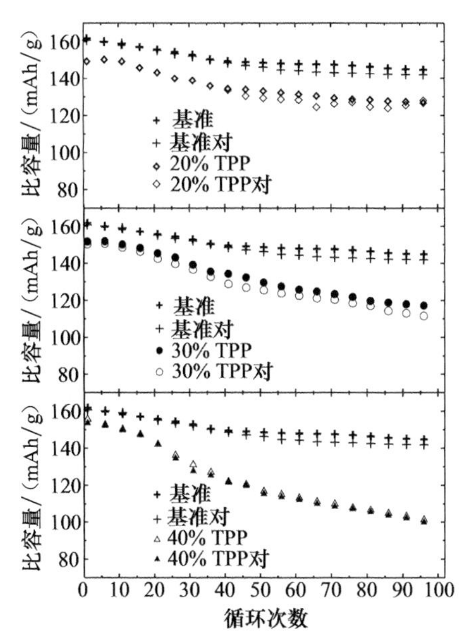

图6.22　基于不同电解液(0%、20%、30%、40% TPP)的NCA/NCA对称电池30℃时的比容量-循环次数关系[140]

环次数关系。可以看出，在图6.21中出现的TPP电池在初始循环中表现出的比容量增加现象未在图6.22出现。这意味着，随着循环次数增加，电池在初始循环中表现出的比容量增加现象，应是由Li电极降低的阻抗引起的。没有了半电池中Li电极贡献的多余锂，对称电池中任何对Li有消耗的副反应，都会引起电池容量减少。

在前20个循环时，含有TPP电解液的电池表现出与基准电解液电池类似的容量维持率。对于全部100个循环，含有20% TPP电解液的电池与基准电池的容量维持行为比较接近，因此可以看出，20%的TPP含量对电池的电化学性能没有显著影响，这与Smart等的研究结果是一致的。当TPP含量为30%时，电池100个循环的容量维持率比不含TPP时要稍低。与基准电池相比，当TPP含量达到40%时，电池的容量维持率有明显下降。

图6.23给出了NCA/NCA对称电池在30℃时，基于不同电解液的电压-比容量图。可以看出，当TPP含量在30%、40%时，电池充电、放电曲线之间的间隔随着循环次数的增加而增加。

由于充电、放电曲线的间隔与电池的充电、放电电压极化相关，所以可以对电池的充/放电电压极化进行分析，由于充/放电的电压极化由平均充电电压、平均放电电压的差值确定，所以可以得到如下极化计算式：

$$\Delta V=\frac{\int_{\text{Charge}}V(q)\mathrm{d}q}{Q_{\text{Charge}}}-\frac{\int_{\text{Discharge}}V(q)\mathrm{d}q}{Q_{\text{Discharge}}} \tag{6.4}$$

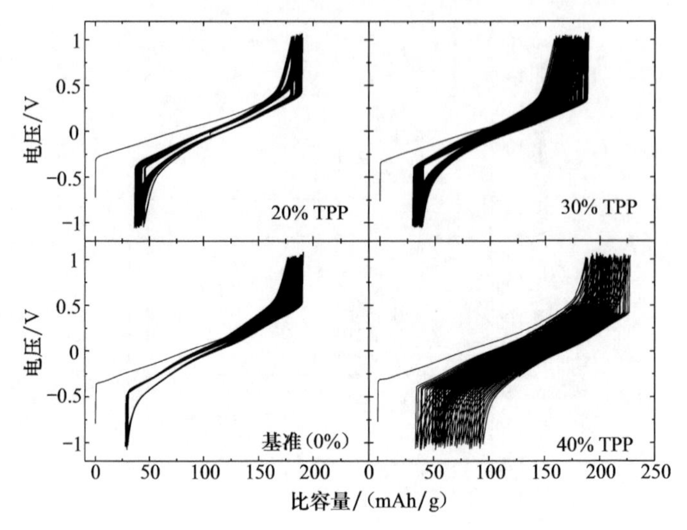

图 6.23 基于不同电解液(0%、20%、30%、40% TPP)的 NCA/NCA 对称电池 30℃时的电压-比容量图[140]

根据以上计算结果,得到图 6.24。由图可以看出,随着循环次数的增加,所有的电池都表现出逐渐增加的极化。20% TPP 含量的电池表现出几乎与基准电池重合的电压极化行为。与基准电池相比,30%、40% TPP 含量的电池表现出随着 TPP 含量增加而增加的电压极化,意味着随着 TPP 含量的增加,电池的阻抗也在

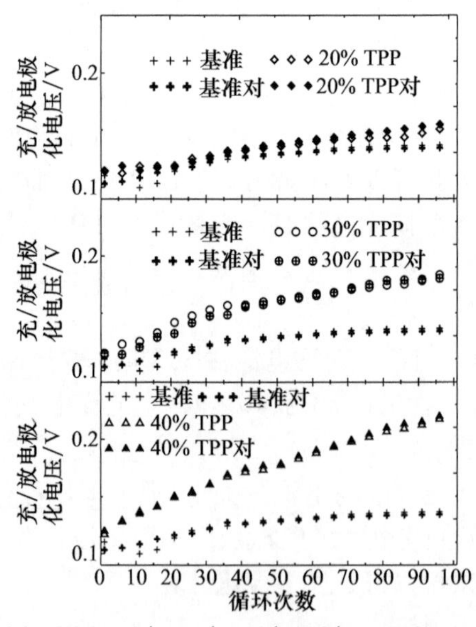

图 6.24 基于不同电解液(0%、20%、30%、40% TPP)的 NCA/NCA 对称电池 30℃时的充/放电极化电压-循环次数关系[140]

增加。值得注意的是，在初始循环中，所有电池表现出几乎一致的电压极化，所以当 TPP 含量较大时，随着循环次数的增加，电池内部必然发生了一些由 TPP 含量增加而引起的性能衰减。

图 6.25 给出了每升电解液中 TPP 摩尔浓度值与 TPP 体积百分比的关系。当 TPP 的体积百分比约为 27%时，它在电解液中的浓度为 1.0mol/L。如果 TPP 与 Li^+ 配位结合的能力比 EC 强，那么可以推测，Li^+ 从其与 TPP 构成的配位体中解离的难度增加，相应的电荷转移阻抗也会增加。

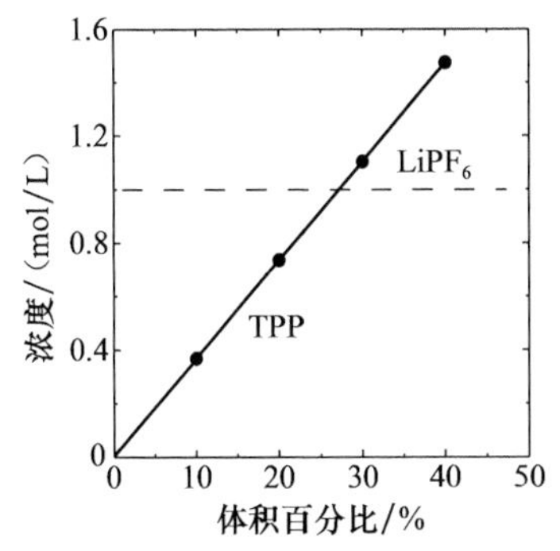

图 6.25　TPP 在电解液中的浓度-体积百分比[140]

另外，如图 6.22 和图 6.24 所示，含有 20% TPP 电解液的 NCA/NCA 电池与含有基准电解液的电池行为非常接近，但含有 30%、40% TPP 电解液的电池性能依次降低。而且，当 TPP 浓度和 $LiPF_6$ 浓度相等时，恰好是含有 TPP 电解液的 NCA 电池性能好、坏的分界线，由此可合理推测，TPP 浓度增加而使得 Li^+ 解离程度降低是影响电池性能的关键因素。而且，随着 TPP 浓度的增加，相应的 EC 的浓度会降低，那么 Li^+ 与 EC 的配位结合能力也会降低，这样会进一步增强 TPP 与 Li^+ 的配位结合能力。

研究发现，2%含量的 VC 对含有 TPP 电解液电池的性能有明显改善，VC 对于发生在正极材料表面的副反应有显著的抑制作用。

图 6.26 给出了基于不同含量 TPP 与 2% VC 的电解液对电池比容量的影响。与图 6.22 相比，在加入 2% VC 以后，含有 TPP 电解液的 NCA/NCA 对称电池均表现出与基准电池基本一致的容量维持特性。当 TPP 含量在 30%以下时，电池的容量维持率比基准电池的要好。当 TPP 含量为 40%时，加入 2% VC 后电池的容量维持率有显著提高，但是在接近 40 个循环时，电池的比容量呈现出一定程度的衰减。图 6.27 给出了 NCA/NCA 对称电池基于 2% VC 与不同含量 TPP 电解液的充/放电极化电压图。可以看出，加入 2% VC 后，电池的极化电压仍然随着循环次数的增加而增加，但是与未加 VC、含有 TPP 电解液的电池相比，电压的极化程度有明显减弱。

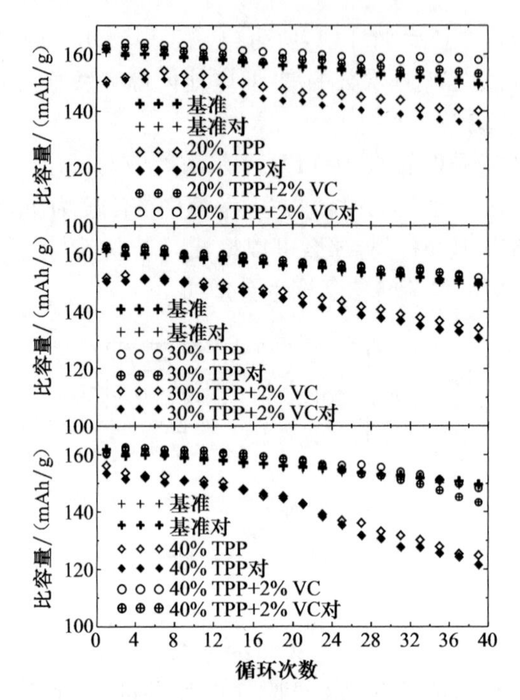

图 6.26　基于不同电解液的 NCA/NCA 对称电池 30℃时的比容量-循环次数关系[140]

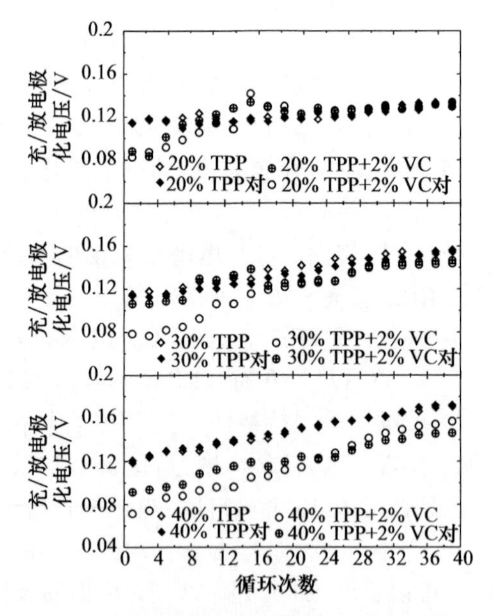

图 6.27　基于不同电解液的 NCA/NCA 对称电池 30℃时的充/放电极化电压-循环次数关系[140]

② 高含量 TPP 电解液与 NMC 的兼容性。

图 6.28 给出了 NMC/NMC 对称电池在 30℃时，基于不同电解液的比容量-循环次数关系。与图 6.27 相比可以看出，随着循环次数的增加，NMC/NMC 基准电池比 NCA/NCA 基准电池表现出较大的容量损失。

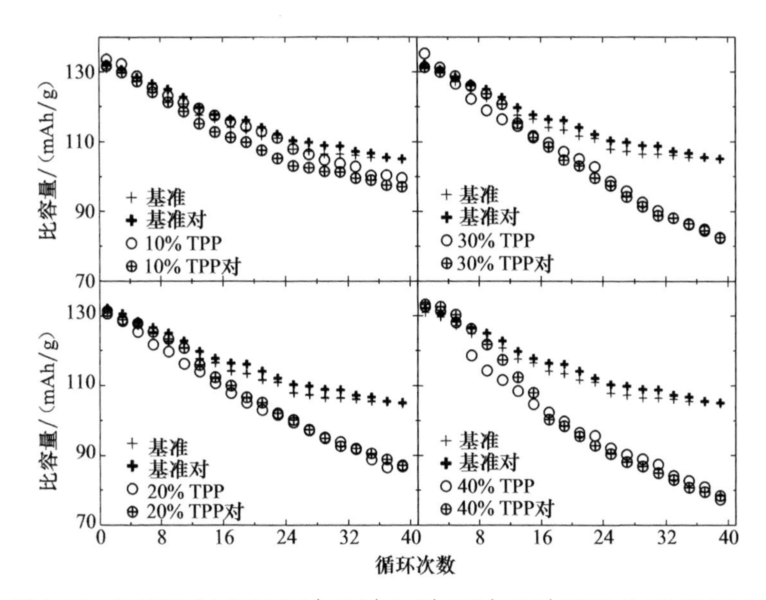

图 6.28　基于不同电解液(0%、10%、20%、30%、40% TPP)的 NMC/NMC 对称电池 30℃时的比容量-循环次数关系[140]

尽管 NMC/NMC 对称电池在循环时容量损失较大，但是依然可以从测试结果分析出 TPP 的影响。当 TPP 含量在 30%以下时，NMC 对称电池在前 10 个循环时的比容量表现几乎未受影响。但是在继续增加的循环中可以看出，含有 TPP 的电池都表现出逐渐增加的容量损失。

图 6.29 给出了 NMC/NMC 对称电池在 30℃时，基于不同电解液的电压-比容量图。可以看出，当 TPP 含量在 30%、40%时，电池充电、放电曲线之间的间隔随着循环次数的增加而增加。

图 6.30 出了 NMC/NMC 对称电池基于不同电解液的充/放电极化电压变化图。随着循环次数的增加，含有 10%、20% TPP 的电池与基准电池的极化增长速率几乎相同，但是含有 30%、40% TPP 的电池表现出很大的极化增长速率，这意味着当 TPP 含量超过 30%时，电池的阻抗表现出明显增长。

可以看出，30%左右的 TPP 含量，也是电池性能衰减是否显著的一个界限，这个现象的发生原因应与图 6.24 的分析推测一致。

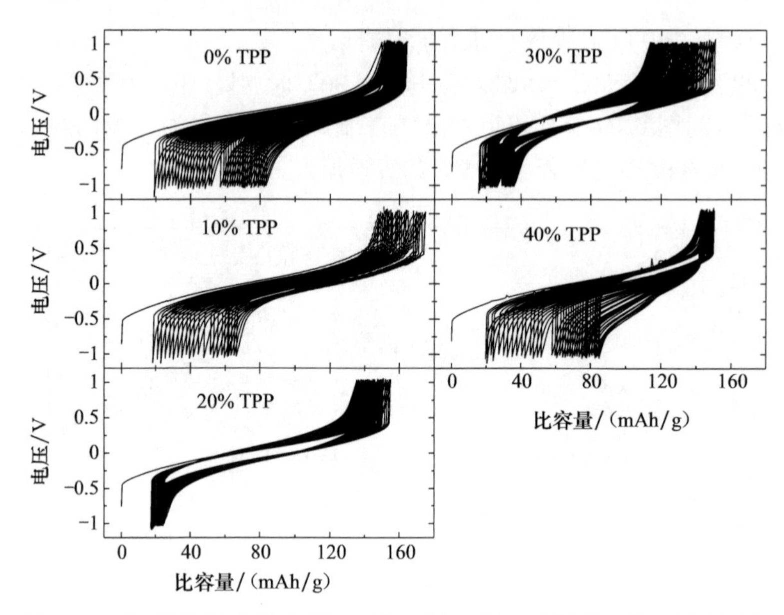

图 6.29　基于不同电解液(0%、10%、20%、30%、40% TPP)的 NMC/NMC 对称电池 30℃时的电压-比容量图[140]

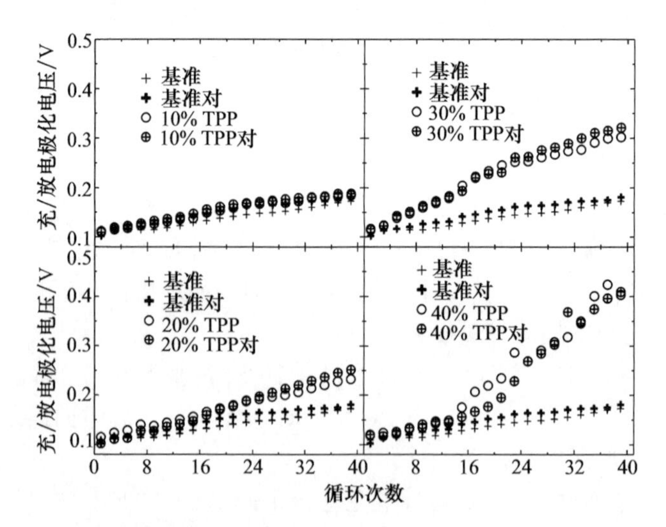

图 6.30　基于不同电解液(0%、10%、20%、30%、40% TPP)的 NMC/NMC 对称电池 30℃时的充/放电极化电压-循环次数关系[140]

由此可见,TPP 含量在 20%以下时,电池的容量维持率以及电池的充/放电极化电压均与基准电池很接近。TPP 含量在 20%以上时,电池的容量维持率随着循环次数的增加而降低。当 TPP 在电解液内的含量达到 1mol/L 时,TPP 的体积含量为 27%。若 TPP 与 Li^+ 的配位结合能力很强，那么随着 TPP 浓度的增加，Li^+ 的解离程度会受到影响，这可能是 TPP 含量在 20% 以上时电池性能降低、阻抗增加的主要原因。另外，在电解液中加入 2% VC 后，NCA 对称电池的阻抗有明显降低。高达 40% TPP 含量的电池容量维持率也在前 30 个循环中表现出与基准电池基本一致的行为。

(2) 高含量 TPP 电解液与负极材料的兼容性。

① 高含量 TPP 电解液与石油焦的兼容性。

图 6.31 给出了基于基准、40% TPP 电解液的石油焦/Li 半电池在 30℃和 60℃时的电压-首次循环比容量图。在 30℃时，含有 40% TPP 电解液的电池比容量比基准电池小，这是由前者的阻抗较大引起的，这一阻抗比较可以从图中充/放电转折点处电压阶长的比较直观得出。在 60℃时，加入 TPP 前后对电池的容量影响不大，这一现象应与高温下电解液的导电性升高相关。

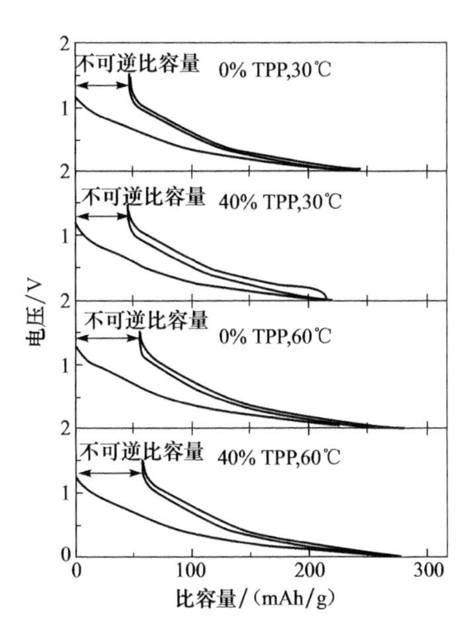

图 6.31 基于不同电解液的石油焦/Li 半电池 30℃和 60℃时的电压-首次循环比容量图[141]

首次循环时电池不可逆比容量如图 6.32 所示，该不可逆比容量对应于形成 SEI 膜层过程中对 Li^+ 的消耗。由图可以看出，40% TPP 的加入对不可逆比容量的影响较小。

表 6.4 和表 6.5 列出了以上电池分别在 30℃、60℃时的首次循环的充电、放电及不可逆比容量。由表中数据可以看出，TPP 对石油焦/Li 半电池不可逆比容量的影响较小。

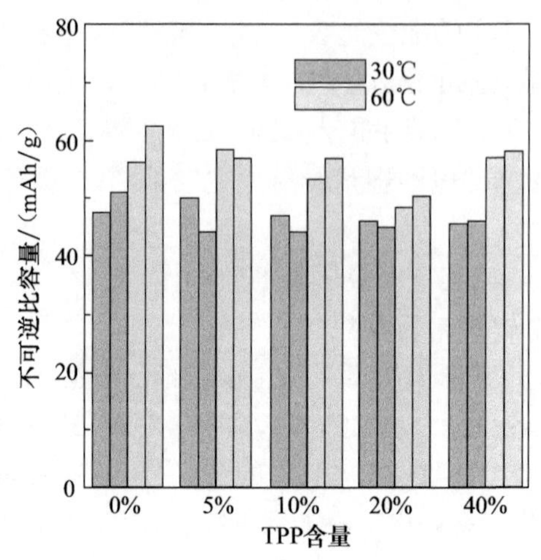

图 6.32　基于不同电解液(0%、5%、10%、20%、40% TPP)的石油焦/Li 半电池 30℃、60℃时的不可逆比容量图[141]

表 6.4　基于不同电解液的石油焦/Li 半电池 30℃ 时的首次循环比容量[141]

电解液中 TPP 的含量/%	首次放电比容量/(mAh/g)	首次充电比容量/(mAh/g)	首次不可逆比容量/(mAh/g)
0(基准)	247	199	48
0(基准)	246	195	51
5	254	210	44
5	257	206	51
10	243	199	44
10	248	201	47
20	233	188	45
20	239	193	46
40	223	177	46
40	216	170	46

表 6.5　基于不同电解液的石油焦/Li 半电池 60℃ 时的首次循环比容量[141]

电解液中 TPP 的含量/%	首次放电比容量/(mAh/g)	首次充电比容量/(mAh/g)	首次不可逆比容量/(mAh/g)
0(基准)	273	211	62
0(基准)	276	220	56
5	290	233	57
5	283	224	59
10	275	218	57
10	269	216	53
20	265	215	50
20	253	204	49
40	280	222	58
40	277	220	57

图 6.33 给出了 30℃、60℃下石油焦/Li 半电池在 0.005V、0.4V 开始储存时电池的开路电压(OCV)变化曲线。可以看出，在 30℃时，无论是从 0.005V 还是 0.4V 开始储存，含有 TPP 的电池均表现出与基准电池近似的 OCV 变化。在 60℃时，含有 TPP 的电池 OCV 随着时间的增长比基准电池要小，尤其是含有 40% TPP 的电池。

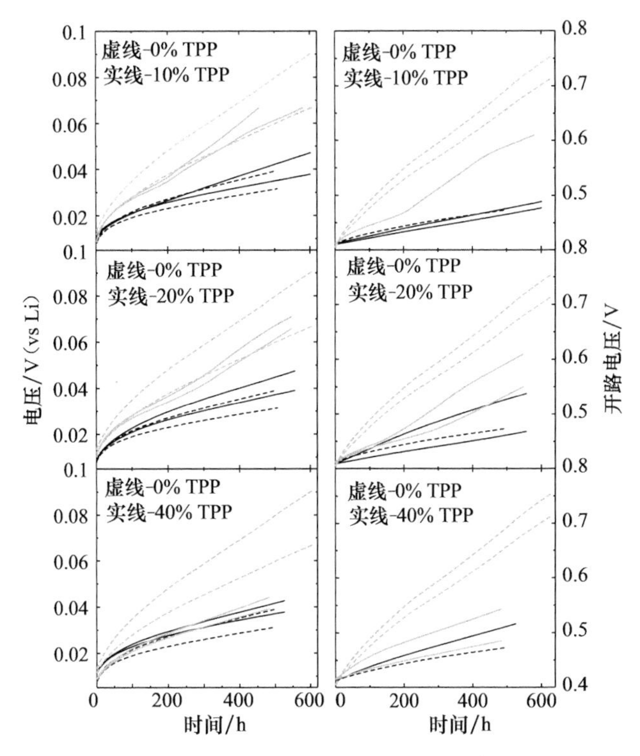

图 6.33　基于不同电解液的石油焦/Li 半电池在不同电位(左栏 0.005V、右栏 0.4V)、不同温度(黑色 30℃、灰色 60℃)开始储存时，电池的开路电压-时间图[141]

OCV 的增长可以转换为在 500 个小时的储存过程中，负极脱出的与电解液反应消耗的 Li^+ 的总量，具体可由式(6.5)计算得到：

$$dQ = \int \frac{dQ}{dV} dV \tag{6.5}$$

根据式(6.5)可得储存实验中负极脱 Li^+ 与 OCV 的关系，如图 6.34 和图 6.35 所示。由图可以看出，30℃时，在储存实验过程中 SEI 膜消耗的 Li^+ 随着电位的增加而降低，但是与 TPP 含量的关系不大。60℃时，在储存实验过程中 SEI 膜消耗的 Li^+ 随着电位的增加而降低，并且随着 TPP 含量的增加而降低。这意味着，当 TPP 含量较高时，形成的 SEI 膜更稳定，抑制了与嵌锂的反应。

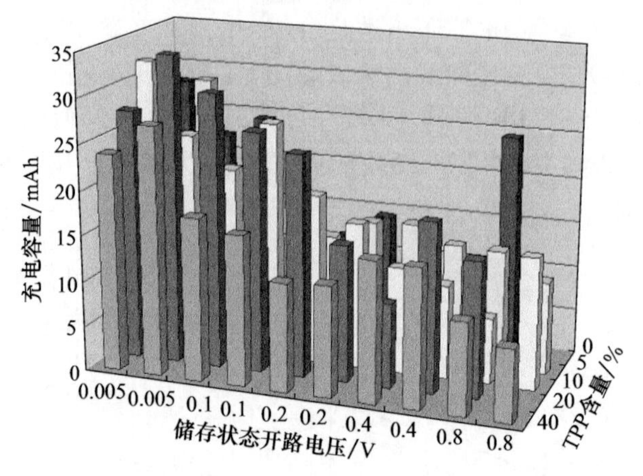

图 6.34　石油焦/Li 半电池在 30℃储存实验中从负极脱出的 Li^+-储存状态开路电压-TPP 含量图[141]

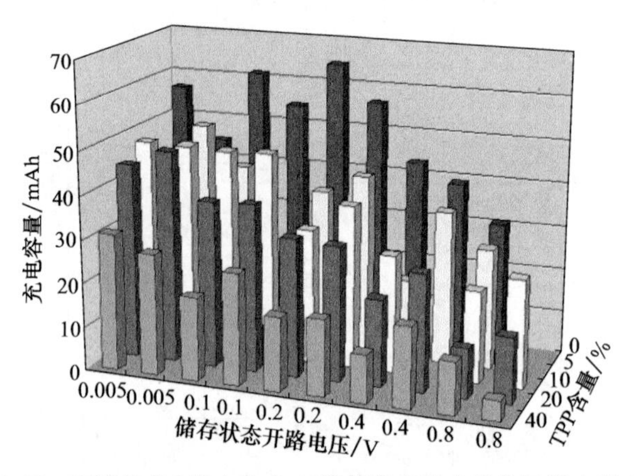

图 6.35　石油焦/Li 半电池在 60℃储存实验中从负极脱出的 Li^+-储存状态开路电压-TPP 含量图[141]

② 高含量 TPP 电解液与石墨的兼容性。

图 6.36 给出了石墨/石墨对称电池在 30℃时，基于不同电解液的电压-比容量图。可以看出，含有低于 20%的 TPP 的对称电池性能相差很小。当 TPP 含量在 30%和 40%时，电池的比容量损失随着 TPP 含量的增加而增加，且随着循环次数的增加而增加，充放电曲线的间隔也逐渐增加。

图 6.37 给出了石墨/石墨对称电池在 30℃时，基于不同电解液的比容量-循环次数关系。由图可知，即使是基准电池，比容量衰减仍较大，这与 SEI 膜持续生长消耗锂、而对称电池中锂含量有限有关。由图可知，含有 TPP 的电池，表现出随着 TPP 含量增加而比容量变小的行为。TPP 的加入引起了石墨电极对锂的过多消耗，所以随着 TPP 含量增加而降低的比容量应该是由增加的阻抗引起的。

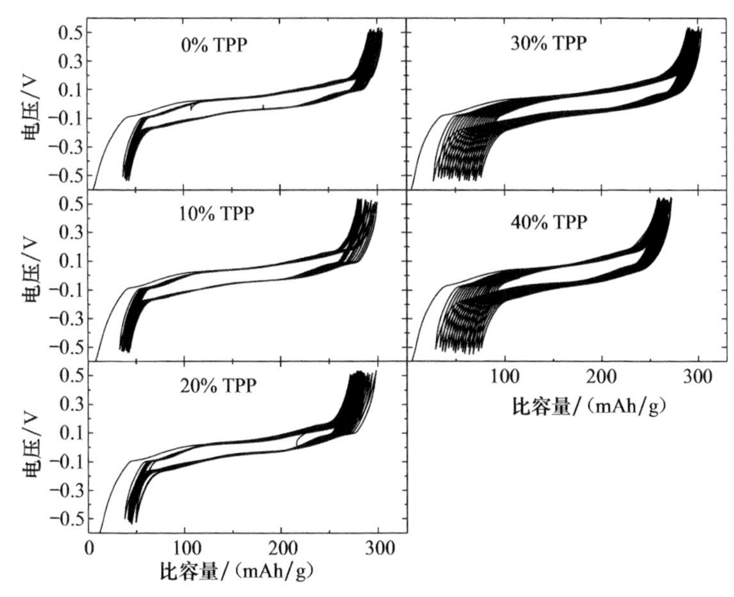

图 6.36　基于不同电解液的石墨/石墨对称电池在 30℃时的电压-比容量图[141]

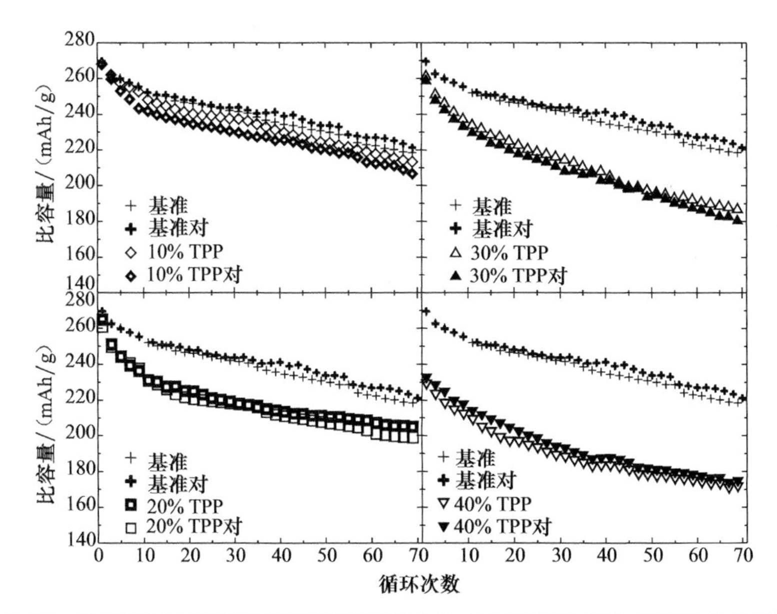

图 6.37　基于不同电解液的石墨/石墨对称电池在 30℃时比容量-循环次数关系[141]

图 6.38 给出了石墨/石墨对称电池充/放电的极化电压。随着循环次数的增加,所有电池的极化电压都逐渐增加。而 TPP 含量越高的电池,极化电压的增长速率越大。另外,在初始循环中,高含量 TPP 电池表现出较高的初始极化电压,这意味着,TPP 尤其是高含量 TPP 的加入引起了石墨电池阻抗的增加。

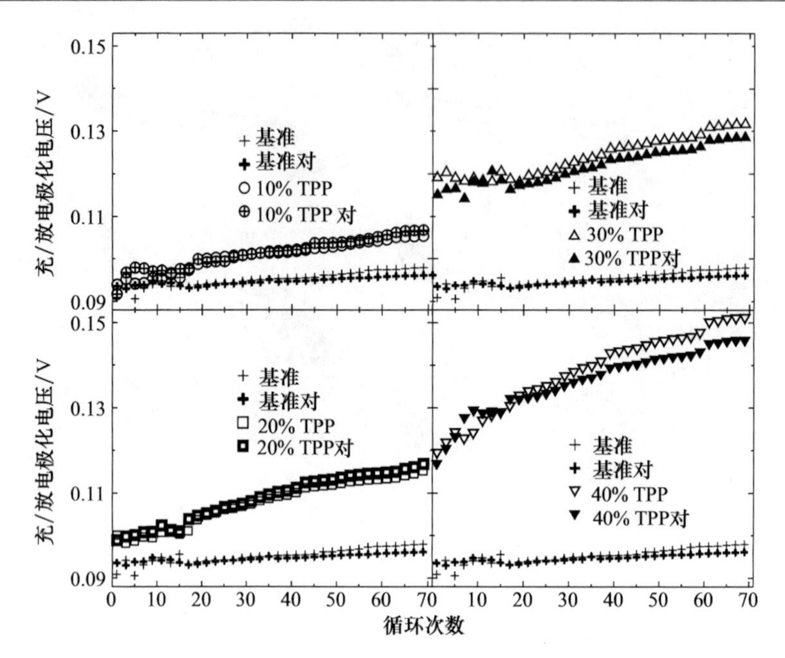

图 6.38 基于不同电解液的石墨/石墨对称电池在 30℃时充/放电极化电压-循环次数关系[141]

由以上分析可看出，TPP 在 30℃、60℃下都并未增加石油焦/Li 半电池的首次不可逆容量，且 TPP 并未使得储存实验中负极脱锂的现象严重化，高温下 TPP 甚至降低了负极脱锂的程度，因此 TPP 并未加剧 SEI 膜层的生长，而是促使更稳定 SEI 膜的形成。但是，在对石墨/石墨对称电池的测试分析发现，高含量 TPP 会引起电池的容量降低，加大电池的充放电极化电压。

(3) 电解液-正极体系安全性。

图 6.39 给出了充电状态下 NCA 分别与基准、40% TPP 电解液共存体系的 ARC 测试结果，其中 NCA 与电解液的质量分别为 78mg 和 30mg。由图可以看出，基准体系的自放热速率在 170℃附近开始迅速增加，并于 250℃左右走向热失控。在 170℃之前，40% TPP 电解液与充电状态下 NCA 的共存体系表现出与基准体系一致的热行为，但是体系自放热速率增加的现象被推迟到 190℃附近，虽然之后热反应活性持续增加，但是最终体系的热失控现象被有效抑制。因此，使用 40% TPP 电解液，能够有效提高电解液-NCA 体系的安全性。

图 6.40 给出了充电状态下 NMC 分别与基准、10% TPP、40% TPP 电解液共存体系的 ARC 测试结果，其中 NMC 与电解液的质量分别为 94mg 和 30mg。由图可以看出，在 180℃之前，几种电解液与 NMC 共存体系的热反应活性基本一致，但是含有 TPP 的共存体系在 200℃左右出现了一个新的放热峰，而且该放热峰的最大自放热速率随着 TPP 含量的增加而增加。但是需要注意的是，随着 40% TPP 的应用，

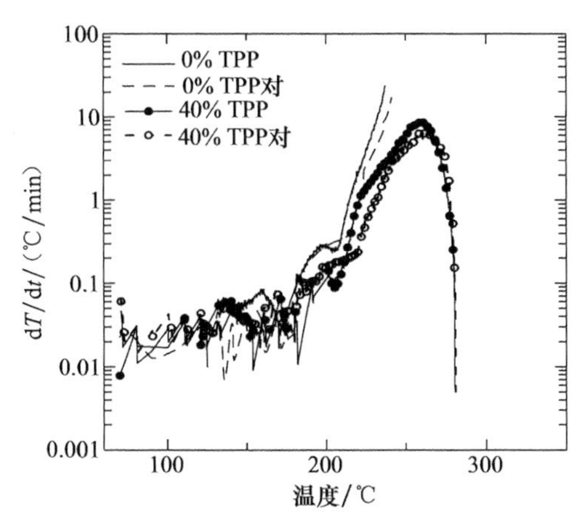

图 6.39　充电状态下 NCA+不同电解液体系的 ARC 曲线：自放热速率(SHR)-温度[142]

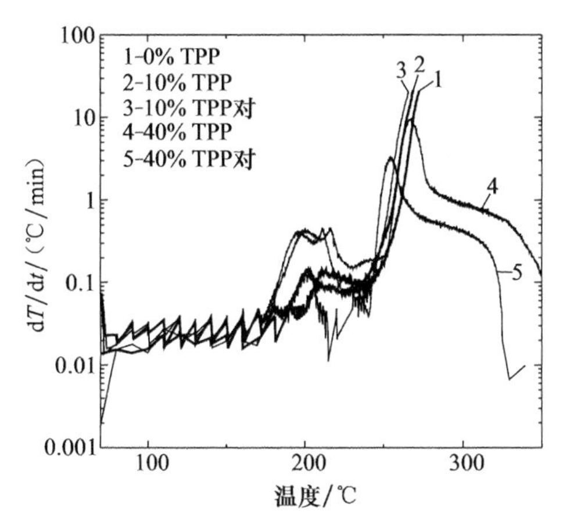

图 6.40　充电状态下 NMC+不同电解液体系的 ARC 曲线：自放热速率(SHR)-温度[142]

其共存体系并未像基准体系以及 10% TPP 体系一样走向热失控。因此，使用 40% TPP 的电解液，能够有效抑制电解液-NMC 体系热失控的可能性。

(4) 电解液-负极体系安全性。

图 6.41 给出了 LiC_6 分别与基准、10% TPP、40% TPP 电解液共存体系的 ARC 测试结果，其中 LiC_6 与电解液的质量分别为 70mg 和 30mg。在 200℃之前，与基准电解液相比，10%、40% TPP 电解液与 LiC_6 表现出更低的反应活性。当温度高于 200℃时，40% TPP-LiC_6 体系与基准体系的热行为非常接近。可以看出，加入高含量的 TPP 能够有效提高电解液-LiC_6 体系在 200℃之前的安全性，并不加大体系在 200℃之后的热反应活性。

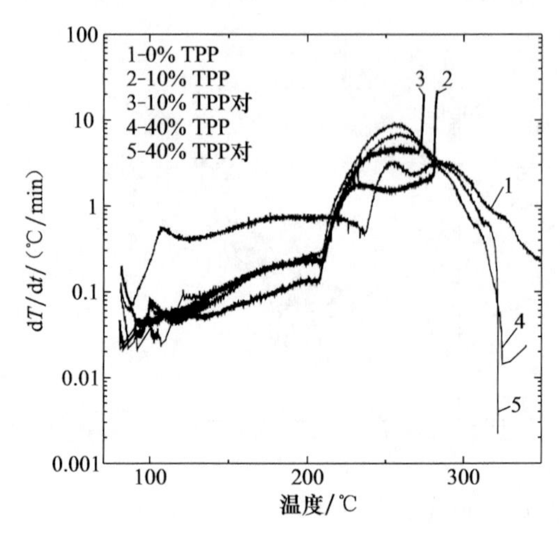

图 6.41　嵌锂石墨 LiC_6 与不同电解液体系的 ARC 曲线[142]

4）甲基膦酸二甲酯(DMMP)

由表 6.6 可以看出，TMP 的含磷量很高。而 DMMP 比 TMP 少一个氧原子，含磷量比 TMP 更高。DMMP 的分子式为 $CH_3(CH_3O)_2PO$，化学结构如图 6.42 所示，磷含量为 25%，高于 TMP 等常见的磷酸酯化合物。其熔点为−50℃，常温下为无色液体；沸点为 180℃，有一定挥发性，但无毒；介电常数为 22.3，对 $LiPF_6$ 有很好的溶解能力，能与磷酸酯溶剂混溶；黏度为 1.75，略高于线性碳酸酯（如 DEC），但远低于环状碳酸酯（如 EC）。DMMP 具有较高的化学稳定性和热稳定性，虽然易吸水并缓慢水解，但是在锂离子电池严格无水的环境中非常稳定。此外，DMMP 的价格便宜，具有可产业化的先天优势。项宏发[143]对 DMMP 的燃烧性能、电池性能与正负极的兼容性能等进行了细致的研究。

表 6.6　锂离子电池电解液用各种阻燃添加剂物理性质简表[143]

阻燃剂	分子式	熔点/℃	沸点/℃	相对介电常数	含磷量/%（质量分数）
TMP	$(CH_3O)_3PO$	−46	197	20.7	22
TBP	$(n\text{-}C_4H_9O)_3PO$	−80	289		12
TPP	$(C_6H_5O)_3PO$	48	370		9
HMPA	$[(CH_3)_2N]_3PO$	7	235		17
DMMP	$CH_3(CH_3O)_2PO$	50	180	22.3	25

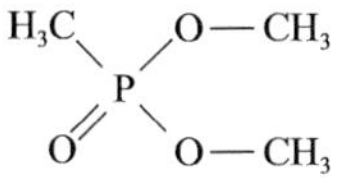

H_3C　$O—CH_3$

P

O　$O—CH_3$

图 6.42　DMMP 化学结构式[143]

(1) DMMP 的燃烧性能测试。

图 6.43 给出了不同 DMMP 含量电解液燃烧的自熄灭时间(SET)和极限氧指数(LOI)测试结果。从图中可以看出,基准电解液的自熄灭时间为 140s/g,极限氧指数为 16.5,显示了极度易燃的特征。随着 DMMP 的加入,电解液的自熄灭时间显著降低,极限氧指数显著升高,随着 5% DMMP 的加入,自熄灭时间下降为 70s/g,极限氧指数上升为 19。随着 10% DMMP 的加入,自熄灭时间降为 0s/g,显示了不燃的特征,此时,对应的极限氧指数为 22,高于空气中氧气的体积百分数(21%),也表明电解液的不燃性,与自熄灭时间的结果较好地对应。DMMP 含量进一步升高,自熄灭时间都为 0s/g,极限氧指数分别升至 22.5(15%)和 24(20%),表明电解液难燃程度进一步提高。两种测试方法的一致性较好,都表明 DMMP 具有较高的阻燃效率,随着 10% DMMP 的加入,电解液达到“不燃”。

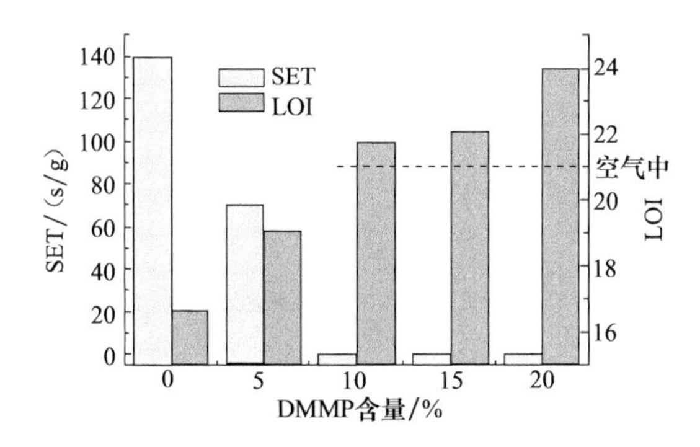

图 6.43　不同 DMMP 含量电解液燃烧的 SET 和 LOI 测试结果[144]

DMMP 主要通过气相自由基捕捉来抑制电解液燃烧。图 6.44 为 DMMP 阻燃机理示意图[143]。DMMP 汽化后,在火焰区捕捉氢自由基和氢氧自由基,终止火焰区发生的链式反应,从而达到阻燃的效果。

(2) DMMP 的电池性能。

图 6.45 为含有 DMMP 电解液的 $LiCoO_2/Li$ 正极半电池的首次充放电比容量-电压曲线。可以看出,DMMP 的加入对正极半电池的首次充放电基本没有影响,添加 10%和 20% DMMP 的电解液与基准电解液的充放电曲线及充放电比容量基本一致。

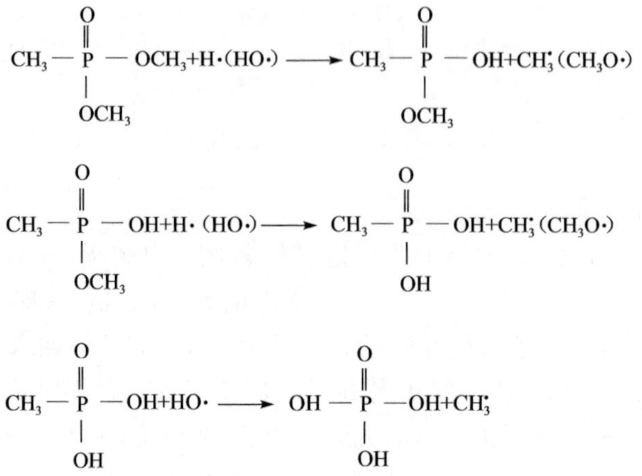

$$CH_3-\overset{\overset{\displaystyle O}{\|}}{\underset{\underset{\displaystyle OCH_3}{|}}{P}}-OCH_3+H\cdot(HO\cdot)\longrightarrow CH_3-\overset{\overset{\displaystyle O}{\|}}{\underset{\underset{\displaystyle OCH_3}{|}}{P}}-OH+CH_3^{\bullet}(CH_3O\cdot)$$

$$CH_3-\overset{\overset{\displaystyle O}{\|}}{\underset{\underset{\displaystyle OCH_3}{|}}{P}}-OH+H\cdot(HO\cdot)\longrightarrow CH_3-\overset{\overset{\displaystyle O}{\|}}{\underset{\underset{\displaystyle OH}{|}}{P}}-OH+CH_3^{\bullet}(CH_3O\cdot)$$

$$CH_3-\overset{\overset{\displaystyle O}{\|}}{\underset{\underset{\displaystyle OH}{|}}{P}}-OH+HO\cdot\longrightarrow OH-\overset{\overset{\displaystyle O}{\|}}{\underset{\underset{\displaystyle OH}{|}}{P}}-OH+CH_3^{\bullet}$$

图 6.44　DMMP 气相自由基捕捉阻燃机理示意图

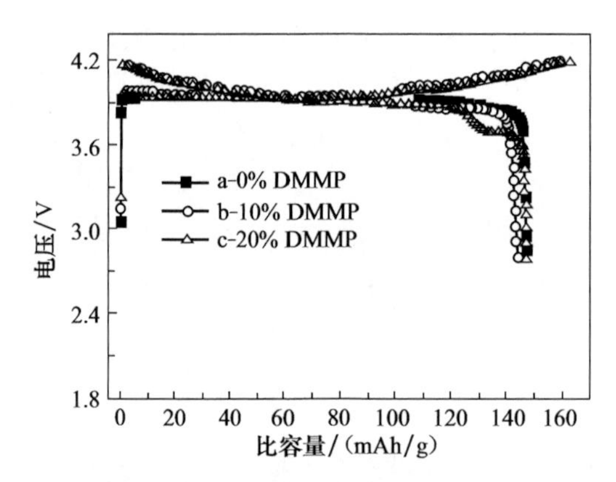

图 6.45　不同 DMMP 含量电解液的 $LiCoO_2$/Li 电池的首次充放电比容量-电压曲线[144]

图 6.46 为正极半电池的循环性能。由图可知，10% DMMP 的加入对电池循环性能基本没有影响，与基准电解液正极半电池容量保持率和放电比容量基本一致。而含 20% DMMP 的电解液的循环容量比前两者稍低一些，可能是因为较多 DMMP 的加入降低了电解液的电导率，引起电池内阻的增大，导致容量降低。综合而言，一定量 DMMP 的加入，对 $LiCoO_2$ 正极没有明显不利影响，表明 DMMP 与 $LiCoO_2$ 正极的兼容性较好。

图 6.47 为 1.0mol/L $LiPF_6$/DMMP 电解液在石墨/Li 负极半电池中的循环伏安曲线，表现出明显不可逆特征。从 3.0V 到 0.25V 有三个还原峰，其中 1.5～1.1V 的还原峰是 DMMP 与锂离子形成的溶剂化合物进入石墨层间的过程，而 1.1～0.6V 的还原峰是 DMMP 在石墨层间被还原的过程，0.5V 以下的还原峰是锂离子在石墨层间或表面存储的过程。

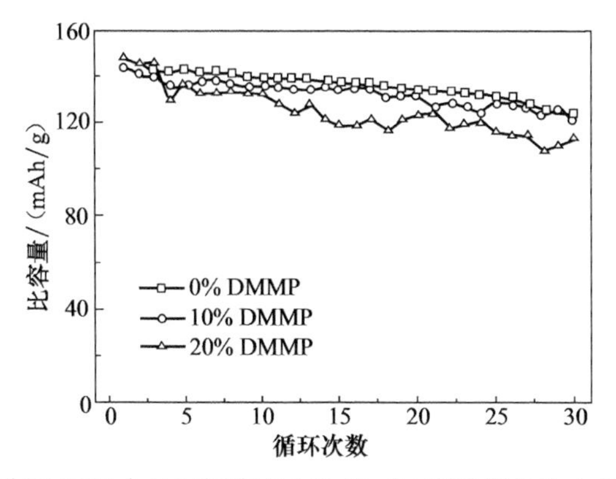

图 6.46　不同 DMMP 含量电解液在 $LiCoO_2$/Li 正极半电池中的循环性能[144]

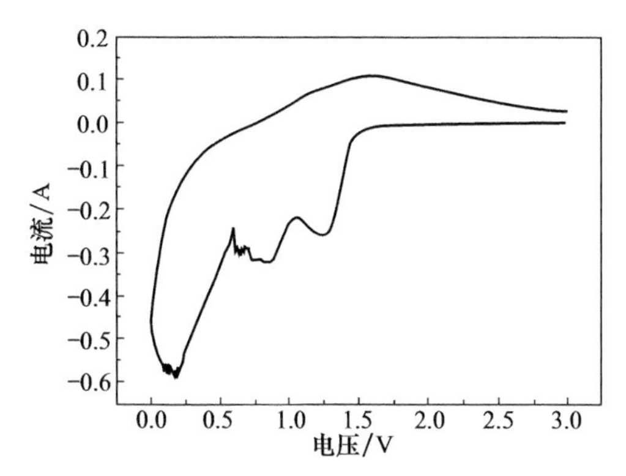

图 6.47　1.0mol/L $LiPF_6$/DMMP 电解液在石墨/Li 负极半电池中的循环伏安曲线[143]

图 6.48 为 DMMP 作为电解液添加剂在石墨/Li 负极半电池中的首次充放电容量-电压曲线，在含有 DMMP 的电解液首次放电(嵌锂)过程中，0.5V 左右有一较长的平台，此平台即 DMMP 的还原分解。含 5% DMMP 的电池首次不可逆容量损失相对于基准电解液大大增加，这主要是由 DMMP 分解，而充电容量较低，DMMP 分解过程中对石墨结构的破坏造成的。对于 DMMP 含量为 10%的电池，石墨的结构破坏更严重，电极片上石墨可能剥落，导致充电容量下降更多。由此可见，DMMP 与负极石墨电极难兼容。

Xiang 等[144]将 DMMP 作为阻燃添加剂，制备了 1.0mol/L $LiPF_6$/EC+DEC+DMMP(质量比 1∶1∶2)和 1.0mol/L $LiPF_6$/EC+DEC+DMMP(质量比 1∶1∶2)+5% VEC 两种电解液。从自熄灭时间测试结果来看，DMMP 含量为 10%或以上时，电解液即不燃。从极限氧指数测试结果来看，DMMP 含量为 10%时，极限氧指数达到 22；含量为 20%时，极限氧指数达到 24；当 DMMP 含量为 50%时，对应的电解液组成为 1.0mol/L $LiPF_6$/EC+DEC+DMMP(质量比 1∶1∶2)的极限氧指数高达 36。表明了电解液的难燃性。

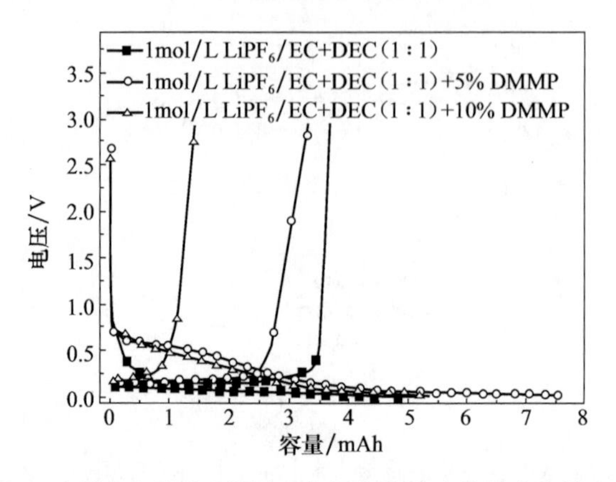

图 6.48　不同 DMMP 含量电解液在石墨/Li 负极半电池中的首次充放电容量-电压曲线[143]

研究发现，这种“绝对”不燃的电解液在低温下的电导率和低温性能都有所改善。在添加 5%的成膜添加剂 VEC 后，DMMP 基电解液与 MCMB 负极和 SMG 负极的兼容性得到了明显改善，且 SMG 负极是比 MCMB 更好的选择。在含有 DMMP 电解液的 $LiCoO_2$/SMG 全电池中，循环 50 次以后，电池的容量保持率在 82%以上。

此外，尖晶石 $Li_4Ti_5O_{12}$负极材料与 DMMP 基电解液具有良好的兼容性。尖晶石 $Li_4Ti_5O_{12}$这种负极材料，无需使用成膜添加剂，从而避免了成膜添加剂给电池带来的阻抗。Xiang 等[144]在 $Li_4Ti_5O_{12}$负极与 $LiNi_{0.5}Mn_{1.5}O_4$ 正极配合形成的新型 3V 电池中，将 1.0mol/L $LiPF_6$/EC＋DEC＋DMMP(质量比 1∶1∶2)作为电解液，表现出了可与常规电解液相媲美的电池性能，为这种高安全性电解液在使用 $Li_4Ti_5O_{12}$作为负极的动力电池和储能电池领域展现出广阔的应用前景。

5) 磷酸甲苯二苯酯(CDP)

CDP 是一种新型阻燃剂，具有良好的兼容性、阻燃性和热稳定性。常温常压下为纯净无色透明液体，其熔点为－38℃，沸点为 360℃，闪点为 232℃，作为阻燃剂，广泛应用于塑料制品产业。Zhou 等[145]发现，向电解液中添加 5%的 CDP，可以起到明显的阻燃效果，并且提高了电解液的热稳定性。

Wang 等[146,147]选用 CDP 作为锂离子电池电解液的阻燃剂，溶解于 1.0mol/L $LiPF_6$/EC＋DEC(质量比 1∶1)电解液中，各项实验表明，CDP 的加入改善了电解液的热稳定性，降低了电解液与电极之间的反应活性。

(1) CDP 阻燃机理。

有机磷系阻燃剂可同时在凝聚相及气相发挥阻燃作用，但可能以凝聚相为主，对气相的阻燃可用游离基机理进行解释。CDP 主要在凝聚相发挥阻燃作用，其阻燃机理见式(6.6)和式(6.3)。

$$O{=}P(O{-}C_6H_5)_3 \longrightarrow H_3PO_4 + \qquad (6.6)$$

(2) CDP 阻燃电解液的热稳定性。

图 6.49 为 CDP-1.0mol/L $LiPF_6$/EC+DEC 电解液在氩气氛围下的 C80 热流曲线。从图中可以看出，在添加 CDP 阻燃剂之后，反应开始温度出现了不同程度的延迟。CDP 含量为 5%、10%、15%和 20%的电解液的反应开始温度分别为 173℃、177℃、183℃和 176℃，均高于没有添加 CDP 阻燃剂电解液的反应开始温度(140℃)。同时，放热反应的峰值温度也从 191℃分别推迟到 193℃/195℃(2 个峰，5% CDP)、194℃(10% CDP)、200℃(15% CDP)和 202℃(20% CDP)。当 CDP 的含量增加到 10%时，电解液的吸热反应过程消失，说明 5%的 CDP 含量还不足以阻止电解液的反应，只有当 CDP 的含量在 10%以上时，CDP 才能起到阻止电解液反应的作用。阻燃剂 CDP 的加入，能够延迟反应开始温度，提高电解液的热稳定性。热稳定性测试结束之后，打开 C80 反应池，发现随着 CDP 含量的增加，气体产物越来越少，反应池中剩余黏稠的黑色物质，主要成分为碳。这说明 CDP 的加入，使电解液在热稳定性测试中形成了焦炭。CDP 首先分解出磷酸，磷酸促使有机溶剂发生催化脱水，形成焦炭，从而减少了气态产物的生成。锂离子电池在过充、过放的情况下，电解液会发生分解从而放出气体，这大大增加了电池爆炸的危险。因此，CDP 可以作为气体抑制剂来减少电解液中气体的生成，以此提高锂离子电池的安全。

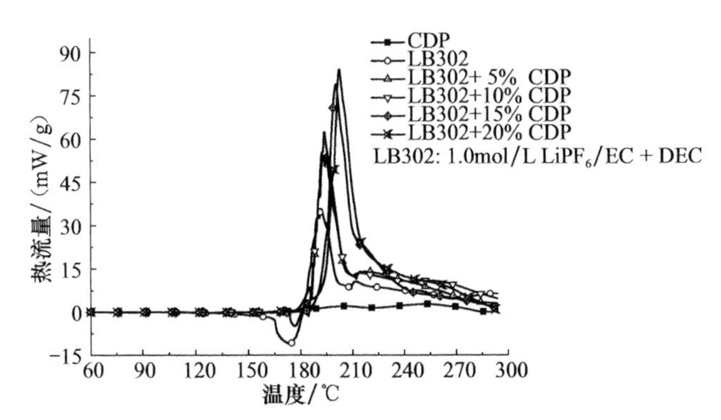

图 6.49　CDP-1.0mol/L $LiPF_6$/EC+DEC 电解液在氩气氛围下的热流曲线[146]

(3) CDP 电解液对正极热稳定性的改善。

① $LiCoO_2$/CDP 阻燃电解液/Li 电池的循环性能。

由含不同比例 CDP 的 1.0mol/L $LiPF_6$/EC+DEC 电解液组装成的 $LiCoO_2$/CDP

阻燃电解液/Li电池的首次充放电过程如图6.50所示。由图可以看出,在没有添加CDP的电解液中,首次循环中有着较高的放电电压平台。随着CDP含量的增加,放电电压平台也在逐渐降低。当CDP含量为20%时,其电压平台最低,比容量也最低,只有124mAh/g。相反,当CDP的含量在5%~15%时,对电解液的电化学性能只产生了微小的影响。CDP的加入降低了放电电压平台,减少了电池的比容量,这是因为CDP增加了电池的欧姆电压降,并且降低了电解液的电导率。

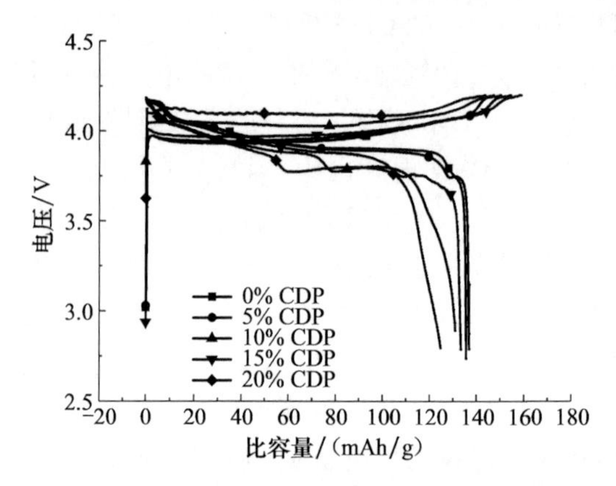

图6.50 $LiCoO_2$/CDP阻燃电解液/Li电池的首次充放电循环[147]

图6.51为使用不同CDP含量的$LiCoO_2$/CDP阻燃电解液/Li电池的循环比容量变化图,由图可以看出,含有5% CDP的电解液表现出了优良的性能,含有10%和15% CDP的电解液相比没有添加CDP的电解液,性能上略有降低。而含有20% CDP的电解液,比容量衰减太快,下降太多。一般来讲,随着CDP含量的增加,首次放电比容量会逐渐降低,这可能是由CDP在正极表面氧化造成的。

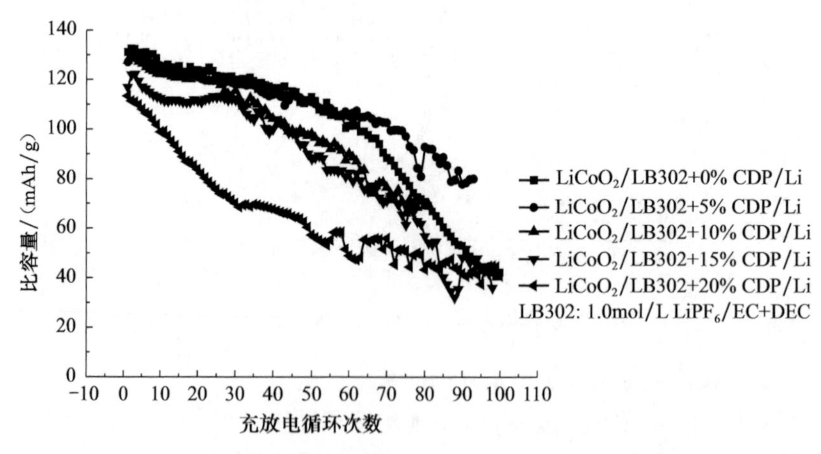

图6.51 $LiCoO_2$/CDP阻燃电解液/Li电池的循环比容量[147]

② $LiCoO_2$/CDP 阻燃电解液体系热稳定性。

图 6.52 为 4.2V 时 $Li_{0.5}CoO_2$ 与 CDP 电解液共存体系的热流曲线。首先使用不同 CDP 含量的电解液组装成 $LiCoO_2$/CDP 阻燃电解液/Li 电池，将电池充电至 4.2V 时，在氩气手套箱内拆开获得 $Li_{0.5}CoO_2$ 样品，再与不同含量 CDP 的电解液混合，测得共存体系的热流曲线。$Li_{0.5}CoO_2$ 与不含 CDP 的 1.0mol/L $LiPF_6$/EC+DEC 电解液共存时，热流曲线在 196℃和 230℃处分别出现一个放热峰，总的放热量为－920.2J/g。在主要放热过程之前，在 78℃处测得一个微小的放热峰，该放热峰是正极表面的 SEI 膜分解形成的。在与含有 CDP 阻燃剂的电解液共存时，体系的热特性发生了巨大的改变。在 CDP 含量为 5%的体系中，SEI 膜的反应开始温度为 97℃，紧接着在 174℃和 265℃处分别达到放热峰峰值。总的放热量为－789.1J/g。在 CDP 含量为 10%的体系中，没有探测到明显的 SEI 膜的分解过程，其反应开始温度为 134℃，并在 162℃、177℃、196℃处出现三个放热峰，总的放热量为－547.6J/g。当 CDP 的含量上升到 15%时，体系中 SEI 膜的反应开始温度为 117℃，并在 135℃、200℃、235℃处出现三个放热峰，总的放热量为－637.7J/g。从 SEI 膜的反应开始温度的推迟和总放热量的减少可以看出，CDP 的含量越高，电池的热稳定性越高。CDP 之所以能够提高电池的热稳定性，是因为在 CDP 的影响下，电解液中形成了焦炭，并沉积在正极表面，从而阻止了正极和电解液的进一步反应。

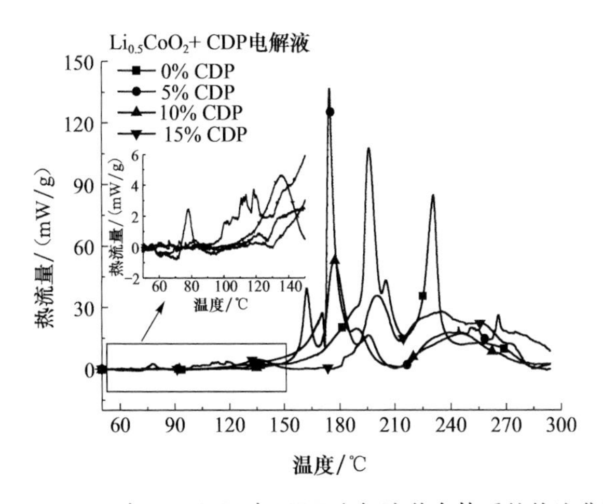

图 6.52　4.2V 时 $Li_{0.5}CoO_2$ 与 CDP 电解液共存体系的热流曲线[147]

总体来说，在使用不同 CDP 含量的电解液组装成 $LiCoO_2$/CDP 阻燃电解液/Li 电池中，$LiCoO_2$ 与含 CDP 电解液共存时，体系的反应开始温度有所提高，反应热大大降低，提高了电池的热稳定性。因此，可选用 5%～15% CDP 阻燃电解液，来提高锂离子电池的安全性。

(4) CDP电解液对负极热稳定性的改善。

① Li/CDP阻燃电解液/C电池的循环性能。

图6.53为使用不同含量CDP的Li/CDP阻燃电解液/C电池的首次充放电过程。电解液中不含CDP时，电池在首次循环中比容量损失为43mAh/g。当CDP的含量上升到5%、10%、15%时，电池在首次循环中比容量损失分别为53.4mAh/g、52.4mAh/g、54.3mAh/g，当CDP的含量低于10%时，首次循环比容量的损失只增加了10mAh/g左右。以上结果说明，CDP的加入，对于Li/CDP阻燃电解液/C电池首次循环比容量损失的影响很小。当CDP的含量上升20%时，首次循环的比容量损失达到78.3mAh/g，这意味着更多的锂被消耗，可逆容量降低。因此，CDP的含量在5%～15%的是一个可接受的范围。

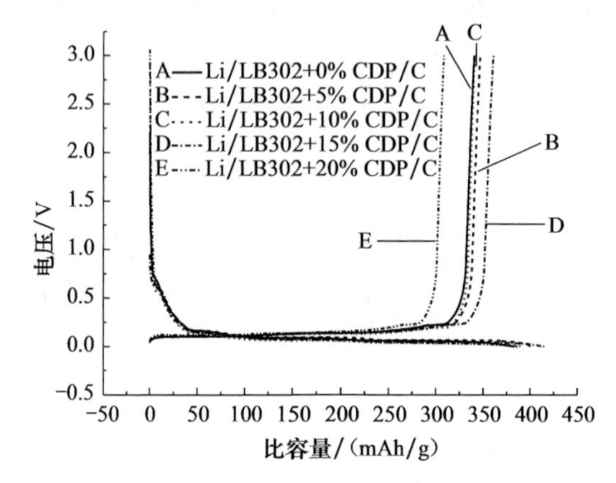

图6.53 Li/CDP阻燃电解液/C电池的首次充放电循环[147]

图6.54为使用不同CDP含量的Li/CDP阻燃电解液/C电池的循环比容量。当不含CDP时，电池在前50个循环的平均比容量为322.0mAh/g，比容量标准差为14.7。当CDP的含量为5%时，电池在前60个循环的平均比容量为314.5mAh/g，标准差为16.2；当CDP的含量为10%时，电池在前66个循环的平均比容量为326.5mAh/g，标准差为10.8；当CDP的含量为15%时，电池在前57个循环的平均比容量为321.1mAh/g，标准差为8.1。以上结果说明，当CDP含量在15%以下时，不会影响Li/C半电池的放电比容量。然而，当CDP的含量上升到20%时，电池的平均比容量下降到265.7mAh/g，标准差上升到27.8。标准差的增大可能是在负极表面，CDP与锂或电解液发生反应之后的产物引起的。在普通的$LiPF_6$/EC+DEC电解液中，SEI膜主要由稳定和亚稳定成分构成。在添加了CDP后，可能形成了$(C_{19}H_{16}O_4P)Li$-$(C_{19}H_{14}O_4P)Li_3$，存在于SEI膜中，新形成的SEI膜阻碍了锂离子在电解液与负极之间的传递，一旦这层膜破坏，锂离子的传递就会突然加快，从而导致比容量的标准差变大。

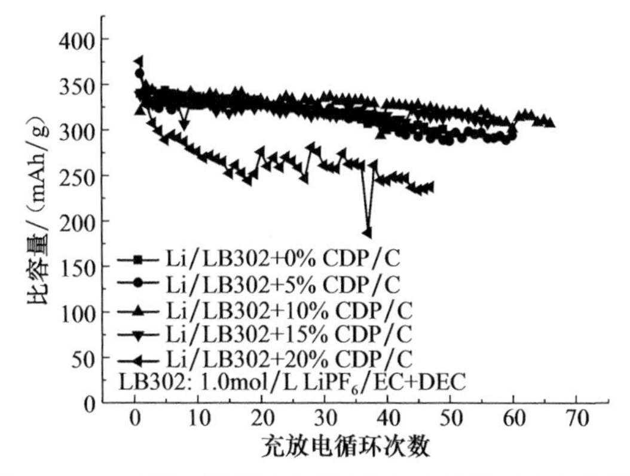

图 6.54　Li/CDP 阻燃电解液/C 电池的循环比容量[147]

② Li/CDP 阻燃电解液/C 电池的负极热稳定性。

图 6.55 为 4.2V 时 Li_xC 与 CDP 电解液共存体系的热流曲线。首先使用不同 CDP 含量的电解液组装成 Li/CDP 阻燃电解液/C 电池，将电池放电至 0V 时，在氩气手套箱内拆开获得 Li_xC 样品，再与不同含量 CDP 的电解液混合，测得共存体系的热流曲线。从图中可以看到，每条曲线都有 3～4 个放热峰，其形成的原因主要是 SEI 膜的分解，锂和电解液的反应，新形成的 SEI 膜的分解，Li_2CO_3 的形成与 PVDF 的反应重叠。在不含 CDP 的 Li_xC-电解液体系中，SEI 膜的反应开始温度为 60℃，于 102℃处达到放热峰峰值，整个过程的放热量为－2271.8J/g。当 CDP 的含量为 5%、10%、15%和 20%时，CDP 的 Li_xC-电解液体系中，SEI 膜的反应开始温度分别延迟到 84℃、82℃、86℃和 93℃，整个过程的放热量分别变为－2132.8J/g、－2137.3J/g、－1758.9J/g 和－2029.1J/g。依据图中的曲线，可以假设 SEI 膜在 120℃处完成分解，那么按照 CDP 的含量从 0%到 20%，SEI 膜分解所释放的热量分别为－317.0J/g、－102.4J/g、－100.7J/g、－166.3J/g 和－99.0J/g。

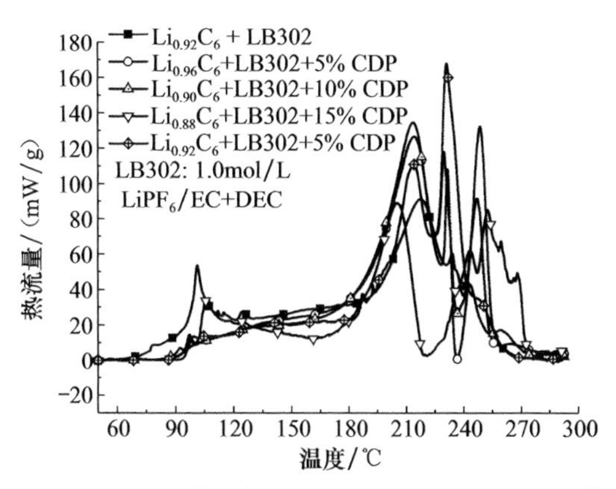

图 6.55　Li/CDP 阻燃电解液/C 电池中的 Li_xC_6 热流曲线[147]

以上结果都说明，CDP的加入延迟了 Li_xC-电解液体系的反应开始温度，降低了SEI膜分解所释放的热量和体系整个过程的反应热，可以提高锂离子电池体系的热稳定性。

(5) CDP电解液对全电池热稳定性的改善。

① $LiCoO_2$/CDP阻燃电解液/C电池的循环性能。

图6.56为 $LiCoO_2$/CDP阻燃电解液/C全电池的首次充放电过程。从图中可以看出，不含CDP时，电池的首次放电电压平台比较高，放电比容量为133mAh/g。加入CDP后全电池的放电电压平台均有所降低，放电比容量也有所降低，5%、10%、15%和20%的比容量分别为134mAh/g、124mAh/g、112mAh/g和127mAh/g。可见，CDP对电池的比容量有一定的降低，可能是因为锂和CDP的反应生成 $(C_{19}H_{17}O_4P)Li_2$，从而导致消耗了一部分锂。当CDP的含量为5%时，电池的放电比容量并没有降低，当CDP的含量为10%、15%、20%时，比容量分别降低了6.4%、15.8%、4.5%。

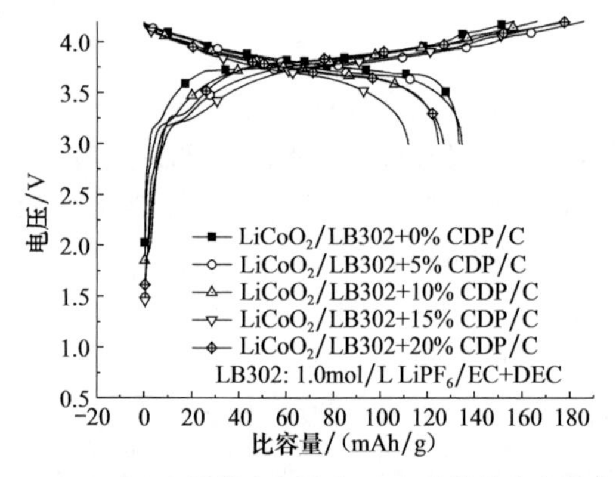

图6.56　$LiCoO_2$/CDP阻燃电解液/C全电池的首次充放电循环[146]

图6.57为 $LiCoO_2$/CDP阻燃电解液/C全电池的循环比容量曲线。在首次循环中，CDP含量为0%、5%、10%的电池比容量相当。随着循环次数的增加，含0% CDP的电池比容量逐渐降低，在65个循环后，降低到105mAh/g。加入CDP之后，电池比容量衰减加快。含有5% CDP电解液的电池，从第2个循环的121mAh/g衰减到第96个循环的70mAh/g。含有10% CDP电解液的电池，其比容量同样呈现衰减趋势，在第74个循环，衰减到94mAh/g。当CDP的含量增加到15%和20%时，电池在首次循环中的比容量都出现降低，分别为114mAh/g和98mAh/g。含有20% CDP电解液的电池在第100个循环时，比容量只有64mAh/g。CDP的含量越高，电池越安全，但含20% CDP电解液牺牲了过多的电池容量。从图中还可以发现，含有10% CDP电解液的电池比容量高于含有5% CDP电解液的电池比容量。这可能与CDP与电解液的质量比有关。

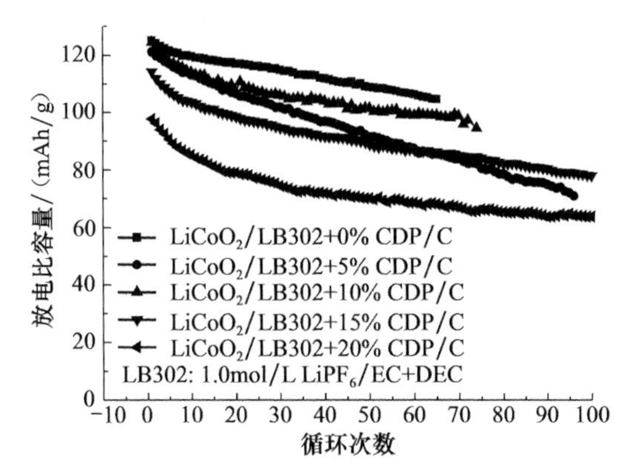

图6.57 $LiCoO_2$/CDP阻燃电解液/C全电池的循环比容量[146]

因此,为了保持电池的比容量,CDP的含量在5%、10%和15%时是可接受的水平,可以以此来增强电池的安全性。

② $LiCoO_2$/CDP阻燃电解液/C全电池的热稳定性。

为探究CDP对全电池热稳定性的影响,将全电池充电到4.2V之后,在氩气手套箱内拆开,为防止电极片向反应池漏电,使用隔离膜将电池的主要构成部件包裹在一起,放入C80反应池内进行实验,得到图6.58所示的$LiCoO_2$/CDP阻燃电解液/C全电池的热流曲线。不含CDP的电池在72℃处开始放热,出现多个放热峰,并在131℃有一个吸热峰,该吸热峰为隔膜受热熔融的过程。在此之前的放热过程为负极SEI膜的分解过程。后面的多个放热过程说明正极与电解液、负极与电解液等之间发生了复杂的化学反应,并放出热量。含有5% CDP电解液的电池,SEI膜的反应开始温度延迟到了80℃,并且放出更少的热量。随着CDP含量的增加,SEI膜的反应开始温度分别为83℃(10% CDP)和109℃(20% CDP)。含15% CDP电解液的电池,在67~88℃有一微小的放热过程,放热量只有0.53J/g。添加CDP后,不仅降低了反应开始温度,还使SEI膜分解的反应热降低,含有0%~

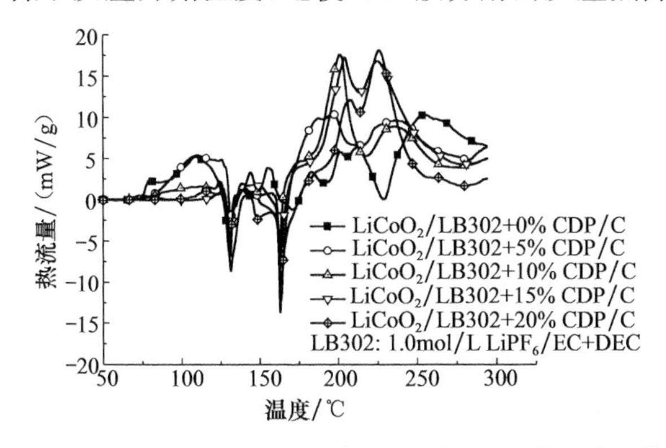

图6.58 $LiCoO_2$/CDP阻燃电解液/C全电池的热流曲线[146]

20% CDP 的电池 SEI 膜的反应放热(以反应物的总质量为基准计算)分别为 −49.8J/g、−64.8J/g、−27.6J/g、−6.1J/g 和 −9.8J/g。加入 CDP 之后,在 131℃和 162℃附近,各出现一个吸热过程。131℃附近的吸热峰是隔膜熔融的过程,第二个吸热过程的原因尚不清楚,但吸热峰的出现对锂离子电池的安全是有利的。

以上研究表明,在 $LiCoO_2$/CDP 阻燃电解液/C 全电池中,CDP 对其电化学性能有少量影响,但是对电池的热稳定性有显著的改善,并且 5%~10%的 CDP 含量的全电池具有优良的电化学性能。因此,在牺牲少量的电化学性能的情况下,可采用 5%~10%的 CDP 作为锂离子电池电解液阻燃添加剂,以提高锂离子电池的安全性。

6) 其他磷系阻燃剂

Zhang 等[148]研究了三(2,2,2-三氟乙基)亚磷酸酯(TTFP)在石墨/$LiPF_6$|PC+EC+EMC(质量比 3∶3∶4)/$LiCoO_2$ 体系中的应用。他们认为,TTFP 的电化学稳定性好,其中的 P 能够提高 $LiPF_6$ 热稳定性,抑制 PC 分解,且能与 PC 以任意比例混溶。但是由于 TTFP 极性小,不能与 EC 混溶。

Shim 等[149]研究了磷酸二苯一辛酯(DPOF)在 MCMB/1.15mol/L $LiPF_6$|EC+EMC(质量比 3∶7)/$LiCoO_2$ 体系中的应用。含 5% DPOF 的电池,首次充放电容量的保持率为 93.5%(空白组为 92.3%)。基于 DSC 的研究结果表明,含 5% DPOF 的电解液放热峰所对应的温度峰值为 231℃,较空白组的 215℃提高了 16℃。DPOF 还可以改善电池的充放电倍率性能。此外,随着循环次数增加,电化学阻抗测试结果表明,电池阻抗和传荷阻抗比空白组小。

Nam 等[150]研究发现,40℃下,含 DPOF 电池放电容量要大于空白组的放电容量,即 DPOF 改善了电池在高温下的性能。其原因可能是高温下,$LiCoO_2$ 表面颗粒更细。随着 DPOF 浓度增加,SEI 膜的阻抗和传荷阻抗随循环次数的增加而大大增加,当 DPOF 含量达 30%时,导致 SEI 膜形貌变差,出现大量剥落物质。因此,DPOF 最佳添加量为 5%~10%。

2. 卤系阻燃剂

用作锂离子电池电解液阻燃添加剂或共溶剂的卤代有机阻燃化合物主要是有机氟化物,包括氟代环状碳酸酯、氟代链状碳酸酯以及烷基-全氟代烷基醚。

氟代环状碳酸酯如 CH_2F—EC、CHF_2—EC 和 CF_3—EC 具有较好的稳定性,闪点和介电常数也较高,与其他有机溶剂能够很好地互溶,而且锂盐在其中的溶解度也较高。电解液在添加了这类有机溶剂之后,不仅具有一定的阻燃效果,而且借助氟元素的吸电子效应,能够提高溶剂分子在碳负极界面的还原电位,优化负极界面 SEI 膜的性质,改善电解液与碳负极材料间的兼容性,使得电极材料表现出良好的电化学性能。通过研究 CF_3—EC+Cl—EC、CF_3—EC+EC 二元溶剂体系[94]在锂离子电池中的应用,发现碳负极在这两种电解液体系中的充放电容量较高,且不可逆容量较小,电解液自身的电导率也非常可观,特别是在 CF_3—EC+Cl—EC 电解液体系中还表现出优良的循环寿命。研究发现[151],添加一氟代碳酸乙烯酯(简称 Fluoro-EC)到 1.0mol/L $LiPF_6$/PC+EC 电解液体系后,电池的循环寿命和安全性能都得到了提高。

氟代链状碳酸酯如二氟乙酸甲酯(简称 MFA)、二氟乙酸乙酯(简称 EFA)、甲基-2,2,2-三氟乙基碳酸酯(简称 MTFEC)、乙基-2,2,2-三氟乙基碳酸酯(简称 ETFEC)、丙基-2,2,2-三氟乙基碳酸酯(简称 PTFEC)、二-2,2,2-三氟乙基碳酸酯(简称 DTFEC)等,这些溶剂不仅高温稳定性好,而且黏度小、熔点低、低温性能良好。用 DSC 研究 $LiPF_6$/MFA 电解液体系的热稳定性[152],通过与 $LiPF_6$/EC+DMC 电解液体系的比较发现,$LiPF_6$/MFA 电解液体系放热峰出现的温度范围要高出 110℃左右(约为 400℃),而且碳负极在这两种电解液体系中的电化学性能如放电容量等几乎相同,显示了氟代烷基碳酸酯应用于锂离子电池时的优良性能。另外,使用 MTFEC、ETFEC、PTFEC、DTFEC 等氟代烷基碳酸酯作为共溶剂或添加剂时,锂离子电池的低温性能表现优良,在−40～−20℃电极上没有产生明显的极化现象,电池依然能够保持较高的充放电容量。

烷基-全氟代烷基醚(简称 AFE)包括甲基-全氟代丁基醚(简称 MFE)、乙基-全氟代丁基醚(简称 EFE)等。研究发现[28],在 1.0mol/L LiBETI/EMC 中添加微量的 MFE 即可消除电解液体系的闪点,在针刺实验以及电池过充中没有出现热击穿(热逸溃),大大提高了电池的安全性能。

3. 复合阻燃剂

复合阻燃剂具有很大的发展潜力,因为复合阻燃剂可兼顾单一阻燃剂的优点,补充单一阻燃剂的不足,其阻燃元素之间的协同作用可降低阻燃剂用量,提高阻燃剂的阻燃效果。目前用于锂离子电池电解液中的复合阻燃添加剂主要是磷-氮类化合物(P-N)和卤化磷酸酯(P-X)。

复合阻燃剂兼有多种阻燃剂的特性,阻燃机理是两种阻燃元素协同作用机理。卤化磷酸酯主要是氟代磷酸酯,与烷基磷酸酯相比,氟代磷酸酯具有以下优点:①F 和 P 都是具有阻燃作用的元素,同时含有 F 和 P 元素的阻燃剂,阻燃效果更加明显;②F 原子削弱了分子之间的摩擦阻力,使分子、离子的移动阻力减小,所以氟代磷酸酯的沸点、黏度都比相应的烷基磷酸酯低;③电解液组分中 F 原子的存在有助于电极界面形成优良的 SEI 膜,改善电解液与负极材料之间的兼容性;④氟代磷酸酯的电化学稳定性和热力学稳定性较好,用于锂离子电池电解液表现出优异的性能。前面提到的 TFP、BMP、TDP 本身就是复合阻燃添加剂。另外,氯代磷酸酯可以使电池自发热率降低,且基本不影响电池电性能[148]。三(2,2,2-三氟乙基)亚磷酸酯(简称 TTFP)[148]也是具有优良阻燃性能的复合阻燃添加剂。TTFP 在 1.0mol/L 的 $LiPF_6$/PC+EC+EMC 电解液体系中,可大大提高电解液的热稳定性,当 TTFP 含量达到 15%(质量分数)时,电解液就变得不可燃,而且 TTFP 的存在对电解液的电导率也没有明显的影响,同时还能有效抑制电解液中 PC 分子的还原分解,提高电极循环过程的库仑效率。

6.3　其他本质安全技术

电芯是将电池各种物质组合起来的纽带,是正极、负极、隔膜、极耳和包装膜等系统的集成。电芯结构设计,不仅影响各种材料性能的发挥,还会对电池的整体电化学性能、安全性能产生重要的影响。材料的选择与电芯结构设计正是一种局部与整体的关系,在电芯设计上,应结合材料特性来制定合理的结构模式。另外,在锂电池结构上还可以考虑一些额外的保护装置,常见的保护机构设计有以下几种:①采用开关组件,当电池内的温度上升时它的阻值随之上升,当温度过高时会自动停止供电;②设置安全阀(即电池顶部的放气孔),电池内部压力上升到一定数值时,安全阀自动打开,保证电池的使用安全性。

1. 电芯的安全设计

1) 正负极容量比和设计大小片

根据正负极材料的特性来选择合适的正负极容量比,电芯正负极容量的配比是关系锂离子电池安全性的重要环节。正极容量过大,金属锂将会在负极表面沉积,而负极过大,电池的容量会有较大的损失。一般地,负极容量/正极容量=1.05~1.15 较为合适,但应根据实际的电池容量和安全性要求进行适当的选择。设计大小片使负极活性物质所占尺寸稍大于正极活性物质,将其覆盖。一般来说,宽度应大 1~5mm,长度应大 5~10mm。

2) 绝缘处理

内短路是锂离子电池存在安全隐患的重要因素,在电芯的结构设计中存在很多引发内短路的潜在危险部位,因此应在这些关键位置设置必要的措施或者绝缘,以防止在异常情况下发生电池内短路。例如,正负极极耳之间保持必要的间距;收尾单面没有膏体的位置需贴绝缘胶带,并将裸露部分全部包住;正极铝箔和负极活性物质之间贴绝缘胶带;应用绝缘胶带将极耳焊接部分全部包住;电芯顶部采用绝缘胶带等。

3) 设置安全阀(泄压装置)

锂离子电池发生危险,常常是因为内部温度过高或压力过大而引发爆炸、起火,应设置合理的泄压装置,减少爆炸危险。合理的泄压装置,要满足电池在正常工作中当内压达到危险极限时自动打开而泄放压力。泄压装置的位置需要考虑电池外壳因内压增大所产生形变的特性来设计;安全阀的设计可以通过薄片、边缘、接缝和刻痕等来实现,通过如 UL 1642 标准中的喷射测试来考核。

2. 提高工艺水平

努力做好电芯生产过程中的标准化和规范化。在混料、涂布、烘烤、压实、分切和卷绕等步骤中,指定标准化(如隔膜宽度、电解液注液量等),改进工艺手段(如低气压注液法、离心装壳法等),做好工艺控制,保证工艺质量,缩小产品之间的差异;在对安全有影响的关键步骤设置特殊工步(如去极片毛刺、扫粉、对不同的材料采用不同的焊接方法等),实施标准化质量监控,消除缺陷部位,排除有缺陷产品(如极片变形、隔膜刺破、活性材料脱落和电解液泄漏等);保持生产场所的整洁、清洁,防止生产中混入杂质和水分,尽量减少生产中的意外情况对安全性的影响。

3. 使用功能性隔膜材料

锂离子电池的隔膜具有两种基本功能:一是避免正极和负极活性物质相互接触并使电池内部电子不能自由传导,防止电池内部短路;二是在电化学反应时,能够保持电池内部有足够的电解液,让电解液中的离子在正负极间自由通过,从而完成电池充放电过程中正负极间锂离子的传输。用于锂离子电池的隔膜应满足以下需求:优良的电子绝缘性;足够的化学稳定性,耐湿耐腐蚀,且与正负极不发生副反应;对电解液有足够的吸液保湿能力;有一定的机械强度和防振能力;在保证隔膜强度的前提下要尽量薄;成本低,适用于大规模工业化生产。

目前,用于锂离子电池的隔膜大体上分为三大类:微孔聚烯烃膜、无纺布隔膜及无机复合隔膜。这三种类型的隔膜的特点分别是:膜厚度适中、孔隙率高、热稳定性优良。其中,微孔聚烯烃膜因其在机械强度、化学稳定性和成本等方面的综合优势而被大规模应用于液态电解液锂离子电池中。

1) 微孔聚烯烃膜

目前,用于锂离子电池的微孔聚合物膜大都基于半晶态聚烯烃基材料,其中包括聚乙烯(PE)、聚丙烯(PP)及其三层复合物如 PP/PE/PP。目前聚烯烃膜材料已经实现了大规模商品化生产,由于其具有较高的机械强度、良好的化学稳定性、防水、生物相容性好、无毒性等优点而被广泛使用。但聚烯烃隔膜材料存在一些不足[153]:首先,电解液容易泄漏。聚烯烃隔膜材料结晶度高且极性小,而电解液是极性高的有机溶剂,使得聚烯烃隔膜的表面能较低,与电解液的亲和性较差,容易发生泄漏。其次,孔隙率低。熔融拉伸法制备的聚烯烃膜孔隙率,膜的吸液量小,不利于溶剂化的锂离子迁移率的提高,难以满足大功率电池快速充放电的需要,影响电池的循环和使用寿命,限制大功率快速充放电锂离子电池技术的发展,尤其是在电动汽车上的应用。再次，热稳定性能有限。目前使用的聚烯烃隔膜如 PE 隔膜的自闭温度为 130～140℃，PP 隔膜的自闭温度为 170℃左右。在使用过程中，电池可能会由于内部短路或者过充等发生热失控，在急速升温的过程中，隔膜来不及阻止电化学反应且自身发生收缩形变，使正负极材料发生大面积的接触，导致电池发生爆炸，从而对锂离子电池的安全性构成威胁。

2）无纺布隔膜

无纺布是通过将短纤维或者长丝进行定向或者随机排列后，采用黏合或热压等方法加固形成的一种织物，因为制造过程中没有经过纺织的过程，所以称为无纺布。无纺布可以由纤维素和聚乙烯醇制备，孔径为 1～100μm，已经被广泛用于各种碱性电池。用于锂离子电池的无纺布隔膜可以由聚氯乙烯、聚偏氟乙烯、聚乙烯、聚酰胺或者聚酯材料组成，可以通过静电纺丝等方法来制备。当使用聚酯或者聚酰亚胺材料时，具有良好的热稳定性，隔膜可以耐受超过 180℃的高温不变形[154]。

3）无机复合隔膜

无机复合隔膜[155,156]是将超细无机颗粒如 Al_2O_3、SiO_2 涂覆于多孔基底材料表面的一种有孔膜。无机复合隔膜的热稳定性比聚合物高得多，在高温下的形变为零，因此具有很高的安全性。由于无机细颗粒具有较大的比表面积和良好的亲水性，这种隔膜可以与有机电解液（如碳酸乙烯酯(EC)、碳酸丙烯酯(PC)和丁内酯(GBL)等）和陶瓷材料（铝、硅、锆或它们的混合物）结合在一起。无机复合隔膜可以吸纳大量电解液，具有优异的电解液润湿性，对于锂离子电池的循环性能、倍率性能和在高温下的循环性能都有很大提高。

隔膜的热稳定性、热闭孔性、穿刺强度和拉伸强度，直接影响着锂离子电池的安全[154]。锂离子电池内部对水含量的控制非常严格，所以在组装前隔膜等原料都会进行真空干燥。然而，当温度上升到聚合物软化点时，聚合物隔膜一般会发生热收缩，如果热收缩太大会使装配困难，同时这种热收缩有时会导致正负极互相接触短路，所以热收缩率应该尽可能降低。对于锂离子电池，隔膜的热收缩率标准为：90℃下烘烤 1h 横向和纵向的热收缩率不超过 5%。当锂离子电池发生热失控时，如过充、内外短路等，隔膜应当能够在热作用下迅速关闭微孔，电阻上升 2～3 个数量级，从而切断电流，防止电池内部温度因电流过大进一步上升而引起失火爆炸。闭孔温度取决于聚合物本身的熔点，如 PE 隔膜的闭孔温度范围为 130～135℃，PP 隔膜的闭孔温度范围为 160～165℃，孔的结构对闭孔效果也有一定影响。除此以外，隔膜还存在一个破膜温度，在这个温度下隔膜会完全熔化使得正负极接触短路。隔膜闭孔后必须依然能够保持一定的结构强度，即不能热缩太大或者熔化使正负极接触。隔膜的破膜温度越高，安全系数就越大。破膜温度和闭孔温度之间的差值反映了隔膜的热安全性。在锂离子电池内部，电极是紧贴着隔膜的，而且电极材料表面凸凹不平，如果电极材料颗粒刺穿了隔膜就会使锂离子电池短路。除此以外，电池在使用一段时间后会产生枝晶，刺穿隔膜形成微短路。穿刺强度需要用专门的穿刺强度测试仪来测定，一般锂离子电池隔膜(厚 25μm)的穿刺强度要求为大于 300gf。在隔膜围绕电极进行卷绕时，不允许在轴向上发生过高的形变以免横向尺寸收缩，这就要求隔膜在轴向上的弹性模量比较高，同时在卷绕机的拉伸作用下不允许发生断裂，所以必须有足够大的拉伸强度。

目前，针对隔膜的改进主要从下四个方面进行：①在聚烯烃隔膜表面或内部孔隙中构筑耐高温层，如无机陶瓷粉体或耐热聚合物涂层，耐高温层保持维度稳定性，增大热闭孔温度与破膜温度的温度差，防止因隔膜热缩、正负极接触导致的热失控，提高隔膜安全特性；②聚烯烃隔膜表面改性或涂布与电解液相亲能力较好的聚合物层，如聚偏氟乙烯-六氟丙烯共聚物(P(VDF-HFP))等，增强隔膜保持电解液的能力；③采用聚合物电解质，包括纯固态聚合物电解质和凝胶聚合物电解质等，减少或避免因电解液泄漏导致的安全问题[157,158]；④采用无机固体电解质[159]。其中，聚合物电解质和无机固体电解质兼具隔膜和电解液的功能。

聚烯烃微孔膜由于具有优异的力学、化学稳定性和相对廉价的特点，成为锂离子电池隔膜的主流方向[160,161]。但材料属性限制了锂离子电池综合性能的进一步提升，影响了电池的安全性，提高聚烯烃隔膜的耐热性、增大聚烯烃隔膜热闭孔温度与破膜温度的温度差是提高聚烯烃隔膜性能的重要途径。陶瓷涂覆隔膜是在聚烯烃微孔膜基础上发展起来的新型高安全隔膜材料，可以满足锂离子电池的严格要求。

Separion 隔膜是德固赛(Degussa)公司推出的一类陶瓷涂覆改性隔膜[162]，此系列隔膜将无机陶瓷粉体经过硅溶胶水解黏结到聚对苯二甲酸乙二酯无纺布上，然后经过 200℃高温固化制得。PET 无纺布被大量无机陶瓷颗粒覆盖，PET 纤维与陶瓷颗粒之间存在大量的孔隙，用于储存电解液。Separion 隔膜使用温度最高可达 210℃，显著高于聚烯烃微孔膜的最高使用温度(135/163℃)；其热收缩率也明显低于聚烯烃隔膜，且具有优异的电解液亲和性能。这些优点使 Separion 隔膜具备应用于动力电池的良好前景。但是 Separion 隔膜黏结性较差，致使在折叠等操作时陶瓷颗粒容易脱落，在隔膜上形成缺陷而易引起电池内部短路。更重要的是，该隔膜失去了聚烯烃隔膜所具有的自闭功能。

一些有机聚合物既可以简单地纺丝或形成微孔膜，又具有较好的耐热特性[160]。例如，聚酰亚胺[163,164]及其衍生物聚醚酰亚胺[165,166]、聚芳醚砜酮[167]、聚对苯二甲酸乙二醇酯[168,169]等都可以耐受超过 200℃的温度，足以满足锂离子电池的正常需求。通过电纺技术制备的 PI 电纺丝隔膜可以在 230℃条件下连续工作，最高耐受温度可达 480℃[170]。聚丙烯腈电纺丝隔膜在 180℃下的热缩率仅为 4%，加速量热实验结果表明，聚丙烯腈(PAN)电纺丝隔膜的热失控温度为 159℃，比 PE 隔膜(141℃)高出很多，且在 130℃时具有更慢的自放热反应速度(PAN(0.78℃/min)＜PE

(2.46℃/min))[171]。通过在聚烯烃隔膜表面聚合一些短链聚合物，也可达到提高聚烯烃隔膜热闭孔温度的作用。例如，在PE表面通过自由基聚合一层二乙二醇二甲基丙烯酸酯，改性隔膜的热闭孔温度和熔化温度可以分别提高到142℃和155℃，在150℃保持30min，热缩率小于5%[172]。而涂布一种经由非溶剂引发的相反转过程产生的微孔丙烯酸酯，改性隔膜的热闭孔温度并未改变，但熔化温度可进一步提高到188℃，且避免了冗长的聚合过程，更适宜于大规模生产应用[173]。

聚烯烃类隔膜材料由于其制造工艺成熟、化学稳定性高、可加工性强，所以仍是商品化隔膜材料的主流，尤其是PE的热闭孔温度对抑制电池中某些副反应的发生及阻止热失控具有重要意义。因此，发展基于聚烯烃(尤其是聚乙烯)隔膜的高性能改性隔膜材料，进一步提高隔膜的安全特性和电化学特性仍将是隔膜材料研发的重点。随着高能量和高功率锂离子电池的应用，建立隔膜构造、隔膜孔径尺度与分布的有效调控方法，以及引入电化学活性基团等使聚烯烃隔膜多功能化，将是隔膜发展的重要方向。

参 考 文 献

[1] Cho J. Improved thermal stability of $LiCoO_2$ by nanoparticle $AlPO_4$ coating with respect to spinel $Li_{1.05}Mn_{1.95}O_4$. Electrochemistry Communications, 2003, 5(2): 146-148.

[2] Bai Y, Yin Y, Liu N, et al. New concept of surface modification to $LiCoO_2$. Journal of Power Sources, 2007, 174(1): 328-334.

[3] Kosova N V, Kaichev V V, Bukhtiyarov V I, et al. Electronic state of cobalt and oxygen ions in stoichiometric and nonstoichiometric $Li_{1+x}CoO_2$ before and after delithiation according to XPS and DRS. Journal of Power Sources, 2003, 119-121: 669-673.

[4] Tukamoto H, West A R. Electronic conductivity of $LiCoO_2$ and its enhancement by magnesium doping. Journal of the Electrochemical Society, 1997, 144(9): 3164-3168.

[5] 李畅，徐晓光，孟醒，等. 高电导率 $LiAl_{0.3}Co_{0.7-x}Mg_xO_2$ 的制备与表征. 高等化学学报，2003, 24(3): 462-464.

[6] Levasseur S, Ménétrier M, Delmas C. On the $Li_xCo_{1-y}Mg_yO_2$ system upon deintercalation: Electrochemical, electronic properties and ^{7}Li MAS NMR studies. Journal of Power Sources, 2002, 112(2): 419-427.

[7] Yoon W S, Lee K K, Kim K B. X-ray absorption spectroscopic study of $LiAl_yCo_{1-y}O_2$ cathode for Li rechargeable batteries. Journal of the Electrochemical Society, 2002, 149(2): 146-151.

[8] 郝万君，陈岗，史延慧. Al 掺杂对 $Li(Al_yCo_{1-y})O_2$ 材料结构的影响. 高等学校化学学报，2001, 22(2): 175-178.

[9] Madhavi S, Subba Rao G V, Chowdari B V R, et al. Effect of Cr dopant on the cathodic behavior of $LiCoO_2$. Electrochimica Acta, 2002, 48(3): 219-226.

[10] 张胜利,韩周祥,宋文顺,等. $LiCo_xNi_{1-x}O_2$ 的合成及其性能. 电池,1999,29(2):61-63.

[11] Kajiyama A,Takada K,Inada T,et al. Synthesis and electrochemical properties of $Li_xCo_{0.5}Mn_{0.5}O_2$. Solid State Ionics,2002,149(1-2):39-45.

[12] Wang Z,Wu C,Liu L,et al. Electrochemical evaluation and structural characterization of commercial $LiCoO_2$ surfaces modified with MgO for lithium-ion batteries. Journal of the Electrochemical Society,2002,149(4):466-471.

[13] Cho J,Kim G. Enhancement of thermal stability of $LiCoO_2$ by $LiMn_2O_4$ coating. Electrochemical and Solid-State Letters,1999,2(6):253-255.

[14] Chen Z,Dahn J R. Methods to obtain excellent capacity retention in $LiCoO_2$ cycled to 4.5V. Electrochimica Acta,2004,49(7):1079-1090.

[15] Naghash A R,Lee J Y. Lithium nickel oxyfluoride($Li_{1-z}Ni_{1+z}F_yO_{2-y}$) and lithium magnesium nickel oxide($Li_{1-z}(Mg_xNi_{1-x})_{1+z}O_2$) cathodes for lithium rechargeable batteries: Part I. Synthesis and characterization of bulk phases. Electrochimica Acta,2001,46(7): 941-951.

[16] Park S H,Sun Y K,Park K S,et al. Synthesis and electrochemical properties of lithium nickel oxysulfide($LiNiS_yO_{2-y}$) material for lithium secondary batteries. Electrochimica Acta,2002,47(11):1721-1726.

[17] Matsumura T,Kanno R,Gover R,et al. Synthesis,structure and physical properties of $Li_xNa_{1-x}NiO_2$. Solid State Ionics,2002,152-153:303-309.

[18] Pouillerie C,Croguennec L,Delmas C. The $Li_xNi_{1-y}Mg_yO_2$ ($y=0.05,0.10$) system: Structural modifications observed upon cycling. Solid State Ionics,2000,132(1-2):15-29.

[19] Park S H,Park K S,Sun Y K,et al. Structural and electrochemical characterization of lithium excess and Al-doped nickel oxides synthesized by the sol-gel method. Electrochimica Acta, 2001,46(8):1215-1222.

[20] Nishida Y,Nakane K,Satoh T. Synthesis and properties of gallium-doped $LiNiO_2$ as the cathode material for lithium secondary batteries. Journal of Power Sources,1997,68(2): 561-564.

[21] 黄元乔,郭文勇,李道聪,等. 锂离子电池正极材料 $LiNi_{1-x}Co_xO_2$ 的合成及电化学性能研究. 无机化学学报,2005,21(5):736-740.

[22] Lu Z H,MacNeil D D,Dahn J R. Layered cathode materials $Li[Ni_xLi_{(1/3-2x/3)}Mn_{(2/3-x/3)}]O_2$ for lithium-ion batteries. Electrochemical and Solid-State Letters,2001,4(11):191-194.

[23] 刘汉三,李劼,龚正良,等. $LiNi_{0.8-y}Ti_yCo_{0.2}O_2$ 电极材料中钛离子掺杂作用机理的研究. 电化学,2005,11(1):46-52.

[24] Delmas C,Prado G,Rougier A,et al. Effect of iron on the electrochemical behaviour of lithium nickelate:From $LiNiO_2$ to 2D-$LiFeO_2$. Solid State Ionics,2000,135(1-4):71-79.

[25] Weaving J S,Coowar F,Teagle D A,et al. Development of high energy density Li-ion batteries based on $LiNi_{1-x-y}Co_xAl_yO_2$. Journal of Power Sources,2001,97-98:733-735.

[26] Lee K K,Yoon W S,Kim K B,et al. Characterization of $LiNi_{0.85}Co_{0.10}M_{0.05}O_2$ (M=Al,Fe)

as a cathode material for lithium secondary batteries. Journal of Power Sources, 2001, 97-98: 308-312.

[27] Madhavi S, Subba Rao G V, Chowdari B V R, et al. Effect of aluminium doping on cathodic behaviour of $LiNi_{0.7}Co_{0.3}O_2$. Journal of Power Sources, 2001, 93(1-2): 156-162.

[28] Kang S H, Kim J, Stoll M E, et al. Layered $Li(Ni_{0.5-x}Mn_{0.5-x}M'_{2x})O_2$ (M'=Co, Al, Ti; x=0, 0.025) cathode materials for Li-ion rechargeable batteries. Journal of Power Sources, 2002, 112(1): 41-48.

[29] Yang X Q, Sun X, McBreen J. Structural changes and thermal stability: In situ X-ray diffraction studies of a new cathode material $LiMg_{0.125}Ti_{0.125}Ni_{0.75}O_2$. Electrochemistry Communications, 2000, 2(10): 733-737.

[30] Subramanian V, Fey G T K. Preparation and characterization of $LiNi_{0.7}Co_{0.2}Ti_{0.05}M_{0.05}O_2$ (M=Mg, Al and Zn) systems as cathode materials for lithium batteries. Solid State Ionics, 2002, 148(3-4): 351-358.

[31] Madhavi S, Subba Rao G V, Chowdari B V R, et al. Cathodic properties of (Al, Mg) co-doped $LiNi_{0.7}Co_{0.3}O_2$. Solid State Ionics, 2002, 152-153: 199-205.

[32] Liu Z, Yu A, Lee J Y. Synthesis and characterization of $LiNi_{1-x-y}Co_xMn_yO_2$ as the cathode materials of secondary lithium batteries. Journal of Power Sources, 1999, 81-82: 416-419.

[33] Yoshio M, Noguchi H, Itoh J I, et al. Preparation and properties of $LiCo_yMn_xNi_{1-x-y}O_2$ as a cathode for lithium ion batteries. Journal of Power Sources, 2000, 90(2): 176-181.

[34] 吴宇平，戴晓兵，马军旗，等. 锂离子电池——应用与实践. 北京：化学工业出版社，2004.

[35] Cho J, Kim T J, Kim Y J, et al. High performance ZrO_2 coated $LiNiO_2$ cathode material. Electrochemical and Solid-State Letters, 2001, 4(10): 159-161.

[36] Ying J, Wan C, Jiang C. Surface treatment of $LiNi_{0.8}Co_{0.2}O_2$ cathode material for lithium secondary batteries. Journal of Power Sources, 2001, 102(1-2): 162-166.

[37] Kweon H J, Park D G. Surface modification of $LiSr_{0.002}Ni_{0.9}Co_{0.1}O_2$ by overcoating with a magnesium oxide. Electrochemical and Solid-State Letters, 2000, 3(3): 128-130.

[38] Park S B, Shina H C, Lee W G, et al. Improvement of capacity fading resistance of $LiMn_2O_4$ by amphoteric oxides. Journal of Power Sources, 2008, 180(1): 597-601.

[39] Lee S W, Kim K S, Moon H S, et al. Electrochemical characteristics of Al_2O_3-coated lithium manganese spinel as a cathode material for a lithium secondary battery. Journal of Power Sources, 2004, 126(1-2): 150-155.

[40] Sun Y K, Hong K J, Prakash J, et al. Electrochemical performance of nano-sized ZnO-coated $LiNi_{0.5}Mn_{1.5}O_4$ spinel as 5V materials at elevated temperatures. Electrochemistry Communications, 2002, 4(4): 344-348.

[41] Zheng Z, Tang Z, Zhang Z, et al. Surface modification of $Li_{1.03}Mn_{1.97}O_4$ spinels for improved capacity retention. Solid State Ionics, 2002, 148(3-4): 317-321.

[42] Amatucci G G, Schmutz C N, Blyr A. Materials' effects on the elevated and room tempera-

ture performance of C/LiMn_2O_4 Li-ion batteries. Journal of Power Sources, 1997, 69(1-2):11-12.

[43] Tu J, Zhao X B, Cao G S, et al. Improved performance of LiMn_2O_4 cathode materials for lithium ion by gold coating. Materials Letters, 2006, 60(27):3251-3254.

[44] Cho J, Lee J G, Kim B, et al. Effect of P_2O_5 and AlPO_4 coating on LiCoO_2 cathode material. Chemistry of Materials, 2003, 15(16):3190-3193.

[45] Li J G, He X M, Zhao R S. Electrochemical performance of SrF_2-coated LiMn_2O_4 cathode material for Li-ion batteries. Transactions of Nonferrous Metals Society of China, 2007, 17(6):1324-1327.

[46] Lee K S, Myung S T, Amine K, et al. Dual functioned BiOF-coated $Li[Li_{0.1}Al_{0.05}Mn_{1.85}]O_4$ for lithium batteries. Journal of Materials Chemistry, 2009, 19(14):1995-2005.

[47] Robertson A D, Lu S H, Averill W F, et al. Mn^{3+}-modified LiMn_2O_4 intercalation cathodes I. Admetal effects on morphology and electrochemical performance. Journal of Electrochemical Society, 1997, 144(10):3500-3505.

[48] 唐致远，李建刚，薛建华. 锂离子电池正极材料 LiMn_2O_4 的改性和循环寿命. 化学通报，2000, (8):10-14.

[49] Kakuda T, Uematsu K, Toda K, et al. Electrochemical performance of Al-doped LiMn_2O_4 prepared by different methods in solid-state reaction. Journal of Power Sources, 2007, 167(2):499-503.

[50] Jiang Q, Hu G, Peng Z, et al. Preparation of spherical spinel $LiCr_{0.04}Mn_{1.96}O_4$ cathode materials based on the slurry spray drying method. Rare Metals, 2009, 28(6):618-623.

[51] Son J T, Kim H G. New investigation of fluorine-substituted spinel $LiMn_2O_{4-x}F_x$ by using sol-gel process. Journal of Power Sources, 2005, 147(1-2):220-226.

[52] Sun Y K. Structural degradation mechanism of oxysulfide spinel $LiAl_{0.24}Mn_{1.76}O_{3.98}S_{0.02}$ cathode materials on high temperature cycling. Electrochemistry Communications, 2001, 3(4):199-202.

[53] Chung S Y, Bloking J T, Chiang Y M. Electronically conductive phospho-olivines as lithium storage electrodes. Nature Materials, 2002, 1(2):123-128.

[54] Axmann P, Stinner C, Wohlfahrt-Mehrens M, et al. Nonstoichiometric LiFePO_4: Defects and related properties. Chemistry of Materials, 2009, 21(8):1636-1644.

[55] Chung S Y, Choi S Y, Yamamoto T, et al. Atomic-scale visualization of antisite defects in LiFePO_4. Physical Review Letters, 2008, 100(12):122502.

[56] Hong J, Wang C S, Chen X, et al. Vanadium modified LiFePO_4 cathode for Li-ion batteries. Electrochemical and Solid-State Letters, 2009, 12(2):33-38.

[57] Kang B, Ceder G. Battery materials for ultrafast charging and discharging. Nature, 2009, 458(7235):190-193.

[58] Ravet N, Chouinard Y, Magnan J F, et al. Electroactivity of natural and synthetic triphylite. Journal of Power Sources, 2001, 97-98:503-507.

[59] Jin B, Gu H B, Zhang W, et al. Effect of different carbon conductive additives on electrochemical properties of $LiFePO_4$-C/Li batteries. Journal of Solid State Electrochemistry, 2008, 12(12): 1549-1554.

[60] Li X, Kang F, Bai X, et al. A novel network composite cathode of $LiFePO_4$/multiwalled carbon nanotubes with high rate capability for lithium ion batteries. Electrochemistry Communications, 2007, 9(4): 663-666.

[61] Toprakci O, Toprakci H A, Ji L, et al. Carbon nanotube-loaded electrospun $LiFePO_4$/carbon composite nanofibers as stable and binder-free cathodes for rechargeable lithium-ion batteries. Applied Material and Interfaces, 2012, 4(3): 1273-1280.

[62] Wang L, Huang Y, Jiang R, et al. Nano-$LiFePO_4$/MWCNT cathode materials prepared by room-temperature solid-state reaction and microwave heating. Journal of the Electrochemical Society, 2007, 154(11): 1015-1019.

[63] 吴宇平,万春荣,姜长印,等. 锂离子电池负极材料的制备——用气相氧化法改性天然石墨. 电池, 2000, 30(4): 143-146.

[64] Fukuda K, Kikuya K, Isono K, et al. Foliated natural graphite as the anode material for rechargeable lithium-ion cells. Journal of Power Sources, 1997, 69(1-2): 165-168.

[65] Shui J L, Zhang J, Ding C X, et al. Hydrothermal modification of natural graphite as an anode material for lithium secondary batteries. Materials Science and Engineering: B, 2006, 128(1-3): 11-15.

[66] Mao W, Wang J, Xu Z, et al. Effects of the oxidation treatment with K_2FeO_4 on the physical properties and electrochemical performance of a natural graphite as electrode material for lithium ion batteries. Electrochemistry Communications, 2006, 8(8): 1326-1330.

[67] Kim J S, Yoon W Y, Yoo K S, et al. Charge-discharge properties of surface-modified carbon by resin coating in Li-ion battery. Journal of Power Sources, 2002, 104(2): 175-180.

[68] Balan L, Schneider R, Ghanbaja J, et al. Electrochemical lithiation of new graphite-nanosized tin particle materials obtained by $SnCl_2$ reduction in organic medium. Electrochimica Acta, 2006, 51(17): 3385-3390.

[69] Balan L, Schneider R, Willmann P, et al. Tin-graphite materials prepared by reduction of $SnCl_4$ in organic medium: Synthesis, characterization and electrochemical lithiation. Journal of Power Sources, 2006, 161(1): 587-593.

[70] Gaberscek M, Bele M, Drofenik J, et al. Improved carbon anode properties: Pretreatment of particles in polyelectrolyte solution. Journal of Power Sources, 2001, 97-98: 67-69.

[71] Khomenko V G, Barsukov V Z. Characterization of silicon- and carbon-based composite anodes for lithium-ion batteries. Electrochimica Acta, 2007, 52(8): 2829-2840.

[72] Sharma N, Shaju K M, Subba Rao G V, et al. Carbon-coated nanophase $CaMoO_4$ as anode material for Li ion batteries. Chemistry of Materials, 2004, 16(3): 504-512.

[73] Wang Y, Lee J Y. Microwave-assisted synthesis of SnO_2-graphite nanocomposites for Li-ion battery applications. Journal of Power Sources, 2005, 144(1): 220-225.

[74] Kuwabata S, Tsumura N, Goda S I, et al. Charge-discharge properties of composite of synthetic graphite and poly(3-n-hexylthiophene) as an anode active material in rechargeable lithium-ion batteries. Journal of the Electrochemical Society, 1998, 145(5): 1415-1420.

[75] Pesaran A A. Battery thermal models for hybrid vehicle simulations. Journal of Power Sources, 2002, 110(2): 377-382.

[76] Salver-Disma F, Du Pasquier A, Tarascon J M, et al. Physical characterization of carbonaeeous materials prepared by mechanical grinding. Journal of Power Sources, 1991, 81-82: 291-295.

[77] Yoshio M, Tsumura T, Dismov N. Silicon/graphite composites as an anode material for lithium ion batteries. Journal of Power Sources, 2006, 163(1): 215-218.

[78] Park M S, Rajendran S, Kang Y M, et al. Si-Ni alloy-graphite composite synthesized by arc-melting and high-energy mechanical milling for use as an anode in lithium-ion batteries. Journal of Power Sources, 2006, 158(1): 650-653.

[79] Zuo P, Yin G, Zhao J, et al. Electrochemical reaction of the SiMn/C composite for anode in lithium ion batteries. Electrochimica Acta, 2006, 52(4): 1527-1531.

[80] Wang G, Zhang B, Yue M, et al. A modified graphite anode with high initial efficiency and excellent cycle life expectation. Solid State Ionics, 2005, 176(9-10): 905-909.

[81] Lee Y T, Yoon C S, Sun Y K. Improved electrochemical performance of Li-doped natural graphite anode for lithium secondary batteries. Journal of Power Sources, 2005, 139(1-2): 230-234.

[82] Sloop S E, John B K, Kinoshita K. The role of Li-ion battery electrolyte reactivity in performance decline and self-discharge. Journal of Power Sources, 2003, 119-121: 330-337.

[83] Nagasubramanian G. Comparison of the thermal and electrochemical properties of $LiPF_6$ and $LiN(SO_2C_2F_5)_2$ salts in organic electrolytes. Journal of Power Sources, 2003, 119-121: 811-814.

[84] Campion C L, Li W, Lucht B L. Thermal decomposition of $LiPF_6$-based electrolytes for lithium-ion batteries. Journal of the Electrochemical Society, 2005, 152(12): 2327-2334.

[85] Gachot G, Ribiere P, Mathiron D, et al. Gas chromatography/mass spectrometry as a suitable tool for the Li-ion battery electrolyte degradation mechanisms study. Analytical Chemistry, 2010, 83(2): 478-485.

[86] Kawamura T, Kimura A, Egashira M, et al. Thermal stability of alkyl carbonate mixed-solvent electrolytes for lithium ion cells. Journal of Power Sources, 2002, 104(2): 260-264.

[87] Wang Q S, Sun J H, Yao X L, et al. C80 calorimeter studies of the thermal behavior of $LiPF_6$ solutions. Journal of Solution Chemistry, 2006, 35(2): 179-189.

[88] Eshetu G G, Grugeon S, Laruelle S, et al. In-depth safety-focused analysis of solvents used in electrolytes for large scale lithium ion batteries. Physical Chemistry Chemical Physics, 2013, 15(23): 9145-9155.

[89] 姚晓林. 锂离子电池关键材料的电化学性能及热稳定性研究. 合肥：中国科学技术大学博

士学位论文,2005.

[90] Wang Q S,Ping P,Zhao X J,et al. Thermal runaway caused fire and explosion of lithium ion battery. Journal of Power Sources,2012,208:210-224.

[91] Zhang S S. A review on electrolyte additives for lithium-ion batteries. Journal of Power Sources,2006,162(2):1379-1394.

[92] Jang D H,Oh S M. Electrolyte effects on spinel dissolution and cathodic capacity losses in 4V Li/$Li_xMn_2O_4$ rechargeable cells. Journal of the Electrochemical Society, 1997, 144 (10):3342-3348.

[93] Hasegawa M,Ishii H,Cao Y,et al. Regioselective anodic monofluorination of ethers,lactones,carbonates,and esters using ionic liquid fluoride salts. Journal of the Electrochemical Society,2006,153(10):162-166.

[94] Arai J,Katayama H,Akahoshi H. Binary mixed solvent electrolytes containing trifluoropropylene carbonate for lithium secondary batteries. Journal of the Electrochemical Society, 2002,149(2):217-226.

[95] 熊琳强,张英杰,董鹏,等. 锂离子电池电解液防过充添加剂研究进展. 化工进展,2011,30 (6):1198-1204.

[96] Lee D Y,Lee H S,Kim H S,et al. Redox shuttle additives for chemical overcharge protection in lithium ion batteries. Korean Journal of Chemical Engineering,2002,19(4):645-652.

[97] Mikhaylik Y V,Akridge J R. Polysulfide shuttle study in the Li/S battery system. Journal of the Electrochemical Society,2004,151(11):1969-1976.

[98] Chen Z,Amine K. Degradation pathway of 2,5-di-tert-butyl-1,4-dimethoxybenzene at high potential. Electrochimica Acta,2007,53(2):453-458.

[99] Feng J K,Ai X P,Cao Y L,et al. A highly soluble dimethoxybenzene derivative as a redox shuttle for overcharge protection of secondary lithium batteries. Electrochemistry Communications,2007,9(1):25-30.

[100] Feng X M,Zheng J Y,Zhang J J,et al. Copolymerization of polytriphenylamine with coumarin to improve the oxidation potential and $LiFePO_4$ battery overcharge tolerance. Electrochimica Acta,2009,54(16):4036-4039.

[101] Lee Y G,Cho J. 3-chloroanisole for overcharge protection of a Li-ion cell. Electrochimica Acta,2007,52(25):7404-7408.

[102] Lee H,Lee J H,Ahn S,et al. Co-use of cyclohexyl benzene and biphenyl for overcharge protection of lithium-ion batteries. Electrochemical and Solid-State Letters,2006,9(6): 307-310.

[103] Xu M Q,Xing L D,Li W S,et al. Application of cyclohexyl benzene as electrolyte additive for overcharge protection of lithium ion battery. Journal of Power Sources,2008,184(2): 427-431.

[104] Abe K,Ushigoe Y,Yoshitake H,et al. Functional electrolytes: Novel type additives for

cathode materials, providing high cycleability performance. Journal of Power Sources, 2006, 153(2): 328-335.

[105] Blomgren G E. Liquid electrolytes for lithium and lithium-ion batteries. Journal of Power Sources, 2003, 119-121: 326-329.

[106] Takata K I, Morita M, Matsuda Y, et al. Cycling characteristics of secondary Li electrode in $LiBF_4$/mixed ether electrolytes. Journal of the Electrochemical Society, 1985, 132(1): 126-128.

[107] Zhang S S, Xu K, Jow T R. Study of $LiBF_4$ as an electrolyte salt for a Li-ion battery. Journal of the Electrochemical Society, 2002, 149(5): 586-590.

[108] 张昕岳,周园,邓小宇,等. 锂离子电池 $LiBF_4$ 基液体电解质研究进展. 化学通报, 2007, (12): 929-935.

[109] Takami N, Ohsaki T, Hasebe H, et al. Laminated thin Li-ion batteries using a liquid electrolyte. Journal of the Electrochemical Society, 2002, 149(1): 9-12.

[110] Ue M, Fujii T, Zhou Z B, et al. Electrochemical properties of $Li[C_nF_{2n+1}BF_3]$ as electrolyte salts for lithium-ion cells. Solid State Ionics, 2006, 177(3-4): 323-331.

[111] Xu K, Zhang S, Jow T R, et al. LiBOB as salt for lithium-ion batteries: A possible solution for high temperature operation. Electrochemical and Solid-State Letters, 2002, 5(1): 26-29.

[112] Xu W, Angell C A. Weakly coordinating anions and the exceptional conductivity of their nonaqueous solutions. Electrochemical and Solid-State Letters, 2001, 4(1): 1-4.

[113] Zhang S S. An unique lithium salt for the improved electrolyte of Li-ion battery. Electrochemistry Communications, 2006, 8(9): 1423-1428.

[114] Xu K, Zhang S S, Lee U, et al. LiBOB: Is it an alternative salt for lithium ion chemistry. Journal of Power Sources, 2005, 146(1-2): 79-85.

[115] Li J, Xie K, Lai Y, et al. Lithium oxalyldifluoroborate/carbonate electrolytes for $LiFePO_4$/artificial graphite lithium-ion cells. Journal of Power Sources, 2010, 195(16): 5344-5350.

[116] Belov D, Shieh D T. GBL-based electrolyte for Li-ion battery: Thermal and electrochemical performance. Journal of Solid State Electrochemistry, 2012, 16(2): 603-615.

[117] Foos J S, Stolki T J. A new ether solvent for lithium cells. Journal of the Electrochemical Society, 1988, 135(11): 2769-2771.

[118] Xue H, Verma R, Shreeve J M. Review of ionic liquids with fluorine-containing anions. Journal of Fluorine Chemistry, 2006, 127(2): 159-176.

[119] Marsh K N, Boxall J A, Lichtenthaler R. Room temperature ionic liquids and their mixtures—A review. Fluid Phase Equilibria, 2004, 219(1): 93-98.

[120] Wilkes J S, Levisky J A, Wilson R A, et al. Dialkylimidazolium chloroaluminate melts: A new class of room-temperature ionic liquids for electrochemistry, spectroscopy and synthesis. Inorganic Chemistry, 1982, 21(3): 1263-1264.

[121] 安永昕. 锂离子电池用离子液体电解质的电化学性能研究. 哈尔滨:哈尔滨工业大学博

士学位论文,2011.

[122] 崔闻宇.锂离子电池用离子液体型电解质的制备及其性能研究.哈尔滨:哈尔滨工业大学博士学位论文,2010.

[123] Armand M,Endres F,MacFarlane D R,et al. Ionic-liquid materials for the electrochemical challenges of the future. Nature Materials,2009,8(8):621-629.

[124] Tsunashima K,Yonekawa F,Sugiya M. Lithium secondary batteries using a lithium nickelate-based cathode and phosphonium ionic liquid electrolytes. Electrochemical and Solid-State Letters,2009,12(3):54-57.

[125] Herstedt M,Rensmo H,Siegbahn H,et al. Electrolyte additives for enhanced thermal stability of the graphite anode interface in a Li-ion battery. Electrochimica Acta,2004,49(14):2351-2359.

[126] Wang X,Yasukawa E,Kasuya S. Nonflammable trimethyl phosphate solvent-containing electrolytes for lithium-ion batteries: I. Fundamental properties. Journal of the Electrochemical Society,2001,148(10):1058-1065.

[127] Xu K,Ding M S,Zhang S,et al. An attempt to formulate nonflammable lithium ion electrolytes with alkyl phosphates and phosphazenes. Journal of the Electrochemical Society,2002,149(5):622-626.

[128] Hyung Y E,Vissers D R,Amine K. Flame-retardant additives for lithium-ion batteries. Journal of Power Sources,2003,119-121:383-387.

[129] Wang Q S,Sun J H,Yao X L,et al. 4-isopropyl phenyl diphenyl phosphate as flame-retardant additive for lithium-ion battery electrolyte. Electrochemical and Solid-State Letters,2005,8(9):467-470.

[130] Xu K,Zhang S S,Allen J L,et al. Nonflammable electrolytes for Li-ion batteries based on a fluorinated phosphate. Journal of the Electrochemical Society,2002,149(8):1079-1082.

[131] Balakrishnan P G,Ramesh R,Kumar T P. Safety mechanisms in lithium-ion batteries. Journal of Power Sources,2006,155(2):401-414.

[132] Xu K,Ding M S,Zhang S S,et al. Evaluation of flouorinated alkyl phosphates as flame retardants in electrolytes for Li ion batteries: I. Physical and electrochemical properties. Journal of the Electrochemical Society,2003,150(2):161-169.

[133] Wang Q S,Sun J H,Chen C H. Enhancing the thermal stability of $LiCoO_2$ electrode by 4-isopropyl phenyl diphenyl phosphate in lithium ion batteries. Journal of Power Sources,2006,162(2):1363-1366.

[134] Wang Q S,Sun J H. Enhancing the safety of lithium ion batteries by 4-isopropyl phenyl diphenyl phosphate. Materials Letters,2007,61(16):3338-3340.

[135] 欧育湘.阻燃剂——制造、性能及应用.北京:兵器工业出版社,1997.

[136] 王青松.锂离子电池材料的热稳定性及电解液阻燃添加剂研究.合肥:中国科学技术大学博士学位论文,2005.

[137] Chen C H,Hyung Y,Vissers D,et al. Lithium ion battery with improved safety: US,

US7026074 B2. 2006.

[138] Smart M C, Krause F, Hwang C, et al. The evaluation of triphenyl phosphate as a flame retardant additive to improve the safety of lithium-ion battery electrolytes. The 219th ECS Meeting, Montreal, 2011: 1-11.

[139] Smart M C, Krause F, Hwang C, et al. The use of triphenyl phosphate as a flame retardant additive in lithium-ion battery electrolytes designed for high voltage systems. The 220th ECS Meeting, Boston, 2011: 1264.

[140] Ping P, Wang Q S, Sun J H, et al. Studies of the effect of triphenyl phosphate on positive electrode symmetric Li-ion cells. Journal of the Electrochemical Society, 2012, 159(9): 1467-1473.

[141] Xia X, Ping P, Dahn J R. Studies of the effect of triphenyl phosphate on the negative electrode of Li-ion cells. Journal of the Electrochemical Society, 2012, 159(9): 1460-1466.

[142] Xia X, Ping P, Dahn J R. The reactivity of charged electrode materials with electrolytes containing the flame retardant, triphenyl phosphate. Journal of the Electrochemical Society, 2012, 159(11): 1834-1837.

[143] 项宏发. 高安全性锂离子电池电解质研究. 合肥：中国科学技术大学博士学位论文，2009.

[144] Xiang H F, Xu H Y, Wang Z Z, et al. Dimethyl methylphosphonate (DMMP) as an efficient flame retardant additive for the lithium-ion battery electrolytes. Journal of Power Sources, 2007, 173(1): 562-564.

[145] Zhou D, Li W, Tan C, et al. Cresyl diphenyl phosphate as flame retardant additive for lithium-ion batteries. Journal of Power Sources, 2008, 184(2): 589-592.

[146] Wang Q S, Ping P, Sun J H, et al. Improved thermal stability of lithium ion battery by using cresyl diphenyl phosphate as an electrolyte additive. Journal of Power Sources, 2010, 195(21): 7457-7461.

[147] Wang Q S, Ping P, Sun J H, et al. Cresyl diphenyl phosphate effect on the thermal stabilities and electrochemical performances of electrodes in lithium ion battery. Journal of Power Sources, 2011, 196(14): 5960-5965.

[148] Zhang S S, Xu K, Jow T R. Tris(2,2,2-trifluoroethyl) phosphite as a co-solvent for nonflammable electrolytes in Li-ion batteries. Journal of Power Sources, 2003, 113(1): 166-172.

[149] Shim E G, Nam T H, Kim J G, et al. Diphenyloctyl phosphate as a flame-retardant additive in electrolyte for Li-ion batteries. Journal of Power Sources, 2008, 175(1): 533-539.

[150] Nam T H, Shim E G, Kim J G, et al. Diphenyloctyl phosphate and tris(2,2,2-trifluoroethyl) phosphite as flame-retardant additives for Li-ion cell electrolytes at elevated temperature. Journal of Power Sources, 2008, 180(1): 561-567.

[151] McMillan R, Slegr H, Shu Z X, et al. Fluoroethylene carbonate electrolyte and its use in lithium ion batteries with graphite anodes. Journal of Power Sources, 1999, 81-82: 20-26.

[152] Ihara M, Hang B T, Sato K, et al. Properties of carbon anodes and thermal stability in $LiPF_6$/methyl difluoroacetate electrolyte. Journal of the Electrochemical Society, 2003, 150(11): A1476-A1483.

[153] 崔振宇. 聚偏氟乙烯多孔膜结构及其聚合物锂离子电池隔膜的性能. 杭州:浙江大学博士学位论文, 2008.

[154] 熊明. 高热稳定性锂电池复合隔膜的制备及表征. 武汉:武汉理工大学硕士学位论文, 2014.

[155] Zhang S S. A review on the separators of liquid electrolyte Li-ion batteries. Journal of Power Sources, 2007, 164(1): 351-364.

[156] 梁银峥. 基于静电纺纤维的先进锂离子电池隔膜材料的研究. 上海:东华大学博士学位论文, 2011.

[157] Noto D V, Lavina S, Giffin G A, et al. Polymer electrolytes: Present, past and future. Electrochimica Acta, 2011, 57: 4-13.

[158] Zhang P, Li L, He D, et al. Research progress of gel polymer electrolytes for lithium ion batteries. Acta Polymerica Sinica, 2011, (2): 125-131.

[159] Fergus J W. Ceramic and polymeric solid electrolytes for lithium-ion batteries. Journal of Power Sources, 2010, 195(15): 4554-4569.

[160] 张鹏, 石川, 杨娉婷, 等. 功能性隔膜材料的研究进展. 科学通报, 2013, 58(31): 3124-3131.

[161] 肖伟, 王绍亮, 赵丽娜, 等. 陶瓷复合锂离子电池隔膜研究进展. 化工进展, 2015, 34(2): 456-462.

[162] Augustin S, Hennige V, Hörpel G, et al. Ceramic but flexible: New ceramic membrane foils for fuel cells and batteries. Desalination, 2002, 146(1-3): 23-28.

[163] Ding J, Kong Y, Yang J. Preparation of polyimide/polyethylene terephthalate composite membrane for Li-ion battery by phase inversion. Journal of the Electrochemical Society, 2012, 159(8): 1198-1202.

[164] Ding J, Kong Y, Li P, et al. Polyimide/poly(ethylene terephthalate) composite membrane by electrospinning for nonwoven separator for lithium-ion battery. Journal of the Electrochemical Society, 2012, 159(9): 1474-1480.

[165] Huang X. A lithium-ion battery separator prepared using a phase inversion process. Journal of Power Sources, 2012, 216: 216-221.

[166] Stawski D, Halacheva S, Bellmann C, et al. Deposition of poly(ethyleneimine)/poly(2-ethyl-2-oxazoline) based comb-branched polymers onto polypropylene nonwoven fabric using the layer-by-layer technique. Selected properties of the modified materials. Journal of Adhesion Science and Technology, 2011, 25(13): 1481-1495.

[167] Qi W, Lu C, Chen P, et al. Electrochemical performances and thermal properties of electrospun poly(phthalazinone ether sulfone ketone) membrane for lithium-ion battery. Materials Letters, 2012, 66(1): 239-241.

[168] Lee J R, Won J H, Kim J H, et al. Evaporation-induced self-assembled silica colloidal particle-assisted nanoporous structural evolution of poly(ethylene terephthalate) nonwoven composite separators for high-safety/high-rate lithium-ion batteries. Journal of Power Sources, 2012, 216: 42-47.

[169] Jeong H S, Choi E S, Kim J H, et al. Potential application of microporous structured poly (vinylidene fluoride-hexafluoropropylene)/poly(ethylene terephthalate) composite nonwoven separators to high-voltage and high-power lithium-ion batteries. Electrochimica Acta, 2011, 56(14): 5201-5204.

[170] Jiang W, Liu Z, Kong Q, et al. A high temperature operating nanofibrous polyimide separator in Li-ion battery. Solid State Ionics, 2013, 232: 44-48.

[171] Kim Y J, Kim H S, Doh C H, et al. Technological potential and issues of polyacrylonitrile based nanofiber non-woven separator for Li-ion rechargeable batteries. Journal of Power Sources, 2013, 244: 196-206.

[172] Chung Y S, Yoo S H, Kim C K. Enhancement of meltdown temperature of the polyethylene lithium-ion battery separator via surface coating with polymers having high thermal resistance. Industrial & Engineering Chemistry Research, 2009, 48(9): 4346-4351.

[173] Song K W, Kim C K. Coating with macroporous polyarylate via a nonsolvent induced phase separation process for enhancement of polyethylene separator thermal stability. Journal of Membrane Science, 2010, 352(1-2): 239-246.

第7章　锂离子电池消防安全对策初探

锂离子电池是一个电能储存、转换载体，这与其他可燃物不同；又由于电池自身的物理化学构成，在滥用情况下，电池材料会产热、产气，进而引起燃烧甚至爆炸。即使锂离子电池处于惰性环境中，其自身仍具备着火条件，即可燃物、氧化剂和火源。这里的可燃物是指电池自身成分及可燃性包装材料，氧化剂来自电池材料高温条件下释放的氧，火源主要是电池受到的外界热、明火以及电池内部反应的放热[1]。

锂离子电池的热失控由电池内部的链式反应所致，并产生热量和可燃性气体，积聚到一定程度时，电池发生多次强烈射流火焰现象。对于这种与一般可燃物或爆炸物具有本质不同的特殊物体，是消防安全面临的一大挑战。

由于锂离子电池的化学体系及物理组成方式是多样的，不同电池体系及其模组的火灾行为可能不同，对于不同类型的电池及其模组，应采用不同的灭火方式，是消防安全设计需要考虑的问题。

7.1　锂离子电池安全监测

7.1.1　传感器类型

在工业生产工程及安全监测中，为了对各种工业参数（如温度、压力、流量、物位、气体成分等）进行监测与控制，首先要把这些参数转换成便于传送的信息，这就要用到各种传感器，把传感器与变送器和其他装置组合起来，组成一个监测系统或控制系统，完成对工业参数的安全监测。安全监测常用的传感器有温度传感器、压力传感器、流量传感器和气体传感器[2]。

1. 温度传感器

温度是表征热灾害现象及其过程的易于测量的一个重要特征参数，由温度信息可获知燃烧效率、污染物的生成速率和预测辐射热反馈等信息。常见的温度传感器分为膨胀式温度传感器、热电偶温度传感器、热电阻温度传感器等。

1）膨胀式温度传感器

膨胀式温度传感器根据液体、固体、气体受热时产生热膨胀的原理设计而成，这类温度传感器有液体膨胀式温度传感器、固体膨胀式温度传感器和气体膨胀式温度传感器。

液体膨胀式温度传感器：在有刻度的细玻璃管里充入液体（称为工作液，如水银、酒精等）构成液体膨胀式温度计。这种温度计远不能算传感器，它只能就地指示温度。如果从水银温度计的感温泡引出一根导线，在对应某个温度刻度线处再引出一根导线，当温度升至该刻度时，水银柱就会把电路接通。反之，温度下降到该刻度以下，又会把电路断开。这样，就成为有固定切换值的位式作用温度传感器。

固体膨胀式温度传感器：典型的固体膨胀式温度传感元件是双金属片，它是利用线膨胀系数差别较大的两种金属材料制成双层片状元件，在温度变化时将因弯曲变形而使其一端有明显位移，带动电接点实现通断就构成双金属温度开关，也就是位式作用的温度传感器。

气体膨胀式温度传感器：原理是封闭容器中的气体压力随温度升高而升高。将温包、毛细管和弹簧管三者的内腔构成一个封闭容器，其中充满工作物质（常为氮气），工作物质的压力经毛细管传给弹簧管，使弹簧管发生变形，并由传动机构带动指针，指示出被测温度的数值。

2）热电偶温度传感器

热电偶测温的基本原理是两种不同成分的材质导体组成闭合回路，当两端存在温度梯度时，回路中就会有电流通过，此时两端之间就存在电动势——热电动势，即塞贝克效应。两种不同成分的均质导体为热电极，温度较高的一端为工作端，温度较低的一端为自由端，自由端通常处于某个恒定的温度下。根据热电动势与温度的函数关系，制成热电偶分度表；分度表是自由端的温度在0℃的条件下得到的，不同的热电偶具有不同的分度表（GB/T 16839.1—1997）。自1988年1月1日起，中国热电偶全部按IEC国际标准生产，并指定S、B、E、K、R、J、T七种标准化热电偶为统一设计型热电偶[3]，如表7.1所示。

表7.1　几种热电偶的性能参数

性能参数	B	E	J	K	R	S	T
正极材料	Pt/Rh(30%)	Ni/Cr	Fe	Ni/Cr	Pt/Rh(13%)	Pt/Rh(10%)	Cu
负极材料	Pt/Rh(6%)	Cu/Ni	Cu/Ni	Ni/Al	Pt	Pt	Cu/Ni
测温下限/℃	50	−200	0	−200	0	0	−200
测温上限/℃	1700	900	750	1250	1450	1450	350

3）热电阻温度传感器

热电阻温度传感器是利用导体或半导体的电阻值随温度变化而变化的原理进行测温的。热电阻温度传感器分为金属热电阻和半导体热电阻两大类，一般把金属热电阻称为热电阻，而把半导体热电阻称为热敏电阻。热电阻被广泛用来测量−200～850℃范围内的温度，少数情况下，低温可测量至1K（−272℃），高温达

1000℃。标准铂电阻温度计的精确度高，并可作为国际温标的标准仪器。热电阻传感器由热电阻、连接导线及显示仪表组成。热电阻也可与温度变送器连接，将温度转换为标准电流信号输出。用于制造热电阻的材料应具有尽可能大且稳定的电阻温度系数和电阻率，R-t 最好呈线性关系，具有物理化学性能稳定、复现性好等优点。目前最常用的热电阻为铂热电阻和铜热电阻。

4）非接触式温度传感器

最常用的非接触式测温仪表的工作原理是基于黑体辐射的基本定律，称为辐射测温仪表。辐射测温法包括亮度法（如光学高温计）、辐射法（如辐射高温计）和比色法（如比色温度计）。各类辐射测温方法只能测出对应的光度温度、辐射温度或比色温度。只有对黑体（吸收全部辐射并不反射光的物体）所测温度才是真实温度。如欲测定物体的真实温度，则必须进行材料表面发射率的修正。材料表面发射率不仅取决于温度和波长，而且还与表面状态、涂膜和微观组织等有关，因此很难精确测量。

附加辐射能提高被测表面的有效辐射和有效发射系数。利用有效发射系数，通过仪表对实测温度进行相应的修正，最终可得到被测表面的真实温度。最为典型的附加反射镜是半球反射镜。球中心附近被测表面的漫射辐射能受半球镜反射回到表面而形成附加辐射，从而提高有效发射系数。至于气体和液体介质真实温度的辐射测量，则可以用插入耐热材料管至一定深度以形成黑体空腔的方法，通过计算求出介质达到热平衡后圆筒空腔的有效发射系数。在自动测量和控制中就可以利用此值对所测腔底温度（即介质温度）进行修正，从而得到介质的真实温度。

5）针对锂离子电池安全监测的适配性

在锂离子电池发生热失控前后，电池内部、电池表面以及电池周围的环境有很明显的温度变化，所以监控电池温度作为发生火灾的判据是一个可能的选择。但是锂离子电池的化学体系及物理组成方式是多样的，不同厂家生产的电池质量也大相径庭，所以很难明确地给出锂离子电池发生热失控的温度标准；另外，传统的接触式温度技术很难获得电池的内部温度，这导致在考虑热传导、对流换热以及热辐射的实际情况下，电池外部温度要低于内部温度，因此仅仅监测电池外部温度很容易造成漏报。温度探测的优势在于，当电池发生热失控后，周围环境温度可被加热至 600～1000℃，这能轻易地被温度传感器捕捉到并发出警报。

2. 压力传感器[4]

压力传感器以机械结构型的器件为主，通过弹性元件的形变指示压力，但这种结构尺寸大、质量重，不能提供电学输出。随着半导体技术的发展，半导体压力传感器应运而生。其特点是体积小、质量轻、准确度高、温度特性好。特别是随着 MEMS 技术的发展，半导体传感器向着微型化发展，而且其功耗小、可靠性高。

1）应变式压力传感器

利用弹性敏感元件和应变计将被测压力转换为相应电阻值变化的压力传感器，它的主要缺点是输出信号小、线性范围窄，而且动态响应较差。但由于应变片的体积小，商品化的应变片有多种规格可供选择，而且可以灵活设计弹性敏感元件的形式以适应各种应用场合，所以用应变片制造的应变式压力传感器仍有广泛的应用。按弹性敏感元件结构的不同，应变式压力传感器大致可分为应变管式、膜片式、应变梁式和组合式四种。

2）压电式压力传感器

压电式压力传感器大多是利用正压电效应制成的。正压电效应是指：当晶体受到某固定方向外力的作用时，内部就产生电极化现象，同时在某两个表面上产生符号相反的电荷；当外力撤去后，晶体又恢复到不带电的状态；当外力作用方向改变时，电荷的极性也随之改变；晶体受力所产生的电荷量与外力的大小成正比。

3）电容式压力传感器

电容式压力传感器一般采用圆形金属薄膜或镀金属薄膜作为电容器的一个电极，当薄膜受到压力而变形时，薄膜与固定电极之间形成的电容量发生变化，通过测量电路即可输出与电压呈一定关系的电信号。电容式压力传感器属于极距变化型电容式传感器，可分为单电容式压力传感器和差动电容式压力传感器。

4）针对锂离子电池安全监测的适配性

在过充电、受热、挤压等条件引起的锂离子电池热失控过程中，电池由于产气引起的压力变化会使电池发生明显的形变，但是这里并不推荐使用压力传感器：其一，锂离子电池经过长时间的充放电循环使用，电池发生老化，正负极结构改变，进而体现为电池鼓胀，所以测量电池表面的微弱形变容易误报；其二，对于软包电池，电池产气后形变较大，易于测量，但是对于钢壳和铝壳电池，形变非常小，极易漏报。

3. 流量传感器[4]

1）差压式流量传感器

差压式流量传感器是目前工业生产中用来测量气体、液体流量最常用的一种流量仪表，它是利用管路内的节流装置，将管道中流体的瞬时流量转换成节流装置前后的压力差。通常由能将流体流量转换成差压信号的节流装置及测量差压并显示流量的差压计组成。安装在流通管道中的节流装置又称"一次装置"，包括节流件、取压装置和前后直管段。显示装置又称"二次装置"，包括差压信号管路测量中所需的仪表。

2) 电磁式流量传感器

电磁式流量传感器根据法拉第电磁感应定律测量导电性液体的流量。在磁场中安置一段不导磁、不导电的管道,管道外面安装一对磁极,当有一定电导率的流体在管道中流动时就切割磁力线。与金属导体在磁场中的运动一样,在导体(流动介质)的两端也会产生感应电动势,由设置在管道上的电极导出。该感应电势大小与磁感应强度、管径大小、流体流速大小有关。电磁式流量传感器产生的感应电动势信号是很微小的,需通过电磁流量转换器来显示流量。

将传感器的输出信号放大并转换成标准电流信号,配合单元组合仪表或计算机对流量进行显示、记录、运算、报警和控制等。电磁式流量传感器只能测量导电介质的流体流量,适用于测量各种腐蚀性酸、碱、盐溶液,固体颗粒悬浮物,黏性介质(如泥浆、纸浆、化学纤维、矿浆)等溶液,还可用于大型管道自来水和污水处理厂流量测量及脉动流量测量等。

3) 涡轮式流量传感器

涡轮式流量传感器类似于叶轮式水表,是一种速度式流量传感器。它是在管道中安装一个可自由转动的叶轮,流体流过叶轮使叶轮旋转,流量越大,流速越高,则动能越大,叶轮转速也越高。涡轮由高导磁的不锈钢制成,线圈和永久磁钢组成磁电感应转换器。当流体通过涡轮叶片与管道间的间隙时,流体对叶片前后产生压差推动叶片,使涡轮旋转,在涡轮旋转的同时,高导磁性的涡轮叶片周期性地改变磁电系统的磁阻值,使通过线圈的磁通量发生周期性的变化,因而在线圈两端产生感应电势,该电势经过放大和整形,得到足以测出频率的方波脉冲,如将脉冲送入计数器就可求得累积总量。测量出叶轮的转速或频率,从而推算出流过管道的流体流量和总量。

4) 超声式流量传感器

超声式流量传感器的测定原理是多种多样的,如传输时间差法、传播速度变化法、波速移动法、多普勒效应法、流动听声法等。但目前应用较广的主要是传输时间差法。超声波在流体中传输时,在静止流体和流动流体中的传输速度是不同的,利用这一特点可以求出流体的速度,再根据管道流体的截面积,便可得到流体的流量。

5) 针对锂离子电池安全监测的适配性

在大中型锂离子电池发生热失控后,电池产气燃烧会形成较大尺度射流火焰,周围空气会有明显的流量变化,同时会波及电池周围的冷却系统从而造成明显的流量变动,所以对流量进行监测也是一种选择。问题在于锂离子电池在发生热失控前无明显的流量变化,不能在即将发生热失控前发出警报,而且监测设备体积较大,不如监测温度的方式直接。

4. 气体传感器[5]

1) 催化燃烧式传感器

可燃性气体与预热的Pt-Pd催化剂相接触，则可在爆炸临界浓度下限以下反应，从而产生热量，空气中可燃性气体浓度越大，氧化反应产生的反应热量越多，铂丝的温度变化越大，其电阻值增加的就越多。因此，只要测定作为敏感件的铂丝的电阻变化值，就可检测空气中可燃性气体的浓度。但是，使用单纯的铂丝线圈作为检测元件，其寿命较短，所以实际应用的检测元件中，铂丝线圈外面涂覆一层氧化物触媒。这样既可以延长其使用寿命，又可以提高检测元件的响应特性。

2) 热导率气体传感器

热传导式气敏元件依据不同可燃性气体的导热系数与空气的差异来测定气体的浓度，通常利用电路将导热系数的差异转化为电阻的变化。传统的检测方法是将待测气体送入气室，气室中央是热敏元件如热敏电阻、铂丝或钨丝，对热敏元件加热到一定温度，当待测气体的导热系数较高时，将使热量更容易从热敏元件上散发，使其电阻减小，变化的电阻经过信号调理与转换电路，由惠斯通电桥来转换成不平衡电压输出，输出电压的变化反映了被测气体导热系数的变化，从而就实现了对气体浓度的检测。

3) 半导体式气体传感器

SnO_2 和 ZnO 等较难还原的金属氧化物半导体接触可燃气体时，在较低温即产生吸附效应，从而改变半导体的表面电位、功函数及电导率等。这类利用吸附效应的传感器被称为表面型半导体气体传感器。当气体接触低温下 γ-Fe_2O_3 等易还原氧化物半导体(或高温下某些半导体)时，半导体内的晶格缺陷浓度发生变化，从而使半导体的电导率等发生变化。这类利用半导体体内晶格缺陷变化的传感器称为体型半导体传感器。

4) 光学气体传感器

直接吸收式气体传感器：红外线气体传感器是典型的吸收式光学气体传感器，根据气体分别具有各自固有的光谱吸收谱来检测气体成分，非分散红外吸收光谱法对 SO_2、CO、CO_2、NO 等气体具有较高的灵敏度。另外，紫外吸收、非分散紫外线吸收、相关分光、二次导数、自调制光吸收法对 NO、NO_2、SO_2、烃类(C_xH_y)等气体具有较高的灵敏度。

光反应气体传感器：光反应气体传感器是利用气体反应产生色变引起光强度吸收等光学特性改变来探测气体的传感器，传感元件是理想的，但是气体光感变化受到限制，传感器的自由度小。

光导纤维气体传感器：在光纤顶端涂覆触媒与气体反应、发热。温度改变，导致光纤温度改变。利用光纤测温已达到实用化程度，检测气体也是成功的。

5) 电化学气体传感器

有毒有害气体都有电化学活性,可以被电化学氧化或者还原。利用这些反应,可以分辨气体成分、检测气体浓度。电化学气体传感器包括以下主要类型:

原电池型气体传感器(又称加伏尼电池型气体传感器,也可称燃料电池型气体传感器,也有称自发电池型气体传感器):该类传感器的原理类似于干电池,只是电池的碳锰电极被气体电极替代。以氧气传感器为例,氧在阴极被还原,电子通过电流表从阳极流出,在那里铅金属被氧化。电流的大小与氧气的浓度直接相关。这种传感器可以有效地检测氧气、二氧化硫、氯气等。

恒定电位电解池型气体传感器:这种传感器用于检测还原性气体非常有效,它的原理与原电池型传感器不同,它的电化学反应是在电流强制下发生的,是一种真正的库仑分析传感器。这种传感器已经成功地用于一氧化碳、硫化氢、氢气、氨气等气体的检测之中,是目前有毒有害气体检测的主流传感器。

浓差电池型气体传感器:具有电化学活性的气体在电化学电池的两侧,会自发形成浓差电动势,电动势的大小与气体的浓度有关,这种传感器的成功实例就是汽车用氧气传感器、固体电解质型二氧化碳传感器。

极限电流型气体传感器:利用电化池中的极限电流与载流子浓度相关的原理制备的气体浓度传感器,用于汽车的氧气检测和钢水中氧浓度检测。

6) 针对锂离子电池安全监测的适配性

在锂离子电池发生热失控前后,电池内部发生较为复杂的化学变化,产生大量可燃气体。通过对锂离子电池热失控后释放的气体成分进行分析,可燃气体主要为烃类以及一氧化碳、氢气等,根据电池组分的不同并伴有 HCl、SO_2、NO_x 以及 HF 等有毒有害气体生成,这非常容易被气体探测器捕捉到。这类探测器只能探测电池外部的气体变化,同样只能在火灾发生初期发出警报,而不能在发生热失控前做出预警。

7.1.2 基于锂离子电池特性的探测方法

无论是锂离子电池过充、过放、散热不良还是过热引起的热失控,主要诱因是电池内部发生了氧化还原反应,所以如果能有效地探测电池内部的温度,就有可能在电池发生热失控前做出预警,将损失降至最小。

电化学阻抗谱(EIS),也称为交流阻抗谱,是一种以小振幅的正弦波电位(电流)为扰动信号的电化学测量方法。由于以小振幅的电信号对体系扰动,一方面可避免对体系产生较大的影响,另一方面扰动与体系的响应呈线性关系,这就使测量结果的数学处理非常简单。同时,电化学阻抗谱是一种频域的测量方法,它以测量得到的频率范围很宽的阻抗谱来研究电极系统,因此能比其他常规方法得到更多的动力学信息及电极界面结构的信息。电化学阻抗谱测量方法的主要参数是正弦电压的幅值以及扫描频率的范围,不同的电极在不同频率下的信息不同,因此有必要对特定的电化学系统选择适当的频率范围。

目前国内外研究者使用EIS方法研究电池主要是从内部电化学机理和电池外部环境改变对电池EIS的影响两个方面进行[6,7]。电化学机理的揭示主要是通过研究不同正极材料的半电池EIS随电极电位的变化,而全电池的EIS随外部环境改变的研究对电池的实际应用也非常必要。

电化学反应的各个步骤随温度和SOC的变化不同,而各个步骤的反应对EIS各参数的影响也不同。研究结果表明,基于全电池在0.01Hz时阻抗幅值随SOC的变化,可以为电池SOC提供估算依据。通过找出电池由电荷转移过程向扩散过程过渡处的频率变化值,以及温度和该频率之间的函数关系来估计电池的内部温度。

由于阻抗谱的测试需要电化学工作站等硬件设施,这些设备一般比较昂贵,所以当前这种方法仅限于用在实验室中对电池的研究,在电池实际应用中尚存在一定难度。

7.1.3　锂离子电池安全监测尚存在的问题

针对锂离子电池热失控后、火灾发生初期,温度传感器、气体传感器都是不错的选择,可根据实际需要选择相应的传感器。然而,这些传统的传感器普遍反映了一个问题,就是无法明确给出在将要发生热失控时的探测标准,这意味着很难提前预警。因此,有一些厂商设定了"当电池达到一定高温自动断电"的功能,例如,笔记本电脑内18650电池设定高温(电池外壳)为50～60℃,但这只能降低事故发生概率,每年还是有诸多如Dell、Apple、HP、Lenovo等很多名牌笔记本电脑因锂离子电池热失控引起的火灾事故。如何在电池发生热失控前发出预警,这对传统安全监测而言尚是一个挑战。

7.2　锂离子电池火灾探测

如7.1节所述,传统安全监测技术现阶段仅能对锂离子电池热失控后、火灾发生初期做出警报动作,这与专门针对火灾发生的火灾探测器相比缺乏竞争力。火灾探测器功能专一,结构相对简单,价格及维护费用更为低廉。对场所及空间要求不敏感的大中型区域,可使用火灾探测器。

7.2.1　火灾探测器概述

发生火灾时,火灾探测器通过把火灾发生时产生的各种非电量参数(如烟、气体浓度、温度等)转化成电量参数从而得到统一测量参数,然后传送给控制器。

其特点是实时、准确，能够实时跟随各种非电量参数的变化而变化。火灾探测器根据火灾发生时所产生的物理现象可以分为感温型、感烟型、烟温一体型、图光型、感声型、气敏型六大类。但在实际应用中，考虑到测量的方便性和实用性，常用的火灾探测器主要是感烟探测器、感温探测器、火焰探测器、烟温一体探测器四类。

1. 感温探测器

火灾时物质的燃烧产生大量的热量，使周围温度发生变化。感温探测器是对警戒范围中某一点或某一线路周围温度变化时响应的火灾探测器。它是将温度的变化转换为电信号以达到报警目的。

优点：适合不产生烟雾或烟雾浓度极低的可燃物或场所使用。

缺点：空气比热容较低，升温很慢，且探测器与可燃物一般有一定距离，所以只有火灾发展到一定程度探测器才会感应到，除少数场合（如机房等）外，一般不会单独使用。

2. 感烟探测器

在火灾初期，由于温度较低，物质多处于阴燃阶段，所以产生大量烟雾。烟雾是早期火灾的重要特征之一，感烟探测器正是利用这种特征而开发的，能够对可见的或不可见的烟雾粒子响应的火灾探测器。它是将探测部位烟雾浓度的变化转换为电信号实现报警目的的一种器件。

离子感烟探测器（点型探测器）：在电离室内含有少量放射性物质，可使电离室内空气成为导体，允许一定电流在两个电极之间的空气中通过，射线使局部空气呈电离状态，经电压作用形成离子流，这就给电离室一个有效的导电性。当烟粒子进入电离化区域时，它们由于与离子相结合而降低了空气的导电性，导致离子移动的减弱。当导电性低于预定值时，探测器发出警报。

光电感烟探测器（点型探测器）：它是利用起火时产生的烟雾能够改变光的传播特性这一基本性质而研制的。根据烟粒子对光线的吸收和散射作用，光电感烟探测器又分为遮光型和散光型两种。

红外光束感烟探测器（线型探测器）：它是对警戒范围内某一线状窄条周围烟气参数响应的火灾探测器，同前面两种点型感烟探测器的主要区别在于线型感烟探测器将光束发射器和光电接收器分为两个独立的部分，使用时分装相对的两处，中间用光束连接起来。红外光束感烟探测器又分为对射型和反射型两种。

优点：可以在火灾初期感应到火灾信号并报警。

缺点：对于不会产生烟雾或烟雾浓度较低的情况不能及时报警。

3. 火焰探测器

火焰探测器又称感光式火灾探测器，它是用于响应火灾的光特性，即探测火焰燃烧的光照强度和火焰的闪烁频率的一种火灾探测器。根据火焰的光特性，使用的火焰探测器有三种：第一种是对火焰中波长较短的紫外光辐射敏感的紫外探测器；第二种是对火焰中波长较长的红外光辐射敏感的红外探测器；第三种是同时探测火焰中波长较短的紫外线和波长较长的红外线的紫外/红外混合探测器。

优点：可以在火灾初期尽早感应到火灾信号并报警。

缺点：对于阴燃的情况不能及时报警而且价格昂贵。

4. 烟温一体探测器

烟温一体探测器又称复合式感烟感温火灾探测器、烟温复合探测器等。烟温是指感烟和感温，就是既可以探测烟雾浓度而报警，又可以探测温度变化而报警。

优点：复合探测技术是目前国际上流行的新型多功能高可靠性的火灾探测技术。从工艺结构和电路结构来说，烟温一体火灾探测器是由烟雾传感器件和半导体温度传感器件从工艺结构和电路结构上共同构成的多元复合探测器。它不仅具有传统光电感烟火灾探测器的性能，而且兼有定温、差定温感温火灾探测器的性能，应用范围广泛。

缺点：价格相对于单独感温或感烟探测器略高。

7.2.2 火灾探测器的有效性

传统感烟、感温火灾探测器在火灾探测中起到了重要的作用，而且也在不断发展完善，但是还并不能让人满意。它们本质上以火灾的烟雾浓度和温度等物理特性作为测量的对象，而燃烧的材料种类、燃烧状况、灰尘、水汽和热源等很多因素都会显著地影响这些参数，从而影响常规探测器的可靠性，使之容易产生误报，甚至对特定的火灾不响应。例如，针对温升的探测器对阴燃火没有响应，某些感烟探测器对酒精火等也没有响应等。为了验证火灾探测器对锂离子电池火灾探测的有效性，作者开展了相关实验，实验结果如表 7.2 和表 7.3 所示。

表 7.2　探测器初步选择阶段，不同实验下探测器响应时间对比

实验序号	1	2	3	4
第1报警时间	935s	622s	432s	932s
响应探测器	感烟探测器	感烟探测器	烟温一体探测器	烟温一体探测器
第2报警时间	1024s	881s	953	1021s
响应探测器	感温探测器	烟温一体探测器	感烟探测器	感温探测器

续表

实验序号	1	2	3	4
第3报警时间	1174s	890s	1007s	1088s
响应探测器	烟温一体探测器	感温探测器	感温探测器	感烟探测器
电池出现明火时间	1224s	882s	1005s	1079s

表 7.3 三种类型探测器响应灵敏度比较

报警器类型	烟温一体探测报警器	感烟探测报警器	感温探测报警器
四种实验下平均响应时间/s	854.75	899.5	985.5

实验是在燃烧柜体内放置一块钛酸锂电池，通过热辐射源加热电池使其引燃，测试三种类型的报警器(感温探测器、感烟探测器和烟温一体探测器)的响应时间和报警结果，实验前将三种不同类型的火灾探测器(感烟、感温及烟温一体探测器各一个)安装到实验平台的顶部，如图 7.1 所示。

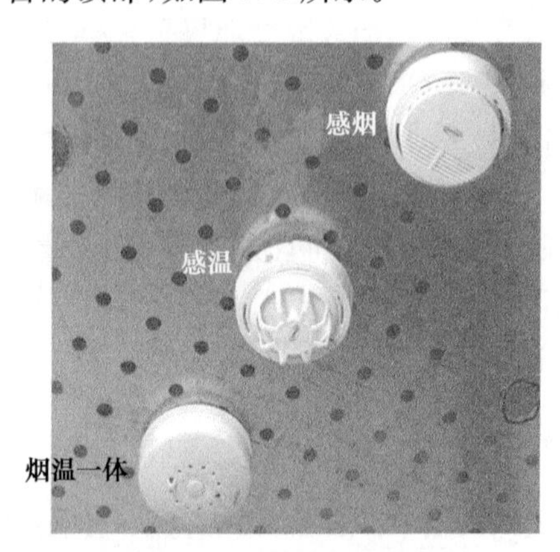

图 7.1 探测器安装位置

在钛酸锂电池火灾中，三种探测器的响应灵敏度的排序依次为烟温一体探测器=感烟探测器>感温探测器；四种实验下平均响应时间排序依次为烟温一体探测器<感烟探测器<感温探测器。

此结果说明钛酸锂电池火灾中，烟温一体探测报警器的响应速度最快，其次为感烟探测器，感温探测器响应速度最慢。从平均报警时间考虑，感温探测器表现均最差，所以相对而言感温探测器最不适合作为锂离子电池火灾报警器。

7.3 灭火剂的有效性

7.3.1 灭火的基本原理

灭火的技术关键就是破坏维持燃烧所需的条件，使燃烧不能继续进行。灭火方法可归纳为隔离法、窒息法、冷却法和化学抑制法四种。前三种灭火方法是通过物理过程灭火，最后一种方法是通过化学过程灭火。不论是采用哪种方法灭火，火灾的扑救都是通过上述四种方法的一种或综合几种方法作用灭火的[8]。

(1) 隔离法。隔离法的原理在于将空气和燃烧物质进行隔离或者移开，使得燃烧物质缺少必要的燃烧条件，燃烧区就会因缺乏燃料而不能蔓延而停止。在消防灭火技术中，隔离法的具体做法有使用泡沫或者石墨粉，在燃烧的物体和空气之间形成有效的隔断。当可燃物与空气隔离开时，火焰就失去了燃料来源，氧气供给也会减少，可以达到燃烧自动阻断的效果。采用隔离法时，疏散火场的可燃物质有造成新的火灾隐患的可能，应对搬离火场的可燃物质进行有效处理，避免二次火灾的发生。

(2) 窒息法。在消防灭火中，窒息法是通过阻断空气流入燃烧区或者利用不可助燃的惰性气体来稀释空气，使得燃烧时燃烧物因氧气减少而熄灭。在窒息法中，一种行之有效的方法就是利用氮气或者二氧化碳来对空气中氧气的浓度进行有效的稀释。一般地，空气中氧气浓度约为 20%，当出现氧气不足时，整个燃烧的过程便会遇到阻碍。窒息法的主要方式还有利用石棉毯、黄沙、泡沫等难燃物覆盖燃烧物，另外也可对起火的船舱、设备、坑道进行封闭来实现。

(3) 冷却法。燃烧物在燃烧时必须要达到其燃烧所需要的燃点，这是一个必备的条件。假如能够把可燃物的温度降低到燃点之下，那么燃烧也可以被终止。冷却法就是利用这个原理，其主要做法是将可燃物的温度降到其燃烧所必需的燃点以下，不具备充分的温度，燃烧过程便被终止。

(4) 化学抑制法。化学抑制法主要是基于连锁反应的原理，将化学灭火剂喷入燃烧区使其参与燃烧反应，可以销毁燃烧过程中产生的游离基，形成稳定分子或低活性游离基，从而使燃烧反应停止，达到灭火的目的。该方法能够有效地抑制物体的燃烧，在消防灭火的过程中得到了有效的推广。在实际的消防灭火技术中，燃烧物中含有的氢对维持可燃物的有效燃烧起到十分重要的作用，碳氢化合物在燃烧时的火焰中，其连锁反应的维持主要靠 H·、OH·、O·这些自由基来完成。在实际的灭火过程中，可以使用卤代烷灭火剂，因为卤代烷灭火剂在火焰的高温作用下会产生 Br、Cl 和粉粒，这些物质可以对火焰的产生起到抑制作用，能够实现高效灭火。

7.3.2　灭火剂及其适用范围

灭火剂是指能够有效破坏燃烧要素和条件、终止燃烧的物质。

为了能迅速扑灭火灾，必须按照现代的防火技术、生产工艺过程的特点、着火物质的性质、灭火剂的性质及取用是否便利等原则来选择灭火剂。常用的灭火剂有水、水蒸气、泡沫液、二氧化碳、干粉、卤代烷等。下面就这几类灭火剂的性能及应用范围进行简单的介绍，如表 7.4～表 7.12 所示。

1. 水

表 7.4 水及水基灭火剂

简介	常用类型	用于扑灭的火灾类型	备注
水，比热容为 4.19kJ/(kg·℃)，水在受热汽化时，体积增大 1700 多倍，当大量的水蒸气笼罩于燃烧物的周围时，可以阻止空气进入燃烧区，从而大大减少氧的含量，使燃烧因缺氧而窒息熄灭	直流水和开花水(滴状水)	可以扑救一般固体物质的火灾(如煤炭、木制品、粮草、棉麻、橡胶、纸张等)，还可扑救闪点在120℃、常温下呈半凝固状态的重油火灾	不能用于扑灭：①密度小于水和不溶于水的易燃液体的火灾，如汽油、煤油、柴油等；②苯类、醇类、醚类、酮类、酯类及丙烯腈等大容量储罐；③遇水产生燃烧物的火灾，如金属钾、钠、碳化钙等；④硫酸、盐酸和硝酸引发的火灾；⑤未切断电源前的电气火灾；⑥高温状态下化工设备的火灾
	雾状水	可以扑灭可燃粉尘、纤维状物质、谷物堆囤等固体物质的火灾，也可用于电气设备火灾的扑救	
	细水雾灭火技术	可以扑救一般固体物质的火灾	

2. 泡沫灭火剂

表 7.5 泡沫灭火剂

常用类型	简介	用于扑灭的火灾类型	备注
化学泡沫灭火剂(MP)	主要是酸性盐(硫酸铝)和碱性盐(碳酸氢钠)与少量发泡剂(植物水解蛋白质或甘草粉)、少量的稳定剂(三氯化铁)等混合后，相互作用而生成的泡沫。灭火剂在发生作用后生成大量的二氧化碳气体，它与发泡剂作用便生成许多气泡。这种泡沫密度小，且有黏性，能覆盖在着火物的表面上隔绝空气。同时二氧化碳又是惰性气体，不助燃	可以扑救一般液体烃类的火灾	不能用于扑救忌水、忌酸的化学物质和电气设备的火灾
空气泡沫灭火剂(MPE)	空气泡沫即普通蛋白质泡沫，它是一定比例的泡沫液、水和空气经过机械作用相互混合后生成的膜状泡沫群。气泡中的气体是空气。泡沫液是动物或植物蛋白质类物质经水解而成的。一定厚度覆盖在可燃或易燃液体的表面后，可以阻挡易燃或可燃液体的蒸气进入火焰区，使空气与液面隔离，也防止火焰区的热量进入可燃或易燃液体表面		不适用于扑救醇、酮、醚类等有机溶剂的火灾，对于忌水的化学物质也不适用。空气泡沫灭火剂产生的气泡由于受热膨胀会迅速遭到破坏，所以不宜在高温下使用
抗溶性泡沫灭火剂(MPK)	在蛋白质水解液中添加有机酸金属络合盐便制成了蛋白型的抗溶性泡沫液，这种有机金属络合盐类与水接触，析出不溶于水的有机酸金属皂。当产生泡沫时，析出的有机酸金属皂在泡沫层上面形成连续的固体薄膜，这层薄膜能有效地防止水溶性有机溶剂吸收泡沫中的水分，使泡沫能持久地覆盖在溶剂液面上，从而起到灭火的作用	可以有效扑灭水溶性有机溶剂的火灾	

续表

常用类型	简介	用于扑灭的火灾类型	备注
氟蛋白泡沫灭火剂(MPF)	在空气泡沫液中加入氟碳表面活性剂，即生成氟蛋白泡沫。氟碳表面活性剂具有良好的表面活性、较高的热稳定性、较好的浸润性和流动性。在油层表面形成一个包有小油滴的不燃烧的泡沫层，即使泡沫中含汽油量高达25%也不会燃烧，而普通空气泡沫层中含有10%的汽油时即开始燃烧	适用于较高温度下的油类灭火，并适用于液下喷射灭火	
水成膜泡沫灭火剂(MPQ)	它由氟碳表面活性剂、无氟表面活性剂(碳氯表面活性剂或硅酮表面活性剂)和改进泡沫性能的添加剂(泡沫稳定剂、抗冻剂、助溶剂以及增稠剂等)及水组成	可以扑救一般液体烃类的火灾	通常使用的泡沫灭火剂的发泡倍数为6～8倍，低于4倍的就不能再使用

3. 二氧化碳灭火剂

表7.6　二氧化碳灭火剂

简介	用于扑灭的火灾类型	备注
二氧化碳在通常状态下是无色无味的气体，相对密度为1.529，比空气重，不燃烧也不助燃。将经过压缩液化的二氧化碳灌入钢瓶内，便制成二氧化碳灭火剂。从钢瓶里喷射出来的固体二氧化碳(干冰)温度可达−78.5℃，干冰汽化后，二氧化碳气体覆盖在燃烧区内，除了窒息作用，还有一定的冷却作用，火焰就会熄灭	可以用于扑灭精密仪器和一般电气火灾，以及一些不能用水扑灭的火灾	二氧化碳不宜用于扑灭金属钾、钠、镁、铝等及金属过氧化物(如过氧化钾、过氧化钠)、有机过氧化物、氯酸盐、硝酸盐、高锰酸盐、亚硝酸盐、重铬酸盐等氧化剂的火灾

4. 干粉灭火剂

表7.7　干粉灭火剂

常用类型	简介	用于扑灭的火灾类型	备注
BC类干粉灭火剂	以碳酸氢钠为基料的碳酸氢钠干粉；以碳酸氢钠为基料，但又添加增效基料的改性钠盐干粉；以碳酸氢钾为基料的紫钾盐干粉；以氯化钾为基料的钾盐干粉；以硫酸钾为基料的钾盐干粉；以尿素与碳酸氢钾(或碳酸氢钠)反应生成物为基料的氨基干粉	用于扑灭易燃液体、气体和带电设备的火灾	一些扩散性很强的易燃气体，如乙炔、氢气，干粉喷射后难以使整个范围内的气体稀释，灭火效果不佳。它也不宜用于精密机械、仪器、仪表的灭火，因为在灭火后留有残渣。此外，在使用干粉灭火时，要注意及时冷却降温，以免复燃
ABC类干粉灭火剂	以磷盐为基料的干粉；以硫酸铵与磷酸铵盐的混合物为基料的干料；以聚磷酸铵为基料的干料	用于扑灭可燃固体、可燃液体、可燃气体及带电设备的火灾	
酸碱灭火剂	用碳酸氢钠与硫酸相互作用，生成二氧化碳和水	用于扑救非忌水物质的火灾	这种水型灭火剂在低温下易结冰，天气寒冷的地区不适合使用

5. 卤代烷灭火剂

表 7.8　卤代烷灭火剂

简介	用于扑灭的火灾类型	备注
抑制燃烧的连锁反应，它们的分子中含有一个或多个卤素原子，在接触火焰时，受热产生的卤素离子与燃烧产生的活性氢基化合，使燃烧的连锁反应停止。此外，它们兼有一定的冷却、窒息作用。卤代烷灭火剂的灭火效率比二氧化碳和四氯化碳要高	适用于扑救易燃液体、气体、电气火灾，特别适用于精密仪器、仪表及重要文献资料的灭火	卤代烷灭火剂不宜扑灭自身能供氧的化学药品、化学活泼性大的金属、金属的氢化物和能自燃分解的化学药品的火灾 为了保护大气臭氧层，《中国消防行业哈龙整体淘汰计划》中要求，我国于 2005 年停止生产卤代烷灭火剂。公安部和国家环境保护总局联合下发的公通字[1994]94 号《关于非必要场所停止再配置卤代烷灭火器的通知》中也要求，非必要场所今后不再使用卤代烷 1211 灭火器

6. 四氯化碳灭火剂

表 7.9　四氯化碳灭火剂

简介	用于扑灭的火灾类型	备注
四氯化碳是无色透明液体，不自燃、不助燃、不导电、沸点低(76.8℃)。当它落入火区时迅速蒸发，由于其蒸气密度大(约为空气的 5.5 倍)，很快密集在火源周围，起到隔绝空气的作用。当空中含有 10%的四氯化碳蒸气时，火焰就将迅速熄灭，它是一种很好的灭火剂	特别适用于电气设备的灭火	四氯化碳有一定的腐蚀性，对人体有毒害，在高温时能生成光气，所以近年来已日渐被卤代烷取代

7. 烟雾灭火剂

表 7.10　烟雾灭火剂

简介	用于扑灭的火灾类型
烟雾灭火剂是在发烟火药基础上研制的一种特殊灭火剂，呈深灰色粉末状。烟雾灭火剂中的硝酸钾是氧化剂，木炭、硫磺和三聚氰胺是还原剂，它们在密闭系统中可维持燃烧而不需外部供氧。碳酸氢钠为缓燃剂，可降低发烟剂的燃烧速度，使其维持在适当的范围内不致引燃或爆炸。烟雾灭火剂燃烧产物为 85%以上的二氧化碳和氮气等不燃气体	适用于油罐起火

8. 七氟丙烷灭火剂

表 7.11　七氟丙烷灭火剂

简介	用于扑灭的火灾类型	备注
七氟丙烷灭火剂，简称 FM200，常温下为气态，无色无味、低毒、不导电、无腐蚀，无环保限制，大气存留期较短。其灭火的主要机理是物理作用和部分化学作用，物理作用主要是冷却作用，由于七氟丙烷分子量较大，所以汽化潜热大，另外七氟丙烷蒸气在火场中，受热分解需要吸收能量，且分解发生碳氟键上，需要消耗的能量大，故七氟丙烷灭火剂具有良好的冷却效果；化学作用主要是七氟丙烷分解产生的卤素原子活性基捕捉燃烧活性基生成稳定化合物，中断燃烧反应链	适用于扑救电气火灾、固体表面火灾、液体火灾以及灭火时能够切断气源的气体火灾	七氟丙烷作为灭火剂缺点是在灭火过程中分解产生的 HF 具有毒性和腐蚀性，HF 的达到一定浓度时，对人员和设备会造成伤害，七氟丙烷对生理产生不良影响的最低体积分数 10.5%，设计标准一般是 10%。七氟丙烷灭火装置安装位置应通风良好，灭火后防护区应及时通风换气，及时排除防护区内有毒有害气体

9. Novec 1230 灭火剂

表 7.12　Novec 1230 灭火剂

简介	用于扑灭的火灾类型
Novec 1230 灭火剂属于氟化酮类，称为全氟异丙基己酮，分子式为 $CF_3CF_2C(O)CF(CF_3)_2$，沸点为 49.2℃。Novec 1230 灭火剂是一种清澈、无色、微味的液体灭火剂。由于 Novec 1230 灭火剂的蒸发热仅仅是水的 1/25，而蒸气压力是水的 12 倍，这些性质使它易于汽化并以气态存在。其灭火主要机理是通过从火灾现场除去充足的热量达到灭火的目的	适用于全淹没气体灭火系统，也可用于扑灭电气火灾

7.3.3　针对锂离子电池热失控的灭火剂

由 GB/T 4968—2008 火灾分类可知，根据可燃物的类型和燃烧特性将火灾定义为六个不同的类别。A 类火灾：固体物质火灾。这种物质通常具有有机物性质，一般在燃烧时能产生灼热的余烬。B 类火灾：液体或可熔化的固体物质火灾。C 类火灾：气体火灾。D 类火灾：金属火灾。E 类火灾：带电火灾，即物体带电燃烧的火灾。F 类火灾：烹饪器具内的烹饪物（如动植物油脂）火灾[9]。

然而从实际情况来看，锂离子电池作为一个复杂体系，发生热失控后的燃烧情况包含 A、B、C 三类火灾，但是主要表现为气体火灾，所以这里根据相关标准对其进行研究。

1. 水系灭火剂

从安全角度考虑出发，在实际应用中并不推荐使用水系以及水基灭火剂，锂离子电池的电解质的主要材料是 $LiPF_6$，遇水会发生分解生成大量的 HF 气体。

人体吸入较高浓度的 HF，可引起眼及呼吸道黏膜刺激症状，严重者可发生支气管炎、肺炎或肺水肿，甚至发生反射性窒息。眼部接触产生剧烈疼痛，重者角膜损伤，甚至发生穿孔。然而，在一些大型仓库、商场、工厂，默认配置的自动灭火系统往往是以水为主要灭火成分的。

FM Global 针对大型仓库中存放的锂离子电池箱发生火灾进行灭火设计，报告指出，使用水喷淋进行灭火效果极差，灭火足足持续了 20min，远远超出 5min 内灭火的设计要求[10]。

2. 二氧化碳灭火剂

二氧化碳灭火剂的灭火机理是窒息与冷却，往往被设计用于扑灭一些不能用水扑灭的火灾。因此，使用二氧化碳灭火剂对 50Ah 满电状态的热失控的钛酸锂电池进行灭火实验，通过热辐射源加热电池使其引燃。由图 7.2 可以看出，电池的火焰高度和火焰面积呈减小趋势，说明二氧化碳灭火剂对电池火起到了一定的抑制作用，这是因为二氧化碳从储存气瓶中释放出来，压力骤然下降，使得二氧化碳由液态转变成气态，稀释空气中的氧含量，氧含量降低会使燃烧时热的产生率减小。二氧化碳释放时又因焓降的关系，温度急剧下降，形成细微的固体干冰粒子，干冰吸取周围的热量而升华，即能产生冷却燃烧物的作用。但二氧化碳灭火作用主要在于窒息，冷却起次要作用。

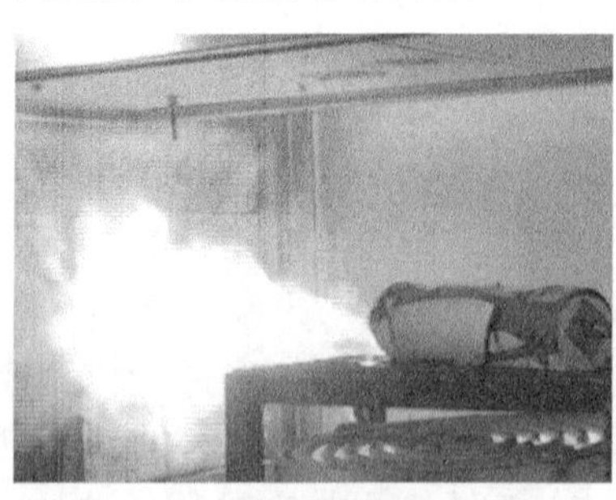

(a) 开始喷火

(b) 开始施加二氧化碳

(c) 施加22s

(d) 施加76s

（e）施加110s　　（f）二氧化碳流量减小直至停止施加（164s）

图 7.2　二氧化碳灭火剂有效性实验

对于锂离子电池火焰，二氧化碳的灭火效率并不高，因为灭火剂施加 164s 后，火焰仍未熄灭，并且二氧化碳流量减小直至停止施加后，火焰面积和高度又开始增大。而且二氧化碳释放时，在减压阀出口处外部大量结霜，内部形成干冰，阻止了灭火剂继续喷出，这也是二氧化碳灭火系统应用中的缺陷之一。可见二氧化碳灭火剂并不适合大型锂离子电池热失控的灭火。

3. 哈龙灭火剂

由二氧化碳灭火剂以及水系灭火剂的效果可知，窒息类以及冷却类灭火剂很难有效扑灭锂离子电池火灾，而哈龙灭火剂是典型的化学抑制类灭火剂，但哈龙灭火剂的相关介绍中提到不宜扑灭自身能供氧的化学药品、化学活泼性大的金属、金属的氢化物和能自燃分解的化学药品的火灾，而且为了保护大气臭氧层，《中国消防行业哈龙整体淘汰计划》中要求，我国于 2005 年停止生产卤代烷灭火剂。因此，国内很难也极少开展哈龙灭火剂的有效性研究。

在 2006 年美国的一份报告[11]中记载了利用哈龙 1301 对锂离子电池火灾的灭火结果。报告中指出，分别使用含 3%、5%的哈龙 1301 对满电状态以及半满电状态的 18650 钴酸锂电池火进行扑灭。实验表明，含 3%、5%的哈龙 1301 都能有效地在 1min 内扑灭电池火。无独有偶，在 2010 年美国的另一份报告[12]中记载了利用哈龙 1211 对锂离子电池火灾的灭火结果。报告中指出，使用哈龙 1211 对满电状态的 18650 电池、26650 电池以及 8Ah 的软包钴酸锂电池火进行扑灭。实验表明，哈龙 1211 也能有效地扑灭电池火。

4. 七氟丙烷灭火剂

虽然国内停止生产卤代烷灭火剂，但对化学抑制类灭火剂的开发并未止步不前。七氟丙烷对臭氧层的耗损潜能值 ODP＝0，温室效应潜能值 GWP＝0.6，大气中存留寿命 ALT＝31 年，灭火剂毒性 NOAEL＝9%，以化学灭火方式为主。作为卤代烷的较理想的替代物，七氟丙烷按照毒性指标可作为全淹没灭火系统，适用于有人区域。目前，在国际上七氟丙烷灭火系统用以替代卤代烷系统的应用越来越多，应用经验表明，七氟丙烷灭火系统能有效达到预期的保护目的。

对此，作者开展了相关研究[13]，同样针对 50Ah 满电状态的热失控的钛酸锂电池进行灭火，通过热辐射源加热电池使其引燃，在七氟丙烷的不断作用下，电池火灾不断减小，并最终熄灭，整个灭火时间共耗时 25s，如图 7.3 所示，说明七氟丙烷能有效地熄灭钛酸锂电池火。

（a）电炉通电后1671s，开始着火

（b）电炉通电后1675s，微弱射流火焰

（c）施加灭火剂瞬间

（d）施加灭火剂10s，火势减弱

（e）施加灭火剂20s

（f）施加灭火剂25s，火灾熄灭

图 7.3　七氟丙烷灭火剂有效性实验一

另做了一组重复实验，七氟丙烷熄灭钛酸锂电池火灾过程如图 7.4 所示。在电炉不断高温辐射作用下，温度逐渐升高，电池内部压力不断升高，最终钛酸锂电池的负极端泄压阀破裂，电解液瞬时喷出在点火源作用下迅速引燃，形成火球向外传播。观察到电池着火后，迅速释放七氟丙烷灭火剂，灭火剂通过输运管道上的喷放口释放到平台内，在灭火剂的作用下，电池火焰高度和面积逐渐减少，并最终熄灭，整个灭火过程共持续 6s。

（a）电炉通电1005s后，钛酸锂电池着火

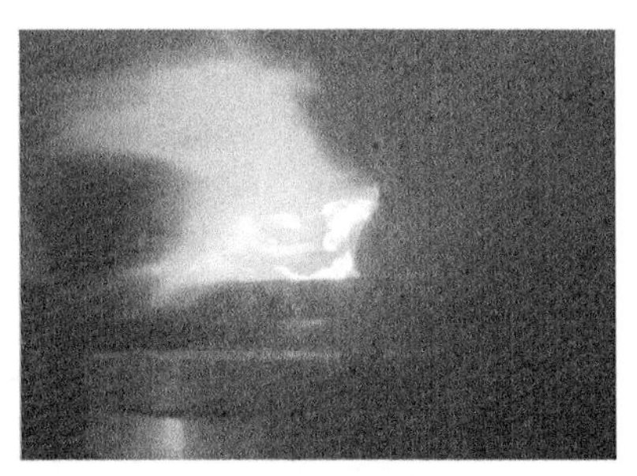

（b）着火后，喷放灭火剂

（c）施加灭火剂3s后，火势减弱

（d）施加灭火剂6s，火灾熄灭

图 7.4　七氟丙烷灭火剂有效性实验二

5. Novec 1230 灭火剂

3M 公司在 2001 年就宣布该灭火剂试制成功，并公布了其物理参数和环保指数。该药剂已经得到了美国环保署(EPA)的认可并列入了重要新替代物政策(SNAP)。ISO/TC21/SC8 气体介质灭火系统分委员会也准备在 ISO-14520 中加进 Novec 1230。同时，3M 公司向国际上有名的消防设备厂提供了 Novec 1230 的药剂，由消防设备厂开发相应的消防设备(灭火器和灭火系统)。

同样针对 50Ah 满电状态的热失控的钛酸锂电池进行灭火，通过热辐射源加热电池使其引燃，电池正极喷出的气体开始着火，4s 后开始释放灭火剂，如图 7.5 所示。Novec 1230 灭火剂释放后，电池的火焰高度和火焰面积立即呈减小趋势，说明 Novec 1230 灭火剂能迅速抑制电池火灾。灭火剂施加 15s 后火焰被扑灭。但此时腔内仍残留有电池释放的气体且电池内部化学反应仍在继续，所以火灭以后继续施加灭火剂，本次实验灭火剂共施加 50s 左右，消耗 Novec 1230 灭火剂 3.666kg。

综上所述，水基灭火剂、二氧化碳灭火剂等以窒息、冷却作用为主导的灭火剂不能快速有效地扑灭锂离子电池火灾；而哈龙灭火剂、七氟丙烷灭火剂以及 Novec 1230 灭火剂等以化学抑制作用为主导的灭火剂均可以有效地扑灭锂离子电池火灾。

（a）电炉通电882s后，开始喷火

（b）火势进一步增大

（c）喷火4s后，开始施加Novec 1230灭火剂

（d）施加灭火剂15s后，火灾熄灭

图 7.5　Novec 1230 灭火剂有效性实验

7.4　锂离子电池灭火系统

7.4.1　自动灭火系统

1. 系统组成

自动灭火系统主要由灭火剂储瓶、瓶头阀、启动气瓶、气瓶阀、电磁控制头、选择阀、液体单向阀、气控单向阀、集流管、安全阀、低压泄压阀、压力继电器、瓶组架、喷嘴、管道系统等设备组成。根据使用要求，可组成单元独立系统、组合分配系统和无管网柜式装置等多种形式，可实施对单区或多区的消防保护。

2. 全淹没灭火系统

在规定时间内向防护区喷射一定浓度的灭火剂，并使其均匀地充满防护区的灭火系统；自动灭火系统一般采用全淹没方式灭火。

3. 组合分配系统

由一套公用的灭火剂储存装置对应几套管网系统，保护两个或两个以上防护区域的构成形式。

4. 单元独立系统

由一套灭火剂储存装置对应一套管网系统，保护一个防护区域的构成形式，根据需要，可分为单瓶组独立系统和多瓶组独立系统。

7.4.2　灭火系统设计规范

七氟丙烷灭火系统的设计依据为《气体灭火系统设计规范》(GB 50370—2005)。Novec 1230 灭火剂是一种新型洁净灭火剂，在我国火灾防治领域尚未得到大规模的应用，目前关于 Novec 1230 灭火剂的使用国内规范和标准还不够完善，同时缺少相应的设计标准和规范。因此，Novec 1230 灭火剂的设计浓度和设计用量等参数将参考美国消防协会制定的《洁净气体灭火系统标准》(NFPA 2001，2012 版)和《气体灭火系统》(ISO-14520)进行确定。

7.4.3　灭火系统性能化设计

七氟丙烷灭火剂和 Novec 1230 灭火剂均可以有效地扑灭钛酸锂电池火灾。由于每种灭火剂在一种实验下的灭火效果的随机性和不确定性，且鉴于各个实验条件可能会略有不同，所以有必要对两种灭火剂的灭火效果进行更深入的对比分析，从而确定出适用于锂离子电池火灾的最优灭火剂。

表 7.13 给出了七氟丙烷和 Novec 1230 两种灭火剂对钛酸锂电池火灾的灭火效果对比情况，六种实验均对单个锂离子电池火灾进行扑救，不同的是实验 5 和实验 6 将电池固定于电池模块内进行引燃，模拟电池模块发生火灾的场景。灭火效果的对比主要从两个方面入手，分别为实现有效灭火所需灭火时间和灭火剂用量。同时，根据灭火剂施加前后电池温度变化情况，对比灭火剂的冷却降温效果。从表中可以看出，三种实验下七氟丙烷实现有效灭火的最短时间为 6s，最长为 25s，平均灭火时间为 16s。相应地，Novec 1230 有效灭火的最短时间为 15s，最长为 24s，平均时间为 20.7s。对比可知，七氟丙烷灭火剂熄灭锂离子电池火灾所需平均时间小于 Novec 1230 灭火剂。另外，七氟丙烷灭火剂扑灭钛酸锂电池火灾的平均使用量为 3.897kg，少于 Novec 1230 灭火剂的平均使用量 4.205kg。通过对比施加不同灭火剂后电池温度变化情况，可以发现 Novec 1230 灭火剂的冷却降温效果要好于七氟丙烷灭火剂。根据上述可知，七氟丙烷灭火剂的灭火效果要优于 Novec 1230 灭火剂，但在降温冷却方面 Novec 1230 灭火剂更具优势。

表 7.13 两种灭火剂针对钛酸锂电池灭火效果对比表

灭火剂类型	七氟丙烷			Novec 1230		
实验序号	1	3	5	2	4	6
实验条件	单块电池	单块电池	电池模块	单块电池	单块电池	电池模块
灭火剂施加时长/s	33	40	34	50	40	45
灭火时间/s	25	6	17	15	23	24
灭火剂用量/kg	2.586	4.2	4.906	3.666	3.874	5.076
灭火平均时间/s	16			20.7		
灭火剂平均用量/kg	3.897			4.205		

上述仅从灭火效果方面对比了七氟丙烷和 Novec 1230 两种灭火剂的灭火性能,除此之外,灭火剂的选择还应结合具体项目的需要,综合考察各种灭火剂的适用性。采用 Novec 1230 作为灭火剂设计的灭火系统建设成本高于七氟丙烷灭火系统建设成本。而在维护成本上,七氟丙烷灭火系统要略高于 Novec 1230 灭火系统,这主要是由于 Novec 1230 灭火剂常温为液体,不易挥发,不需高压储存,同时 Novec 1230 灭火剂喷放到防护区内所需喷口释放压力要求较低,1MPa 即可满足要求,而七氟丙烷不应低于 2.5MPa。

从灭火效果和灭火系统的建设成本等方面对七氟丙烷和 Novec 1230 灭火剂的优缺点进行对比,如表 7.14 所示。综合考虑各自优缺点,可优先采用七氟丙烷作为防治锂离子电池火灾的灭火剂;但是对于人员密集以及对压力敏感的场所,可采用 Novec 1230 灭火剂。

表 7.14 两种灭火剂优缺点对比

灭火剂类型	Novec 1230	七氟丙烷
共性	均可熄灭钛酸锂离子电池火灾,并对电池熄灭后有降温作用; 实际灭火剂用量超出设计用量	
优点	环保,对人身安全;无色无味、无腐蚀性、不导电、无腐蚀;常温为液体,热稳定性好,压力要求低,易储存;系统结构紧凑,节省空间,安装与维护维护简便;降温效果佳;对设备无任何伤害	较为成熟的气体灭火方式;易采购;灭火系统的建设成本略低
缺点	灭火系统的建设成本略高	需要压力容器储存,管网复杂;有一定毒性;未来 10 年有被替换的可能性

7.5 消防工程简介

为了实现总体火灾安全的目标,需要采取各种主动和被动的消防技术与对策,以减轻火场中和火场周边人员的伤亡、减少相关的财产损失,同时还要尽可能地降低火灾对环境的破坏和影响，因此有了消防工程。消防工程是在了解和掌握火灾孕育、发生和发展演化规律的基础上，系统讨论建(构)筑物的防火安全设计的一系列问题，主要包括建筑物的防火分隔、构件耐火、结构抗火、材料阻燃、通风排烟、火灾探测、防火控火及人员疏散逃生等问题，最终依靠自然科学技术，结合社会人文管理，趋利避害、综合整治。

然而，锂离子电池尚没被明确其危险化学品类别，也没有明确的火灾危险性分类，更未给出相应的防治建议。所以，在一般的货运仓库，锂离子电池生产厂房及储能电站仍沿用建筑消防工程系统进行防控，该系统一般包括消防水系统、火灾自动报警系统、气体灭火系统、防排烟系统、应急疏散系统、消防通信系统、消防广播系统、泡沫灭火系统、防火分隔设施(防火门、防火卷帘)等。

现在各国均制定了符合本国国情的建筑设计防火规范，即使采用国际标准，也会结合实际情况进行一定的修正，表 7.15 列出了当前我国的一些主要建筑设计防火规范的相关标准。

表 7.15　我国主要建筑设计防火规范

名称	代码	备注
《建筑设计防火规范》	GB 50016—2014	《高层民用建筑设计防火规范》废止
《农村防火规范》	GB 50039—2010	《村镇建筑设计防火规范》废止
《建筑内部装修设计防火规范》	GB 50222—2015	
《爆炸和火灾危险环境电力装置设计规范》	GB 50058—2014	
《火力发电厂与变电所设计防火规范》	GB 50229—2016	
《飞机库设计防火规范》	GB 50284—2008	

然而，根据现行规范设计出的消防工程系统，并不能有效地防控锂离子电池组热失控引发的建筑火灾事故。一旦发生事故，往往会造成重大财产损失。如何解决锂离子电池及电池组存放地发生事故后的防控减灾问题，有待进一步讨论。

这里以南方电网深圳宝清电池储能站锂离子电池火灾的消防方案为例进行简要介绍。

南方电网深圳宝清电池储能站已于 2011 年 1 月投入试运行，该储能站前期的研究工作主要集中在大容量电池和储能系统的研制以及储能站的运行维护方面，而对储能站锂离子电池火灾的防控相对薄弱。早期储能站的消防方案仅为烟雾报警和红外对射报警进行预报，报警后需人工采取灭火措施，无相应的自动灭火系统；灭火剂为干粉灭火器和消防栓。由于该消防方案过于简单，缺乏系统性和科学性，特别是所使用的灭火剂并不一定适用于锂离子电池火灾的扑救，一旦发生火灾，无法保证及时高效地扑灭火灾。而且国内外关于锂离子电池储能站的消防方案的研究还处在起步阶段，缺乏相应的标准和规范。因此，根据深圳宝清电池储能站的技术需求，基于前期对不同工作条件下锂离子电池的产热、火灾危险性以及热失控临界条件的研究结果，通过测试选择合理的火灾探测技术和灭火技术，给出系统、高效的消防设计方案。

深圳宝清电池储能站人员分布较为稀疏，但是危险源相对集中，因此优先选择全淹没式灭火系统。首先，通过比对灭火剂的适用类型，初步遴选了二氧化碳灭火剂、七氟丙烷灭火剂和 Novec 1230 灭火剂分别作为全淹没灭火系统的灭火剂。再根据《气体灭火系统设计规范》(GB 50370—2005)等强制性国家标准对相关管路进行设计，确定了管路尺寸、喷口压力、所需剂量等相关参数，并对相应的灭火效果进行了评估。然后选择了不同的火灾探测器，以探测锂离子电池发生火灾的相对时间作为评价参数，确定选择烟温一体探测报警器。最后将灭火剂储瓶、瓶头阀、启动气瓶、气瓶阀、电磁控制头、选择阀、液体单向阀、气控单向阀、集流管、安全阀、低压泄压阀、压力继电器、瓶组架、喷嘴、管道系统、火灾探测器、联动报警装置等设备进行组装，对整套自动灭火系统进行测试，综合评估灭火效果与维护成本。最终选择了以七氟丙烷作为灭火剂、烟温一体探测报警器作为探测器的全淹没自动灭火系统，且该系统具备二次灭火的功能，为深圳宝清电池储能站提供消防安全支撑。

7.6 锂离子电池灭火技术展望

由于电池本身特殊的物理化学构成，即使一个锂离子电池处于密闭甚至窒息的环境中，它自身仍然具备着火条件。火灾既有自然属性，又有人为属性：火灾不仅仅是一个自然过程，还受到人的影响，火灾的绝大多数是人为因素引起的，人为因素是火灾系统的组成部分之一。在严格的管理条件下，我们可以有效地将绝大多数火灾事故扼杀在摇篮之中。另外，通过被动防治与主动防治等手段也可以减少财产损失，保护人身安全。

然而在现阶段，传统安全监测的传感器普遍反映了一个问题，就是无法明确给出锂离子电池将要发生热失控时的探测标准。如何在电池发生热失控前发出预警，有效规避危险，对于传统安全监测尚是一个挑战。

另外，传统安全监测技术现阶段仅能对锂离子电池热失控后、火灾发生初期做出警报动作，但是这与专门针对火灾发生的火灾探测器相比缺乏竞争力，火灾探测器因为功能专一，结构相对简单，所以价格及维护费用更为低廉。实验结果表明，感烟探测器与复合探测器均能快速有效地在锂离子电池热失控后、火灾发生初期做出警报动作。

水基灭火剂、二氧化碳灭火剂等以窒息、冷却作用为主导的灭火剂不能快速有效地扑灭锂离子电池火灾；而哈龙灭火剂、七氟丙烷灭火剂以及 Novec 1230 灭火剂等以化学抑制作用为主导的灭火剂均可以有效地扑灭锂离子电池火灾。综合考虑各自优缺点，可采用七氟丙烷作为防治锂离子电池火灾的灭火剂，但是对于人员密集以及对压力敏感的场所，可采用 Novec 1230 灭火剂。

目前对锂离子电池消防系统的研究仍很不足，随锂离子电池的规模化生产和应用，其相应的消防技术亟须得到先行发展，对于保障锂离子电池的安全应用具有重要的现实意义。

参 考 文 献

[1] 平平. 锂离子电池热失控与火灾危险性分析及高安全性电池体系研究. 合肥：中国科学技术大学博士学位论文，2014.

[2] 赵建华. 现代安全监测技术. 合肥：中国科学技术大学出版社，2006.

[3] 李吉林. 常用热电偶、热电阻分度表(ITS-90). 北京：中国计量出版社，1998.

[4] 黄贤武，郑筱霞. 传感器原理与应用. 成都：电子科技大学出版社，1999.

[5] 刘崇进，陈明光，贝承训，等. 气体传感器的发展概况和发展方向. 计算机自动测量与控制，1999，7(2)：54-56.

[6] Raijmakers L，Danilov D，van Lammeren J，et al. Sensorless battery temperature measurements based on electrochemical impedance spectroscopy. Journal of Power Sources，2014，247：539-544.

[7] 席安静. 磷酸铁锂电池电化学阻抗谱实验研究. 北京：清华大学硕士学位论文，2012.

[8] 赵春雨. 消防技术中灭火原理与灭火方法分析. 吉林画报(教育百家 B)，2013，(4)：430.

[9] 国家质量监督检验检疫总局，中国国家标准化管理委员会. GB/T 4968—2008. 火灾分类. 北京：中国标准出版社，2009.

[10] Benjamin D. Flammability characterization of lithium-ion batteries in bulk storage. http://www.fmglobal.com/research-and-resources/research-and-testing/research-technical-reports[2013-10-21].

[11] Webster H. Flammability assessment of bulk packed，rechargeable lithium-ion cells in transport category aircraft. http://www.fire.tc.faa.gov/pdf/06-38.pdf[2006-10-1].

[12] Summer S M. Flammability assessment of lithium-ion and lithium-ion polymer battery cells designed for aircraft power usage. http://www.fire.tc.faa.gov/pdf/09-55.pdf[2010-2-15].

[13] Wang Q S，Shao G Z，Duan Q L，et al. The efficiency of heptafluoropropane fire extinguishing agent on suppressing the lithium titanate battery fire. Fire Technology，2016，52(2)：387-396.